Problèmes résolus de

THERMODYNAMIQUE

et statique des fluides

Du même auteur

à l'usage des étudiants des prépas scientifiques
et du 1er cycle universitaire

1. **Mécanique du point et des systèmes de points.** Problèmes résolus (Dunod, 4e édition, 1995).
2. **Électrocinétique.** Problèmes résolus (Dunod, 3e édition, 1995).
3. **Circuits électroniques à Ampli-op.** Problèmes résolus (Dunod, 2e édition, 1995).
4. **Thermodynamique. Tome 1.** Problèmes résolus (Ediscience, 4e édition, 1995).
5. **Mécanique des fluides.** Problèmes résolus (Dunod, 6e tirage, 1994).
6. **Électrostatique et dynamique des particules chargées.** Problèmes résolus (Dunod, 3e édition, 10e tirage, 1995).
7. **Magnétostatique.** Problèmes résolus (Ediscience, 4e édition, 1996).
8. **Électromagnétisme : lois générales et phénomènes d'induction.** Problèmes résolus (Ediscience, 4e édition, 1996).
9. **Ondes électromagnétiques dans le vide et les conducteurs.** Problèmes résolus (Dunod, 4e tirage, 1995).
10. **Optique géométrique et ondulatoire.** Problèmes résolus (Dunod, 3e tirage, 1995).
11. **Relativité.** Problèmes résolus (Ediscience, 2e édition, 1995).
12. **Problèmes de physique commentés.** D.E.U.G. *1re année* (Masson, 3e édition, 1993).
13. **Problèmes de physique commentés.** D.E.U.G. *2e année* (Masson, 3e édition, 1992).

Problèmes résolus de

THERMODYNAMIQUE

et statique des fluides

4e édition
Programme 1995

Hubert Lumbroso

Agrégé de l'Université
Professeur de chaire supérieure
en Spéciales
au Lycée Masséna (Nice)

Tome 1

2e tirage

EDISCIENCE
international

1996

ISBN : 2-84074-119-9

Ediscience international – 28, rue Beaunier – 75014 Paris

A ma femme

Introduction

Cet ouvrage, conforme aux nouveaux programmes (1995) de thermodynamique des classes préparatoires aux grandes écoles scientifiques, est scindé en deux tomes. Ce premier tome, qui couvre l'ensemble du programme officiel de **thermodynamique de première année**, s'adresse donc aux élèves des filières MPSI, PCSI, TPC, TSI et PTSI, ainsi qu'aux étudiants du premier cycle universitaire.

Ce recueil de problèmes de thermodynamique et statique des fluides s'insère dans la collection d'ouvrages de problèmes résolus de physique du même auteur dont les titres déjà parus sont : *Mécanique du Point*; *Dynamique des Fluides*; *Relativité*; *Electrocinétique*; *Circuits Electroniques à ampli-op*; *Electrostatique et Dynamique des particules chargées*; *Electromagnétisme (Magnétostatique et Phénomènes d'induction)*; *Ondes Electromagnétiques et Equations de Maxwell dans le vide et les conducteurs*; *Optique Géométrique et Ondulatoire*.

Le but de cette collection est de faciliter aux étudiants le difficile passage du cours théorique de physique aux problèmes d'application, et donc d'assurer l'assimilation du cours.

La thermodynamique est une science délicate, régie par des lois et des principes utilisant un formalisme mathématique, certes nécessaire en tant qu'outil de travail, mais qui ne doit pas cacher le sens physique des phénomènes étudiés. C'est pourquoi, après avoir établi les principales relations thermodynamiques, il est proposé de nombreuses applications qui couvrent divers domaines des sciences physiques (modèles cinétiques de gaz, phénomènes de diffusion, thermoélasticité, modèles atmosphériques, modélisation du soleil, accrétion des étoiles, barrages, aérostat, chauffage d'appartement, pompe à chaleur, congélateur, turbomoteur, moteur Diésel, machine de Stirling, gonflage d'une chambre à air, changements d'état, ...).

Chacun des cinq chapitres de cet ouvrage est précédé d'un rappel des principaux résultats du cours, et contient un large éventail d'exercices et problèmes, résumés par un titre, soigneusement résolus et choisis pour leur caractère formateur, avec un triple souci :

- mettre en lumière les principales difficultés rencontrées habituellement par les étudiants;
- classifier les problèmes par sous-chapitres et par thèmes;
- couvrir au mieux l'ensemble des applications du cours de première année.

En annexe, on trouvera des notions sur la thermodynamiquc des fluides en écoulement.

Nous remercions d'avance tous les utilisateurs de ce livre qui voudront bien nous faire part de leurs critiques et de leurs remarques constructives.

L'auteur

PROGRAMME DE THERMODYNAMIQUE DES CLASSES PRÉPARATOIRES AUX GRANDES ÉCOLES SCIENTIFIQUES PREMIÈRES ANNÉES (MP-SI, PC-SI ET TPC)

(Arrêté du 3 juillet 1995)

RUBRIQUE / FILIÈRES	Gaz parfait et réel	Statique des fluides	1er principe – Bilan énergétique
MP-SI	Modèle du gaz parfait monoatomique; définition cinétique de la pression et de la température. Equation d'état, énergie interne. Limite du modèle du gaz parfait. Système thermodynamique; équilibre; système homogène, phase. Variables thermodynamiques d'état; variables extensives et intensives. Equations d'état. Définition des coefficients thermo-élastiques. Capacités thermiques isochore et isobare. Présentation qualitative des gaz réels.	Eléments de statique des fluides : conditions d'équilibre. Cas d'un fluide incompressible et homogène. Cas de l'atmosphère isotherme dans le modèle du gaz parfait.	Transformations réversibles et irréversibles. Travail échangé par un système; travail des forces de pression. Premier principe de la thermodynamique ou principe d'équivalence. Energie interne U, fonction d'état thermodynamique. Chaleur échangée par un système. Bilans énergétiques. Enthalpie H, fonction d'état thermodynamique.
PC-SI et TPC	**1. Le gaz parfait monoatomique.** Description des caractères généraux de la distribution des vitesses moléculaires (homogénéité, isotropie, vitesse quadratique moyenne). Définition cinétique de la température, de la pression. Relation entre pression et vitesse quadratique moyenne. Equation d'état, énergie interne. Limites du modèle de gaz parfait. **2. Diffusion de particules** *(exclusivement en PC-SI)* Loi de Fick. Conservation des particules, équation de diffusion. Interprétation microscopique, libre parcours moyen.	**3. Eléments de statique des fluides.** Relation fondamentale de la statique des fluides. Cas d'un fluide incompressible et homogène. Cas de l'atmosphère isotherme dans le modèle du gaz parfait. Poussée d'Archimède.	**4. Bilans d'énergie.** Travail des forces de pression. Premier principe, énergie interne, transfert thermique. Enthalpie.
PT-SI	**1. Modèle du gaz parfait monoatomique** – Modèle du gaz parfait monoatomique; définition cinétique de la pression et de la température. Equation d'état, énergie interne. Limite du modèle du gaz parfait. – Présentation qualitative des gaz réels. **3. Système thermodynamique** – Système en équilibre thermodynamique; système ouvert ou fermé; système homogène; phases. Variables thermodynamiques d'état; variables extensives et intensives. Equations d'état. Définition des coefficients thermo-élastiques.	**2. Eléments de statique des fluides** – Condition d'équilibre. Cas d'un fluide incompressible et homogène. Cas de l'atmosphère isotherme dans le modèle du gaz parfait. – Poussée d'Archimède.	**4. Le premier principe ou principe de conservation; bilans d'énergie** – Travail échangé par un système; travail des forces de pression. – Transformations d'un système. Transformations réversibles et irréversibles. – Energie interne U, fonction d'état thermodynamique; premier principe; chaleur échangée par un système. – Enthalpie H, fonction d'état thermodynamique.

RUBRIQUE / FILIÈRES	2e principe – Bilan entropique	Applications des deux principes. Machines thermiques	Changement d'état
MP-SI	Second principe de la thermodynamique ou principe d'évolution. Entropie S, fonction d'état thermodynamique. Entropie échangée et entropie créée. Bilans entropiques. Définition thermodynamique de la température.	Machines dithermes. Rendement des moteurs. Coefficient d'efficacité des récepteurs. Théorème de Carnot.	Notions sur les changements d'état solide-liquide-gaz du corps pur.
PC-SI **et** **TPC**	**5. Bilans d'entropie.** Deuxième principe. Evolutions réversibles et irréversibles. Entropie : entropie créée, entropie échangée. Pression et température thermodynamique. Entropie du gaz parfait. Loi de Laplace. Notions élémentaires sur l'interpolation statistique de l'entropie. Troisième principe de la thermodynamique. *(exclusivement en PC-SI).*	**6. Machines thermiques.** Application du premier et du deuxième principes.	**7. Etude descriptive du corps pur diphasé en équilibre.** Diagramme .p ;T /. Point triple, point critique. Enthalpie et entropie de changement d'état. Diagrammes .p ;V / et .T ;S / dans le seul cas de l'équilibre liquide-vapeur. Titre molaire en vapeur. Bilan d'enthalpie et d'entropie pour un système diphasé liquide-vapeur.
PT-SI	**1.5. Le deuxième principe ou principe d'évolution; bilans d'entropie** – Entropie S, fonction d'état thermodynamique. Second principe : entropie échangée, entropie créée. – Définition thermodynamique de la température.	**1.6. Applications des deux principes** – Coefficients calorimétriques d'un fluide homogène : capacités thermiques massiques isobare et isochore c_p et c_V, coefficients l et h. – Relations de Clapeyron pour un fluide homogène.(*) – Machines thermiques motrices et réceptrices. Rendement des moteurs. Coefficient d'efficacité ou de performance des récepteurs. Théorème de Carnot. – Fonctions d'état du gaz parfait et d'un mélange idéal de gaz parfaits.	

* Ce paragraphe du programme sur les relations de Clapeyron est traité dans le Tome 2 de «Thermodynamique» (Ediscience) du même auteur.

Table des matières

Chapitre 1. Gaz parfaits et réels. Équation d'état. Diffusion

(*) Ce sous-chapitre D ne figure qu'au programme de la série PC.

Chapitre 2. Statique des fluides. Champ de pression

E. Poussée d'Archimède. Corps flottants

F. Fluides en équilibre relatif dans (R) non galiléen

Chapitre 3. Le premier principe. Bilans énergétiques. Énergie interne U et enthalpie H

A. Calcul de travail et chaleur échangés

B. Bilans énergétiques de cycles réversibles

Chapitre 4. Le deuxième principe. Bilans entropiques. Machines thermiques

B. Calculs de variations d'entropie

C. Bilans entropiques : entropies d'échange et de création

D. Pompe à chaleur et machine frigorifique. Efficacité

E. Machines thermiques dithermes. Rendement

Chapitre 5. Changements d'état solide-liquide-vapeur

CHAPITRE 1

Gaz parfaits et réels. Équation d'état. Diffusion

Un gaz est formé de particules (atomes, molécules ou ions) en mouvement incessant, dont la vitesse croît avec la température du gaz.

I. GAZ PARFAIT : MODÈLE CINÉTIQUE

1. Définition du gaz parfait

Un gaz, composé de N particules de même masse m_0, à la température T, est dit «parfait» si :

– les particules qui le composent sont *ponctuelles* (dimensions négligeables),
– les particules sont *sans interaction* (forces intermoléculaires négligeables).

2. Distribution des vitesses. Vitesse quadratique (cf. Problèmes n° 7 et 8)

• Le nombre $\mathrm{d}N$ de particules du gaz dont la vitesse est comprise entre v et $v + \mathrm{d}v$ est, en proportion relative :

$$\boxed{\frac{\mathrm{d}N}{N} = f(v) \cdot \mathrm{d}v},$$

où $f(v)$ est la fonction de distribution des vitesses moléculaires.

• Le carré de la vitesse quadratique moyenne u est défini comme la moyenne du carré des vitesses, soit

$$u^2 = \frac{1}{N} \int v^2 \,\mathrm{d}N = \int_0^\infty v^2 \cdot f(v) \cdot \mathrm{d}v$$

On obtient

$$\boxed{u = \sqrt{\frac{3kT}{m_0}}} \qquad (1)$$

où T est la température absolue (liée à la température Celsius θ par $T = \theta + 273,15$) et k est la constante de Boltzmann ($k = 1,38 \cdot 10^{-23}$ SI).

3. Énergie et température du gaz parfait monoatomique

• L'énergie cinétique moyenne d'une particule est $e_c = \dfrac{1}{2}\, m_0 u^2$, ou

$$\boxed{e_c = \frac{3}{2}\, kT} \quad \textit{(pour 1 particule)}$$

• L'énergie cinétique d'une mole ($\mathcal{N}$ molécules) de gaz parfait est donc

$$E_c = \mathcal{N} \cdot e_c = \frac{3}{2}\, k\mathcal{N}T$$

si $\mathcal{N}$ est le nombre d'Avogadro = nombre de molécules dans 1 mole = $6,02 \cdot 10^{23}$; on pose $\boxed{R = k \cdot \mathcal{N}} = 6,02 \cdot 10^{23} \cdot 1,38 \cdot 10^{-23} = 8,31\ \mathrm{J \cdot K^{-1}}$, il vient

$$\boxed{E_c = \frac{3}{2}\, RT} \quad \textit{(pour 1 mole)}$$

• *L'énergie interne U du gaz parfait*, qui se confond avec son énergie cinétique, *ne dépend que de sa température* absolue T ; si le gaz est monoatomique

$$\boxed{U = E_c = N \cdot \frac{1}{2}\, m_0 u^2 = N \cdot \frac{3}{2}\, kT} \quad \textit{(pour N particules)}$$

4. Pression cinétique du gaz parfait (cf. Problèmes n° 3 et 4)

• La pression p en un point d'un gaz parfait est la force par unité de surface

$$\boxed{p = \mathrm{d}\vec{F} / \mathrm{d}\vec{S}}$$

exercée par les particules qui heurtent la paroi du manomètre placé en ce point.

• Cette pression (dite cinétique), due à l'agitation thermique, est

$$\boxed{p = \frac{1}{3}\, n \cdot m_0 \cdot u^2}\;, \quad \text{ou d'après (1),} \quad \boxed{p = n \cdot k \cdot T} \qquad (2)$$

où n est la densité moléculaire (nombre de particules par unité de volume) du gaz parfait.

Remarque : La pression macroscopique du gaz parfait se confond avec sa pression cinétique (cf. paragraphe II, 3).

II. GAZ PARFAIT ET GAZ RÉEL – ÉQUATION D'ÉTAT

1. Paramètres d'état et équation d'état

• L'état macroscopique d'un fluide est défini, à l'équilibre, par les *paramètres d'état* (pression p, volume V, température T, nombre de moles x, masse volumique ρ, ...) qui définissent le système.

• *L'équation d'état* est la relation qui lie les paramètres d'état du système.

• On distingue les paramètres *extensifs* (x, V) proportionnels à la quantité de matière du fluide, donc additifs, et les paramètres *intensifs* (p, T, ρ) indépendants de la quantité matière, donc ayant même valeur pour tous les éléments du système.

2. Équation d'état des gaz parfaits

Pour un gaz comportant x moles, donc $N = x \cdot \mathcal{N}$ particules, la densité moléculaire est $n = \dfrac{N}{V} = \dfrac{x \cdot \mathcal{N}}{V}$; la relation (2) s'écrit donc $p = \dfrac{x\mathcal{N}}{V}\, kT$ et, en introduisant la constante molaire des gaz parfaits $R = k \cdot \mathcal{N}$, on obtient l'équation d'état

$$\boxed{p \cdot V = x \cdot R \cdot T} \qquad (3)$$

Remarques :

• Le nombre de moles est $x = \dfrac{\text{nombre de particules } N}{\text{nombre d'Avogadro } \mathcal{N}} = \dfrac{\text{masse du gaz } m}{\text{masse molaire } M}$

• L'équation d'état peut s'écrire $p \cdot V = \dfrac{m}{M}\, RT$; on en déduit la masse volumique $\rho = \dfrac{m}{V}$ du gaz parfait

$$\boxed{\rho = \frac{M \cdot p}{RT}} \quad (M = \text{masse molaire} = 29 \cdot d, \text{ et } d = \text{densité du gaz})$$

3. Équation d'état des gaz réels – Modèle limite du gaz parfait

a) Gaz réels

- Dans le modèle d'un gaz réel, on tient compte :
  – des dimensions des particules (non ponctuelles),
  – des forces intermoléculaires (il y a interaction des particules).
- La pression p d'un fluide réel est la somme algébrique de deux termes :
  – la pression «cinétique» p_c due à l'agitation thermique des particules,
  – et la pression «moléculaire» p_m due aux forces intermoléculaires

soit $$\boxed{p = p_c + p_m}$$

- L'équation d'état de x moles de gaz réel, de la forme $\boxed{(p + p_i)(V - b) = x \cdot RT}$, introduit par rapport à l'équation $pV = x \cdot RT$ du gaz parfait, deux termes correctifs :

  – l'un p_i, homogène à une pression, qui tient compte des interactions moléculaires (p_i = pression interne du gaz réel),

  – l'autre b, homogène à un volume, qui tient compte du volume propre des particules (b = covolume du gaz réel).

Exemple : le gaz réel de Van der Waals obéit à l'équation

$$\left(p + \frac{a}{V^2}\right)(V - b) = xRT.$$

- Dans le diagramme d'Amagat $(p, p \cdot V)$, les isothermes d'un fluide réel sont assez bien représentés par l'équation

$$pV = xRT + B(T) \cdot p + C(T) \cdot p^2$$

et aux faibles pressions ($p < 2$ atm) par l'équation rapprochée

$$pV = xRT + B(T) \cdot p \simeq xRT\left[1 + \frac{B(T)}{V}\right]$$

et le terme correctif par rapport au gaz parfait est donc $B(T)/V$.

b) Modèle limite du gaz parfait

Pour un gaz réel de très faible pression ($p \to 0$), on aura $p_m \ll p_c$ et donc la pression du gaz parfait se confond avec sa pression cinétique ($p \simeq p_c$) comme pour un gaz parfait; de plus les isothermes d'Amagat se rapprochent de celles de gaz parfait :

$$pV/T \longrightarrow xR$$

Ainsi, les gaz réels très peu comprimés tendent vers un comportement de gaz parfait.

III. COEFFICIENTS THERMOÉLASTIQUES ET THERMIQUES

1. Coefficients thermoélastiques : relations générales

• À partir de l'équation d'état $f(p,V,T)$ d'un fluide, on peut prévoir ses propriétés thermoélastiques en déterminant ses coefficients thermoélastiques positifs α, β, χ et χ_a :

– le coefficient d'augmentation de volume (dilatation) à pression constante (isobare)

$$\boxed{\alpha = \frac{1}{V}\left(\frac{\partial V}{\partial T}\right)_p} \;;$$

– le coefficient d'augmentation de pression à volume constant (isochore)

$$\boxed{\beta = \frac{1}{p}\left(\frac{\partial p}{\partial T}\right)_V} \;;$$

– le coefficient de compressibilité isotherme (à température constante), défini comme la variation relative du volume du fluide pour une variation de pression égale à l'unité

$$\boxed{\chi = -\frac{1}{V}\left(\frac{\partial V}{\partial p}\right)_T} \;;$$

– le coefficient de compressibilité adiabatique (à chaleur Q constante)

$$\boxed{\chi_a = -\frac{1}{V}\left(\frac{\partial V}{\partial p}\right)_Q} \,.$$

• La relation mathématique $\left(\frac{\partial p}{\partial V}\right)_T \cdot \left(\frac{\partial V}{\partial T}\right)_p \cdot \left(\frac{\partial T}{\partial p}\right)_V = -1$ conduit à la relation générale qui lie les coefficients α, β, χ et la pression :

$$\boxed{\alpha = \beta \cdot \chi \cdot p}$$

2. Coefficients thermiques (ou calorimétriques)

• Pour élever la température d'un corps de T à $T + \mathrm{d}T$, il faut lui fournir la quantité de chaleur (ou énergie thermique)

$$\delta Q = C \cdot \mathrm{d}T,$$

soit $\boxed{C = \delta Q/\mathrm{d}T}$ = *capacité thermique* du corps (en Joule/Kelvin).

• La quantité de chaleur reçue par un fluide qui passe de l'état (p, V, T) à l'état voisin $(p + \mathrm{d}p, V + \mathrm{d}V, T + \mathrm{d}T)$ est, pour une transformation réversible :
- avec les paramètres T, V : $\delta Q = c_V \,\mathrm{d}T + l \,\mathrm{d}V$
- avec les paramètres T, p : $\delta Q = c_p \,\mathrm{d}T + h \,\mathrm{d}p$.

Les coefficients c_V et c_p sont les *capacités thermiques à volume constant et à pression constante*; l et h sont deux coefficients calorimétriques.

• Si on désigne c_V et c_p les capacités thermiques (ou calorifiques) massiques, et C_{V_m} et C_{p_m} les capacités thermiques molaires, les capacités thermiques d'un fluide de masse m ayant n moles sont évidemment

$$\boxed{C_V = m \cdot c_V = n \cdot C_{V_m}} \quad \text{et} \quad \boxed{C_p = m \cdot c_p = n \cdot C_{p_m}}$$

• Un fluide est caractérisé par le rapport des chaleurs massiques :

$$\boxed{\gamma = \frac{c_V}{c_p} = \frac{C_{V_m}}{C_{p_m}}}$$

3. Coefficients thermoélastiques et thermiques d'un gaz parfait

• D'après III. 1), les coefficients thermoélastiques du gaz parfait sont :

$$\boxed{\alpha = \beta = \frac{1}{T}} \qquad \boxed{\chi = \frac{1}{p}} \qquad \boxed{\chi_a = \frac{1}{\gamma \cdot p}}$$

• Les capacités thermiques molaires (relatives à une mole de gaz) sont liées par deux relations :

$$C_{p_m} - C_{V_m} = R \quad \text{et} \quad C_{p_m}/C_{V_m} = \gamma;$$

on en déduit

$$\boxed{C_{V_m} = \frac{R}{\gamma - 1}} \quad \text{et} \quad \boxed{C_{p_m} = \frac{\gamma R}{\gamma - 1}}$$

• Enfin, on établit aisément que les coefficients calorimétriques l et h du gaz parfait sont

$$\boxed{l = p} \quad \text{et} \quad \boxed{h = -V}$$

IV. DIFFUSION DE PARTICULES. LOIS DE FICK

Si la concentration des particules n'est pas homogène (n'a pas même valeur en tout point du système), un transport de matière se produira dans le système dans un sens qui tend à uniformiser les concentrations. On aura ainsi un courant de diffusion de particules, régi par les lois de Fick.

1. Diffusion unidirectionnelle. Lois de Fick

a) Définition

On appelle densité de flux de molécules diffusantes suivant la direction Ox, à l'abscisse x, le nombre moyen de molécules qui traversent par unité de temps l'unité de surface du plan $x =$ cte.

b) Première loi de Fick

La densité de flux de molécules, notée j_n, est proportionnelle en chaque point au gradient de la concentration suivant la direction de diffusion :

$$\boxed{j_n = -D \frac{\partial n}{\partial x}} \qquad (D = \text{coefficient de diffusion})$$

• Le signe – indique que la diffusion s'effectue dans le sens des concentrations décroissantes.

• Le flux de molécules ou nombres de molécules qui diffusent par seconde à travers une surface s normale à Ox est donc : $j_n \cdot s$.

c) Deuxième loi de Fick : équation de diffusion

La *conservation du nombre de particules*, jointe à la 1ère loi de Fick, permet d'établir (cf. Problème 17, chap. 1) l'équation de diffusion d'un gaz, si D est supposé constant :

$$\boxed{\frac{\partial n}{\partial t} = D\,\frac{\partial^2 n}{\partial x^2}}$$

2. Libre parcours moyen l et coefficient de diffusion D

Si on attribue un diamètre δ non nul aux molécules d'un gaz, on démontre que la distance parcourue par une molécule entre deux chocs successifs, ou *libre parcours moyen*, est (Problème 5, chap. 1)

$$\boxed{l = \frac{1}{\sqrt{2}} \cdot \frac{1}{n \cdot \sigma}}$$

avec $\begin{cases} n = \text{concentration moléculaire du gaz} = \dfrac{p}{kT} \text{ d'après (2)} \\ \sigma = \text{section efficace} = \pi\delta^2 \end{cases}$

On peut établir (cf. Problème 18, chap. 1) que le coefficient d'autodiffusion d'un gaz est proportionnel au libre parcours moyen l et à la vitesse moyenne $\overline{v}$ des molécules :

$$\boxed{D = \frac{1}{3}\,l\,\overline{v}} \quad \text{avec} \quad \overline{v} = \sqrt{\frac{8RT}{\pi M}}$$

Ainsi D *est proportionnel à* $T^{3/2}$ *et inversement proportionnel à la pression du gaz.*

PROBLÈMES DU CHAPITRE 1

A. GAZ PARFAITS : ÉQUATION D'ÉTAT. MODÈLE CINÉTIQUE

1. Équation d'état et fraction de dissociation d'un gaz parfait

1. *a)* Calculer le volume V occupé par 2 grammes de gaz iodhydrique HI à 27 °C sous la pression atmosphérique $p = 1$ atm $= 1{,}013 \cdot 10^5$ pascals, en supposant le gaz parfait et non dissocié à cette température.

b) Calculer le nouveau volume V' occupé par la même masse de ce gaz à 447 °C sous la pression atmosphérique, si on suppose le gaz non dissocié.

2. Un gaz diatomique supposé parfait renfermant n moles est chauffé jusqu'à atteindre la température absolue T et la pression p. On désigne x la fraction de dissociation des molécules du gaz en atomes. Déterminer l'équation d'état qui lie p, V, T, n et x.

3. L'expérience montre qu'à 447 °C, le volume occupé réellement par les deux grammes du gaz iodhydrique sous pression atmosphérique est $V = 1\,127$ cm^3. En déduire la fraction x de dissociation du gaz dans ces conditions.

On donne $H = 1$; $I = 127$; constante molaire des gaz parfaits : $R = 8{,}32$ J/mole/K.

Solution

1. *a)* Le gaz iodhydrique, de masse molaire $M = 128$ grammes, renferme un nombre de moles

$$n = \frac{m}{M} = \frac{2}{128} = \frac{1}{64} \text{ moles}$$

L'équation d'état du gaz non dissocié, supposé parfait, est

$$pV = nRT$$

d'où le volume gazeux cherché

$$\boxed{V = \frac{nRT}{p}} \qquad (1)$$

Application numérique :

$T = 300$ K, $V = \dfrac{(1/64) \cdot 8{,}32 \cdot 300}{1{,}013 \cdot 10^5} = 3{,}85 \cdot 10^{-4}\ \text{m}^3 = \mathbf{385\ cm^3}$

b) D'après (1), on a pour m (donc n) et p constants :

$$\frac{V'}{T'} = \frac{V}{T}, \quad \text{soit} \quad \boxed{V' = V \cdot \frac{T'}{T}}$$

Application numérique : $V' = 385 \cdot \dfrac{447 + 273}{27 + 273} = \mathbf{924\ cm^3}$

2. L'équilibre en phase gazeuse se formule ainsi :

$$\text{AB} \leftrightharpoons \text{A} + \text{B}$$

Le nombre de moles dissociées est nx ; on obtient $\begin{cases} nx \text{ moles d'atomes de } A \\ \text{et } nx \text{ moles d'atomes de } B. \end{cases}$

Le mélange renferme donc à l'équilibre $\begin{cases} 2nx \text{ moles d'atomes} \\ \text{et } n(1-x) \text{ moles non dissociées,} \end{cases}$

soit au total $2nx + n(1-x) = n(1+x)$ moles.

L'équation d'état du mélange s'écrit donc

$$\boxed{pV = n(1+x) \cdot RT}. \qquad (2)$$

3. *Application :* $\text{HI} \leftrightharpoons \text{H} + \text{I}$.
On en déduit, d'après la relation (2), le degré de dissociation :

$$\boxed{x = \frac{pV}{nRT} - 1}.$$

Application numérique :

$x = \dfrac{1{,}013 \cdot 10^5 \cdot 1{,}127 \cdot 10^{-3}}{(1/64) \cdot 8{,}32 \cdot 720} - 1 = 0{,}22$; $\boldsymbol{x} = \mathbf{22}\ \%$.

2. Calcul des caractéristiques d'un gaz parfait. Fuite de gaz

Dans un récipient de volume invariable $V = 10$ litres, est enfermé de l'hélium gazeux, supposé parfait, à la pression $p = 2{,}1$ atmosphères et à la température $T = 300$ K.

On donne : cte des gaz parfaits $R = 8{,}32$ J–mole^{-1}·K^{-1}; cte de Boltzman $k = 1{,}38 \cdot 10^{-23}$ J·K^{-1}; 1 atmosphère = $1{,}013 \cdot 10^5$ Pascals; masse molaire de l'hélium $M = 4$ grammes (gaz monoatomique).

Exprimer en fonction des données, puis calculer

1. *a)* la masse d'hélium contenu dans ce récipient,

b) la densité particulaire δ, c'est-à-dire le nombre d'atomes d'hélium par unité de volume,

2. *a)* l'énergie cinétique totale du gaz enfermé, puis l'énergie cinétique moyenne d'un atome,

b) la vitesse quadratique moyenne des atomes d'hélium.

3. Par suite d'une fuite, la pression et la température dans le récipient tombent respectivement aux valeurs $p' = 1{,}4$ atmosphère et $T' = 290$ K. Calculer la masse Δm d'hélium perdue au cours de cette fuite de gaz.

4. On colmate alors la fuite de gaz. À quelle température T_1 doit-on porter le gaz (système fermé) pour qu'il retrouve sa pression initiale de 1,8 atmosphère ?

Solution

1. *a)* D'après l'équation du gaz parfait, le nombre x de moles du gaz est

$$x = \frac{p \cdot V}{RT} \qquad (1)$$

et la masse du gaz emprisonné est $m = M \cdot x$, soit

$$\boxed{m = M \cdot \frac{pV}{RT}}$$

Application numérique : $m =$ **3,41 grammes**

b) 1 mole de gaz renferme $\mathcal{N} = R/k$ molécules d'hélium monoamotique, donc $\mathcal{N} = R/k$ atomes.
Le nombre d'atomes contenus dans le récipient est donc $\mathcal{N} \cdot x$, et la densité particulaire est, compte-tenu de (1),

$$\delta = \frac{\mathcal{N} \cdot x}{V} = \frac{R}{k} \cdot \frac{p}{RT} \quad \text{soit} \quad \boxed{\delta = \frac{p}{kT}}$$

Application numérique : $\delta = \mathbf{5,14 \cdot 10^{25}}$ **atomes/m³**

2. ***a)*** L'énergie cinétique du gaz parfait est $\boxed{E_c = \frac{3}{2}\, pV}$ (*) (2)

b) • L'énergie cinétique moyenne d'un atome est, puisque le gaz renferme $\mathcal{N} \cdot x = V \cdot \delta = \dfrac{pV}{kT}$ atomes,

$$e_c = \frac{E_c}{pV/kT} \quad \text{soit, d'après (2),} \quad \boxed{e_c = \frac{3}{2}\, kT} \qquad (3)$$

• Un atome de vitesse moyenne u et de masse $m_0 = \dfrac{M}{\mathcal{N}} = \dfrac{M}{R/k}$ (4)

possède l'énergie cinétique moyenne $e_c = \dfrac{1}{2}\, m_0 u^2$, donc d'après (3),

$$u = \sqrt{\frac{2e_c}{m_0}} = \sqrt{\frac{3kT}{m_0}} \text{ et, d'après (4),} \boxed{u = \sqrt{\frac{3RT}{M}}}$$

Application numérique : $E_c = \mathbf{3,19}$ **KJ**; $e_c = 6{,}21 \cdot 10^{-21}$ J $= \mathbf{0,039}$ ***e*****V**; $u = \mathbf{1\,368}$ **m/s**

3. Le nombre de moles d'hélium qui ont quitté le récipient est, d'après (1),

$$\Delta n = \frac{pV}{RT} - \frac{p'V}{RT'} = \frac{V}{R}\left(\frac{p}{T} - \frac{p'}{T'}\right)$$

La masse de gaz perdue $\Delta m = M \cdot \Delta n$ au cours de la fuite est donc

$$\boxed{\Delta m = \frac{MV}{R}\left(\frac{p}{T} - \frac{p'}{T'}\right)} = \mathbf{0,57\ g}$$

(*) Cf. démonstration dans le problème n° 3 de ce chapitre 1.

4. Dès que le récipient ne fuit plus, le gaz passe de l'état (p', T') à l'état (p, T_1) à volume constant, donc d'après l'équation d'état des gaz parfaits :

$$\frac{p'}{T'} = \frac{p}{T_1} \quad \text{soit} \quad \boxed{T_1 = T' \cdot \frac{p}{p'}} \simeq \mathbf{373\ K} \text{ ou } \mathbf{100^\circ C}$$

3. Énergie et pression d'un gaz parfait. Détermination de l'équation d'état

Un gaz parfait, en équilibre dans un récipient de volume V, est considéré comme un système de molécules de masse m, supposées ponctuelles; les forces d'interactions moléculaires sont nulles (sauf au moment du choc de deux molécules).

On désignera n le nombre de molécules par unité de volume et u la vitesse quadratique moyenne des molécules. Lorsque chaque molécule M_i, repérée par le vecteur position $\overrightarrow{OM_i} = \overrightarrow{r_i}$, est soumise à une force $\overrightarrow{F_i}$, on définit le viriel V des forces agissantes sur le système :

$$V = \frac{1}{2} \sum \overrightarrow{r_i} \cdot \overrightarrow{F_i}.$$

1. On admettra le théorème mécanique du viriel : «l'énergie cinétique d'un système de points matériels est égale à la valeur moyenne du viriel des forces agissantes, changé de signe».

a) Montrer que l'énergie cinétique totale du gaz parfait est $3pV/2$.

b) En déduire l'expression de la pression p du gaz à l'équilibre, en fonction de m, n et u.

2. En déduire l'équation d'état relative à une mole de gaz parfait , par application du principe d'équipartition de l'énergie : «À chaque degré de liberté est affectée, à l'équilibre, une énergie cinétique moyenne $\frac{1}{2}kT$, pour chaque molécule», k étant la constante de Boltzmann : $k = \frac{R}{\mathcal{N}}$ (R = cte des gaz parfaits, $\mathcal{N}$ = nombre d'Avogadro).

Solution

1. *a)* Décomposons le viriel des forces agissant sur la molécule en deux termes :

• *le viriel V_i des forces intérieures* (intermoléculaires) :

L'hypothèse du gaz parfait impose que les actions intermoléculaires, autres que les chocs, sont nulles; de plus, au cours du choc de deux molécules, la résultante des forces agissantes sur le système de deux molécules est nulle, d'après le principe de l'action et de la réaction, donc

$$V_i = \frac{1}{2} \sum \overrightarrow{r_i} \cdot \overrightarrow{F_i} = 0.$$

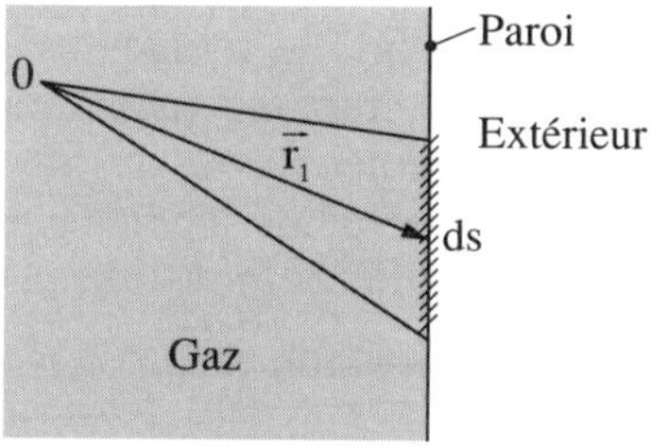

Fig. I.1

• *le viriel V_e des forces extérieures* (forces de pression exercées par les parois du récipient sur le gaz) :

La force de pression exercée par les molécules du gaz heurtant un élément de paroi d'aire $\mathrm{d}\overrightarrow{S}$ (vecteur de module $\mathrm{d}S$, orienté perpendiculairement à l'élément de paroi, et dirigé vers l'extérieur) est $p\,\mathrm{d}\overrightarrow{S}$.
D'après le principe de l'action et de la réaction, la paroi ramène les molécules du gaz vers l'intérieur, avec une force égale et opposée $\mathrm{d}\overrightarrow{F} = -p\,\mathrm{d}\overrightarrow{S}$; le viriel est donc

$$V_e = \frac{1}{2} \int \overrightarrow{r} \cdot \mathrm{d}\overrightarrow{F} = -\frac{1}{2} \int p\overrightarrow{r} \cdot \mathrm{d}\overrightarrow{S}. \tag{1}$$

La somme porte sur les molécules contenues dans le cône de sommet O, de base $\mathrm{d}S$, de volume $\mathrm{d}V = \dfrac{\overrightarrow{r} \cdot \mathrm{d}\overrightarrow{S}}{3}$; puisque l'on a $\overrightarrow{r} \cdot \mathrm{d}S = 3\,\mathrm{d}V$, la relation (1) s'écrit

$$V_e = -\frac{3}{2}\, p \int \mathrm{d}V = -\frac{3}{2}\, pV,$$

V étant le volume total gazeux.

Le théorème du viriel se traduit par la relation

$$E_c = -(V_e + V_i), \quad \text{soit} \quad \boxed{E_c = \frac{3}{2}\, pV} \tag{2}$$

b) D'autre part, l'énergie cinétique moyenne d'une molécule est $\frac{1}{2}\, mu^2$; le nombre de molécules contenues dans le volume V est nV ; l'énergie cinétique du système de molécules est donc

$$E_c = nV \cdot \frac{1}{2}\, mu^2$$

soit

$$nV \cdot \frac{1}{2}\, mu^2 = \frac{3}{2}\, pV.$$

La pression du gaz est donc

$$\boxed{p = \frac{1}{3}\, nmu^2}\,. \tag{3}$$

2. Les molécules d'un gaz parfait étant considérées comme ponctuelles, chaque molécule a 3 degrés de liberté de translation (x, y, z). D'après le principe d'équipartition, l'énergie cinétique moyenne de chaque molécule est $3 \times \frac{1}{2}\, kT$, soit

$$\frac{1}{2}\, mu^2 = \frac{3}{2}\, kT \quad \text{ou} \quad mu^2 = 3kT.$$

La relation (3) s'écrit alors

$$p = nkT.$$

Si l'on considère une mole de gaz ($\mathcal{N}$ molécules) on a $n = \frac{\mathcal{N}}{V}$; la pression est donc

$$p = \frac{\mathcal{N}}{V}\, kT,$$

l'équation d'état relative à une mole de gaz s'écrit alors $pV = \mathcal{N}kT$ ou

$$\boxed{pV = RT} \ (\text{car } k\mathcal{N} = R).$$

4. Pression cinétique et vitesse quadratique. Distance interatomique

Un gaz parfait, formé de molécules neutres, occupe, à la température uniforme T, un volume V, sous la pression p. On désignera n la densité particulaire (c'est-à-dire le nombre de particules par unité de volume), k la constante de Boltzmann et R la constante molaire des gaz parfaits.

1. *a)* Exprimer la pression du gaz en fonction des seules données n, k et T.

b) Exprimer en fonction de p, k et T, la distance moyenne L entre deux particules de gaz.

2. *a)* Rappeler la formule donnant la pression d'un gaz composé de particules monoatomiques, de masse m, en fonction de n, m et de la vitesse quadratique moyenne u des particules. En déduire l'énergie cinétique d'une particule en fonction de k et T.

b) Exprimer la vitesse quadratique moyenne en fonction de M, R et T, M étant la masse molaire du gaz.

3. *Application :* Un récipient contient du néon caractérisé par :
$p = 3{,}8 \cdot 10^{-3}$ mm de mercure; $T = 273$ K; $k = 1{,}38 \cdot 10^{-23}$ J/K; $M = 20$ g; $R = 8{,}32$ S.I.
Calculer la densité particulaire, l'énergie cinétique d'une particule en électrons-volts, la vitesse quadratique moyenne et la distance interatomique moyenne pour le néon.

Solution

1. *a)* La pression d'un gaz parfait (x moles) occupant le volume V, à la température T, est

$$p = \frac{xRT}{V};$$

introduisons la constante de Boltzmann $k = \dfrac{R}{\mathcal{N}}$, où $\mathcal{N}$ est le nombre d'Avogadro (nombre de particules contenues dans une mole); on en déduit

$$p = \frac{x\mathcal{N}kT}{V} \qquad (1)$$

Comme x moles du gaz renferment $x\mathcal{N}$ particules, la densité particulaire du gaz est

$$n = \frac{x\mathcal{N}}{V}.$$

La relation (1) s'écrit donc

$$\boxed{p = nkT} \tag{2}$$

b) Le volume moyen (supposé cubique) occupé par une particule est

$$L^3 = \frac{\text{volume total}}{\text{nombre de particules}} = \frac{V}{x \cdot \mathcal{N}} = \frac{1}{n}$$

on en déduit la distance moyenne entre deux particules :

$$L = \sqrt[3]{1/n} \quad \text{ou} \quad \boxed{L = \sqrt[3]{\frac{kT}{p}}}$$

2. ***a)*** Rappelons que la pression d'un gaz de particules monoatomiques de masse m est proportionnelle à la densité particulaire n et au carré de la vitesse quadratique moyenne des molécules monoatomiques(*) :

$$p = \frac{1}{3}\, nmu^2. \tag{3}$$

Or l'énergie cinétique moyenne de translation d'une particule est

$$e_c = \frac{1}{2}\, mu^2.$$

En égalant les expressions (2) et (3), on obtient $mu^2 = 3kT$, donc

$$\boxed{e_c = \frac{3}{2}\, kT}\,.$$

L'énergie cinétique de translation d'une particule d'un gaz monoatomique ne dépend que de sa température.

b) L'énergie cinétique s'exprimant de deux façons : $e_c = \dfrac{1}{2}mu^2 = \dfrac{3}{2}kT$,

(*) Cf. démonstration à la 1ère question du problème précédent n°3.

on en déduit la vitesse quadratique moyenne :

$$u = \sqrt{\frac{3kT}{m}}.$$

Introduisons la masse molaire M (masse de $\mathcal{N}$ particules) : $M = m\mathcal{N}$; on obtient

$$u = \sqrt{\frac{3k\mathcal{N}T}{M}} \quad \text{avec} \quad k\mathcal{N} = R,$$

d'où

$$\boxed{u = \sqrt{\frac{3RT}{M}}}\,.$$

3. *Application :* Puisque 1 atm = 760 mm de mercure $\approx 10^5$ Pa, on a

$$p = \frac{10^5 \cdot 3{,}8 \cdot 10^{-3}}{760} = 0{,}5 \text{ Pa}.$$

– La densité particulaire est donc

$$n = \frac{p}{kT} = \frac{0{,}5}{1{,}38 \cdot 10^{-23} \cdot 273} = \mathbf{1{,}34 \cdot 10^{20}\ particules/m^3}.$$

– L'énergie cinétique d'une particule est

$$e_c = \frac{3}{2}\,kT = 5{,}65 \cdot 10^{-21} \text{ J ou } \mathbf{3{,}5 \cdot 10^{-2}\ eV}.$$

– La vitesse quadratique moyenne est

$$u = \sqrt{\frac{3RT}{M}} = \sqrt{\frac{3 \cdot 8{,}32 \cdot 273}{20 \cdot 10^{-3}}} = \mathbf{585\ m/s}.$$

– La distance interatomique moyenne est

$$L = \frac{1}{\sqrt[3]{n}} = \frac{1}{\sqrt[3]{1{,}34 \cdot 10^{20}}} = \mathbf{1\,954\ A}$$

Cette distance, très supérieure aux dimensions des atomes, justifie le caractère presque parfait du gaz à basse pression.

B. LIBRE PARCOURS ET LOIS DE DISTRIBUTION

5. Libre parcours moyen et fréquence de collisions dans un gaz

Un gaz est constitué de molécules identiques, supposées sphériques, de petit diamètre δ. On désignera par n le nombre de molécules par unité de ce gaz, que l'on supposera parfait.

1. Calculer, en fonction de δ et n, le libre parcours moyen $\overline{l}$ d'une molécule M, c'est-à-dire la distance moyenne parcourue par M entre deux chocs successifs :

a) dans l'hypothèse simpliste où toutes les molécules sont immobiles, sauf M.

b) dans l'hypothèse où toutes les molécules sont en mouvement (on confondra la vitesse moyenne et la vitesse quadratique moyenne des molécules).

2. Un flacon contient de l'oxygène à $T = 290$ K, sous très faible pression $p = 10^{-4}$ atm $= 10$ Pa. On donne pour l'oxygène : diamètre des molécules $\delta = 3{,}5$ Å et masse molaire $M = 32$ g; $R = 8{,}3$ J–mole^{-1}–K^{-1}; volume molaire normal $V_0 = 22{,}4$ l; nombre d'Avogadro $= 6{,}02 \cdot 10^{23}$. Calculer :

a) le libre parcours moyen des molécules d'oxygène :

b) la vitesse moyenne de ces molécules, donnée(*) par

$$\overline{v} = \sqrt{\frac{8RT}{\pi M}};$$

c) la fréquence de collisions (nombre moyen de collisions de chaque molécule par seconde);

d) le nombre total de collisions par seconde dans 1 mm^3 du gaz.

(*) Cf. démonstration de cette expression de $\overline{v}$ dans le problème n° 7 de ce chapitre.

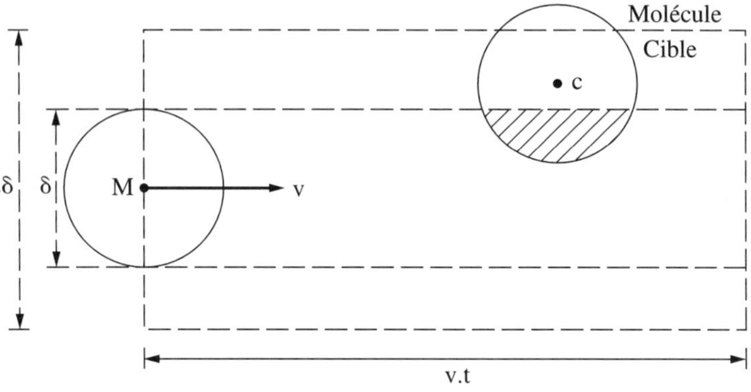

Fig. I.2

Solution

1. *a)* Une molécule cible au repos sera heurtée par la particule incidente M, de vitesse moyenne $\overline{v}$, si son centre C est à l'intérieur du cylindre de diamètre 2δ, donc de section $\delta = \pi \cdot \delta^2$ appelée section efficace (fig. I.2).
Pendant l'intervalle de temps t, M parcourt le chemin $\overline{v}t$ et sa «sphère de protection» de diamètre 2δ balaie le cylindre de volume $\pi \cdot \delta^2 \overline{v} t$ qui renferme donc $(n \cdot \pi\delta^2 \cdot \overline{v} \cdot t)$ centres moléculaires. Ce temps t sera égal au temps moyen τ entre deux chocs successifs si le cylindre contient un seul centre C moléculaire, donc

$$n\pi\delta^2\overline{v}\tau = 1 \tag{1}$$

Le libre parcours moyen est donc $\bar{l} = \overline{v}\tau$, soit

$$\boxed{\bar{l} = \frac{1}{n \cdot \pi\delta^2} = \frac{1}{n \cdot \sigma}}$$

b) En fait, toutes les molécules sont en mouvement et il faut donc remplacer la vitesse moyenne $\overrightarrow{v}$ de M par sa vitesse relative $\overrightarrow{v_r}$ dans l'expression du volume du cylindre balayé; donc la relation (1) devient

$$n \cdot \pi\delta^2 \cdot \overline{v}_r \cdot \tau = 1 \tag{2}$$

avec $\overrightarrow{v_r} = \overrightarrow{v} - \overrightarrow{v_c}$, où $\overrightarrow{v_c}$ désigne la vitesse de la particule cible qui n'est plus supposée nulle; donc

$$\overrightarrow{v_r^2} = \overrightarrow{v^2} + \overrightarrow{v_c^2} - 2\overrightarrow{v} \cdot \overrightarrow{v_c} \tag{3}$$

Or la valeur moyenne de $\overrightarrow{v} \cdot \overrightarrow{v_c} = v \cdot v_c \cdot \cos(\overrightarrow{v}, \overrightarrow{v_c})$ est nulle car les molécules se déplacent dans toutes les directions et, en moyenne, $\cos(\overrightarrow{v}, \overrightarrow{v_c}) = 0$; donc la moyenne de la relation (3) s'écrit : $\overline{v_r^2} = \overline{v^2} + \overline{v_c^2} = 2\overline{v^2}$ car les molécules sont identiques ($\overline{v^2} = \overline{v_c^2}$). En confondant vitesse quadratique moyenne et vitesse moyenne, il vient donc $(\overline{v}_r)^2 = 2(\overline{v})^2$, soit

$$\overline{v}_r = \overline{v}\sqrt{2} \tag{4}$$

Le libre parcours moyen est donc $\overline{l} = \overline{v}\tau$ soit, d'après (2), $\overline{l} = \overline{v} \cdot \dfrac{1}{n\pi\delta^2\overline{v}_r}$
et, d'après (4)

$$\boxed{\overline{l} = \frac{1}{\sqrt{2}} \cdot \frac{1}{n\pi\delta^2} = \frac{1}{\sqrt{2}} \cdot \frac{1}{n\sigma}} \tag{5}$$

2. ***a)*** Le gaz supposé parfait obéit à l'équation $pV = NRT$ relative à N moles. Le nombre de molécules (1 mole $= \mathcal{N}$ molécules) par unité de volume est donc (si on introduit la constante de Boltzmann $k = R/\mathcal{N}$)

$$n = \mathcal{N}\frac{N}{V} = \mathcal{N}\frac{p}{R \cdot T} = \frac{p}{kT} \tag{6}$$

Le libre parcours est donc, d'après (5) et (6),

$$\boxed{\overline{l} = \frac{k}{\sqrt{2} \cdot \pi} \cdot \frac{1}{\delta^2} \cdot \frac{T}{p}}$$

Application numérique : $k = R/\mathcal{N} = 1{,}38 \cdot 10^{-23}$ SI; on obtient $l =$ **0,73 mm**. On remarque que $l \gg \delta$.

b) La vitesse moyenne des molécules est (cf. démonstration probl. n° 7)

$$\overline{v} = \sqrt{\frac{8RT}{\pi M}} = \sqrt{\frac{8 \times 8{,}31 \times 290}{\pi \cdot 32 \cdot 10^{-3}}} \simeq \mathbf{438\ m/s}$$

c) Le nombre de collisions subies par une molécule, par unité de temps, est

$$\nu = \frac{1}{\tau} \quad \text{soit} \quad \boxed{\nu = \frac{\overline{v}}{\overline{l}}}$$

Application numérique :

$$\nu = \frac{438}{0{,}73 \cdot 10^{-3}} \simeq \mathbf{6 \cdot 10^5\ collisions/seconde}$$

d) Dans les conditions de température et de pression données, le volume molaire gazeux est :

$$V = V_0 \cdot \frac{p_0}{p} \cdot \frac{T}{T_0} = 22{,}4 \cdot \frac{10^5}{10} \cdot \frac{290}{273} = 23{,}8 \cdot 10^4 \text{ l} = 2{,}38 \cdot 10^{11} \text{ mm}^3$$

Puisque le volume molaire contient $\mathcal{N}$ molécules, le nombre de molécules contenues dans 1 mm^3 d'oxygène, dans les conditions imposées, est $N = \frac{\mathcal{N}}{V} = \frac{6{,}02 \cdot 10^{23}}{2{,}38 \cdot 10^{11}} = 2{,}53 \cdot 10^{12}$ molécules.

Le nombre total de collisions par seconde, dans 1 mm^3 d'oxygène à 290 K et 10 Pa, est donc

$$\nu \cdot N = (6 \cdot 10^5) \cdot (2{,}53 \cdot 10^{12}) = \mathbf{1{,}52 \cdot 10^{18}} \textbf{ collisions}.$$

6. Formule de distribution des libres parcours des molécules d'un gaz

On considère un gaz renfermant N_0 molécules identiques. Soit $N(x)$ le nombre de molécules qui se déplacent de la quantité x sans subir de collision. Le nombre de molécules dont le libre parcours est compris entre x et $x + \mathrm{d}x$ est

$$\mathrm{d}N = -a \cdot N(x) \cdot \mathrm{d}x$$

(a = coefficient constant appelé «probabilité de collision»).

1. Exprimer la loi $N(x)$ à l'aide des constante N_0 et a.

2. Exprimer le libre parcours moyen $\bar{l}$ en fonction de a.

3. Déterminer respectivement les pourcentages de molécules qui, après avoir subi une collision, subiront la collision suivante après avoir parcouru les chemins $\frac{\bar{l}}{3}$, $\frac{\bar{l}}{2}$, $\bar{l}$, $2\bar{l}$ et $3\bar{l}$.
Tracer le graphe N/N_0 en fonction de $X = x/\bar{l}$.

4. On désignera $1/\tau$ la fréquence moyenne de collision.

a) Déterminer la probabilité $P(t)$ pour qu'une molécule se déplace pendant un temps t, sans subir de collision.

b) En déduire la probabilité pour qu'une molécule subisse une collision entre les instants t et $t + \mathrm{d}t$ après avoir «survécu» à une collision entre l'instant O et l'instant t.

Solution

1. La probabilité pour qu'une molécule (n'ayant subi aucun choc sur le chemin x) subisse une collision entre x et $x + \mathrm{d}x$ est $\dfrac{\mathrm{d}N}{N} = -a \cdot \mathrm{d}x$.
Intégrons : $\ln N = -ax + \text{cte}$. Pour déterminer la constante, écrivons que pour $x = 0$, $N = N_0$ (car alors aucune molécule n'a subi de collision), donc $\text{cte} = \ln N_0$.
On en déduit $\ln \dfrac{N}{N_0} = -ax$, soit

$$\boxed{N = N_0 \cdot \mathrm{e}^{-ax}} \tag{1}$$

2. Puisque x représente le libre parcours des $\mathrm{d}N$ molécules parmi les N_0 molécules du gaz, le libre parcours moyen est la moyenne des libres parcours x, soit $\bar{l} = \dfrac{1}{N_0} \displaystyle\int_0^{N_0} x \, \mathrm{d}N$.
Or, d'après (1), $\mathrm{d}N = -aN_0 \cdot \mathrm{e}^{-ax} \cdot \mathrm{d}x$; on en déduit

$$\bar{l} = -a \int_{\infty}^{0} x \cdot \mathrm{e}^{-ax} \cdot \mathrm{d}x = a \int_0^{\infty} x \cdot \mathrm{e}^{-ax} \cdot \mathrm{d}x$$

Intégrons par parties en posant $u = x$ et $\mathrm{d}v = \mathrm{e}^{-ax} \, \mathrm{d}x$; il vient

$$\bar{l} = a \left[\left[-\frac{x}{a} \, \mathrm{e}^{-ax} \right]_0^{\infty} + \frac{1}{a} \int_0^{\infty} \mathrm{e}^{-ax} \, \mathrm{d}x \right] = \int_0^{\infty} \mathrm{e}^{-ax} \, \mathrm{d}x = -\frac{1}{a} \left[\mathrm{e}^{-ax} \right]_0^{\infty}$$

soit

$$\boxed{\bar{l} = \frac{1}{a}} \tag{2}$$

3. La loi de distribution des libres parcours autour du libre parcours moyen est donc, d'après (1) et (2),

$$\boxed{N = N_0 \mathrm{e}^{-x/\bar{l}}} \tag{3}$$

Les pourcentages cherchés $N/N_0 = \mathrm{e}^{-x/\bar{l}}$ sont consignés dans le tableau ci-dessous :

x	$\bar{l}/3$	$\bar{l}/2$	$\bar{l}$	$2\bar{l}$	$3\bar{l}$
N/N_0	71,7%	60,6%	36,7%	13,5%	5,0%

Ce tableau permet de représenter la loi de distribution des libres parcours (fig. I.3)

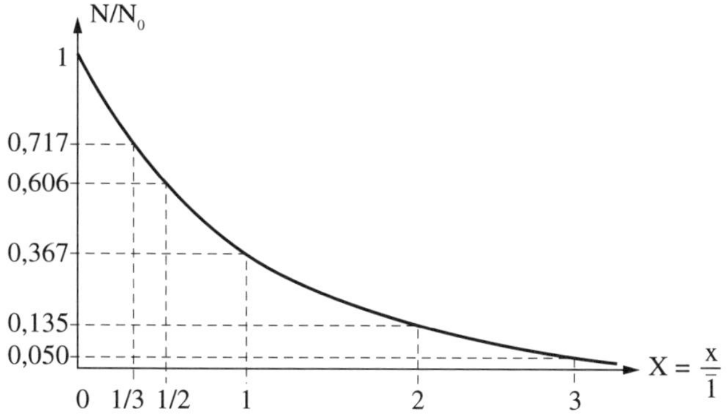

Fig. I.3

Remarque : Un peu plus du tiers des molécules a donc un libre parcours inférieur au libre parcours moyen ($x < \bar{l}$) et un peu moins des deux tiers un libre parcours supérieur à $\bar{l}(x > \bar{l})$.

4. ***a)*** La probabilité pour qu'une molécule «survive» un temps $t = x/v$ sans collision est, d'après (3),

$$P(t) = \frac{N}{N_0} = \mathrm{e}^{-x/\bar{l}} = \mathrm{e}^{-\frac{vt}{\bar{l}}}$$

soit, si $\tau = \dfrac{\bar{l}}{v}$ est le temps moyen qui s'écoule entre deux collisions successives,

$$\boxed{P(t) = \mathrm{e}^{-t/\tau}} \tag{4}$$

b) La probabilité cherchée est $P(t) - P(t + \mathrm{d}t)$ avec, d'après (4),

$$P(t + \mathrm{d}t) = P(t) + \frac{\partial P}{\partial t}\,\mathrm{d}t = P(t) - \frac{1}{\tau}\cdot \mathrm{e}^{-t/\tau}\mathrm{d}t.$$

La probabilité cherchée est donc

$$\boxed{\frac{1}{\tau}\,\mathrm{e}^{-t/\tau}\,\mathrm{d}t}$$

7. Loi de distribution des vitesses d'un gaz en équilibre thermique

On désignera n le nombre de molécules par unité de volume d'un gaz contenu dans un récipient à la température T, à la pression p. Le nombre $\mathrm{d}n$ de molécules par unité de volume, dont la composante de vitesse suivant une direction Ox est comprise entre v_x et $v_x + \mathrm{d}v_x$, est

$$\mathrm{d}n = n \cdot \sqrt{\frac{m}{2\pi kT}}\, \mathrm{e}^{-\frac{mv_x^2}{2kT}}\, \mathrm{d}v_x$$

où k est la constante de Boltzmann, et m la masse d'une molécule.

1. Montrer que le nombre de molécules par unité de volume dont le module de la vitesse est compris entre v et $v + \mathrm{d}v$, s'écrit sous la forme $n \cdot f(v)\ \mathrm{d}v$, où $f(v)$ est la fonction de distribution qu'on déterminera.

2. En déduire pour le néon ($M = 20{,}2$ g) à la température $T = 300$ K :

a) la vitesse v_p la plus probable des molécules;

b) la vitesse moyenne $\overline{v}$ des molécules;

c) la vitesse quadratique moyenne u des molécules, définie par $u^2 = \dfrac{1}{n} \displaystyle\int v^2 \cdot \mathrm{d}n$.

3. Déterminer la proportion des molécules du gaz néon dont la vitesse ne s'écarte pas plus de $\Delta v = 10$ m/s de la vitesse la plus probable.

On donne : cte des gaz parfaits $R = 8{,}31$ J/K/mole

On admettra les résultats de l'intégrale générale $I_b = \displaystyle\int_0^\infty x^b \mathrm{e}^{-ax^2}\, \mathrm{d}x$

b	1	2	3	4
I_b	$\dfrac{1}{2a}$	$\dfrac{1}{4a}\sqrt{\dfrac{\pi}{a}}$	$\dfrac{1}{2a^2}$	$\dfrac{3}{8a^2}\sqrt{\dfrac{\pi}{a}}$

Solution

1. La probabilité de trouver une molécule dont la composante de vitesse suivant Ox est comprise entre v_x et $v_x + \mathrm{d}v_x$ est :

$$\frac{\mathrm{d}n}{n} = f(v_x)\,\mathrm{d}v_x, \quad \text{soit} \quad f(v_x) = \sqrt{\frac{m}{2\pi kT}}\,\mathrm{e}^{-\frac{mv_x^2}{2kT}}$$

En raison de l'*isotropie* de la distribution des vitesses, la probabilité de trouver une molécule dont le module de vitesse $\vec{v}\,(v_x, v_y, v_z)$ est compris entre v et $v + \mathrm{d}v$ est donc :

$$\frac{\mathrm{d}n}{n} = [f(v_x)\,\mathrm{d}v_x] \cdot \left[f(v_y)\,\mathrm{d}v_y\right] \cdot [f(v_z)\,\mathrm{d}v_z]$$

soit

$$\frac{\mathrm{d}n}{n} = \left(\frac{m}{2\pi kT}\right)^{3/2} \mathrm{e}^{-\frac{m}{2kT}(v_x^2+v_y^2+v_z^2)}\mathrm{d}v_x\,\mathrm{d}v_y\,\mathrm{d}v_z$$
$$= \left(\frac{m}{2\pi kT}\right)^{3/2} \mathrm{e}^{-\frac{mv^2}{2kT}}\,\mathrm{d}v_x\,\mathrm{d}v_y\,\mathrm{d}v_z$$

Or, dans l'espace des vitesses, le «volume élémentaire» compris entre les sphères de rayon v et $v + \mathrm{d}v$ est (figure I.4)

$$\mathrm{d}v_x \cdot \mathrm{d}v_y \cdot \mathrm{d}v_z = 4\pi v^2 \cdot \mathrm{d}v$$

car la surface de la sphère de rayon v est $4\pi v^2$.
Le nombre de molécule par unité de volume dont le module de la vitesse est compris entre v et $v + \mathrm{d}v$ est donc :

$$\mathrm{d}n = n \cdot 4\pi \left(\frac{m}{2\pi kT}\right)^{3/2} \mathrm{e}^{-\frac{mv^2}{2kT}}\,v^2\,\mathrm{d}v.$$

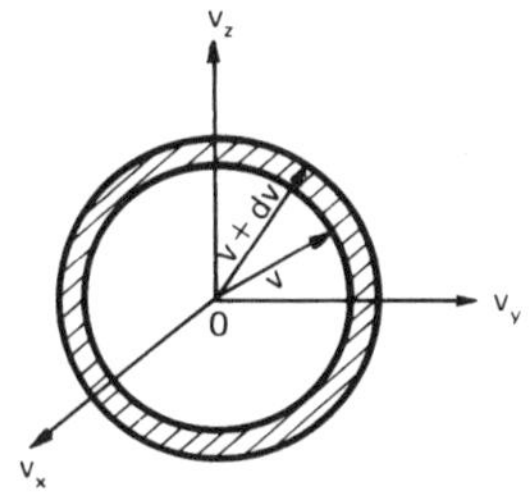

Fig. I.4

La fonction de distribution des vitesses $f(v)$, telle que $\dfrac{\mathrm{d}n}{n} = f(v)\,\mathrm{d}v$, est donc

$$\boxed{f(v) = 4\pi \left(\frac{m}{2\pi kT}\right)^{3/2} \mathrm{e}^{-\frac{mv^2}{2kT}} v^2} \qquad (1)$$

N.B. : On peut vérifier aisément la condition de normalisation $\int \mathrm{d}n = n$ en utilisant le résultat de l'intégrale I_b correspondant à $b = 2$.

2. ***a)*** La vitesse v_p la plus probable est celle qui rend la fonction f de distribution des vitesses maximales, soit $\left[\dfrac{\mathrm{d}f(v)}{\mathrm{d}v^2}\right]_{v=v_p} = 0$, ou d'après (1),

$$4\pi \left(\frac{m}{2\pi kT}\right)^{3/2} \mathrm{e}^{-\frac{mv^2}{2kT}} \left(1 - \frac{m}{2kT}\, v_p^2\right) = 0$$

soit $v_p = \sqrt{\dfrac{2kT}{m}}$ avec $\dfrac{k}{m} = \dfrac{R/\mathcal{N}}{M/\mathcal{N}} = \dfrac{R}{M}$, donc

$$\boxed{v_p = \sqrt{\frac{2RT}{M}}} = \mathbf{496{,}8\ m/s}.$$

Cette valeur v_p correspond bien à un maximum puisque $f(v) \longrightarrow 0$ si $v \longrightarrow 0$ et si $v \longrightarrow \infty$ (cf. fig. I.5).

b) La vitesse moyenne des molécules est :

$$\overline{v} = \frac{1}{n} \int v\, \mathrm{d}n = \int_0^\infty v \cdot f(v)\, \mathrm{d}v$$

soit, d'après (1),

$$\overline{v} = 4\pi \left(\frac{m}{2\pi kT}\right)^{3/2} \int_0^\infty v^3 \mathrm{e}^{-\frac{mv^2}{2kT}}\, \mathrm{d}v$$

L'intégrale, du type I_b avec $b = 3$ et $a = \dfrac{m}{2kT}$, vaut $\dfrac{1}{2(m/2kT)^2}$ donc

$$\overline{v} = 4\pi \left(\frac{m}{2\pi kT}\right)^{3/2} \frac{1}{2(m/2kT)^2} = \sqrt{\frac{8}{\pi}\,\frac{k}{m}\,T}$$

avec $\dfrac{k}{m} = \dfrac{R}{M}$, soit $\boxed{\overline{v} = \sqrt{\dfrac{8}{\pi}\,\dfrac{RT}{M}}} = \mathbf{560{,}6\ m/s}.$

c) La vitesse quadrique moyenne u est telle que u^2 est la moyenne du carré des vitesses, $u^2 = \overline{v^2}$, soit

$$u^2 = \frac{1}{n}\int v^2 \, \mathrm{d}n = \int_0^\infty v^2 f(v)\, \mathrm{d}v$$

ou, d'après (1),

$$u^2 = 4\pi \left(\frac{m}{2\pi kT}\right)^{3/2} \int v^4 \, \mathrm{e}^{-\frac{mv^2}{2kT}} \, \mathrm{d}v.$$

L'intégrale, du type I_b avec $b = 4$ et $a = \dfrac{m}{2kT}$, vaut $\dfrac{3k^2T^2}{2m^2}\sqrt{\dfrac{2\pi kT}{m}}$, donc,

$$u^2 = 4\pi \left(\frac{m}{2\pi kT}\right)^{3/2} \frac{3k^2T^2}{2m^2} \left(\frac{m}{2\pi kT}\right)^{-1/2} = \frac{3kT}{m},$$

soit

$$u = \sqrt{\frac{3kT}{m}} \text{ avec } \frac{k}{m} = \frac{R}{M}, \text{ donc } \boxed{u = \sqrt{\frac{3RT}{M}}} = \mathbf{608{,}5\ m/s}.$$

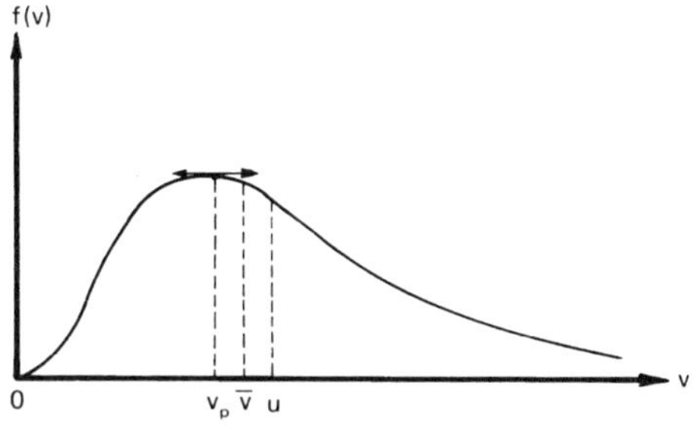

Fig. I.5

Remarques

① Les vitesses v_p, $\overline{v}$ et u, liées par la relation d'ordre $v_p < \overline{v} < u$, sont proportionnelles à la racine carrée de la température absolue du gaz.

② C'est la vitesse quadratique u qui intervient dans l'interprétation microscopique de la pression du gaz (cf. problème 4) mais c'est la vitesse moyenne $\overline{v}$ qui intervient lors de la diffusion des molécules (Cf. problème 14).

3. La proportion des molécules dont la vitesse est comprise entre $v_p - \Delta v$ et $v_p + \Delta v$ est, d'après (1),

$$\frac{\mathrm{d}n}{n} = f(v_p)\,\mathrm{d}v = 4\pi\left(\frac{m}{2\pi kT}\right)^{3/2} \mathrm{e}^{-\frac{mv_p^2}{2kT}}\, v_p^2\,\mathrm{d}v,$$

avec $v_p^2 = \dfrac{2kT}{m}$ et $\mathrm{d}v = (v_p + \Delta v) - (v_p - \Delta v) = 2\Delta v.$

On en déduit $\dfrac{\mathrm{d}n}{n} = \dfrac{4\pi}{e}\left(\dfrac{m}{2\pi kT}\right)^{3/2} \dfrac{4kT}{m}\,\Delta v$

soit
$$\boxed{\frac{\mathrm{d}n}{n} = \frac{8}{\sqrt{\pi \cdot e}}\,\frac{\Delta v}{v_p}}$$

Application numérique : $\Delta v = 10$ m/s; $v_p = 496{,}8$ m/s; $e = 2{,}718$; on obtient $\dfrac{\mathrm{d}n}{n} = \mathbf{3{,}34}\ \%$.

8. Loi statistique de Boltzmann. Vitesse de fuite d'un gaz

Un récipient, contenant un gaz supposé parfait dont les molécules ont même masse m, est placé à l'intérieur d'une enceinte vide.

Les molécules du gaz obéissent à la loi de distribution de Maxwell-Boltzmann : pour une population de N molécules du gaz, le nombre $\mathrm{d}N$ de molécules dont la vitesse est comprise entre $\vec{v}\,(v_x, v_y, v_z)$ et $\vec{v} + \mathrm{d}\vec{v}\,(v_x + \mathrm{d}v_x, v_y + \mathrm{d}v_y$ et $v_z + \mathrm{d}v_z)$, à la température T, est

$$\frac{\mathrm{d}N}{N} = \left(\frac{m}{2\pi kT}\right)^{3/2} \mathrm{e}^{-\frac{mv^2}{2kT}}\,\mathrm{d}v_x\,\mathrm{d}v_y\,\mathrm{d}v_z$$

(k = cte de Boltzmann).

On désignera n le nombre de molécules du gaz par unité de volume.

1. On perce dans une paroi du récipient un petit trou circulaire de rayon r. Déterminer la vitesse $\overline{v}_z$ de sortie des molécules suivant l'axe Oz du trou

a) en fonction de k, m et de la température T du gaz, *b)* en fonction de m, n et de la pression p du gaz.

c) en fonction de la vitesse moyenne $\overline{v}$ des molécules du gaz dans le récipient.

2. *a)* Déterminer le nombre N_0 de molécules qui traversent le trou, par unité de temps, en fonction de k, m, n, r et T.

b) Montrer que N_0 est proportionnel au rapport $p/\sqrt{mT}$, pour un trou donné.

On admettra les résultats de l'intégrale $I_b = \int_0^\infty x^b \mathrm{e}^{-ax^2}\,\mathrm{d}x$

b	0	1	2	3
$I_b = \int_0^\infty x^b \mathrm{e}^{-ax^2}\,\mathrm{d}x$	$\frac{1}{2}\sqrt{\frac{\pi}{a}}$	$\frac{1}{2a}$	$\frac{1}{4a}\sqrt{\frac{\pi}{a}}$	$\frac{1}{2a^2}$

Solution

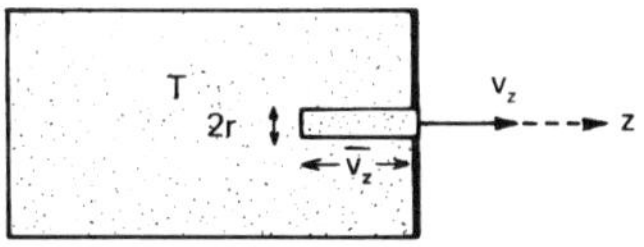

Fig. I.6

1. *a)* • La vitesse moyenne de sortie des molécules par le trou est :

$$\overline{v}_z = \frac{1}{N}\int v_z\,\mathrm{d}N$$

avec, d'après la loi statistique de Maxwell-Boltzmann, à la température T,

$$\mathrm{d}N = N\left(\frac{m}{2\pi kT}\right)^{3/2} \mathrm{e}^{-\frac{m(v_x^2+v_y^2+v_z^2)}{2kT}}\,\mathrm{d}v_x\,\mathrm{d}v_y\,\mathrm{d}v_z$$

soit

$$\overline{v}_z = \left(\frac{m}{2\pi kT}\right)^{3/2} \int_{-\infty}^{+\infty} \mathrm{e}^{-\frac{mv_x^2}{2kT}}\,\mathrm{d}v_x \int_{-\infty}^{+\infty} \mathrm{e}^{-\frac{mv_y^2}{2kT}}\,\mathrm{d}v_y \int_0^{\infty} v_z \mathrm{e}^{-\frac{mv_z^2}{2kT}}\,\mathrm{d}v_z$$

(attention aux bornes d'intégration : on a obligatoirement $v_z > 0$ pour la vitesse de sortie suivant l'axe Oz, tandis que les composantes v_x et v_y peuvent prendre n'importe quelle valeur de $-\infty$ à $+\infty$).

Les trois intégrales qui interviennent sont du type $I_b = \int x^b \mathrm{e}^{-ax^2}\,\mathrm{d}x$, avec $a = \dfrac{m}{2kT}$ et $b = 0$ pour les deux premières, et $b = 1$ pour la troisième; on en déduit

$$\overline{v}_z = \left(\frac{m}{2\pi kT}\right)^{3/2} \sqrt{\frac{\pi 2kT}{m}} \sqrt{\pi \frac{2kT}{m}} \frac{kT}{m},$$

soit
$$\boxed{\overline{v}_z = \sqrt{\frac{1}{2\pi} \frac{kT}{m}}} \qquad (1)$$

b) D'après la théorie cinétique (cf. problèmes 3 et 4) la pression du gaz parfait est proportionnelle à sa densité moléculaire n et à sa température :

$$p = nkT \qquad (2)$$

On en déduit, d'après (1) et (2), $\boxed{\overline{v}_z = \sqrt{\frac{1}{2\pi} \frac{p}{mn}}}$.

c) On a établi à la question 2.b) du problème précédent l'expression de la vitesse moyenne des molécules du gaz

$$\overline{v} = \sqrt{\frac{8}{\pi} \frac{kT}{m}} \qquad (3)$$

On en déduit, d'après (1) et (3), $\boxed{\overline{v}_z = \frac{1}{4} \overline{v}}$.

2. ***a)*** Les molécules qui traversent le trou par unité de temps, sont celles qui sont contenues dans le cylindre élémentaire de section πr^2 et de hauteur $\overline{v}_z$ (chemin moyen parcouru par seconde par les molécules qui sortent). Le nombre N_0 de molécules qui traversent le trou par seconde est donc :

$N_0 = \underbrace{n}_{\text{nombre de molécules par unité de volume}} \cdot \underbrace{\pi r^2 \overline{v}_z}_{\text{volume du cylindre}}$ soit, d'après (1),

$$\boxed{N_0 = nr^2 \sqrt{\frac{\pi kT}{2m}}}.$$

b) D'après (2), la densité moléculaire est $n = \dfrac{p}{kT}$, donc

$$N_0 = pr^2\sqrt{\frac{\pi}{2mkT}}$$

soit $\boxed{N_0 = K\dfrac{p}{\sqrt{mT}}}$ avec $K = r^2\sqrt{\dfrac{\pi}{2k}} = \dfrac{S}{\sqrt{2\pi k}}$.

En conclusion, N_0 est proportionnelle à $\dfrac{p}{\sqrt{mT}}$ avec une constante K de proportionnalité proportionnelle à la surface S du trou.

C. FLUIDES RÉELS COEFFICIENTS THERMOÉLASTIQUES

9. Détermination de l'équation d'état d'un gaz réel

La différentielle de la pression d'un gaz (l'azote, entre 0 et 40 atmosphères) est donnée par l'équation, relative à une mole,

$$\mathrm{d}p = -\frac{RT}{V^2}\left(1 + \frac{2A}{V}\right)\mathrm{d}V + \frac{R}{V}\left(1 + \frac{A}{V}\right)\mathrm{d}T.$$

En déduire l'équation d'état du gaz, dans l'intervalle de pression considéré.

Solution

La différentielle de la pression $p(V,T)$ s'écrit, en considérant les variables indépendantes T et V,

$$\mathrm{d}p = \left(\frac{\partial p}{\partial V}\right)_T \mathrm{d}V + \left(\frac{\partial p}{\partial T}\right)_V \mathrm{d}T.$$

Intégrons sur la variable V : $p = \displaystyle\int \left(\frac{\partial p}{\partial V}\right)_T \mathrm{d}V + f(T)$, soit

$$p = -\int \frac{RT}{V^2}\left(1 + \frac{2A}{V}\right)\mathrm{d}V + f(T) = -RT\int\frac{\mathrm{d}V}{V^2} - ART\int\frac{2\,\mathrm{d}V}{V^3} + f(T)$$

$f(T)$ étant une fonction arbitraire de la température.

On a donc

$$p = \frac{RT}{V} + \frac{ART}{V^2} + f(T). \tag{1}$$

Or, par hypothèse, on a

$$\left(\frac{\partial p}{\partial T}\right)_V = \frac{R}{V}\left(1 + \frac{A}{V}\right) = \frac{R}{V} + \frac{AR}{V^2}, \tag{2}$$

et d'après la relation (1),

$$\left(\frac{\partial p}{\partial T}\right)_V = \frac{R}{V} + \frac{AR}{V^2} + \frac{\mathrm{d}f}{\mathrm{d}T}. \tag{3}$$

En comparant les relations (2) et (3), on obtient $\frac{\mathrm{d}f}{\mathrm{d}T} = 0$ ou $f(T) = \text{cte} = K$.

L'équation (1) s'écrit donc

$$pV = RT\left(1 + \frac{A}{V}\right) + K.$$

Or, aux faibles pressions, le gaz se comporte comme un gaz parfait (le produit $pV \longrightarrow 0$ lorsque la température $T \longrightarrow 0$); on en déduit $K = 0$. L'équation d'état relative à une mole de ce gaz est donc

$$\boxed{pV = RT\left(1 + \frac{A}{V}\right)}.$$

10. Coefficients thermoélastiques et équation d'état

1. Montrer que, pour un fluide quelconque, les coefficients de dilatation isobare α et de compressibilité isotherme χ sont liés par la relation

$$\left(\frac{\partial \chi}{\partial T}\right)_p = -\left(\frac{\partial \alpha}{\partial p}\right)_T.$$

2. Des mesures expérimentales ont montré que les coefficients de dilatation isobare α et de compressibilité isotherme χ d'une mole d'un gaz s'expriment, en fonction des variables indépendantes : pression p et température T, par les équations

$$\alpha = \frac{R}{RT + bp} \quad \text{et} \quad \chi = \frac{RT}{p(RT + bp)}$$

(où R et b sont des constantes).

Montrer que ces coefficients thermoélastiques obéissent à la relation établie à la première question.

3. Trouver l'équation d'état de ce gaz, relative à une mole.

Solution

1. On a

$$\left(\frac{\partial \chi}{\partial T}\right)_p = \frac{\partial}{\partial T}\left[-\frac{1}{V}\left(\frac{\partial V}{\partial p}\right)_T\right] = -\left[\frac{1}{V}\,\frac{\partial^2 V}{\partial p \cdot \partial T} - \frac{1}{V^2}\left(\frac{\partial V}{\partial T}\right)_p \cdot \left(\frac{\partial V}{\partial p}\right)_T\right].$$

D'autre part, on a

$$\left(\frac{\partial \alpha}{\partial p}\right)_T = \frac{\partial}{\partial p}\left[\frac{1}{V}\left(\frac{\partial V}{\partial T}\right)_p\right] = \frac{1}{V}\,\frac{\partial^2 V}{\partial p \cdot \partial T} - \frac{1}{V^2}\left(\frac{\partial V}{\partial p}\right)_T \cdot \left(\frac{\partial V}{\partial T}\right)_p.$$

On en déduit la relation

$$\boxed{\left(\frac{\partial \chi}{\partial T}\right)_p = -\left(\frac{\partial \alpha}{\partial p}\right)_T}. \qquad (1)$$

2. On calcule les dérivées partielles

$$\left(\frac{\partial \chi}{\partial T}\right)_p = \frac{Rp(RT+bp) - RT \cdot pR}{p^2(RT+bp)^2} = \frac{Rb}{(RT+bp)^2}$$

et

$$\left(\frac{\partial \alpha}{\partial p}\right)_T = -\frac{Rb}{(RT+bp)^2}$$

Donc les coefficients α et χ vérifient bien la relation (1).

3. De la relation de définition du coefficient de dilatation isobare :

$$\alpha = \frac{1}{V}\left(\frac{\partial V}{\partial T}\right)_p,$$

on déduit

$$\int \frac{\mathrm{d}V}{V} = \int \alpha \,\mathrm{d}T + \ln \varphi(p),$$

$\varphi(p)$ étant une fonction arbitraire de la pression du gaz, ou

$$\int \frac{\mathrm{d}V}{V} = \int \frac{R\,\mathrm{d}T}{RT + bp} + \ln \varphi(p),$$

soit

$$\ln V = \ln(RT + bp) + \ln \varphi(p),$$

ou

$$\boxed{V = (RT + bp) \cdot \varphi(p)}\,. \tag{2}$$

La relation de définition de χ, $\chi = -\dfrac{1}{V}\left(\dfrac{\partial V}{\partial p}\right)_T$, s'écrit, compte tenu de la relation (2),

$$\frac{RT}{p(RT + bp)} = -\frac{1}{(RT + bp)\varphi}\left[(RT + bp)\frac{\mathrm{d}\varphi}{\mathrm{d}p} + b\varphi\right],$$

ou, après simplification,

$$(RT + bp)\left(\frac{\varphi}{p} + \frac{\mathrm{d}\varphi}{\mathrm{d}p}\right) = 0;$$

soit $\varphi\, dp + p\, \mathrm{d}\varphi = 0$ ou $\mathrm{d}(\varphi \cdot p) = 0$; on a donc

$$\varphi \cdot p = \text{cte} = A \quad \text{et} \quad \varphi(p) = \frac{A}{p}.$$

L'équation d'état (2) s'écrit donc

$$pV = A(RT + bp).$$

Comme aux faibles pressions, le gaz se comporte comme un gaz parfait ($pV \longrightarrow RT$ si $p \longrightarrow 0$), on en déduit $A = 1$; d'où

$$pV = RT + bp$$

ou

$$\boxed{p(V - b) = RT}\,.$$

L'équation d'état est du type de Van der Waals, lorsque la pression interne est négligeable.

11. Calcul des coefficients thermoélastiques du gaz de Van der Waals

Une mole de gaz carbonique obéit à l'équation de Van der Waals :

$$\left(p + \frac{a}{V^2}\right)(V - b) = RT.$$

1. Exprimer, en fonction des variables indépendantes : volume V et température absolue T, les coefficients de dilatation à pression constante α et à volume constant β.

2. Trouver la relation générale entre le coefficient χ de compressibilité isotherme, les coefficients α et β et la pression p du gaz.
En déduire le coefficient χ du gaz de Van der Waals.

3. Dans le cas où l'on peut négliger la pression interne du gaz, montrer que $\chi = \dfrac{V}{R}\,\dfrac{\alpha^2}{\beta}$.

Solution

1. Différentions l'équation d'état du gaz, à *pression constante* :

$$\left(p + \frac{a}{V^2}\right)\mathrm{d}V - (V - b)\,\frac{2a}{V^3}\,\mathrm{d}V = R\,\mathrm{d}T.$$

Afin de ne conserver que les variables indépendantes T et V, remplaçons $p + \dfrac{a}{V^2}$ par $\dfrac{RT}{V - b}$; on a donc

$$\mathrm{d}V\left(\frac{RT}{V - b} - \frac{(V - b)2a}{V^3}\right) = R\,\mathrm{d}T;$$

on en déduit

$$\left(\frac{\partial V}{\partial T}\right)_p = \frac{RV^3(V - b)}{RTV^3 - 2a(V - b)^2}.$$

Le coefficient de dilatation isotherme $\alpha = \frac{1}{V}\left(\frac{\partial V}{\partial T}\right)_p$ est donc

$$\boxed{\alpha = \frac{RV^2(V-b)}{RTV^3 - 2a(V-b)^2}}. \quad (1)$$

Différentions à présent l'équation d'état du gaz, à *volume constant* :

$$\mathrm{d}p(V-b) = R\,\mathrm{d}T;$$

donc

$$\left(\frac{\partial p}{\partial T}\right)_V = \frac{R}{V-b}. \quad (2)$$

D'autre part, exprimons p en fonction de T et V :

$$p = \frac{RT}{V-b} - \frac{a}{V^2};$$

on a donc, sachant que $\beta = \frac{1}{p}\left(\frac{\partial p}{\partial T}\right)_V$,

$$\beta = \frac{1}{\frac{RT}{V-b} - \frac{a}{V^2}} \cdot \frac{R}{V-b}, \text{ ou } \boxed{\beta = \frac{RV^2}{RTV^2 - a(V-b)}}.$$

2. Le coefficient de compressibilité isotherme est

$$\chi = -\frac{1}{V}\left(\frac{\partial V}{\partial p}\right)_T.$$

La relation mathématique $\left(\frac{\partial V}{\partial p}\right)_T \left(\frac{\partial p}{\partial T}\right)_V \left(\frac{\partial T}{\partial V}\right)_p = -1$ s'écrit, compte tenu des relations définissant les coefficients α, β et χ,

$$-\chi V \cdot \beta p \cdot \frac{1}{\alpha V} = -1.$$

On en déduit la relation générale

$$\boxed{\chi = \frac{\alpha}{p\beta}}.$$

Or α est donné par la relation (1) et $p\beta = \left(\frac{\partial p}{\partial T}\right)_V = \frac{R}{V-b}$, d'après la relation (2); le coefficient de compressibilité isotherme du gaz de Van der Waals est donc

$$\boxed{\chi = \frac{V^2(V-b)^2}{RTV^3 - 2a(V-b)^2}}\ .$$

3. Dans le cas où l'on peut négliger la pression interne du gaz, on a $a \approx 0$; les coefficients élastiques deviennent

$$\alpha = \frac{V-b}{TV},$$

d'où

$$\alpha^2 = \frac{(V-b)^2}{T^2V^2}; \tag{3}$$

$\beta = \dfrac{1}{T}$ (comme pour un gaz parfait) et

$$\chi = \frac{(V-b)^2}{RTV}. \tag{4}$$

D'après les relations (3) et (4), on a

$$\frac{\chi}{\alpha^2} = \frac{TV}{R} \quad \text{avec} \quad T = \frac{1}{\beta};$$

donc

$$\frac{\chi}{\alpha^2} = \frac{V}{\beta R};$$

on a vérifié ainsi que

$$\boxed{\chi = \frac{V}{R} \cdot \frac{\alpha^2}{\beta}}\ .$$

12. Compressibilité isotherme d'un liquide

Du benzène liquide subit une compression à la *température constante* $\theta = 10\,^\circ\mathrm{C}$, sous la pression atmosphérique p_0.

1. Quelle pression p_1 faut-il exercer pour diminuer le volume du benzène de 2 % de sa valeur initiale V_0?

2. Calculer la variation relative de la masse volumique ρ du benzène si la pression en un point varie de $\Delta p = 0,1$ atmosphère.
On donne le coefficient de compressibilité isotherme du benzène à $10\,^\circ\mathrm{C}$: $\chi = 9,3 \cdot 10^{-10}$ S.I.; 1 atmosphère $= 10^5$ N/m^2.

Solution

1. On a, par définition, $\chi = -\dfrac{1}{V}\left(\dfrac{\partial V}{\partial p}\right)_T$; on en déduit l'accroissement élémentaire de pression à température constante :

$$\mathrm{d}p = -\frac{1}{\chi}\,\frac{\mathrm{d}V}{V}.$$

En intégrant, on obtient $\quad p_1 - p_0 = -\dfrac{1}{\chi}\ \ln\dfrac{V_1}{V_0}$;

d'où

$$\boxed{p_1 = \frac{1}{\chi}\ \ln\frac{V_0}{V_1} + p_0}\ .$$

Application numérique : $V_1 = 0,98V_0$, donc

$$p_1 = \frac{1}{9,3 \cdot 10^{-10}} \cdot 20,2 \cdot 10^{-3} + 10^5 = 218 \cdot 10^5\ \mathrm{N/m^2} \quad \text{ou} \quad \mathbf{218\ atm}.$$

2. À température constante la masse volumique $\rho = m/V$ d'une masse m donnée de liquide varie de $\mathrm{d}\rho$ telle que $\dfrac{\mathrm{d}\rho}{\rho} = \dfrac{\mathrm{d}m}{m} - \dfrac{\mathrm{d}V}{V} = -\dfrac{\mathrm{d}V}{V}$

et, d'après (1), $\dfrac{\mathrm{d}V}{V} = -\chi\ \mathrm{d}p$, donc

$$\boxed{\frac{\mathrm{d}\rho}{\rho} = \chi\ \mathrm{d}p} = \mathbf{9,3 \cdot 10^{-6}}$$

N.B. Les résultats obtenus (p_1 très grand et $\mathrm{d}\rho/\rho$ négligeable justifie que les liquides sont pratiquement incompressibles ($\rho =$ cte).

13. Propriétés thermoélastiques de l'hélium. Réseau d'isothermes

Pour des températures θ comprises entre 0 °C et 60 °C, et pour des pressions n'excédant pas 10 atmosphères, la pression p et le volume V de l'hélium sont liés par la relation de compressibilité

$$pV = 5 \cdot 10^{-4} p + a,$$

où a est un coefficient ne dépendant que de la température absolue T du gaz ($T = \theta + 273$); p est exprimé en atmosphères et le volume unité est le volume occupé par le gaz à 0 °C, sous 1 atmosphère.

1. Écrire les équations des isothermes de l'hélium à 0 °C et à 60 °C ($p < 10$ atm), et représenter ces isothermes dans le diagramme d'Amagat (p, pV).

2. ***a)*** Montrer que le coefficient moyen α_0^θ de dilatation isobare de l'hélium, entre les températures 0 °C et θ °C, est indépendant de la température θ.
Calculer α_0^θ lorsque la pression de l'hélium vaut respectivement 1 atm et 10 atm.

b) Indiquer la représentation graphique du coefficient α_0^θ dans le diagramme d'Amagat. Indiquer également la représentation graphique du coefficient moyen β_0^θ de dilatation isochore entre 0 °C et θ °C.
Comparer α_0^θ et β_0^θ.

c) Calculer le coefficient de dilatation isochore β_0^θ.

Solution

1. La relation

$$pV = 5 \cdot 10^{-4} p + a \tag{1}$$

montre que les isothermes du gaz ($T =$ cte, donc $a =$ cte) sont représentées par des droites parallèles, de pente $5 \cdot 10^{-4}$, dans la représentation d'Amagat $pV = f(p)$.
Dans les conditions normales ($p_0 = 1$ atm, $\theta = 0$ °C), le volume du gaz est $V = 1$ (unités d'Amagat). La relation (1) donne

$$1 = 5 \cdot 10^{-4} + a_0,$$

soit $a_0 = 0{,}9995$.

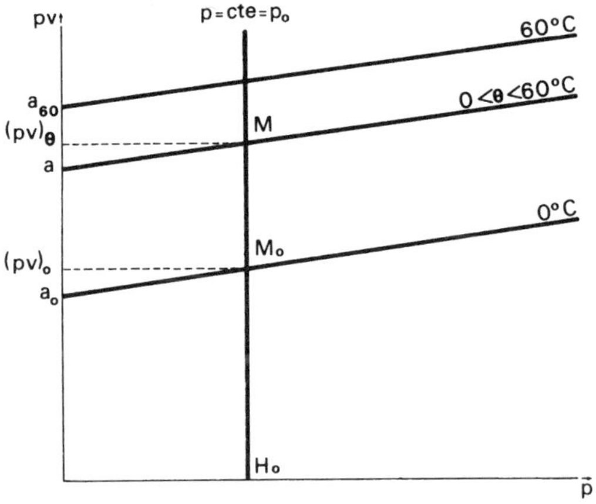

Fig. I.7

L'isotherme est donc représentée par la droite

$$pV = (5p + 9\,9995) \cdot 10^{-4}$$

• D'autre part, lorsque la pression du gaz tend vers 0, la relation (1) montre que $pV \longrightarrow a$, et que l'on sait que le gaz se comporte comme un gaz parfait ($pV = nRT$). On en déduit que le coefficient a est proportionnel à la température absolue T, soit

$$\frac{a}{a_0} = \frac{T}{T_0} \quad \text{ou} \quad a = a_0\,\frac{T}{T_0}. \tag{2}$$

Ainsi pour $\theta = 60\,^\circ$C, on obtient

$$a_{60} = 0{,}9995 \cdot \frac{333}{273} = 1{,}2192.$$

L'isotherme (60 ° C) est donc représentée par la droite

$$\boxed{pV = (5p + 12\,192) \cdot 10^{-4}}.$$

2. ***a)*** À pression constante p, le volume du gaz croît de V_0 à V_θ lorsque la température croît de 0 ° C à θ ° C. Le coefficient moyen de dilatation isobare est par définition

$$\alpha_0^\theta = \frac{1}{\theta}\,\frac{V_\theta - V_0}{V_0},$$

ou, puisque $p = \text{cte}$,

$$\boxed{\alpha_0^\theta = \frac{1}{\theta}\,\frac{(pV)_\theta - (pV)_0}{(pV)_0}}. \tag{3}$$

Or, à 0 ° C, on a

$$(pV)_0 = 5\cdot 10^{-4}p + a_0$$

et, à 0 ° C, on a, d'après la relation (2),

$$(pV)_\theta = 5\cdot 10^{-4}p + a_0\left(\frac{273+\theta}{273}\right)$$

ou

$$(pV)_\theta = 5\cdot 10^{-4}p + a_0 + a_0\,\frac{\theta}{273}.$$

La relation (3) s'écrit donc

$$\alpha_0^\theta = \frac{1}{\theta}\,\frac{a_0\,\dfrac{\theta}{273}}{5\cdot 10^{-4}p + a_0} \text{ ou } \boxed{\alpha_0^\theta = \frac{a_0}{273(5\cdot 10^{-4}p + a_0)}}.$$

Cette relation montre que le coefficient de dilatation isobare α_0^θ ne dépend pas de la température finale θ de l'hélium et que α_0^θ est une fonction décroissante de la pression (le gaz est d'autant moins compressible que sa pression augmente).

Remarquons que si $p \longrightarrow 0$, $\alpha \longrightarrow \dfrac{1}{273}$ (gaz parfait).

Application numérique :
$a_0 = 0{,}9995$; si $p = 1$ atm, $\alpha_0^\theta = \mathbf{3{,}661\cdot 10^{-3}}$ et si $p = 10$ atm, $\alpha_0'^\theta = \mathbf{3{,}645\cdot 10^{-3}}$.

Ainsi l'hélium sous 10 atmosphères est un peu moins compressible qu'à la pression atmosphérique, ce qui confirme le résultat prévisible.

***b)* Représentation graphique de α.**

L'isobare $p = \text{cte} = p_0$ (verticale) rencontre les isothermes (0 ° C) et (θ ° C) aux points M_0 et M d'ordonnées respectives $(pV)_0$ et $(pV)_\theta$; on en déduit, d'après la relation (3),

$$\alpha_0^\theta = \frac{1}{\theta}\cdot\frac{\overline{H_0M} - \overline{H_0M_0}}{\overline{H_0M_0}} \text{ ou } \boxed{\alpha = \frac{1}{\theta}\,\frac{\overline{M_0M}}{\overline{H_0M_0}}}. \tag{4}$$

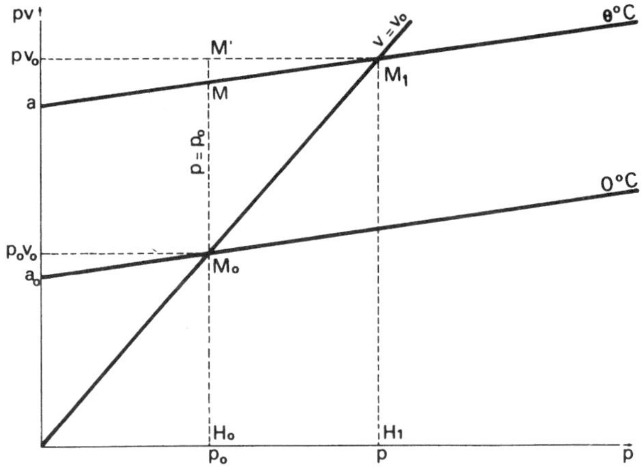

Fig. I.8

Représentation graphique de β

À volume constant ($V = V_0$), la pression du gaz croît de p_0 à p si la température croît de 0 °C à θ °C; le coefficient moyen de dilatation isochore est alors défini par

$$\beta_0^\theta = \frac{1}{\theta} \cdot \frac{p - p_0}{p_0}, \text{ ou } \beta_0^\theta = \frac{1}{\theta} \frac{pV_0 - p_0V_0}{p_0V_0} \tag{5}$$

Or l'isochore V = cte ou $\frac{pV}{p}$ = cte est représentée par une droite de pente $V = V_0$ = cte, passant par l'origine, dans le diagramme d'Amagat (p, pV). L'isochore V = cte rencontre les isothermes (0 °C) et (θ °C) aux points $M_0(p_0, V_0, 0\ ^\circ C)$ et $M_1(p, V_0, \theta\ ^\circ C)$, d'ordonnées respectives $\overline{H_0M_0} = p_0V_0$ et $\overline{H_1M_1} = \overline{H_0M'} = pV_0$.
On en déduit, d'après la relation (5),

$$\beta_0^\theta = \frac{1}{\theta} \frac{\overline{H_0M'} - \overline{H_0M_0}}{\overline{H_0M_0}}, \quad \text{ou} \quad \boxed{\beta_0^\theta = \frac{1}{\theta} \frac{\overline{M_0M'}}{\overline{H_0M_0}}} \tag{6}$$

En comparant les relations (4) et (6), l'inégalité $\overline{M_0M'} > \overline{M_0M}$ entraîne

$$\boxed{\beta_0^\theta > \alpha_0^\theta}$$

(alors que, pour un gaz parfait, on a l'égalité $\beta_0^\theta = \alpha_0^\theta$) : le coefficient de dilatation isochore de l'hélium, gaz réel, est donc supérieur à son coefficient de dilatation isobare.

c) Le coefficient β_0^θ est donné par la relation (5), avec

$$p_0 V_0 = 5 \cdot 10^{-4} p_0 + a_0 \quad \text{ou} \quad p_0(V_0 - 5 \cdot 10^{-4}) = a_0, \tag{7}$$

$$p V_0 = 5 \cdot 10^{-4} p + a_0 \frac{T}{T_0} \quad \text{ou} \quad p(V_0 - 5 \cdot 10^{-4}) = a_0 \frac{T}{T_0}. \tag{8}$$

Divisons membre à membre les relations (7) et (8); il vient

$$\frac{p}{p_0} = \frac{T}{T_0},$$

donc

$$\frac{p - p_0}{p_0} = \frac{T - T_0}{T_0} = \frac{\theta}{273}.$$

La relation (5) s'écrit donc

$$\beta_0^\theta = \frac{1}{\theta} \cdot \frac{\theta}{273} = \frac{1}{273} = \mathbf{3{,}663 \cdot 10^{-3}}.$$

Comme pour un gaz parfait, β est indépendant de la température θ et de la pression initiale et β vaut $\dfrac{1}{273}$.

14. Coefficients du viriel d'un gaz de Van der Waals Température de Mariotte

L'équation d'état relative à une mole d'un gaz réel peut être représentée par un développement du produit pV,

– soit en fonction du volume V du gaz :

$$pV = A\left(1 + \frac{B}{V} + \frac{C}{V^2} + \ldots\right)$$

– soit en fonction de la pression p du gaz :

$$pV = A(1 + B'p + C'p^2 + \ldots).$$

1. Effectuer les développements du produit pV en fonction de V, puis de p, en se limitant aux termes du second ordre, pour le gaz de Van der Waals d'équation d'état

$$\left(p + \frac{a}{V^2}\right)(V - b) = RT.$$

En déduire les coefficients du viriel A, B, C, B', C', en fonction de la température T et des constantes a, b, R du gaz.

Application : Calculer A, B, C, B', C' pour l'oxygène, à la température de 25 °C, sachant que, pour ce gaz, les valeurs expérimentales des coefficients de l'équation de Van der Waals sont :

$$a = 0{,}14 \text{ S.I.}, \quad b = 3{,}22 \cdot 10^{-5} \text{ S.I.}, \quad R = 8{,}32 \text{ S.I.}$$

2. Pour des pressions peu élevées, on peut se contenter de la relation approchées $pV = A(1 + B'p)$.
Déterminer la température de Boyle-Mariotte T_M de l'oxygène, température pour laquelle l'isotherme $pV = f(p)$ est, comme pour un gaz parfait, horizontale. Écrire les équations des isothermes pour les températures $T = T_M - 50$ K et $T = T_M + 50$ K. Représentation graphique.

Solution

1. On utilisera dans cette question les relations approchées $\dfrac{1}{1+\varepsilon} \approx 1 - \varepsilon$ et $(1+\varepsilon)^2 \approx 1 + 2\varepsilon$, en négligeant les termes en ε ($\varepsilon \ll 1$) de degré égal ou supérieur à 2.
L'équation de Van der Waals s'écrit, après développement,

$$pV = RT - \frac{a}{V} + pb + \frac{ab}{V^2}. \tag{1}$$

• Mettons l'équation (1) sous la forme $pV = f\left(\dfrac{1}{V}\right)$, en écrivant que

$$p = \frac{RT}{V-b} - \frac{a}{V^2};$$

on obtient $pV = RT - \dfrac{a}{V} + \left(\dfrac{RTb}{V-b} - \dfrac{ab}{V^2}\right) + \dfrac{ab}{V^2}$

ou $$pV = RT\left(1 + \frac{b}{V-b} - \frac{a}{RTV}\right).$$

Or, en limitant le développement aux termes du second ordre en $\frac{b}{V}$, on a

$$\frac{b}{V-b} = \frac{b}{V\left(1-\frac{b}{V}\right)} \approx \frac{b}{V}\left(1+\frac{b}{V}\right) = \frac{b}{V} + \frac{b^2}{V^2}.$$

On en déduit l'expression

$$\boxed{pV = RT\left[1+\left(b-\frac{a}{RT}\right)\frac{1}{V}+\frac{b^2}{V^2}\right]}.$$

Les coefficients du viriel sont donc

$A = RT$	$B = b - \frac{a}{RT}$	$C = b^2$

• Écrivons à présent l'équation (1) sous la forme $pV = \varphi(p)$; on a

$$V = \frac{RT}{p+\frac{a}{V^2}} + b = \frac{RT}{p\left(1+\frac{a}{pV^2}\right)} + b \approx \frac{RT}{p}\left(1-\frac{a}{pV^2}\right) + b$$
$$= \frac{RT}{p}\left(1-\frac{a}{pV^2}+\frac{pb}{RT}\right).$$

Comme, en première approximation, on a $pV \approx RT$, on en déduit

$$\frac{a}{pV^2} = \frac{ap}{p^2V^2} \approx \frac{ap}{R^2T^2}.$$

L'inverse du volume gazeux s'écrit donc

$$\frac{1}{V} = \frac{p}{RT}\left(1+\frac{ap}{R^2T^2}-\frac{bp}{RT}\right).$$

L'équation (1) s'écrit alors

$$pV = RT - \frac{ap}{RT}\left(1+\frac{ap}{R^2T^2}-\frac{bp}{RT}\right) + pb + \frac{abp^2}{R^2T^2}\left(1+\frac{ap}{R^2T^2}-\frac{bp}{RT}\right)$$

ou

$$pV \approx RT - \frac{ap}{RT} - \frac{a^2p^2}{R^3T^3} + \frac{abp^2}{R^2T^2} + pb + \frac{abp^2}{R^2T^2}\left(1+\frac{2ap}{R^2T^2}-\frac{2bp}{RT}\right),$$

ou encore, en se limitant aux termes en p de degré 2,

$$pV = RT + \left(b - \frac{a}{RT}\right)p + \frac{2a}{R^2T^2}\left(b - \frac{a}{2RT}\right)p^2,$$

on obtient enfin

$$\boxed{pV = RT\left[1 + \frac{1}{RT}\left(b - \frac{a}{RT}\right)p + \frac{2a}{R^3T^3}\left(b - \frac{a}{2RT}\right)p^2\right]}\,.$$

Les coefficients du viriel sont donc

$A = RT$	$B' = \frac{1}{RT}\left(b - \frac{a}{RT}\right)$	$C' = \frac{2a}{R^3T^3}\left(b - \frac{a}{2RT}\right)$

Application numérique : À la température $T = 298$ K, on obtient

$$\begin{cases} A = RT = 8{,}32 \cdot 298 = \mathbf{2\,480\ J/mole}. \\ B = b - \dfrac{a}{RT} = \mathbf{-2{,}42 \cdot 10^{-5}\ S.I.}, \\ C = b^2 \approx \mathbf{10^{-9}\ S.I.}, \\ B' = \mathbf{-10^{-8}\ S.I.}, \\ C' = \mathbf{+7{,}3 \cdot 10^{-17}\ S.I.} \end{cases}$$

2. L'équation de l'isotherme limitée aux deux premiers termes,

$$pV = A(1 + B'p),$$

s'écrit

$$pV = RT + \left(b - \frac{a}{RT}\right)p.$$

Les isothermes sont donc représentées par des droites de pente $b - \dfrac{a}{RT}$ dans le diagramme (p, pV).
L'isotherme sera une droite horizontale si sa pente est nulle, soit

$$\left[\frac{\partial(pV)}{\partial p}\right]_T = b - \frac{a}{RT_M} = 0,$$

la température de Boyle-Mariotte est donc $\boxed{T_M = \dfrac{a}{bR}}$.

Application numérique :
Pour l'oxygène, $T_M = \dfrac{0{,}14}{3{,}22 \cdot 10^{-5} \cdot 8{,}32} =$ **523 K** ou **250** °C.

• La pente de l'isotherme (T) est

$$b - \frac{a}{RT} = b\left(1 - \frac{T_M}{T}\right).$$

Donc

– si $T < T_M$, la pente de l'isotherme est négative;
– si $T > T_M$, la pente de l'isotherme est positive.

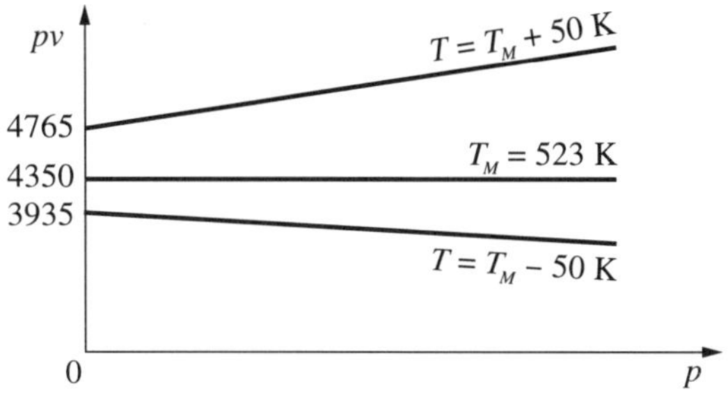

Fig. I.9

Ainsi :

– pour $T = T_M - 50$ K $= 473$ K, l'isotherme a une pente égale à $3{,}22 \cdot 10^{-5}\left(-\frac{50}{473}\right) = -3{,}4 \cdot 10^{-6}$ m^3, et l'ordonnée à l'origine est

$$RT = 3\,935 \text{ J}.$$

L'équation de l'isotherme s'écrit alors

$$\boxed{pV = 3\,935 - 3{,}4 \cdot 10^{-6} p},$$

– pour $T = T_M + 50$ K $= 573$ K, le pente de l'isotherme est

$$3{,}22 \cdot 10^{-5}\left(\frac{50}{573}\right) = +2{,}8 \cdot 10^{-6} \text{ m}^3,$$

et l'ordonnée à l'origine est

$$RT = 4\,765 \text{ J}.$$

L'équation de l'isotherme est alors

$$\boxed{pV = 4\,765 + 2{,}8 \cdot 10^{-6} p}.$$

15. Facteur de compressibilité Z et coefficients du viriel d'un gaz réel

On considère un gaz (p, V, T) qui obéit à l'équation de Van der Waals :

$$\left(p + \frac{a}{V^2}\right)(V - b) = RT$$

relative à 1 mole (a, b et R sont des constantes); le covolume b est tel que $b/V \ll 1$. Le facteur de compressibilité Z du gaz est défini par $Z = \dfrac{pV}{RT}$.

Le facteur Z peut s'écrire, en fonction des paramètres volume V et température T, sous la forme (équation du viriel)

$$Z = 1 + \frac{B(T)}{V} + \frac{C(T)}{V^2} + \frac{D(T)}{V^3} + \ldots$$

Les coefficients $B(T)$, $C(T)$, $D(T)$, ... s'appellent coefficients du viriel et ne sont fonction que de la température.

1. Exprimer en fonction de a, b, R et T, les trois premiers coefficients du viriel.

2. Aux pressions ne dépassant pas 100 atmosphères, un gaz est bien représenté par l'équation du viriel limitée aux trois premiers termes et le facteur Z peut s'écrire, en fonction des paramètres pression p et température T,

$$Z = 1 + B'(T) \cdot p + C'(T) \cdot p^2$$

a) Exprimer les coefficients B' et C' en fonction des coefficients du viriel B et C et de la température T.

b) Exprimer le facteur de compressibilité Z en fonction de p et T, en faisant intervenir les constantes a,b et R.

3. *Applications :*

a) Sachant que le dioxyde de carbone gazeux obéit à l'équation de Van der Waals, calculer pour ce gaz à 127 °C sous 100 atm son facteur de compressibilité Z;
On donne $a = 0{,}36$ S.I.; $b = 4{,}3 \cdot 10^{-5}$ m^3/mole;
$R = 8{,}31$ J/K/mole; 1 atm $= 1{,}013 \cdot 10^5$ pascal.

b) Aux basses pressions ne dépassant pas 10 atmosphères, un gaz est assez bien représenté par l'équation du viriel réduite aux deux premiers termes :

$$Z = 1 + \frac{B(T)}{V} \quad \text{ou} \quad Z = 1 + B'(T) \cdot p$$

Exprimer le facteur de compressibilité Z en fonction de p, T, B et calculer Z pour le dioxyde de carbone à 127 °C sous 6 atmosphères.

Solution

1. • L'équation de Van der Waals peut s'écrire $p = \dfrac{RT}{V-b} - \dfrac{a}{V^2}$.
Multiplions les deux membres par V/RT ; il vient :

$$\frac{pV}{RT} = \frac{V}{V-b} - \frac{a}{RTV}$$

soit

$$\boxed{Z = \frac{V}{V-b} - \frac{a}{RTV}}$$

• Puisque le covolume b est très inférieur au volume V du gaz, un développement limité donne :

$$\frac{V}{V-b} = \left(1 - \frac{b}{V}\right)^{-1} = 1 + \frac{b}{V} + \frac{b^2}{V^2} + \frac{b^3}{V^3} + \dots$$

Le facteur de compressibilité s'écrit donc
$Z = 1 + \left(b - \dfrac{a}{RT}\right)\dfrac{1}{V} + b^2\dfrac{1}{V^2} + b^3\dfrac{1}{V^3} + \dots$, de la forme
$Z = 1 + \dfrac{B}{V} + \dfrac{C}{V^2} + \dfrac{D}{V^3} + \dots$
On en déduit les coefficients du viriel du gaz de Van der Waals

$B = b - \dfrac{a}{RT}$	$C = b^2$	$D = b^3$

(1)

2. ***a)*** L'équation du viriel réduite aux trois premiers termes s'écrit

– à l'aide de p et V : $Z = 1 + \dfrac{B}{V} + \dfrac{C}{V^2}$ (2)

– à l'aide de T et p : $Z = 1 + B'p + C'p^2$ (3)

D'après (2), la pression du gaz s'écrit :
$p = Z \cdot \dfrac{RT}{V} = RT\left(\dfrac{1}{V} + \dfrac{B}{V^2} + \dfrac{C}{V^3}\right)$; portons dans (3), il vient :

$$Z = 1 + B'RT\left(\frac{1}{V} + \frac{B}{V^2} + \frac{C}{V^3}\right) + C'R^2T^2\left(\frac{1}{V} + \frac{B}{V^2} + \frac{C}{V^3}\right)^2$$

Ordonnons les termes suivant le volume; il vient

$$Z = 1 + \frac{B'RT}{V} + \frac{BB'RT + C'R^2T^2}{V^2} + \dots \qquad (4)$$

En comparant les coefficients de $\dfrac{1}{V}$ et $\dfrac{1}{V^2}$ de (2) et (4), on obtient les deux relations :

$$\boxed{B' = \frac{B}{RT}} \quad \text{et} \quad \boxed{C' = \frac{C - B^2}{R^2 \cdot T^2}} \qquad (5)$$

b) D'après (1) et (5), les coefficients du viriel sont :

$$B' = \frac{1}{RT}\left(b - \frac{a}{RT}\right) \quad \text{et} \quad C' = \frac{a}{R^3T^3}\left(2b - \frac{a}{RT}\right)$$

on en déduit le facteur de compressibilité

$$\boxed{Z(p,T) = 1 + \left(b - \frac{a}{RT}\right)\frac{p}{RT} + \left(2b - \frac{a}{RT}\right)\frac{ap^2}{R^3T^3}} \qquad (6)$$

3. ***a)*** D'après (5), si $p = 100$ atm $= 101,3 \cdot 10^5$ Pa et $T = 400$ K, on obtient $\mathbf{Z = 0,779}$.
b) Le facteur de compressibilité est :
$Z = 1 + B'p$ avec $B' = \dfrac{B}{RT}$ d'après (5), soit

$$\boxed{Z = 1 + \frac{Bp}{RT}}$$

Application numérique : Pour $T = 400$ K, on a :
$B = b - \dfrac{a}{RT} = 6,5 \cdot 10^{-5}$ m^3/mole, donc $Z = \mathbf{0,988}$

D. DIFFUSION DE PARTICULES. LOI DE FICK(*)

16. État stationnaire de diffusion. Mesure du coefficient D

Un long tube vertical ouvert, de section $s = 12$ cm^2, est maintenu sur une cuve à eau à la température de 35 ° C pour laquelle la pression de vapeur saturante de l'eau est $p_s = 4{,}2$ cm de mercure. (On rappelle que 1 atmosphère = 10^5 Pa = 76 cm de mercure).

L'extrémité supérieure du tube est à une hauteur $h = 90$ cm au-dessus de la surface libre de l'eau. Lors de l'évaporation de l'eau à travers le tube, avec une densité de flux moléculaire J_n, on supposera qu'il s'établit le long du tube un régime stationnaire de diffusion de la vapeur d'eau dont on désignera par D le coefficient de diffusion.

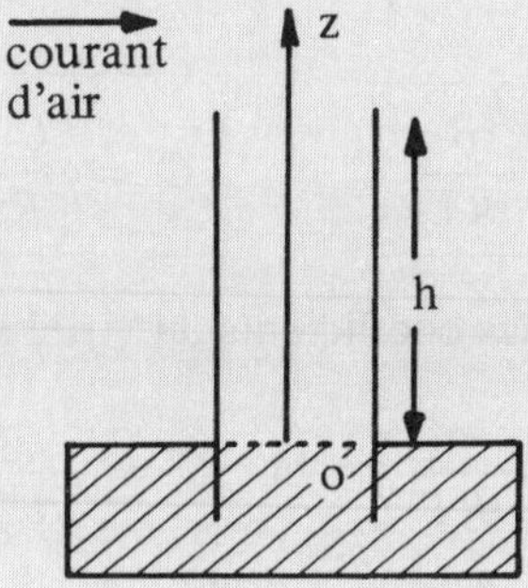

Fig. I.10

1. Exprimer la concentration moléculaire de la vapeur d'eau $n(h)$ au sommet du tube en fonction de h, D, J_n et de la concentration $n(0)$ au niveau $z = 0$ de contact liquide-vapeur.

2. Un courant d'air approprié permet d'éliminer complètement l'eau évaporée au sommet du tube en maintenant un état *stationnaire* de diffusion. La masse d'eau évaporée est alors de 5,0 mg par heure. Calculer :

   a) la concentration moléculaire $n(0)$ au niveau $z = 0$ de contact liquide-vapeur;

   b) la densité de flux moléculaire J_n dans le tube;

(*) Ce sous-chapitre D ne figure qu'au programme de la série PC.

c) le coefficient de diffusion de la vapeur d'eau à 35 °C sous 1 atmosphère.

On admettra que la vapeur d'eau est un gaz parfait. On donne : masse molaire de l'eau $M = 18$ g; nombre d'Avogadro $\mathcal{N} = 6{,}02 \cdot 10^{23}$; constante des gaz parfaits : $R = 8{,}31$ J·mole^{-1}·K^{-1}.

Solution

1. • En régime stationnaire, il n'y a pas d'accumulation de molécules diffusantes, donc la densité J_n de flux de molécules (nombre moyen de molécules diffusantes qui traversent la section unité du tube par unité de temps dans la direction Oz) est constante.

• L'intégration de la loi de Fick : $J_n = -D \dfrac{\partial n}{\partial z}$, avec $J_n =$ cte, donne donc la concentration moléculaire dans le tube à l'altitude z :

$$n(z) = -\frac{J_n}{D}\, z + n(0)$$

et en particulier la concentration moléculaire au sommet du tube est :

$$\boxed{n(h) = -\frac{J_n \cdot h}{D} + n(0)} \qquad (1)$$

2. *a)* Au niveau $z = 0$ du tube où la vapeur d'eau est en contact avec le liquide, la vapeur est saturante et, si on la suppose parfaite, la concentration molaire est, d'après l'équation des gaz parfaits, $\dfrac{p_s}{RT}$; donc la concentration moléculaire est (puisque 1 mole renferme N molécules)

$$n(0) = \frac{\mathcal{N} \cdot p_s}{RT} \quad \text{soit} \quad \boxed{n(0) = \frac{p_s}{kT}}$$

où $k = R/\mathcal{N}$ est la constante de Bolztmann.

Application numérique : $T = 308$ K, $p_s = \dfrac{4{,}2}{76} \cdot 10^5 = 5\,526$ Pa, $k = \dfrac{R}{\mathcal{N}} = 1{,}38 \cdot 10^{-23}$; on obtient $n(0) = \mathbf{1{,}3 \cdot 10^{24}}$ **molécules/m^3**.

b) Puisqu'une mole d'eau pèse 18 g, le nombre de moles d'eau évaporées par seconde est :

$$\frac{m}{M \cdot t} = \frac{5 \cdot 10^{-3}}{18} \cdot \frac{1}{3\,600} = 7{,}72 \cdot 10^{-8} \text{ moles/seconde}$$

Le nombre de moles d'eau qui traversent la section unité du tube par seconde est donc

$$\frac{7{,}72 \cdot 10^{-8}}{s} = \frac{7{,}72 \cdot 10^{-8}}{12 \cdot 10^{-4}} = 6{,}43 \cdot 10^{-5} \text{ moles} \cdot \text{m}^{-2} \cdot \text{s}^{-1}$$

Puisqu'une mole d'eau renferme $\mathcal{N} = 6{,}02 \cdot 10^{23}$ molécules, la densité de flux moléculaire définie à la 1ère question est :
$J_n = (6{,}43 \cdot 10^{-5}) \times (6{,}02 \cdot 10^{23}) = \mathbf{3{,}87 \cdot 10^{19}\ m^{-2} \cdot s^{-1}}$

c) Puisque les molécules diffusées sont éliminées au sommet du tube, on a : $n(h) = 0$, donc la relation (1) permet de déterminer le coefficient de diffusion :

$$\boxed{D = \frac{J_n \cdot h}{n(0)}}$$

Application numérique : $D = \dfrac{3{,}87 \cdot 10^{19} \cdot 0{,}9}{1{,}3 \cdot 10^{24}} = \mathbf{2{,}68 \cdot 10^{-5}\ m^2 \cdot s^{-1}}$

17. Équation de diffusion. Longueur de diffusion

On s'intéresse à la diffusion de neutrons suivant la direction de l'axe Ox. Soit $n(x,t)$ leur concentration (nombre de neutrons par unité de volume) à l'instant t, à l'abscisse x.

1. On admettra que le coefficient de diffusion D est indépendant de la concentration des neutrons, donc de x.
Établir l'équation de diffusion des neutrons :

$$\frac{\partial n}{\partial t} = D\,\frac{\partial^2 n}{\partial x^2}$$

à partir de la loi de Fick et de la conservation du nombre total de neutrons au cours de la diffusion.

2. Le coefficient de diffusion $D(x)$ est supposé fonction de x. Établir la nouvelle équation de diffusion des neutrons.

3. À la sortie d'un réacteur, les neutrons diffusent dans une barre de graphite avec *absorption* (car certains neutrons sont captés par le graphite au cours de la diffusion). On supposera que le coefficient de diffusion D est constant et on admettra que l'équation de diffusion avec absorption s'écrit :

$$\frac{\partial n}{\partial t} + C \cdot n = D \frac{\partial^2 n}{\partial x^2} \ (C = \text{cte})$$

a) Établir, en régime *stationnaire*, la loi $n(x)$ de la concentration des neutrons dans la barre de graphite.

b) Exprimer, en fonction de C et D, la longueur de diffusion l_d, c'est-à-dire la longueur que doivent parcourir les neutrons dans le graphite pour que leur nombre soit divisé par e ($e = 2{,}718$).

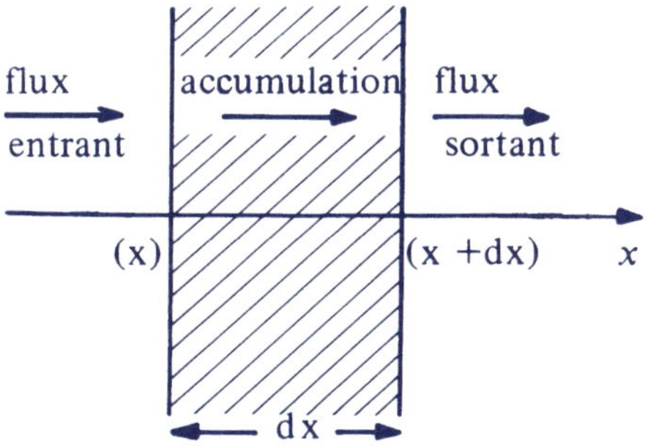

Fig. I.11

Solution

1. Considérons le volume élémentaire $S \cdot \mathrm{d}x$ compris entre les plans voisins $x =$ cte et $x + \mathrm{d}x =$ cte et de section droite S.
Le bilan qui traduit la *conservation du nombre de neutrons* s'écrit :

[nombre de neutrons accumulés dans le volume $S \cdot \mathrm{d}x$ par unité de temps] = [nombre de neutrons qui pénètrent dans ce volume par le plan $x =$ cte, par unité de temps] − [nombre de neutrons qui sortent de ce volume par le plan $x + \mathrm{d}x =$ cte, par unité de temps]

soit $$\frac{\partial}{\partial t}(n \cdot S \cdot \mathrm{d}x) = J_n(x) \cdot S - J_n(x + \mathrm{d}x) \cdot S$$

soit $$\frac{\partial n}{\partial t}\,\mathrm{d}x = -\frac{\partial J_n}{\partial x}\,\mathrm{d}x, \quad \text{ou} \quad \frac{\partial n}{\partial t} = -\frac{\partial J_n}{\partial x} \tag{1}$$

Or, d'après la loi de Fick, la densité de flux de neutrons à l'abscisse x est $J_n = -D\dfrac{\partial n}{\partial x}$, donc si D est indépendant de x :

$$\frac{\partial J_n}{\partial x} = -D\,\frac{\partial^2 n}{\partial x^2} \tag{2}$$

D'après (1) et (2), on obtient l'équation de diffusion des neutrons

$$\boxed{\frac{\partial n}{\partial t} = D\,\frac{\partial^2 n}{\partial x^2}}$$

2. Si le coefficient de diffusion est fonction de x (ou de la concentration), la relation (1) reste valable, mais la relation (2) devient, d'après la loi de Fick :

$$\frac{\partial J_n}{\partial x} = -D\,\frac{\partial^2 n}{\partial x^2} - \frac{\partial D}{\partial x}\cdot\frac{\partial n}{\partial x} \tag{3}$$

D'après (1) et (3), on obtient la nouvelle équation de diffusion :

$$\boxed{\frac{\partial n}{\partial t} = D\,\frac{\partial^2 n}{\partial x^2} + \frac{\partial D}{\partial x}\cdot\frac{\partial n}{\partial x}}$$

3. ***a)*** En régime stationnaire, la concentration n est indépendante du temps, donc l'équation de diffusion s'écrit :

$$\frac{\partial n}{\partial t} = D\,\frac{\partial^2 n}{\partial x^2} - C\cdot n = 0 \quad \text{soit} \quad \boxed{\frac{\partial^2 n}{\partial x^2} - \frac{C}{D}\,n = 0}$$

Cette équation différentielle admet la solution (où A et B sont deux constantes)

$$n(x) = A\cdot \mathrm{e}^{-\sqrt{\frac{C}{D}}x} + B\cdot \mathrm{e}^{+\sqrt{\frac{C}{D}}x}$$

Il est évident qu'au cours de cette diffusion avec absorption,

$n(x) \longrightarrow 0$ si $x \longrightarrow \infty$, ce qui implique $B = 0$ donc $n(x) = A\,\mathrm{e}^{-\sqrt{\frac{C}{D}}x}$ avec $A = n(0)$, soit

$$\boxed{n(x) = n(0)\cdot \mathrm{e}^{-\sqrt{\frac{C}{D}}x}}$$

b) La concentration des neutrons décroît donc exponentiellement. La longueur de diffusion est telle que si $x = l_d$, $n(x) = \dfrac{n(0)}{\mathrm{e}}$, on en déduit

$$\boxed{l_d = \sqrt{\frac{D}{C}}}$$

La loi de décroissance de la concentration peut donc s'écrire :
$n(x) = n(0) \cdot \mathrm{e}^{-x/l_d}$.

18. Coefficient de diffusion et libre parcours. Influence de la pression et de la température

1. Montrer que le coefficient d'autodiffusion D d'un gaz est lié au libre parcours moyen l et à la vitesse moyenne $\overline{v}$ des molécules de ce gaz par la relation :

$$D = \frac{1}{3}\, l \cdot \overline{v}$$

On supposera la diffusion unidirectionnelle, suivant la direction Ox.

2. Un récipient contient de l'azote gazeux N_2, supposé parfait, constitué de molécules de diamètre supposé constant $\delta = 3$ Å. Déterminer dans les conditions normales (0 °C, 1 atmosphère) :

a) l'énergie cinétique moyenne d'une molécule d'azote;

b) le libre parcours moyen des molécules d'azote;

c) le coefficient d'autodiffusion de l'azote.
Comparer le résultat obtenu au coefficient d'autodiffusion expérimental $D_{\text{exp}} = 1{,}78 \cdot 10^{-5}$ m²/s et justifier le désaccord.

3. L'azote, de volume initial V, subit maintenant une compression qui diminue son volume jusqu'à $V' = V/3$. On peut opérer de deux façons :

a) soit par compression isotherme,

b) soit par compression adiabatique.

Comment sont modifiés le libre parcours l et le coefficient D du gaz dans chacune des deux transformations envisagées ?

On donne $N = 14$; cte des gaz parfaits $R = 8{,}31 \cdot$ J/mole/K; cte de Boltzmann : $k = 1{,}38 \cdot 10^{-23}$ S.I.; rapport des chaleurs massiques de l'azote (diatomique) : $\gamma = 1{,}40$.

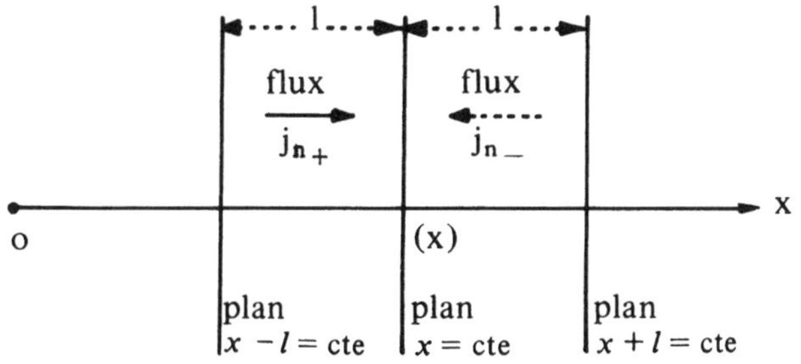

Fig. I.12

Solution

1. Soit $n(x)$ le nombre de molécules marquées par unité de volume au niveau du plan $x =$ cte. Parmi ces molécules, $n/3$ ont une vitesse moyenne dirigée suivant la direction Ox de diffusion : la moitié d'entre elles, soit $n/6$ par unité de volume, ont une vitesse moyenne suivant les x positifs et $n/6$ suivant les x négatifs.

• Toute molécule qui franchit le plan $x =$ cte, en provenance du plan situé en amont, a subi en moyenne sa dernière collision au niveau du plan $x - l$ (d'après la définition du libre parcours moyen l).
Le nombre de molécules marquées qui franchissent, par unité de temps, l'unité de surface du plan $x =$ cte dans le sens des x positifs est donc, puisque l est très petit :

$$J_{n_+} = \frac{n(x-l)}{6}\, v \cong \frac{v}{6}\left[n(x) - l\,\frac{\partial n}{\partial x}\right] \qquad (1)$$

• De même, le nombre de molécules marquées qui franchissent, par unité de temps, l'unité de surface du plan $x =$ cte dans le sens des x négatifs est (puisque ces molécules ont subi en moyenne leur dernière collision au niveau du plan $x + l$ en aval) :

$$J_{n_-} = \frac{n(x+l)}{6}\overline{v} \cong \frac{\overline{v}}{6}\left[n(x) + l\,\frac{\partial n}{\partial x}\right] \tag{2}$$

Le flux global de molécules qui traversent le plan $x =$ cte dans le sens Ox est donc $J_n = J_{n_+} - J_{n_-}$, soit d'après (1) et (2) :

$$J_n = -\frac{\overline{v}}{3}\,l\frac{\partial n}{\partial x}$$

En comparant avec la relation de Fick : $J_n = -D\,\dfrac{\partial n}{\partial x}$, il vient

$$\boxed{D = \frac{l\overline{v}}{3}} \tag{3}$$

2) ***a)*** La vitesse moyenne d'une molécule d'un gaz de masse molaire M est (cf. probl. 7, chap. 1) :

$$\overline{v} = \sqrt{\frac{8RT}{\pi M}} \tag{4}$$

L'énergie cinétique moyenne d'une molécule, de masse $m = \dfrac{M}{\mathrm{N}}$, est $e_c = \dfrac{1}{2}\,m\overline{v}^2 = \dfrac{1}{2}\,\dfrac{M}{\mathrm{N}}\cdot\dfrac{8RT}{\pi M} = \dfrac{4RT}{\pi\mathrm{N}}$.
ou, en introduisant la constante de Boltzmann $k = R/\mathrm{N}$,

$$\boxed{e_c = \frac{4}{\pi}\,kT}$$

Application numérique :

$$e_c = \frac{4}{\pi}\cdot 1{,}38\cdot 10^{-23}\cdot 273 = \mathbf{4{,}8\cdot 10^{-21}\ Joule = 0{,}030\ eV}.$$

b) Le libre parcours moyen des molécules est (cf. probl. n° 5, chap. 1)

$$l = \frac{1}{\sqrt{2}}\cdot\frac{1}{n\sigma}$$

avec $\sigma =$ section efficace $= \pi\delta^2$
et $n =$ nombre de molécules/volume $= \dfrac{p\mathrm{N}}{RT} = \dfrac{p}{kT}$ pour un gaz parfait,

donc

$$\boxed{l = \frac{k}{\pi\sqrt{2}}\,\frac{1}{\delta^2}\,\frac{T}{p}} \qquad (5)$$

Application numérique :

$$l = \frac{1{,}38 \cdot 10^{-23}}{3{,}14 \times 1{,}414} \cdot \frac{1}{9 \cdot 10^{-20}} \cdot \frac{273}{1{,}013 \cdot 10^5} = 9{,}3 \cdot 10^{-8}\ \text{m} = \mathbf{930\ \mathring{A}}$$

c) Le coefficient d'autocorrélation de l'azote est, d'après (3), (4) et (5) :

$$D = \frac{l\overline{v}}{3} = \frac{k}{3\pi\sqrt{2}\delta^2}\,\frac{T}{p}\sqrt{\frac{8RT}{\pi M}} \text{ ou } \boxed{D = \frac{2k}{3}\sqrt{\frac{R}{\pi^3}}\,\frac{1}{\sqrt{M}\delta^2}\,\frac{T^{3/2}}{p}} \qquad (6)$$

Application numérique : $D = \mathbf{1{,}42 \cdot 10^{-5}\ m^2/s}$

• Le désaccord relatif entre ce résultat théorique et le résultat expérimental $D_{\text{exp}} = 1{,}78 \cdot 10^{-5}$ m²/ s est de 20 % environ. Ce désaccord provient du fait qu'on a considéré dans la théorie que l'azote est un gaz parfait monoatomique et on a négligé les mouvements interatomiques dans les molécules d'azote N_2 (rotations, vibrations, ...). Cette modélisation est cependant satisfaisante si on se contente d'un ordre de grandeur du coefficient d'autodiffusion.

3. *a)* Au cours de la composition isotherme $(p, V, T \longrightarrow p', V', T)$ on a :

$$pV = p'V' \quad \text{ou} \quad \frac{p'}{p} = \frac{V}{V'} = 3$$

– Le libre parcours, qui est proportionnel à $\frac{T}{p}$ d'après (5), devient donc l' tel que :

$$\frac{l'}{l} = \frac{p}{p'} = \frac{1}{3} \quad \text{soit} \quad \boxed{l' = l/3} = \mathbf{310\ \mathring{A}}.$$

– Le coefficient d'autodiffusion proportionnel à $\frac{T^{3/2}}{p}$ d'après (6), devient D' tel que

$$\frac{D'}{D} = \frac{p}{p'} = \frac{1}{3} \quad \text{soit} \quad \boxed{D' = D/3} = \mathbf{0{,}47 \cdot 10^{-5}\ m^2/s}$$

Ainsi, l et D sont divisés par le rapport de compression isotherme.

b) Au cours de la compression *adiabatique* $(p, V, T \longrightarrow p', V', T')$, on a :

$$p \cdot V^{\gamma} = p' V'^{\gamma} \text{ et } T \cdot V^{\gamma-1} = T' \cdot V'^{\gamma-1}, \text{ soit } \frac{p'}{p} = (3)^{\gamma} \text{ et } \frac{T'}{T} = (3)^{\gamma-1}$$

– Le libre parcours moyen devient donc l' tel que, d'après (5),

$$\frac{l'}{l} = \frac{T'}{T} \cdot \frac{p}{p'} = (3)^{\gamma-1} \cdot (3)^{-\gamma} = \frac{1}{3}, \text{ soit } \boxed{l' = l/3} = \mathbf{310\ \mathring{A}}.$$

– Le coefficient d'autodiffusion devient donc tel que, d'après (6),

$$\frac{D'}{D} = \left(\frac{T'}{T}\right)^{3/2} \cdot \frac{p}{p'} = (3)^{\frac{3(\gamma-1)}{2}} \cdot (3)^{-\gamma} = (3)^{\frac{\gamma-3}{2}}$$

soit
$$\boxed{D' = \frac{D}{(3)^{\frac{3-\gamma}{2}}} = \frac{D}{2{,}4}} = \mathbf{0{,}59 \cdot 10^{-5}\ m^2/s}$$

19. Diffusion de particules avec absorption : libre parcours

Un faisceau parallèle de particules (de dimensions négligeables) de densité de flux $j_0 = 2 \cdot 10^6$ particules/m²/s, frappe normalement une mince plaque métallique d'épaisseur x_0, contenant $n = 6 \cdot 10^{28}$ atomes/m³.

1. Montrer que la densité de flux j des particules du faisceau décroît avec la profondeur x de pénétraton dans la plaque suivant une loi exponentielle $j(x)$ qu'on déterminera. On admettra que le nombre de particules diffusées en une seconde par un atome de la feuille métallique est : $\sigma \cdot j(x)$, où $\sigma = 5 \cdot 10^{-23}$ m² est le «section efficace» de diffusion.

2. *Application* : calculer :

a) l'épaisseur x_0 qu'il faut donner à la plaque pour que les deux tiers des particules qui y pénètrent ne subissent aucune diffusion :

b) le libre parcours moyen L, c'est-à-dire la distance moyenne parcourue entre deux collisions consécutives.

Solution

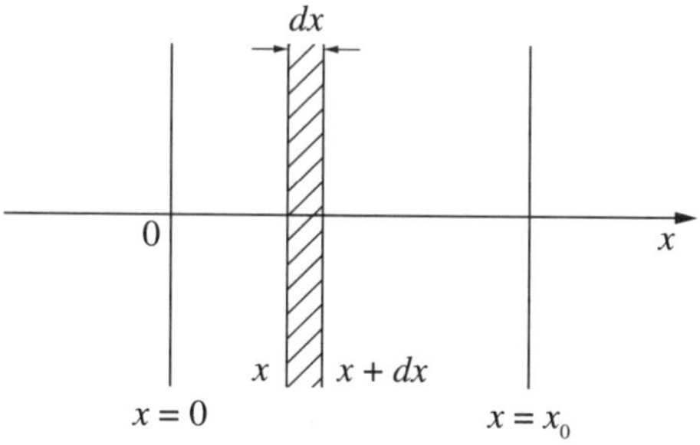

Fig. I.13

1. Considérons, à l'intérieur de la plaque-cible, la tranche hachurée d'aire S et d'épaisseur dx comprise entre les plans $x = \text{Cte}$ et $x + \mathrm{d}x = \text{Cte}$ (Fig. I.13).

• Si on désigne $j(x)$ et $j(x + \mathrm{d}x)$ les densités de flux de particules aux abscisses respectives x et $x + \mathrm{d}x$, le nombre de collisions par seconde dans la tranche considérée est :

$$S \cdot j(x) - S \cdot j(x + \mathrm{d}x) = -S[j(x + \mathrm{d}x) - j(x)] = -S\,\frac{\partial j}{\partial x}\,\mathrm{d}x. \qquad (1)$$

• Or la tranche considérée, de volume $S\,\mathrm{d}x$, renferme $n \cdot S \cdot \mathrm{d}x$ atomes : le nombre de collisions par seconde est donc également

$$\underbrace{\sigma \cdot j(x)}_{\substack{\text{nombre de particules}\\ \text{qui pénètrent par seconde}}} \cdot \underbrace{n \cdot S \cdot \mathrm{d}x}_{\substack{\text{nombre d'atomes}\\ \text{diffuseurs}}}. \qquad (2)$$

En égalant les expressions équivalentes (2) et (3), on obtient

$$\frac{\partial j}{\partial x} = -n \cdot \sigma j(x).$$

Séparons les variables : $\mathrm{d}j/j = -n \cdot \sigma \cdot \mathrm{d}x$, et intégrons :

$$\boxed{j(x) = j_0 \cdot \mathrm{e}^{-(n \cdot \sigma)x}}. \qquad (3)$$

Numériquement, si x est exprimé en micromètre, on obtient

$$\boxed{j(x) = 2 \cdot 10^6 \cdot \mathrm{e}^{-3x}} \text{ particule/m}^2\text{/s}.$$

2. ***a)*** Le nombre de particules qui pénètrent par seconde, dans la section unité de la plaque, d'épaisseur x_0, sans subir de diffusion est

$$j_0 - j(x_0) = j_0(1 - \mathrm{e}^{-n \cdot \sigma \cdot x_0}).$$

Par hypothèse, $j_0 - j(x_0) = (2/3)j_0$, donc $1 - \mathrm{e}^{-n\sigma x_0} = 2/3$ ou $\mathrm{e}^{-n\sigma x_0} = 1/3$; on en déduit $\boxed{x_0 = \dfrac{\ln 3}{n \cdot \sigma}}$.

Application numérique : $x_0 = \dfrac{1{,}0986}{(6 \cdot 10^{28}) \cdot (5 \cdot 10^{-23})} = \mathbf{0{,}366\ \mu m}$.

b) Considérons le cylindre d'axe normal à la plaque, de section droite σ (section efficace) et de hauteur x, donc de volume $\sigma \cdot x$. Ce cylindre contient $n(\sigma \cdot x)$ atomes.
Une particule du faisceau qui pénètrent dans ce cylindre subira, sur le chemin x, un nombre de collisions égal au nombre d'atomes dont le centre est à l'intérieur du cylindre; donc la distance moyenne parcourue entre deux chocs successifs (ou libre parcours moyen) est

$$L = \frac{x}{n \cdot \sigma \cdot x}, \text{ soit } \boxed{L = \frac{1}{n \cdot \sigma}}. \tag{4}$$

Application numérique : $l_0 = \mathbf{0{,}333\ \mu m}$.

Remarque : La loi (3) d'absorption s'écrit, compte tenu de (4) :

$$j(x) = j_0 \cdot \mathrm{e}^{-x/L}.$$

Le libre parcours moyen apparaît donc comme la profondeur de pénétration pour laquelle la densité de flux est divisée par $e = 2{,}718$.

20. Courants de diffusion et de conduction. Membrane semi-perméable

Une membrane d'épaisseur l sépare deux compartiments ① et ② contenant un même électrolyte, formé d'anions A^- et de cations C^+ (de masses m_A et m_C, de charges $-e$ et e, de concentrations n_A et n_C par unité de volume).

Une d.d.p. V appliquée entre les deux faces de la membrane (matérialisée par les plans $x = 0$ et $x = l$) : (fig. I.14) produit dans la membrane un champ électrique $\overrightarrow{E}$ de direction Ox (de vecteur unitaire $\overrightarrow{u_x}$) normale aux deux faces.

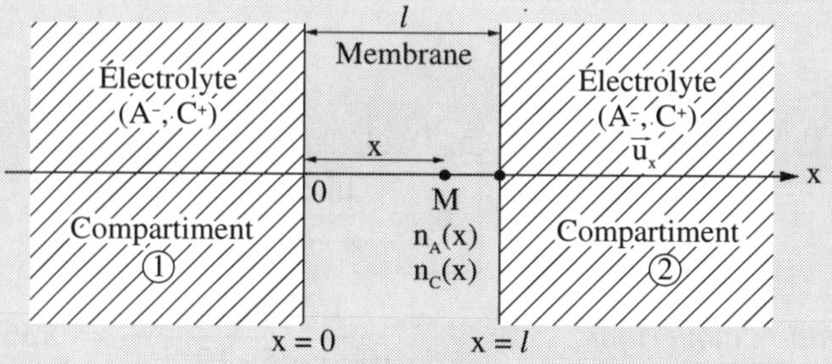

Fig. I.14

Dans la membrane, les ions qui se déplacent parallèlement à Ox atteignent rapidement un régime permanent sous l'effet des forces de freinage (dues aux chocs) opposées à la vitesse $\overrightarrow{v}$ des ions : $-f_A \cdot \overrightarrow{v_A}$ pour les anions et $-f_C \cdot \overrightarrow{v_C}$ pour les cations ($f_A > 0$ et $f_C > 0$). Dans la membrane, les gradients de concentration $n_A(x)$ et $n_C(x)$ des ions sont responsables du phénomène de diffusion thermique, caractérisé à la température absolue T par les coefficients de diffusion $D_A = kT/f_A$ (pour les anions) et $D_C = kT/f_C$ (pour les cations), où k est la cte de Boltzmann ($k = 1{,}38 \cdot 10^{-23}$ J $\cdot$ K^{-1}).

On rappelle que le vecteur densité de courant transporté par des porteurs de charge de densité volumique de charge ρ et de vitesse $\overrightarrow{v}$ est $\overrightarrow{i} = \rho\overrightarrow{v}$.

1. Montrer qu'en régime permanent, le vecteur **densité de courant de conduction** des anions en M ($OM = x$) est de la forme $\overrightarrow{i_A}'(x) = \gamma\overrightarrow{E}$, où la «conductivité» γ sera exprimée en fonction de e, k, T, D_A et $n_A(x)$.

2. *a)* Exprimer le nombre ν_A d'anions par unité de volume qui diffusent en M, en fonction de D_A, $\mathrm{d}n_A/\mathrm{d}x$ et de la vitesse v_A des anions.

b) En déduire l'expression du vecteur **densité de courant de diffusion** $\overrightarrow{i_A}''(x)$ des anions en M, en fonction de e, D_A, $\mathrm{d}n_A/\mathrm{d}x$ et $\overrightarrow{u}_x$.

3. Exprimer le vecteur densité de courant total des ions dans la membrane, en M, en fonction de e, k, T, D_A, D_c, $n_A(x)$, $n_C(x)$, $\dfrac{\mathrm{d}n_A}{\mathrm{d}x}$, $\dfrac{\mathrm{d}n_C}{\mathrm{d}x}$, $\overrightarrow{u}_x$ et $\overrightarrow{E}$.

4. On désire réaliser un régime permanent pour lequel les anions et les cations ont même concentration dans la membrane en chaque point :

$n_A(x) = n_C(x) = n(x)$, et qui correspond à un courant total nul. Les concentrations de l'électrolyte (chlorure de sodium en solution), de part et d'autre de la membrane, sont $C_1 = 0{,}5$ mole/l dans le compartiment ① et $C_2 = 0{,}1$ mole/l dans le compartiment ②; on donne $T = 290$ K, $D_A = 2{,}0 \cdot 10^{-11}$ m²/s, $D_C = 1{,}3 \cdot 10^{-11}$ m²/s, $e = 1{,}6 \cdot 10^{-19}$ C.
Calculer la d.d.p. V à appliquer entre les faces de la membrane.

5. Calculer la d.d.p. V_0 qui permet d'arrêter les anions (membrane semi-perméable).

Solution

1. • La densité volumique de charge des anions de conduction en M est $\rho'_A = -e \cdot n_A(x)$ et la densité de courant de conduction des anions en M est donc

$$\overrightarrow{i_A}'(x) = \rho'_A \cdot \overrightarrow{v_A} = -e \cdot n_A(x)\overrightarrow{v_A} \qquad (1)$$

• D'autre part, en régime permanent (le régime transitoire a une durée négligeable par hypothèse) pour lequel $\mathrm{d}\overrightarrow{v_A}/\mathrm{d}t = 0$, la relation fondamentale de la dynamique appliquée aux anions s'écrit :

$$-e\overrightarrow{E} - f_A \cdot \overrightarrow{v_A} = m_A \, \mathrm{d}\overrightarrow{v_A}/\mathrm{d}t = 0, \text{ soit } \overrightarrow{v_A} = -\frac{e}{f_A}\overrightarrow{E} \qquad (2)$$

La relation (1), compte tenu de (2), donne donc

$$\overrightarrow{i_A}'(x) = \frac{e^2}{f_A} n_A(x) \cdot \overrightarrow{E}, \quad \text{avec} \quad f_A = \frac{kT}{D_A}$$

soit

$$\boxed{\overrightarrow{i_A}'(x) = \frac{e^2}{kT} D_A \cdot n_A(x) \cdot \overrightarrow{E}} \qquad (3)$$

Cette relation de la forme $\overrightarrow{i}' = \gamma \overrightarrow{E}$ (loi d'Ohm locale) définit la «conductivité de la membrane en A » $\boxed{\gamma(x) = \dfrac{e^2}{kT} D_A \cdot n_A(x)}$

2. *a)* D'après la loi de Fick, la densité de flux d'anions qui diffusent en M $(OM = x)$ suivant la direction Ox, c'est-à-dire le nombre d'anions en M qui traverse par unité de temps l'unité de surface du plan $x =$ cte, est

$$j_A = -D_A \cdot \frac{\partial n_A}{\partial x}$$

(le signe – indique que la migration des anions se fait dans le sens des concentrations $n(x)$ décroissantes)

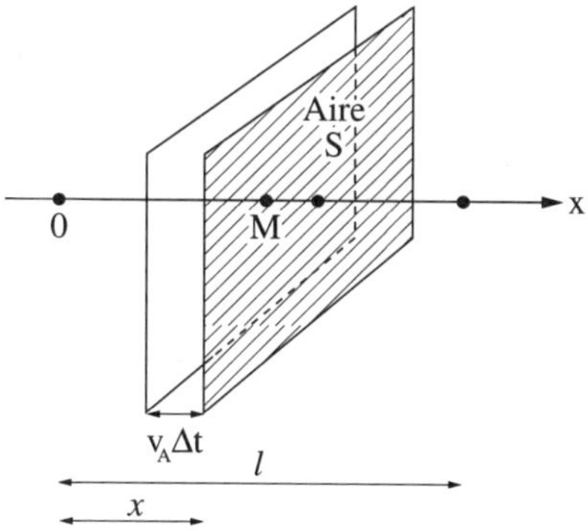

Fig. I.15

• Donc, le nombre d'anions qui diffusent à travers la section droite S (de centre M) pendant le temps Δt est $j_A \cdot S \cdot \Delta t$, et donc le nombre d'anions par unité de volume qui diffusent est

$$\nu_A = \frac{j_A \cdot S \cdot \Delta t}{(v_A \cdot \Delta t)S} = \frac{j_A}{v_A}, \text{ soit } \boxed{\nu_A = -\frac{D_A}{v_A}\frac{\mathrm{d}n_A}{\mathrm{d}x}} \qquad (4)$$

b) La densité volumique des charges des anions diffusés est $\rho''_A = -e \cdot \nu_A$ et la densité de courant associée à la diffusion des anions est donc

$$\overrightarrow{i_A}'' = \rho''_A \cdot \overrightarrow{v_A} = \rho''_A \cdot v_A\, \overrightarrow{u_x} = -e\nu_A v_A \overrightarrow{u}\, x$$

soit, d'après (4),

$$\boxed{\overrightarrow{i_A}''(x) = eD_A \frac{\mathrm{d}n_A}{\mathrm{d}x}\, \overrightarrow{u_x}} \qquad (5)$$

3. Par un raisonnement identique à celui de la question 2. a), on obtient le nombre ν_C de cations diffusés par unité de volume en M :

$$\nu_C = -\frac{D_C}{v_C}\frac{\mathrm{d}n_C}{\mathrm{d}x}$$

Les densités de courant de conduction et de diffusion des cations s'obtient donc par transposition des relations (3) et (5) en remplaçant A par C et $-e$ par $+e$, soit

$$\overrightarrow{i_C}'(x) = \frac{e^2}{kT} \cdot D_C \cdot n_C(x) \cdot \overrightarrow{E} \text{ et } \overrightarrow{i_C}''(x) = -e \cdot D_C \cdot \frac{\mathrm{d}n_C}{\mathrm{d}x} \cdot \overrightarrow{u}_x \qquad (6)$$

• Le vecteur densité de courant total (conduction et diffusion) en M est donc :

$$i(x) = (\overrightarrow{i_A}' + \overrightarrow{i_A}'') + (\overrightarrow{i_C}' + \overrightarrow{i_C}'').$$

soit d'après (3), (5) et (6) :

$$\boxed{\begin{aligned}\overrightarrow{i}(x) = e\left[D_A \cdot \frac{\mathrm{d}n_A}{\mathrm{d}x} - D_C\,\frac{\mathrm{d}n_C}{\mathrm{d}x}\right]\overrightarrow{u_x} \\ + \frac{e^2}{kT}\,[(D_A \cdot n_A(x) + D_C \cdot n_C(x)]\,\overrightarrow{E}\end{aligned}} \qquad (7)$$

4. Dans le régime permanent où, en chaque point, $n_A(x) = n_C(x) = n(x)$ et $\overrightarrow{i}(x) = 0$, la relation (7) s'écrit

$$(D_A - D_C)\frac{\mathrm{d}n}{\mathrm{d}x}\,\overrightarrow{u}_x + \frac{e}{kT}(D_A - D_C)n(x)\,\overrightarrow{E} = \overrightarrow{0}$$

Le champ électrique dans la membrane est alors, dans ce cas :

$$\overrightarrow{E} = -\frac{kT}{e}\,\frac{D_A - D_C}{D_A + D_C}\,\frac{\mathrm{d}n/\mathrm{d}x}{n(x)}\,\overrightarrow{u}_x$$

La d.d.p. entre les faces de la membrane est donc

$$V_1 - V_2 = \int_{x_1=0}^{x_2=l} E \cdot \mathrm{d}x = -\frac{kT}{e}\,\frac{D_A - D_C}{D_A + D_C}\int_{C_1}^{C_2}\frac{\mathrm{d}n}{n}$$

soit
$$\boxed{V_1 - V_2 = \frac{kT}{C}\,\frac{D_A - D_C}{D_1 + D_C}\,\ln\frac{C_1}{C_2}} \qquad (8)$$

Application numérique : $V_1 - V_2 =$ **8,5 mV**

5. On réalisera une membrane semi-perméable si un type de porteurs est arrêté; l'arrêt des cations ($f_C = \infty$ ou $D_C = 0$) est donc obtenu d'après (6) pour

$$\boxed{V_1 - V_2 = \frac{kT}{e}\,\ln\left(\frac{C_1}{C_2}\right)} = \mathbf{40{,}2\ mV}$$

Remarque : L'arrêt des anions ($f_A = \infty$ ou $D_A = 0$) est obtenu pour une d.d.p. égale et opposée d'après (6) :

$$V_1 - V_2 = -\frac{kT}{e}\,\ln\left(\frac{C_1}{C_2}\right) = -40{,}2\ \mathrm{mV}$$

CHAPITRE 2

Statique des fluides Champ de pression

Ce chapitre étudie l'équilibre des fluides (gaz ou liquide) dans un champ de forces donné. Un fluide est au repos, dans (R), si le champ des vitesses $\overrightarrow{v}(M,t)$ dans (R) est nul en tout point M du fluide, à tout instant t.

I. CONTRAINTE ET PRESSION DANS UN FLUIDE AU REPOS

1. Forces volumiques et forces surfaciques

Les actions qui s'exercent sur un fluide au repos, limité par une surface de contrôle Σ, sont de deux sortes :

– **les actions à distance**, caractérisées en chaque point A du fluide, à l'instant t, par la densité de forces volumiques :

$$\overrightarrow{f_V}(A,t) = \frac{\mathrm{d}\overrightarrow{F_V}}{\mathrm{d}\tau}$$

où $\mathrm{d}\overrightarrow{F_V}$ est la force qui s'exerce sur l'élément de volume $\mathrm{d}\tau$ autour de A ;

– **les actions de contact**, caractérisées en chaque point M du fluide (sur Σ), à l'instant t, par la densité de forces surfaciques (ou *contrainte*)

$$\overrightarrow{f_S}(M,t) = \frac{\mathrm{d}\overrightarrow{F_s}}{\mathrm{d}S}$$

où $\mathrm{d}\overrightarrow{F_S}$ est la force qui s'exerce sur l'élément d'aire $\mathrm{d}S$ autour de M.

2. Champ de pression dans un fluide au repos

Dans un fluide parfait au repos (Fig. II.A) la *contrainte* $\overrightarrow{f_s}$ *est normale* à l'élément d'aire $\mathrm{d}S$ en tout point M.

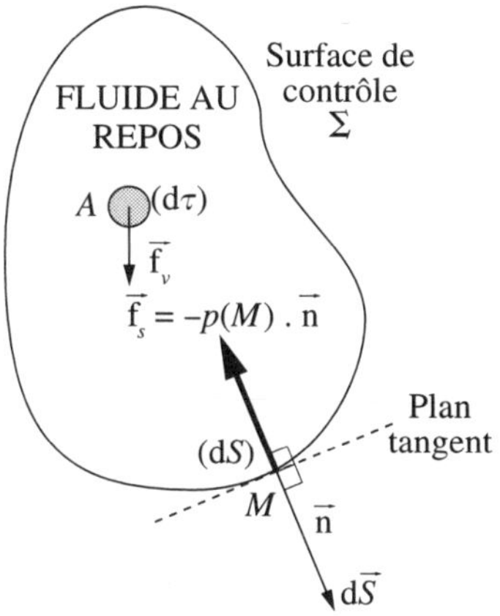

Fig. II.A

Si $\vec{n}$ désigne le vecteur unitaire normal à dS en M, dirigé vers l'extérieur de Σ, on peut donc poser pour un fluide au repos

$$\boxed{\vec{f_S}(M) = \frac{\mathrm{d}\vec{F_S}}{\mathrm{d}S} = -p(M)\,\vec{n}}$$

où la fonction scalaire $p(M)$ définit le *champ de pression* du fluide; notons que la pression p en M est indépendante de l'orientation du vecteur normal $\vec{n}$.

• D'après le principe de l'action et de la réaction, la force pressante exercée par le fluide au repos sur l'élément de surface dS de Σ est

$$\mathrm{d}\vec{F} = -\mathrm{d}\vec{F_S} = p(M)\cdot \mathrm{d}S \cdot \vec{n}\,.$$

Si on introduit le vecteur surface $\mathrm{d}\vec{S} = \mathrm{d}S \cdot \vec{n}$, il vient donc

$$\boxed{p = \frac{\mathrm{d}\vec{F}}{\mathrm{d}\vec{S}}}\,.$$

La pression s'exprime en pascal (Pa ou N/m^2); notons les correspondances d'unité pour la pression atmosphérique :

$$\boxed{1 \text{ atmosphère} = 1{,}013 \cdot 10^5 \text{ Pa} = 1\,013 \text{ millibar} = 76 \text{ cm de mercure}}\,.$$

II. ÉQUILIBRE D'UN FLUIDE. LOI DE L'HYDROSTATIQUE

1. Relation locale fondamentale dans (*R*) galiléen

La condition d'équilibre d'un fluide, placé dans un champ de forces donné, caractérisé en chaque point M par la densité volumique des forces $\overrightarrow{f_V} = \mathrm{d}\overrightarrow{F_V}/\mathrm{d}\tau$, s'écrit dans un *référentiel galiléen* (R), si $p(M)$ désigne la pression du fluide en M :

$$\boxed{\overrightarrow{\text{grad}}\, p(M) = \overrightarrow{f_V}(M)}\,. \qquad (1)$$

Cette relation *locale* est valable en tout point M du fluide au repos.

2. Loi de l'hydrostatique dans le champ de pesanteur dans (*R*) galiléen

• Si les seules forces volumiques qui agissent sur le fluide, de masse volumique ρ, sont celles du champ de pesanteur $\vec{g}$, on a :

$$\overrightarrow{f_V} = \frac{\mathrm{d}\overrightarrow{F_V}}{\mathrm{d}\tau} = \overrightarrow{\rho g},$$

donc (1) s'écrit dans (R) galiléen :

$$\boxed{\overrightarrow{\text{grad}}\, p = \rho\,\vec{g}}\,. \qquad (2)$$

• Projetons (2) sur la verticale ascendante Oz ($\vec{g} = -g\,\overrightarrow{u_z}$),

$$\frac{\mathrm{d}p}{\mathrm{d}z} = -\rho g \quad \text{soit} \quad \boxed{\mathrm{d}p = -\rho g\, \mathrm{d}z} \qquad (3)$$

donc, par intégration,

$$\boxed{p_1 - p_2 = \int_{z_1}^{z_2} \rho g\, \mathrm{d}z}\,. \qquad (4)$$

• La relation (2) montre que «les surfaces *isobares* ($p = $ cte) sont *orthogonales* aux lignes de champ $\vec{g}$», et la relation (4) montre que «la différence des pressions entre deux points d'un fluide placé dans le champ de pesanteur uniforme est égale au poids d'une colonne du fluide de hauteur égale à la dénivellation entre les deux points et d'aire unité».

3. Application de la loi de l'hydrostatique aux liquides incompressibles

L'intégration de (4) fournit pour un fluide incompressible (liquide) : $\rho = \text{cte}$

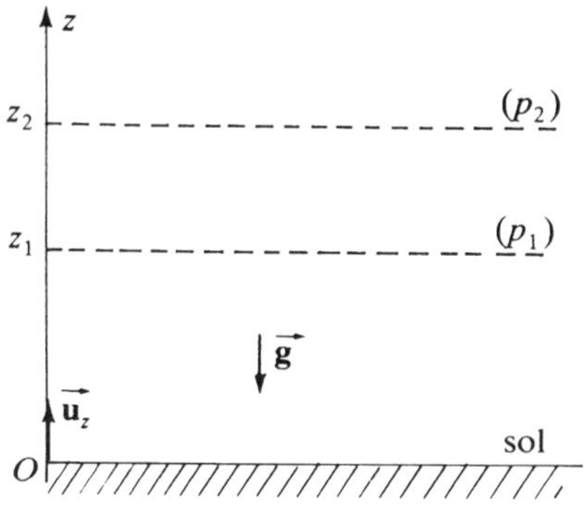

Fig. II.B

$$p_1 - p_2 = \rho g(z_2 - z_1) \quad \text{ou} \quad \boxed{p_1^* = p_2^*} \quad \text{avec} \quad \boxed{p^* = p + \rho g z}.$$

La pression statique $p^* = p + \rho g z$ est constante en tout point d'un liquide au repos.

4. Loi de l'hydrostatique dans (R') non galiléen

Si le fluide est en *équilibre relatif* dans (R') non galiléen, la relation locale fondamentale (2) reste vraie à condition d'ajouter au champ de pesanteur $\overrightarrow{g}$ le champ d'accélération d'entraînement $\overrightarrow{a_e}$:

$$\boxed{\overrightarrow{\text{grad}}\, p = \rho(\overrightarrow{g} - \overrightarrow{a_e})}$$

Remarque : Pour étudier l'équilibre d'une grande masse fluide (ex. : étoile) dont la cohésion est essentiellement due à l'attraction gravitationnelle, on utilisera le *théorème de Gauss* : le flux du champ de pesanteur $\overrightarrow{g}$ (newtonien) à travers une surface fermée Σ est :

$$\oiint_{\Sigma} \overrightarrow{g} \cdot \mathrm{d}\overrightarrow{s} = -4\pi G \cdot m_{\text{int}},$$

où m_{int} est la masse du fluide intérieure à Σ, et G la constante de gravitation universelle ($G = 6{,}67 \cdot 10^{-11}$ unités SI).

III. LOI DU NIVELLEMENT BAROMÉTRIQUE DE L'ATMOSPHÈRE ISOTHERME. LOI DE DISTRIBUTION DE BOLTZMANN

1. Équation du nivellement barométrique

Pour une atmosphère isotherme (T = cte), en remplaçant dans (4) la masse volumique par l'expression $\rho = \dfrac{Mp}{RT}$ du gaz parfait (de masse molaire M), l'intégration de (4) donne (fig. II.B) la loi de variation des pressions

$$\boxed{p(z_2) = p(z_1) \cdot \mathrm{e}^{-\frac{Mg}{RT}(z_2 - z_1)}}$$

D'après la relation $p = n \cdot k \cdot T$ (Cf. p. 2), on en déduit la variation de la densité particulaire $n(z)$ à T = cte.

$$n(z_2) = n(z_1) \cdot \mathrm{e}^{-\frac{Mg}{RT}(z_2 - z_1)}$$

avec

$$\frac{M}{R} = \frac{m\mathcal{N}}{k\mathcal{N}} = \frac{m}{k}, \quad \text{soit} \quad \boxed{n(z) = n(0) \cdot \mathrm{e}^{-\frac{mgz}{kT}}} \qquad (5)$$

C'est l'équation du nivellement barométrique dans le modèle isotherme.

2. Loi de distribution de Boltzmann, à l'équilibre thermodynamique

L'équation (5), qui montre que la densité des particules d'énergie potentielle $W = mgz$ est proportionnelle à $\mathrm{e}^{-\frac{W}{kT}}$, est un cas particulier de la loi de distribution de Boltzmann.

Pour un système thermodynamique, à température fixée, dont les constituants sont indépendants et discernables, sur une population de N particules,

– le nombre N_i de particules qui possèdent le niveau d'énergie W_i est $N_i = \lambda\, \mathrm{e}^{-\frac{W_i}{kT}}$, (on peut calculer la cte λ à partir de l'équation de normalisation : $N = \sum_i N_i$).

– la probabilité d'occupation de l'état d'énergie W_i est donc

$$\boxed{P(W_i) = \frac{N_i}{N} = \frac{\mathrm{e}^{-\frac{W_i}{kT}}}{\sum_i \mathrm{e}^{-\frac{W_i}{kT}}}}$$

N.B. : La loi de distribution de Boltzmann écrite ci-dessus pour des niveaux d'énergie discrets peut être généralisée à des niveaux d'énergie continus, en remplaçant la sommation Σ par une intégrale.

IV. FORCES PRESSANTES EXERCÉES PAR LES FLUIDES AU REPOS

• La force de pression exercée par un fluide au repos sur un élément de surface dS des parois est normale à dS, dirigée de l'intérieur du fluide vers la paroi, et de module $\mathrm{d}F = p \cdot \mathrm{d}S$, où p est la pression au centre de l'élément dS.

$$\boxed{\mathrm{d}\vec{F} = p \cdot \mathrm{d}\vec{S}}\,.$$

Par intégration, on obtient la résultante des forces pressantes $\vec{F} = \int \mathrm{d}\vec{F} = \int p \cdot \mathrm{d}\vec{S}$.

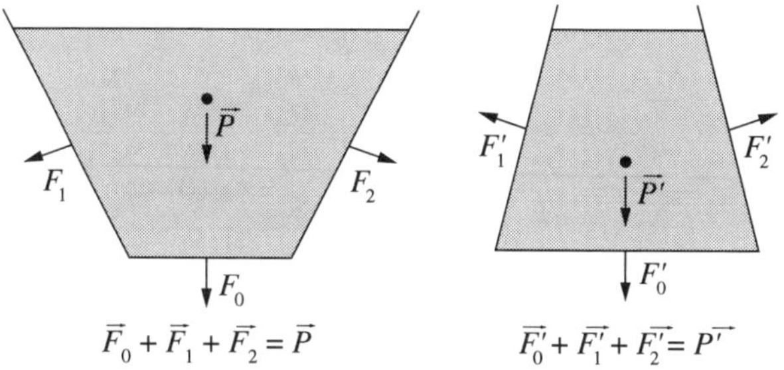

Fig. II.C

• La résultante des forces pressantes exercées par un fluide au repos sur les parois du récipient qui le contient est égale au poids du fluide.

V. THÉORÈMES DE PASCAL ET D'ARCHIMÈDE

À partir des lois de l'hydrostatique, on établit deux théorèmes importants.

1. Théorème de Pascal

Un liquide incompressible au repos transmet intégralement les pressions.

2. Théorème d'Archimède

• Tout solide immergé dans un système de fluides au repos subit une force $\vec{F_a}$, égale et opposée au poids des fluides déplacés : $\boxed{\vec{F_a} = -\vec{P}}$.

La poussée d'Archimède $\overrightarrow{F_a}$ est appliquée au centre de masse C des fluides déplacés (C = centre de poussée).

• Si C est au-dessus de G, centre de masse du solide immergé, l'équilibre du solide est *stable*, et si C est au-dessous de F, l'équilibre du solide est *instable*; enfin si C et G sont confondus, l'équilibre est *indifférent*.

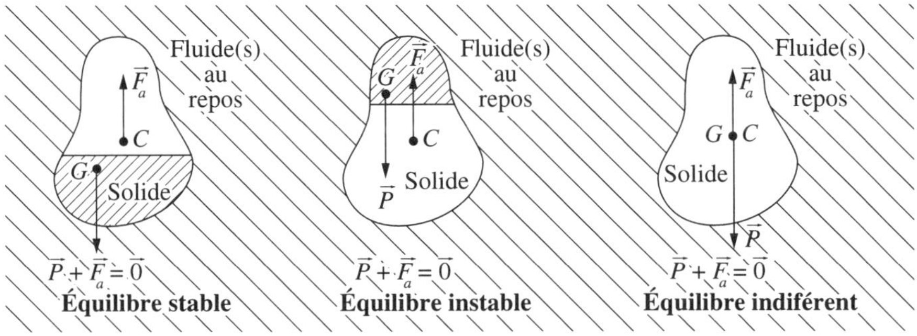

Fig. II.D

PROBLÈMES DU CHAPITRE 2

A. LIQUIDES EN ÉQUILIBRE HYDROSTATIQUE

1. Équilibre de liquides non miscibles en vase ouvert

1. Deux vases A_1 et A_2 de sections $S_1 = 50\,\text{cm}^2$ et $S_2 = 10\,\text{cm}^2$, dont les bases sont dans un même plan horizontal, communiquent par un tube fin de volume négligeable, muni d'un robinet R initialement fermé. On verse un litre de mercure dans A_1 et 0,5 litre de mercure dans A_2. Déterminer les déplacements x_1 et x_2 des deux niveaux de mercure lorsqu'on ouvre le robinet.

2. On verse ensuite 1,5 litre d'alcool dans le vase A_1. Déterminer, à l'équilibre

a) le déplacement du niveau de mercure dans le vase A_2,

b) la dénivellation entre les deux surfaces libres dans A_1 et A_2.

3. Quel volume d'acide sulfurique faut-il maintenant ajouter dans le vase A_2 pour que :

a) les deux surfaces libres soient dans un même plan horizontal ?

b) les surfaces de mercure soient dans un même plan horizontal ?

On donne : masses volumiques du mercure : $\rho_{\text{mercure}} = 13{,}60\ \text{g/cm}^3$, de l'alcool : $\rho_{\text{alcool}} = 0{,}79\ \text{g/cm}^3$, de l'acide sulfurique : $\rho_{\text{acide}} = 1{,}84\ \text{g/cm}^3$.

Solution

1. • Lorsque le robinet est fermé, les hauteurs des colonnes de mercure sont (fig. II.1) :

– dans A_1 : $h_1 = \dfrac{V_1}{S_1} = \dfrac{1\,000}{50} = 20\ \text{cm}$

– dans A_2 : $h_2 = \dfrac{V_2}{S_2} = \dfrac{500}{10} = 50\ \text{cm}.$

Lorsqu'on ouvre le robinet, les deux surfaces libres du mercure sont dans le même plan horizontal (même pression). Les déplacements x_1 et x_2 des deux niveaux sont donc tels que (fig. II.1) :

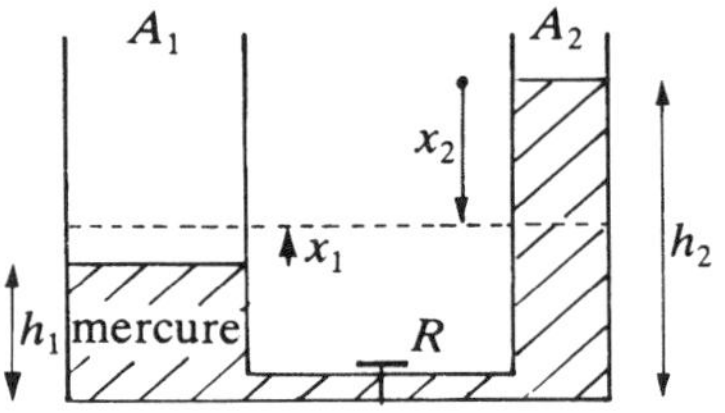

Fig. II.1

$$\begin{cases} S_1 x_1 = S_2 x_2 & \text{(invariance du volume déplacé)} \\ x_1 + x_2 = h_2 - h_1 & \text{(dénivellation).} \end{cases}$$

On en déduit

$$\boxed{x_1 = \frac{S_2}{S_1 + S_2}(h_2 - h_1)} = \mathbf{5\ cm}$$

et
$$\boxed{x_2 = \frac{S_1}{S_1 + S_2}(h_2 - h_1)} = \mathbf{25\ cm}.$$

Le niveau baisse de 5 cm dans A_1 et monte de 25 cm dans A_2, de sorte que les colonnes de mercure ont même hauteur (25 cm) dans A_1 et A_2.

2.

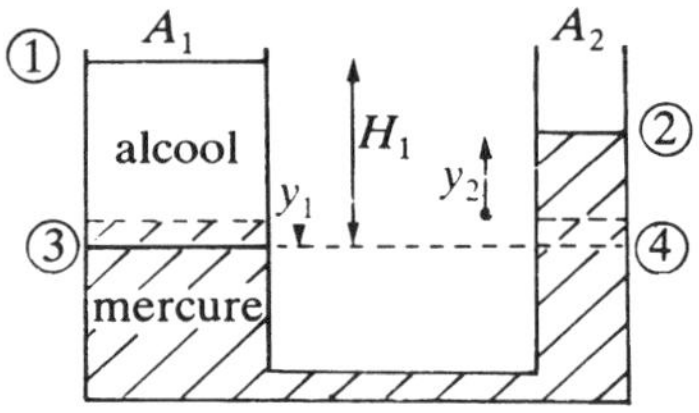

Fig. II.2

a) Lorsqu'on verse 1,5 litre d'alcool dans A_1 correspondant à une colonne de hauteur $H_1 = 1\,500/50 = 30$ cm, le niveau du mercure baisse de y_1 dans A_1 et monte de y_2 dans A_2, de façon à respecter (fig. II.2) :

– la conservation du volume de mercure déplacé : $S_1 y_1 = S_2 y_2$ (1)

– les lois de l'hydrostatique : $p_3 - p_1 = p_4 - p_2$,

car $p_1 = p_2$ (= pression atmosphérique)

et $p_3 = p_4$ (surface isobare horizontale du mercure),

soit $\rho_{\text{alcool}}\, g H_1 = \rho_{\text{mercure}} g \cdot (y_1 + y_2)$, ou $y_1 + y_2 = \dfrac{\rho_{\text{alcool}}}{\rho_{\text{mercure}}} H_1$. (2)

D'après (1) et (2), le déplacement du mercure dans A_2 est :

$$\boxed{y_2 = H_1 \frac{S_1}{S_1 + S_2} \cdot \frac{\rho_{\text{alcool}}}{\rho_{\text{mercure}}}} = \mathbf{1{,}45\ mm}.$$

b) La dénivellation entre les surfaces libres d'alcool et de mercure est, compte tenu de (2),

$$H_1 - (y_1 + y_2) = H_1\left(1 - \frac{\rho_{\text{alcool}}}{\rho_{\text{mercure}}}\right) = \mathbf{28{,}26\ cm}.$$

3. ***a)***

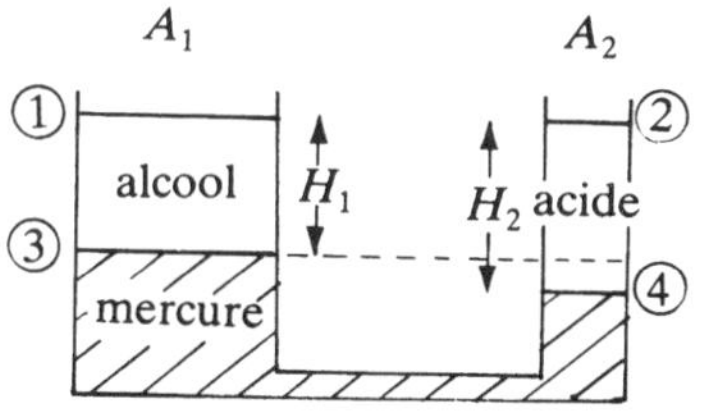

Fig. II.3

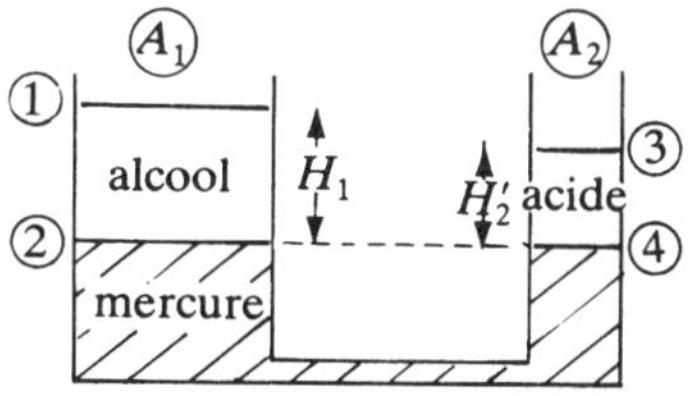

Fig. II.4

L'équation de l'hydrostatique s'écrit (fig. II.3) :

– dans l'alcool $p_3 - p_1 = \rho_{\text{alcool}}\, g H_1$

– dans l'acide $p_4 - p_2 = \rho_{\text{acide}}\, g H_2$

– dans le mercure $p_4 - p_3 = \rho_{\text{mercure}}\, g(H_2 - H_1)$.

Compte tenu de $p_1 = p_2 = p_{\text{atmosphérique}}$, on a :

$$p_3 - p_1 = (p_3 - p_4) + (p_4 - p_2)$$

soit $$\rho_{\text{alcool}}\, g H_1 = -\rho_{\text{mercure}}\, g(H_2 - H_1) + \rho_{\text{acide}}\, g H_2$$

ou $$\boxed{H_2 = H_1 \frac{\rho_{\text{mercure}} - \rho_{\text{alcool}}}{\rho_{\text{mercure}} - \rho_{\text{acide}}}} = \mathbf{32{,}68\ cm}.$$

Le volume d'acide versé est donc $S_2 h_2 = \mathbf{326{,}8\ cm^3}$.

b) On a (fig. II.4) :

$$\begin{cases} p_1 = p_2 = p \text{ atmosphérique} \\ p_3 = p_4 \text{ (surface isobare horizontale du mercure)} \end{cases}$$

donc $p_3 - p_1 = p_4 - p_2$, ou $\rho_{\text{alcool}}\, g H_1 = \rho_{\text{acide}}\, g H_2'$

soit $$\boxed{H_2' = H_1 \frac{\rho_{\text{alcool}}}{\rho_{\text{acide}}} = \mathbf{12{,}88\ cm}}$$

correspondant à un volume d'acide versé $S_2 H_2' = \mathbf{128{,}8\ cm^3}$.

2. Liquides en équilibre en vase fermé. Équation thermométrique

Un tube en U, de section intérieure uniforme $s = 2\ \text{cm}^2$, contient du mercure en équilibre. La colonne d'air qui surmonte la surface libre du mercure a même longueur $L_0 = 50$ cm dans les deux branches verticales B_1 et B_2, ouvertes à l'air libre. On donne $g = 9{,}8\ \text{m/s}^2$

1. *a)* Quel volume de glycérine faut-il verser dans la branche B_1 pour que le volume d'air qui surmonte la surface libre du mercure dans B_2 ait une hauteur double de celle qui surmontre la surface libre de la glycérine dans B_1 ?

b) Calculer alors les hauteurs l et $2l$ des colonnes d'air et la dénivellation $2x_0$ du mercure.

2. On ferme alors les extrémités des branches B_1 et B_2 de façon à emprisonner les deux colonnes d'air, définies en 1., à la même pression p_0 (égale à la pression atmosphérique) et à la même température T_0. L'air enfermé dans B_2 est porté à la température T $(T > T_0)$ et l'air de la branche B_1 est maintenu à la température ambiante T_0 ; le niveau du mercure se déplace de x.

a) Déterminer la loi $T(x)$ qui définit l'échelle des températures.

b) On donne $T_0 = 290$ K et $P_0 = 10^5\ \text{N/m}^2$. Calculer la température T correspondant à un déplacement $x = 10{,}4$ mm.

c) Pour quelle température T' de l'air de la branche B_2, les deux niveaux de mercure reviennent-ils dans un même plan horizontal ?

On assimilera l'air à un gaz parfait. On donne : masses volumiques du mercure $\rho_m = 13\,600\ \text{kg/m}^3$ et de la glycérine $\rho_g = 1\,250\ \text{kg/m}^3$.

Solution

1. *a)* Soit x_0 le déplacement du mercure (fig. II.5) lorsqu'on verse dans B_1 la colonne de glycérine de hauteur h.

• Les hauteurs d'air qui surmontent la surface libre des liquides sont :

– dans B_1 : $l_1 = L_0 + x_0 - h$
– dans B_2 : $l_2 = L_0 - x_0$.

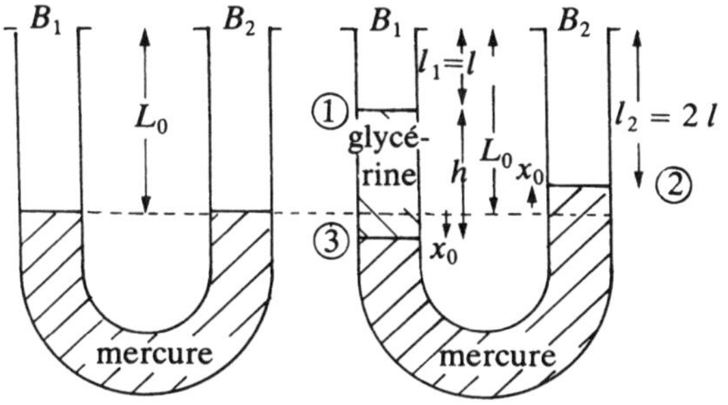

Fig. II.5

Traduisons l'hypothèse $l_2 = 2l_1$; il vient :

$$L_0 - x_0 = 2(L_0 + x_0 - h) \quad \text{ou} \quad \boxed{L_0 = 2h - 3x_0} \qquad (1)$$

• D'autre part, d'après les lois de l'hydrostatique, on a :

$$P_1 = P_2 = p_{\text{atmosphérique}}, \quad \text{donc} \quad P_3 - P_1 = P_3 - P_2$$

soit
$$\rho_g g h = \rho_m g \cdot 2x_0, \quad \text{soit} \quad \boxed{h = 2x_0 \frac{\rho_m}{\rho_g}} \qquad (2)$$

• En éliminant x_0 entre (1) et (2), on obtient h, donc le volume de glycérine versé

$$\boxed{V = sh = \frac{sL_0}{2 - \dfrac{3}{2}\dfrac{\rho_g}{\rho_m}}}$$

Application numérique : $h =$ **26,85 cm** et $V =$ **53,7 cm³**.

b) • Les hauteurs des colonnes d'air sont respectivement dans B_2 et B_1, d'après (2),

$$\begin{cases} l_2 = 2l = L_0 - x_0 = L_0 - \dfrac{h}{2}\,\dfrac{\rho_g}{\rho_m} = \mathbf{48{,}76\ cm} \\ l_1 = l = L_0 + x_0 - h = L_0 - \dfrac{h}{2}\left(2 - \dfrac{\rho_g}{\rho_m}\right) = \mathbf{24{,}38\ cm}. \end{cases}$$

• La dénivellation entre les niveaux du mercure est

$$2x_0 = h\,\frac{\rho_g}{\rho_m} = \mathbf{24{,}68\ mm}.$$

2. ***a)***

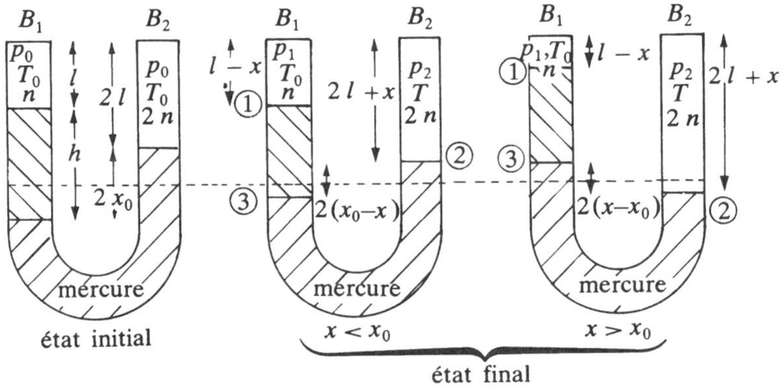

Fig. II.6

• Dans l'état initial, les deux colonnes d'air ont même pression p_0 et même température T_0 et les volumes emprisonnés sont dans le rapport 2; les nombres de moles d'air emprisonnés sont donc respectivement n et $2n$ dans B_1 et B_2. L'équation d'état du gaz parfait s'écrit, dans B_1 ou B_2,

$$p_0 \cdot ls = nRT_0. \tag{3}$$

• Dans l'état final, les équations d'état s'écrivent (fig. II.6).

– dans B_1 : $p_1(l - x)s = nRT_0$ (4)

– dans B_2 : $p_2(2l + x)s = 2nRT$. (5)

D'après l'équation fondamentale de l'hydrostatique, si p_3 désigne la pression du fluide au niveau de la surface de séparation mercure-glycérine, on a (fig. II.6), quel que soit le cas envisagé (si $x < x_0$ et si $x > x_0$) :

$$p_3 - p_1 = \rho_g gh \quad \text{et} \quad p_3 - p_2 = \rho_m g \cdot 2(x_0 - x)$$

soit, en éliminant p_3,

$$p_2 = p_1 + g[\rho_g h - 2\rho_m(x_0 - x)]$$

et d'après (2),

$$p_2 = p_1 + 2\rho_m g x. \tag{6}$$

• La température cherchée est, d'après (4) et (5),

$$T = \frac{T_0}{2} \cdot \frac{2l + x}{l - x} \cdot \frac{p_2}{p_1} \tag{7}$$

avec, d'après (3) et (4), $p_1 = p_0 \dfrac{l}{l - x}$, donc d'après (6),

$$\frac{p_2}{p_1} = 1 + \frac{2\rho_m g x(l - x)}{p_0 l}.$$

Portons cette expression dans (7) pour obtenir l'**équation thermométrique**

$$\boxed{T(x) = T_0\left(l + \frac{x}{2}\right)\left[\frac{1}{l - x} + \frac{2\rho_m g x}{p_0 l}\right]}$$

Le dispositif étudié peut donc servir de **thermomètre**.

b) Pour un abaissement du niveau $x = 10{,}4$ mm de la surface du mercure de B_2, la température est

$$T = 290 \cdot 0{,}249 \left[\frac{1}{0{,}2334} + \frac{27\,200 \cdot 9{,}8 \cdot 10{,}4 \cdot 10^{-3}}{10^5 \cdot 0{,}2438}\right] = \mathbf{317{,}6\ K} \simeq \mathbf{44{,}5\ ^\circ C}.$$

c) Pour un abaissement du mercure de $x = x_0$, les deux surfaces du mercure – celle en contact avec l'air et celle en contact avec la glycérine – sont dans un même plan horizontal. La température correspondante à laquelle on doit porter l'air de la branche B_2 est donc :

$$T' = T(x_0), \quad \text{soit} \quad \boxed{T' = T_0\left(l + \frac{x_0}{2}\right)\left[\frac{1}{l - x_0} + \frac{2\rho_m g x_0}{p_0 l}\right]}$$

Application numérique : $x_0 = 12{,}34$ mm; on obtient

$$T' \simeq \mathbf{331\ K} = \mathbf{58\ ^\circ C}.$$

3. Correction de pression dans un liquide compressible

Les liquides, bien que peu compressibles, sont caractérisés par un coefficient $\chi = -\dfrac{1}{V}\left(\dfrac{\partial V}{\partial p}\right)_T$ de faible valeur (de l'ordre de 10^{-10} pascal^{-1}) appelé facteur de compressibilité isotherme.

1. Montrer que la masse volumique ρ du fluide varie avec la pression, à température constante, suivant la loi $\left(\dfrac{\partial \rho}{\partial p}\right)_T = f(\chi,\rho)$ que l'on déterminera.

2. La pression et la masse volumique d'une colonne de liquide compressible, de température pratiquement uniforme, sont respectivement p_1 et ρ_1 aux points de côtes z_1, et p_2 et ρ_2 aux points de côte $z_2 > z_1$. Exprimer la différence de pression $p_1 - p_2$:

a) en fonction de χ et du rapport ρ_1/ρ_2 des masses volumiques,

b) en fonction de χ et de la différence de pression Δp entre les niveaux z_1 et z_2 du liquide supposé incompressible.

3. *Application :* Quelle doit être la hauteur maximale d'une colonne d'eau de mer, de masse volumique moyenne $\rho = 1{,}02$ g/cm^3, de compressibilité isotherme $\chi = 5 \cdot 10^{-10}$ S.I., pour que la correction relative de compressibilité soit inférieure à 1 % ?

NB : On supposera l'accélération de la pesanteur constante : $g = 9{,}8$ m/s^2.

Solution

1. *À température constante*, le taux de variation de la masse volumique $\rho = \dfrac{m}{V}$ du fluide (de volume V, de masse m invariable) avec la pression est :

$$\left(\frac{\partial \rho}{\partial p}\right)_T = \left[\frac{\partial\left(\frac{m}{V}\right)}{\partial p}\right]_T = -\frac{m}{V^2}\left(\frac{\partial V}{\partial p}\right)_T,$$

avec $\left(\dfrac{\partial V}{\partial p}\right)_T = -\chi V$ d'après la définition du facteur de compressibilité,

donc
$$\left(\frac{\partial \rho}{\partial p}\right)_T = \left(-\frac{m}{V^2}\right)(-\chi V) = \chi\,\frac{m}{V}$$

soit
$$\boxed{\left(\frac{\partial \rho}{\partial p}\right)_T = \chi \cdot \rho} \tag{1}$$

2. ***a)*** D'après (1), *à température constante*, on a : $\mathrm{d}p = \dfrac{1}{\chi}\,\dfrac{d\rho}{\rho}$,

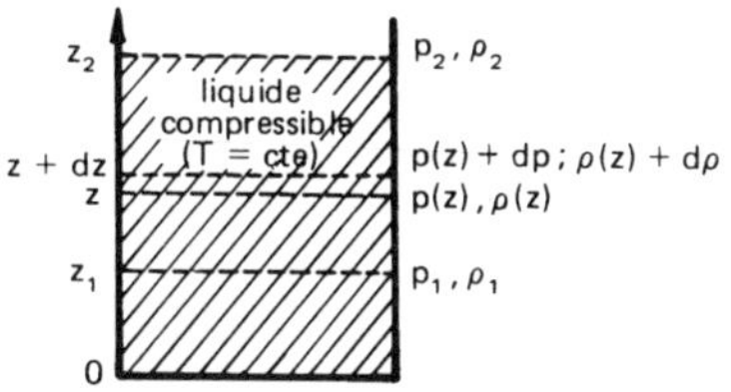

Fig. II.7

soit, en intégrant entre les altitudes z_2 et z_1, avec $\chi \simeq$ cte,

$$\boxed{p_1 - p_2 = \frac{1}{\chi}\ \ln\left(\frac{\rho_1}{\rho_2}\right)} \tag{2}$$

b) Si $p(z)$ et $p(z) + \mathrm{d}p$ désignent les pressions du liquide aux points de côtes z et $z + \mathrm{d}z$, l'équation fondamentale de l'hydrostatique s'écrit :

$$\mathrm{d}p = -\rho(z) \cdot g\ \mathrm{d}z \tag{3}$$

où $\rho(z)$ est la masse volumique du fluide aux points de côte z, donnée par (2) : $p_1 - p(z) = \dfrac{1}{\chi}\ \ln\ \dfrac{\rho_1}{\rho(z)}$.
Compte tenu du faible ordre de grandeur du coefficient χ, on a :

$$p_1 - p(z) \ll \frac{1}{\chi}, \quad \text{donc} \quad \mathrm{e}^{\chi[p_1 - p(z)]} \simeq 1 + \chi[p_1 - p(z)]$$

soit
$$\rho(z) = \frac{\rho_1}{1 + \chi[p_1 - p(z)]} \tag{4}$$

D'après (3) et (4), il vient :

$$\mathrm{d}p[1 + \chi(p_1 - p(z)] = -\rho_1 g(z)\ \mathrm{d}z.$$

Intégrons entre les altitudes z_1 et z_2; on obtient

$$p_1 - p_2 - \frac{\chi(p_1 - p_2)^2}{2} = -\rho_1 g(z_1 - z_2)$$

ou

$$p_1 - p_2 = \underbrace{\rho_1 g(z_2 - z_1)}_{\substack{\text{différence de pression}\\ \Delta p \text{ du liquide supposé}\\ \text{incompressible}}} + \underbrace{\frac{\chi(p_1 - p_2)^2}{2}}_{\text{terme correctif}}$$

Dans le terme correctif, de faible valeur, on peut pratiquement remplacer $p_1 - p_2$ par la différence de pression du liquide supposé incompressible : $\Delta p = \rho_1 g(z_2 - z_1)$, donc

$$p_1 - p_2 \simeq \Delta p + \frac{\chi(\Delta p)^2}{2} \quad \text{ou} \quad \boxed{p_1 - p_2 = \Delta p\left[1 + \frac{\chi \Delta p}{2}\right]}. \quad (5)$$

La correction relative à effectuer, si l'on tient compte de la compressibilité du liquide, est d'après (5),

$$\chi \cdot \frac{\Delta p}{2} \simeq \frac{\chi\rho g(z_2 - z_1)}{2}.$$

Cette correction est inférieure à 1 % si $\dfrac{\chi\rho g h}{2} \leqslant \dfrac{1}{100}$.
La dénivellation maximale cherchée est donc

$$\boxed{h_{\max} = \frac{1}{50\chi\rho g}}$$

3. *Application numérique :* $h_{\max} =$ **4 000 m**.

Remarque : Cette dénivellation est si grande qu'en général on ne tient pas compte de la compressibilité du liquide; sa masse volumique est alors pratiquement constante.

4. Manomètre et baromètre différentiels à deux liquides. Pouvoir amplificateur

A) Manomètre différentiel à deux liquides (fig. II.8)

Le manomètre étudié est constitué de deux cuves C_1 et C_2 de même section S, qui communiquent par un tube en U de faible section s. Il contient deux liquides non miscibles, l'eau et un liquide glycérique coloré, de masses volumiques respectives $\rho_1 = 1\,000$ kg·m^{-3} et $\rho_2 = 1\,050$ kg·m^{-3}.

On donne $s/S = 1/100$ et $g = 9{,}8$ N/kg.

1. Lorsque les surfaces libres des deux liquides sont soumises à la même pression P_0, la surface de séparation des liquides est en O (fig. II.8). On maintient constante la pression dans C_1 ; si la pression dans C_2 baisse légèrement de P_0 à $P_0 - \Delta P$, la surface de séparation O des liquides descend alors d'une hauteur $z = OO' = 85$ mm.

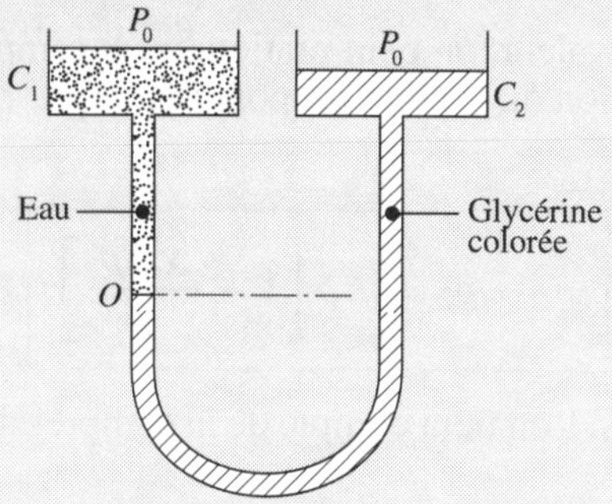

Fig. II.8

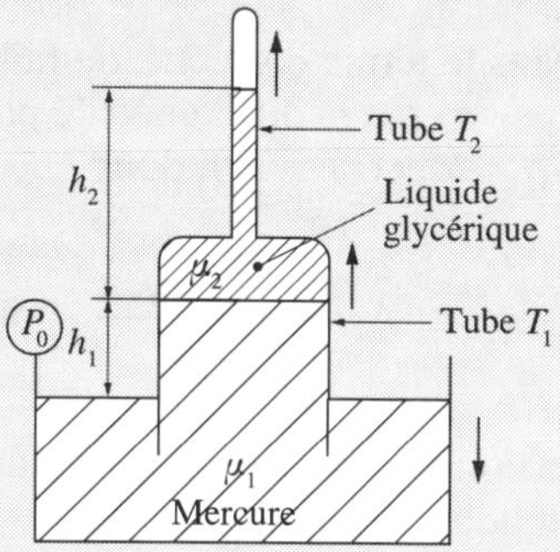

Fig. II.9

Exprimer la diminution de pression ΔP dans C_2, en fonction de ρ_1, ρ_2, s/S, g et z. Calculer ΔP en millibar.

2. Calculer (en mm/pascal) la sensibilité de ce manomètre différentiel, ainsi que son pouvoir amplificateur A par rapport au manomètre à un seul liquide (à eau).

B. Baromètre différentiel à deux liquides (fig. II.9)

Les sections respectives S_0, S_1 et S_2 de la cuve à mercure, du tube T_1 et du tube T_2 cylindriques sont telles que $S_0/S_1 = 10$ et $S_1/S_2 = 20$.

Le mercure ($\rho_1 = 13{,}6$ g/cm^3) et le liquide glycérique ($\rho_2 = 1{,}1$ g/cm^3) ont leur surface de séparation dans le tube T_1. La pression au-dessus du liquide glycérique est pratiquement nulle dans la chambre barométrique.

3. La pression atmosphérique est P_0, et les dénivellations des deux liquides sont h_1 et h_2 (fig. II.9). Établir la relation entre P_0, h_1, h_2 à l'équilibre.

4. Lorsque la pression atmosphérique augmente légèrement de P_0 à ΔP, la surface libre du liquide glycérique monte de la quantité z. Établir la relation donnant la variation de pression ΔP en fonction de ρ_1, ρ_2, S_2/S_1, S_2/S_0, g et z.

5. Calculer ΔP (en millibar) pour $z = 30$ mm. En déduire (en mm/millibar) la sensibilité de ce baromètre différentiel ainsi que son pouvoir amplificateur B par rapport au baromètre à mercure.

Solution

A) 1. • Lorsque la même pression P_0 règne au-dessus des deux liquides, la pression au niveau de la surface de séparation O des deux liquides est :

$$P_A = P_0 + \rho_1 g h_1 = P_0 + \rho_2 g h_2$$

où h_1 et h_2 sont les hauteurs d'eau et de liquide glycérique au-dessus du niveau O initial de la surface de séparation, donc

$$\rho_1 h_1 = \rho_2 h_2. \qquad (1)$$

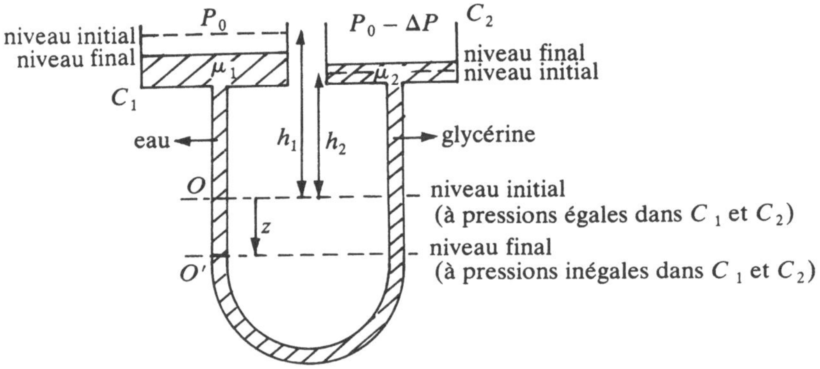

Fig. II.10

• Lorsqu'une légère dépression se produit au-dessus de la cuve C_2, le niveau de O baisse de z, donc le niveau d'eau dans C_1 baisse de $z(s/S)$ et celui de glycérine dans C_2 monte de $z(s/S)$ d'après la conservation du volume des liquides, supposés incompressibles.
La pression commune au niveau O' de la nouvelle surface de séparation des deux liquides est donc (fig. II.10)

$$P_{O'} = \underbrace{P_0 + \rho_1 g\left(z + h_1 - z\,\frac{s}{S}\right)}_{\text{colonne d'eau}} = \underbrace{P_0 - \Delta P + \rho_2 g\left(z + h_2 + z\,\frac{s}{S}\right)}_{\text{colonne de liquide glycérique}}$$

donc, compte tenu de (1), la dépression est :

$$\boxed{\Delta P = gz\left[\rho_2\left(1 + \frac{s}{S}\right) - \rho_1\left(1 - \frac{s}{S}\right)\right]}\,.$$

Application numérique :

$\Delta P = 9{,}8 \times 8{,}5 \cdot 10^{-2}(1\,050 \cdot 1{,}01 - 1\,000 \cdot 0{,}99) \simeq$ **58,7 Pa** $\simeq$ **0,59 mbar**.

2. • Cet appareil est très sensible, puisque sa sensibilité (effet/cause) est :

$$\sigma = \frac{z}{\Delta P} = \frac{85 \text{ mm}}{58{,}7 \text{ Pa}} = \mathbf{1{,}45\ mm/Pa}.$$

Avec un manomètre à un seul liquide (eau : ρ_1) la même dépression ΔP provoquerait une dénivellation z' plus petite telle $\Delta p = \rho_1 g z'$.
La sensibilité du manomètre à eau serait alors

$$\sigma' = \frac{z'}{\Delta P} = \frac{1}{\rho_1 g} = \frac{1}{1\,000 \cdot 9{,}8} = 1{,}02 \cdot 10^{-4} \text{ mPa} = \mathbf{0{,}102\ mm/Pa}.$$

Le manomètre différentiel, à sensibilité accrue, a donc un pouvoir amplificateur

$$A = \frac{\sigma}{\sigma'} = \frac{1{,}45}{0{,}102} = \mathbf{14{,}2}.$$

B) 3. Les lois de la statique des fluides s'écrivent (fig. II.9), si P_1 désigne la pression à la surface de séparation des deux liquides :

$$P_0 - P_1 = \rho_1 g h_1 \quad \text{et} \quad P_1 - 0 = \rho_2 g h_2$$

donc, par addition membre à membre,

$$\boxed{P_0 = (\rho_1 h_1 + \rho_2 h_2) g}\ . \tag{2}$$

4. • Lorsque la pression croît de P_0 à $P_0 + \Delta P$, le niveau du mercure dans la cuve descend de x, tandis que le niveau du mercure dans T_1 monte de y et celui du liquide glycérique dans T_2 monte de z; la conservation de la masse (donc du volume) des deux liquides supposés incompressibles impose les relations

$$S_0 x = S_1 y = S_2 z. \tag{3}$$

• D'autre part, les lois de la statique des fluides s'écrivent (fig. II.11), si P_1' désigne la nouvelle pression à la surface de séparation des deux liquides :

$$P_0 + \Delta P - P_1' = \rho_1 g (h_1 + x + y) \quad \text{et} \quad P_1' = \rho_2 g (h_2 - y + z)$$

donc, par addition membre à membre :

$$P_0 + \Delta P = [\rho_1 h_1 + \rho_2 h_2 + \rho_1 x + (\rho_1 - \rho_2) y + \rho_2 z] g$$

soit, d'après (2), $\Delta P = [\rho_1 x + (\rho_1 - \rho_2) y + \rho_2 z] g$

avec, d'après (3), $x = \dfrac{S_2}{S_0} z$ et $y = \dfrac{S_2}{S_1} z$, donc

$$\boxed{\Delta P = \left[\rho_1 \left(\frac{S_2}{S_0} + \frac{S_2}{S_1}\right) + \rho_2 \left(1 - \frac{S_2}{S_1}\right)\right] gz}\ .$$

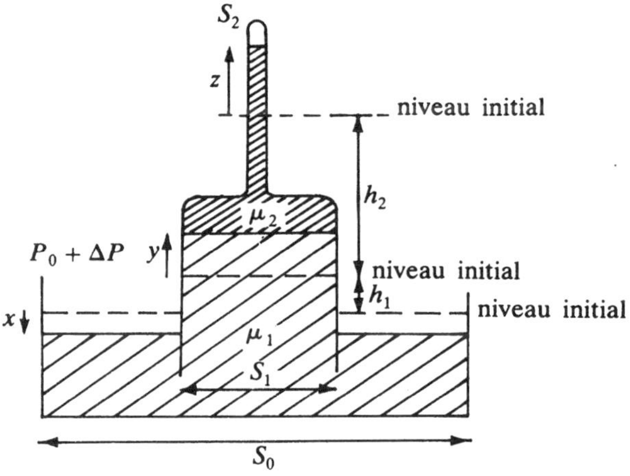

Fig. II.11

Application numérique :

$$\Delta P = \left[13\,600 \left(\frac{1}{200} + \frac{1}{20}\right) + 1\,100 \left(1 - \frac{1}{20}\right)\right]\ 9{,}8 \cdot 3 \cdot 10^{-2}$$
$$= \mathbf{527\ Pa} \simeq \mathbf{5{,}27\ mbar}.$$

5. • La sensibilité de ce baromètre différentiel est :

$$\sigma = \frac{z}{\Delta P} = \frac{30\ \text{mm}}{5{,}27\ \text{mbar}} = \mathbf{5{,}7\ mm/mbar}.$$

• Avec un baromètre à mercure, la même suppression ΔP provoquerait une dénivellation z' telle que $\Delta P = \rho_1 g z'$. La sensibilité du baromètre à mercure serait alors

$$\sigma' = \frac{z'}{\Delta P} = \frac{1}{\rho_1 g} = \frac{1}{13\,600 \times 9{,}8} = 7{,}5 \cdot 10^{-3}\ \text{mm/Pa}$$
$$= 0{,}75\ \text{mm/mbar};$$

donc le pouvoir amplificateur cherché est :

$$B = \frac{\sigma'}{\sigma} = \frac{5,7}{0,75} = \mathbf{7,6}.$$

B. MODÈLES GAZEUX ATMOSPHÉRIQUES EN ÉQUILIBRE

5. Modèle atmosphérique à densité moléculaire constante

L'air sera considéré comme un gaz parfait, et l'on admettra que l'accélération de la pesanteur $g = 10$ m/s^2 demeure constante aux altitudes considérées. On notera m la masse moyenne d'une molécule.

On suppose que la température de l'air varie avec l'altitude z, de sorte que la concentration moléculaire n soit constante.

1. Justifier brièvement cette hypothèse.

2. Calculer le gradient de pression $\mathrm{d}p/\mathrm{d}z$ en fonction de m, g et n. Exprimer la pression p du gaz en fonction de n, m, M et T.

3. Établir les lois de variation de la température absolue $T(z)$ et de la pression $p(z)$ avec l'altitude z.

4. *Application numérique* : À quelle altitude z la pression est-elle moitié de la pression au sol ? Quelle est alors la température ?

On donne : température au sol : 17 °C; pression au sol : $p_0 = 10^5$ N/m^2; masse molaire de l'air : $M = 29$ g; constante des gaz parfaits : $R = 8,32$ J/mole/K.

Solution

1. La masse volumique du gaz est

$$\rho = \frac{\text{masse d'une molécule} \times \text{nombre de molécules}}{\text{volume}},$$

soit $\rho = m \cdot n$. L'hypothèse $n =$ cte entraîne donc, puisque la masse m d'une molécule est constante, $\rho =$ cte. Or, la masse volumique d'un gaz parfait est proportionnelle à la pression et inversement proportionnelle à la température absolue du gaz :

$$\rho = \rho_0 \, \frac{p}{p_0} \, \frac{T_0}{T}.$$

On a donc admis que $\dfrac{p}{T} = \dfrac{p_0}{T_0} = \text{cte}$, c'est-à-dire que lorsque l'altitude z augmente, la diminution de pression (qui devrait entraîner une diminution de la masse volumique) est exactement compensée par la diminution de température (qui devrait entraîner une augmentation de la masse volumique), de sorte que la masse volumique reste constante, donc $n = \text{cte}$: l'hypothèse est justifiée.

2. Isolons une tranche d'air, de surface de base S, d'épaisseur $\mathrm{d}z$ entre les altitudes z et $z + \mathrm{d}z$. Ce volume élémentaire $\mathrm{d}\tau = S \cdot \mathrm{d}z$ renferme $n \cdot \mathrm{d}\tau = nS \cdot \mathrm{d}z$ molécules.

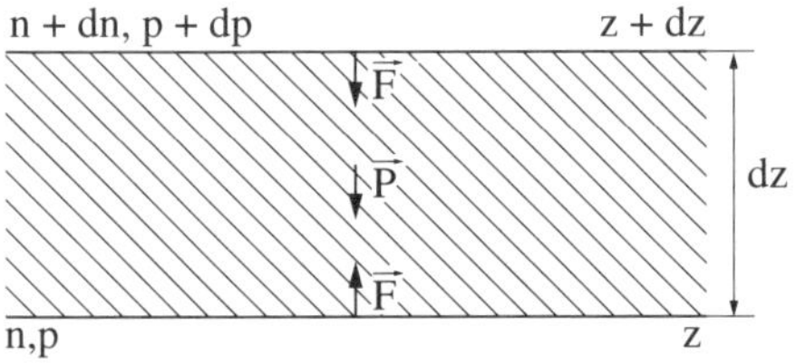

Fig. II.12

Écrivons que cette tranche d'air est en équilibre sous l'action de son poids $\overrightarrow{P}$ et des forces pressantes $\overrightarrow{F}$ et $\overrightarrow{F}'$: on a donc, en module,

$$P + F' - F = 0,$$

soit

$$mg(nS\,\mathrm{d}z) + (p + \mathrm{d}p)S - p \cdot S = 0$$

ou

$$mgn\,\mathrm{d}z + \mathrm{d}p = 0, \quad \text{soit} \quad \boxed{\frac{\mathrm{d}p}{\mathrm{d}z} = -mgn} \qquad (1)$$

• D'autre part, l'équation des gaz parfaits relative à x moles de gaz (p, V, T) s'écrit

$$pV = xRT \quad \text{ou} \quad p = \frac{x}{V}\,RT.$$

La pression du gaz parfait est donc proportionnelle au nombre de moles par unité de volume : $\dfrac{x}{V}$.

Comme une mole renferme $\mathcal{N} = \dfrac{M}{m}$ molécules ($\mathcal{N}$ = nombre d'Avogadro), le nombre de moles par unité de volume est $\dfrac{x}{V} = \dfrac{n}{\mathcal{N}} = n\,\dfrac{m}{M}$. La pression du gaz est alors

$$\boxed{p = n\,\frac{mRT}{M}}. \qquad (2)$$

3. Puisque n = cte, la relation (2) donne

$$\mathrm{d}p = \frac{nmR}{M}\,\mathrm{d}T.$$

La relation générale (1) s'écrit $\mathrm{d}p = -mgn \cdot \mathrm{d}z$
d'où $\dfrac{nmR\,\mathrm{d}T}{M} = -mgn \cdot \mathrm{d}z$, donc $\mathrm{d}T = -\dfrac{Mg}{R}\,\mathrm{d}z$.
En intégrant, on obtient la loi de *variation linéaire* de T avec z :

$$\boxed{T = T_0\left[1 - \frac{Mg}{RT_0}(z - z_0)\right]}. \qquad (3)$$

D'après les relations (2) et (3), on a alors

$$p = -nmg(z - z_0) + \frac{nmRT_0}{M};$$

à l'altitude $z = z_0$, la pression est $p_0 = \dfrac{nmRT_0}{M}$,

d'où $$nm = \frac{Mp_0}{RT_0}.$$

La loi de répartition des pressions est donc

$$\boxed{p = p_0\left[1 - \frac{Mg}{RT_0}(z - z_0)\right]}. \qquad (4)$$

4. $p = \dfrac{1}{2}\,p_0$; on obtient l'altitude $z = \dfrac{1}{2}\,\dfrac{RT_0}{Mg} =$ **4 160 m**. En divisant les relations (3) et (4), on retrouve bien $\dfrac{p}{T} = \dfrac{p_0}{T_0}$ = cte, donc $\rho = \rho_0$ = cte ;

on a alors $\qquad T = T_0\dfrac{p}{p_0} = \dfrac{1}{2}\,T_0 = 145$ K ou **$-$ 128 °C**.

6. Équilibre adiabatique de la troposphère

Dans la troposphère, région de l'atmosphère d'altitude inférieure à 11 km, l'air est brassé par des courants verticaux ; les masses d'air qui montent subissent une détente accompagnée d'un refroidissement et celles qui descendent subissent une compression accompagnée d'un réchauffement. Grâce à la faible conductibilité thermique de l'air, on peut considérer que ces détentes et compressions s'effectuent de façon *adiabatique et réversible*, suivant la loi $Tp^{\frac{1-\gamma}{\gamma}} = \text{cte}$ (avec $\gamma = \text{cte}$) à toute altitude, si p et T désignent la pression et la température absolue de la masse d'air considérée en équilibre adiabatique.

On désignera p_0 et T_0 la pression et la température de l'air à l'altitude zéro.

1. Calculer le gradient vertical de température : $K_a = \dfrac{\mathrm{d}T}{\mathrm{d}z}$.

2. ***a)*** Exprimer la température T, la pression p et la masse volumique ρ de l'air à l'altitude z.

b) Calculer p, T et ρ au sommet du mont Everest d'altitude 8,9 km.

3. À quelle altitude la pression s'annule-t-elle pour le modèle étudié ? Que pensez-vous du résultat obtenu ?
L'air est assimilable à un gaz diatomique ($\gamma = 7/5$) de masse molaire $M = 29$ g.

On donne constante molaire des gaz parfaits $R = 8{,}32$ J/K ; $g = 9{,}8$ m/s^2 (supposé indépendant de l'altitude) ; $T_0 = 290$ K ; $p_0 = 10^5$ pascals.

Solution

1. • *Relation* (T, p)

Lorsque la masse d'air passe de l'altitude z à l'altitude voisine $z + \mathrm{d}z$, sa pression passe de p à $p + \mathrm{d}p$ et sa température de T à $T + \mathrm{d}T$ de façon à satisfaire la loi adiabatique $Tp^{\frac{1-\gamma}{\gamma}} = \text{cte}$, que l'on écrit sous forme différentielle :

$$\boxed{\frac{\mathrm{d}T}{T} + \frac{1-\gamma}{\gamma}\,\frac{\mathrm{d}p}{p} = 0} \qquad (1)$$

• *Relation* (p,z)

L'équation fondamentale de l'hydrostatique s'écrit : $\mathrm{d}p = -\rho g\,\mathrm{d}z$, avec $pV = RT$ pour une mole d'air, donc

$$\rho = \frac{M}{V} = \frac{Mp}{RT} \tag{2}$$

soit $$\mathrm{d}p = -\frac{M}{R}\,\frac{p}{T}\,g\,\mathrm{d}z \quad \text{ou} \quad \boxed{\frac{\mathrm{d}p}{p} + \frac{Mg}{RT}\,\mathrm{d}z = 0} \tag{3}$$

• *Relation* (T,z)

Éliminons la pression p entre (1) et (3); il vient

$$\mathrm{d}T + \frac{Mg}{R}\,\frac{\gamma - 1}{\gamma}\,\mathrm{d}z = 0.$$

On en déduit le gradient vertical de température, correspondant à l'équilibre adiabatique de l'atmosphère,

$$K_a = \frac{\mathrm{d}T}{\mathrm{d}z} = -\frac{Mg}{R}\,\frac{\gamma - 1}{\gamma} \tag{4}$$

Application numérique : $K_a = \mathbf{-9{,}76 \cdot 10^3\ K/m}$.

2. ***a)*** Le gradient thermique K_a est constant, si on suppose γ et g constants; on obtient donc, en intégrant (4),

$$T = K_a z + T_0, \quad \text{soit} \quad \boxed{T = T_0\left[1 - \frac{Mg}{RT_0}\,\frac{\gamma - 1}{\gamma}\,z\right]} \tag{5}$$

La température est une fonction linéaire décroissante de l'altitude.

• L'équation de l'adiabatique s'écrit $Tp^{\frac{1-\gamma}{\gamma}} = T_0 p_0^{\frac{1-\gamma}{\gamma}}$, soit $p = p_0\left(\dfrac{T}{T_0}\right)^{\frac{\gamma}{\gamma-1}}$ ou, d'après (5),

$$\boxed{p = p_0\left[1 - \frac{Mg}{RT_0}\,\frac{\gamma - 1}{\gamma}\,z\right]^{\frac{\gamma}{\gamma-1}}} \tag{6}$$

• Enfin la masse volumique de l'air à l'altitude z est, d'après (2), (5) et (6) :

$$\boxed{\rho = \frac{Mp_0}{RT_0}\left[1 - \frac{Mg}{RT_0}\,\frac{\gamma - 1}{\gamma}\,z\right]^{\frac{1}{\gamma-1}}} \qquad (7)$$

b) À l'altitude $z = 8{,}9$ km du mont Everest, on obtient pour ce modèle atmosphérique adiabatique, d'après (5), (6) et (7) :

$$T = 203 \text{ K} \simeq \mathbf{-70\,^\circ C}, \qquad p = \mathbf{0{,}288 \cdot 10^5\ Pa}, \qquad \rho = \mathbf{0{,}49\ kg/m^3}.$$

3. D'après (6), la pression s'annule à l'altitude

$$\boxed{z_0 = \frac{RT_0}{Mg}\,\frac{\gamma}{\gamma - 1}} = \mathbf{29{,}71\ km}.$$

Cette hauteur d'atmosphère est bien inférieure à la réalité, comme le confirment les mesures météorologiques par satellite et la production d'aurores polaires à des altitudes très supérieures à z_0.

En conclusion, la pression et la température de la région de l'atmosphère au-dessus de la troposphère ne sont pas reliées par l'équation de l'adiabatique.

N.B. : Lorsque le sol terrestre est fortement chauffé par le rayonnement solaire, il se forme dans les couches de la basse atmosphère des cellules convectives, parcelles d'air chaud de masse volumique $\rho = \rho_0 \dfrac{p}{p_0}\dfrac{T_0}{T}$ inférieures à celle des masses d'air voisines et qui montent dans l'atmosphère sans échange de chaleur pratiquement; ces courants de convection sont à l'origine du développement des nuages orageux.

7. Atmosphère à gradient de température constant. Altimètre

On étudie le modèle atmosphérique de la couche d'air au contact de la terre, dans le domaine d'altitude $0 < z < 11$ km, appelée troposphère, en équilibre hydrostatique pour lequel le gradient vertical de température est constant :

$$\frac{dT}{dz} = -a \qquad (a = \text{constante positive})$$

On assimilera l'air à un gaz parfait de constante molaire $R = 8{,}32$ J/K, de masse molaire $M = 29$ g. On supposera le champ de pesanteur uniforme ($g = 10$ m/s^2). On donne la température et la pression à l'altitude $z = 0$: $T_0 = 290$ K et $p_0 = 1$ atmosphère.

1. Déterminer les relations température-altitude, pression-altitude et masse volumique-altitude du modèle atmosphérique étudié.

2. Au voisinage du sol, la température diminue de 1,4 K si on s'élève de 200 mètres. À quelle altitude z_1 la pression est-elle moitié de celle au niveau du sol ? Quelle est alors la température T_1 correspondante ?

3. ***a)*** Déterminer pour $z = 0,1,2,\ldots,10$ et 11 km la correspondance altitude z-pression p qui permet d'étalonner un baromètre pour le transformer en altimètre.

b) Tracer le diagramme $p(z)$ et calculer les pentes de cette courbe pour $p = p_0$ et $p = p_0/2$.

Solution

1. Puisque le gradient thermique est constant : $\dfrac{\mathrm{d}T}{\mathrm{d}z} = -a$, il vient par intégration :

$$T(z) = -az + \text{cte, avec } T(0) = T_0, \quad \text{soit} \quad \boxed{T(z) = T_0 - az} \qquad (1)$$

La température de la troposphère décroît donc linéairement avec l'altitude.

• La différence de pression entre deux points d'altitude z et $z + \mathrm{d}z$ est donnée par l'équation de l'hydrostatique : $\mathrm{d}p = -\rho g\, \mathrm{d}z$, où la masse volumique ρ de l'air (gaz supposé parfait) est,

$$\rho = \frac{M}{V} \quad \text{avec} \quad pV = RT, \quad \text{soit} \quad \rho = \frac{M}{R}\,\frac{p}{T} \qquad (2)$$

On en déduit $\mathrm{d}p = -p\,\dfrac{Mg}{RT}\,\mathrm{d}z$ soit, d'après (1),

$$\frac{\mathrm{d}p}{p} = -\frac{Mg}{R}\,\frac{\mathrm{d}z}{T_0 - az}.$$

Intégrons entre l'altitude 0 et l'altitude z ; il vient

$$\ln \frac{p}{p_0} = \frac{Mg}{aR} \ln \frac{T_0 - az}{T_0}$$

La relation pression-altitude s'écrit donc

$$\boxed{p(z) = p_0 \left(1 - \frac{a}{T_0} z\right)^{\frac{Mg}{aR}}} \quad (3)$$

La masse volumique de la tranche d'air d'altitude z est, d'après (2) et (3),

$$\rho = \frac{M}{R} \frac{p_0}{T_0 - az} \left(1 - \frac{a}{T_0} z\right)^{\frac{Mg}{aR}}$$

soit $$\boxed{\rho(z) = \frac{Mp_0}{RT_0} \left(1 - \frac{a}{T_0} z\right)^{\frac{Mg}{aR} - 1}}.$$

2. L'altitude z_1 pour laquelle $p(z_1) = \dfrac{p_0}{2}$ est telle que, d'après (3),

$$\left(1 - \frac{a}{T_0} z_1\right)^{\frac{Mg}{aR}} = \frac{1}{2}, \quad \text{soit} \quad \boxed{z_1 = \frac{T_0}{a}\left[1 - \left(\frac{1}{2}\right)^{\frac{aR}{Mg}}\right]}$$

La température à cette altitude est : $T_1 = T_0 - az_1$.

Application numérique : $a = \dfrac{1{,}4}{200} = 7 \cdot 10^{-3}$ K/m; $z_1 =$ **5 384 m** et $T_1 = 252{,}3$ K ou **−20,7 °C**.

3. ***a)*** Le tableau ci-dessous, obtenu d'après (3), permet de transformer un baromètre en altimètre :

z (km)	0	1	2	3	4	5	6	7	8	9	10	11
p (atmosphère)	1,000	0,885	0,782	0,688	0,603	0,527	0,459	0,398	0,344	0,295	0,253	0,215

b)

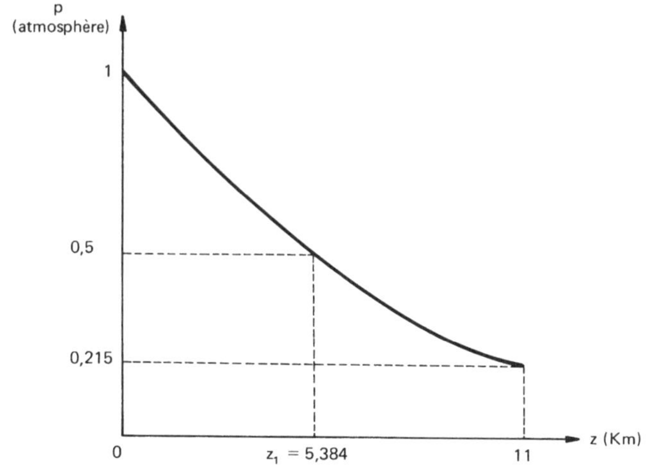

Fig. II.13

La pente du diagramme $p(z)$ est, d'après (3),

$$\frac{\mathrm{d}p}{\mathrm{d}z} = -\frac{Mgp_0}{RT_0}\left(1 - \frac{a}{T_0}\,z\right)^{\frac{Mg}{aR}-1} \tag{4}$$

– si $p = p_0$, ou $z = 0$, il vient

$$\boxed{\left(\frac{\mathrm{d}p}{\mathrm{d}z}\right)_{z=0} = -\frac{Mgp_0}{RT_0}} \simeq \mathbf{-12{,}0\ pascal/mètre}$$

– si $p = \dfrac{p_0}{2}$, soit $z = z_1$, ou $\left(1 - \dfrac{az_1}{T_0}\right)^{\frac{Mg}{aR}} = \dfrac{1}{2}$

il vient

$$\boxed{\left(\frac{\mathrm{d}p}{\mathrm{d}z}\right)_{z=z_1} = -\frac{Mgp_0}{RT_0}\left(\frac{1}{2}\right)^{1-\frac{aR}{Mg}}} \simeq \mathbf{-6{,}9\ pascal/mètre}$$

8. Atmosphère isotherme dans un champ uniforme. Hauteur d'échelle

La stratosphère, haute atmosphère terrestre d'altitude comprise entre $z_1 = 10$ km et $z_2 = 40$ km, est supposée *isotherme* ($T = 217$ K); elle est assimilable à un gaz parfait, en équilibre hydrostatique, constitué de molécules identiques de masse m et de masse molaire $M = 0{,}029$ kg. La constante des gaz parfaits est $R = 8{,}31$ J·mol^{-1}K^{-1}. Le champ de pesanteur est supposé uniforme dans la stratosphère : $g = 9{,}76$ m/s^2.

1. Établir la loi $P(z)$ du nivellement barométrique donnant la pression P à l'altitude z ($z_1 < z < z_2$) en fonction de g, M, R, T et de la pression P_1 à la base de la stratosphère ($z = z_1$) par deux méthodes :

a) à partir de la relation fondamentale de l'hydrostatique;

b) à partir de la loi statistique de Boltzmann $N = N_0 \cdot \mathrm{e}^{-W/kT}$ donnant le nombre N de molécules de gaz (en équilibre isotherme) qui possèdent l'énergie W, où $k = R/\mathcal{N}$ est la constante de Boltzmann ($\mathcal{N}$ = nombre d'Avogadro).

2. Calculer la hauteur d'échelle h, c'est-à-dire l'acroissement d'altitude pour que la pression de l'air soit divisée par e ($e = 2{,}718$), base du logarithme népérien.

3. Représenter graphiquement la loi $P(z)$ et préciser les gradients de pression, en fonction de P_1 et h, à la base et au sommet de la stratosphère.

Application numérique : $P_1 = 2{,}5 \cdot 10^4$ Pa.

Solution

1. *a)* La relation locale de l'hydrostatique $\overrightarrow{\text{grad}}\, P = \rho \vec{g}$ s'écrit, en projection sur la verticale ascendante Oz :

$$\mathrm{d}P/\mathrm{d}z = -\rho g$$

où la masse volumique de l'air (gaz parfait) est

$$\rho = \frac{M}{V} = \frac{M}{RT/P} = \frac{M}{RT}\,P.$$

La différence de pression entre deux points voisins de dénivellation dz est

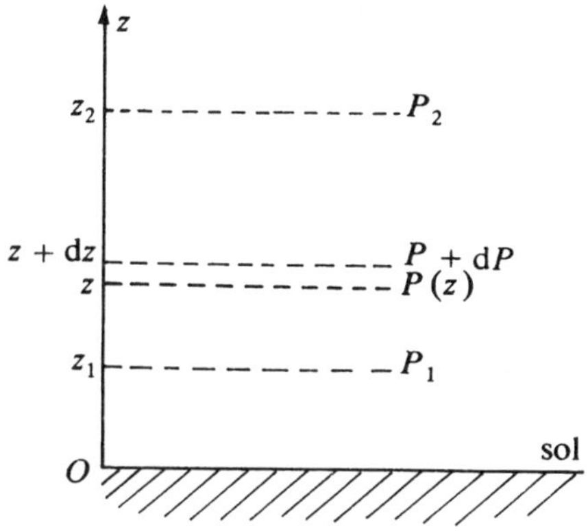

Fig. II.14

donc (fig. II.14)

$$\mathrm{d}P = -\rho g\,\mathrm{d}z = -\frac{Mg}{RT}\,P\,\mathrm{d}z.$$

soit

$$\frac{\mathrm{d}P}{P} = -\frac{Mg}{RT}\,\mathrm{d}z. \qquad (1)$$

Dans le modèle isotherme (T constant) à champ de gravitation constant (g constant), l'intégration de (1) entre l'altitude z_1 et l'altitude z donne :

$$\ln\frac{P}{P_1} = -\frac{Mg}{RT}\,(z - z_1)$$

d'où la loi de nivellement barométrique :

$$\boxed{P(z) = P_1 \cdot \mathrm{e}^{-\frac{Mg}{RT}(z-z_1)}}\,. \qquad (2)$$

b) Dans le gaz en équilibre, l'énergie W d'une molécule à l'altitude z se réduit à son énergie potentielle de pesanteur : $W = mgz$ (on posera $W = 0$ au sol : $z = 0$). Le nombre de molécules est donc :

– à l'altitude z ($z > z_1$) : $N(z) = N_0\,\mathrm{e}^{-mgz/kT}$
– à l'altitude z_1 : $N(z_1) = N_0\mathrm{e}^{-mgz_1/kT}$

soit, en éliminant la constante N_0,

$$N(z) = N(z_1) \cdot \mathrm{e}^{-\frac{Mg}{kT}(z-z_1)}$$

avec $m = M/\mathcal{N}$ et $k = R/\mathcal{N}$, soit $m/k = M/R$, donc la concentration moléculaire du gaz à l'altitude z est

$$n(z) = n(z_1) \cdot e^{-\frac{Mg}{RT}(z-z_1)}. \quad (3)$$

Or, la concentration moléculaire $n(z)$ est proportionnelle à la pression $P(z)$ du gaz isotherme car

$$n(z) = \frac{\text{nombre de molécules}}{\text{volume}} = \frac{[P(z)V/RT]\mathcal{N}}{V} = \frac{P(z)}{kT}. \quad (4)$$

On retrouve donc, d'après (3) et (4), la loi (2) :

$$P(z) = P_1 \cdot e^{-\frac{Mg}{RT}(z-z_1)}.$$

2. La décroissance de la pression avec l'altitude est caractérisée par la hauteur d'échelle h définie par :

$$P(z) = P_1 \cdot e^{-\frac{z-z_1}{h}} \quad (5)$$

on en déduit, en comparant (2) et (5),

$$\boxed{h = \frac{RT}{Mg}} = \mathbf{6{,}37\ km}.$$

3.

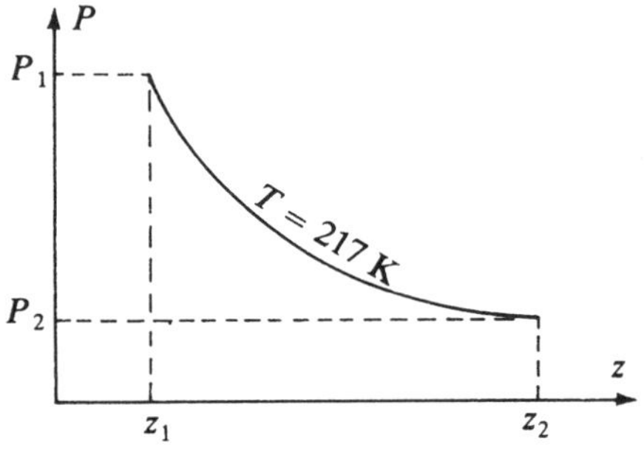

Fig. II.15

La loi $P(z)$ est représentée par la courbe exponentielle décroissante (fig. II.15) pour laquelle la pente de la tangente en chaque point est

$$\frac{dP}{dz} = -\frac{Mg}{RT}\, P_1 e^{-\frac{Mg}{RT}(z-z_1)} = -\frac{P(z)}{h}.$$

Le gradient vertical de pression vaut donc :

– à la base de la stratosphère ($P = P_1$) : $-P_1/h = \mathbf{-3{,}9\ Pa/m}$
– au sommet de la stratosphère ($P = P_2$) :

$$-\frac{P_2}{h} = -\frac{P_1}{h}\,\mathrm{e}^{-\frac{z_2-z_1}{h}} = \mathbf{-3{,}5\cdot 10^{-2}\ Pa/m.}$$

Remarque : La décroissance de P avec z est d'autant plus rapide que la température T de l'atmosphère est plus basse.

9. Atmosphère isotherme dans le champ de gravitation newtonien et loi de Boltzmann

La terre, de rayon $R_T = 6\,380$ km et de masse $M_T = 6\cdot 10^{24}$ kg, est entourée par l'atmosphère modélisée par un gaz parfait constitué de molécules identiques (de masse m) en équilibre isotherme à la température moyenne $T = 275{,}5$ K.

On donne : la constante de Boltzmann $k = R/\mathcal{N} = 1{,}38\cdot 10^{-23}$ SI où R = cte des gaz parfaits et $\mathcal{N}$ = nombre d'Avogadro; la constante de gravitation $G = 6{,}67\cdot 10^{-11}$ SI; la pression au sol $p_0 = 10^5$ Pa; la masse molaire de l'air : $M = 29$ g.

1. Calculer le nombre n_0 de molécules par unité de volume au niveau du sol.

2. Parmi les N molécules, le nombre dN de ces molécules dont l'énergie est comprise entre E et $E + \mathrm{d}E$ est

$$\mathrm{d}N = N\cdot A\cdot \mathrm{e}^{-\frac{E}{kT}}\cdot \mathrm{d}E \quad (A = \text{cte})$$

a) Établir la loi des pressions $p(r)$ et la densité moléculaire $n(r)$, ou nombre de molécules par unité de volume, en tout point de l'atmosphère à la distance r du centre O de la terre; on ne fera intervenir que les grandeurs p_0, n_0, R_T et le paramètre $a = GM_Tm/kT$.

b) Calculer les pressions p_1 et p_2 et les densités moléculaires n_1 et n_2 aux points d'altitudes $z_1 = R_T/100$ et $z_2 = 2R_T/100$.

3. L'atmosphère est pratiquement limitée à l'altitude $z_2 = 2R_T/100$.

a) En déduire la loi approchée $n(z)$ de la densité moléculaire de l'atmosphère à l'altitude z $(0 < z < z_2)$ sous la forme

$$n(z) \simeq n_0 \mathrm{e}^{-bz}$$

où le coefficient b sera exprimé en fonction du rayon R_T et du paramètre a.

b) Exprimer la masse totale approchée de la couche atmosphérique en fonction de m, n_0, R_T et du paramètre a, puis la calculer.

Solution

1. Le nombre de moles de gaz parfait par unité de volume est, d'après l'équation d'état.

$$\frac{x}{V} = \frac{p}{RT}$$

donc le nombre de molécules par unité de volume est

$$n = \mathcal{N} \cdot \frac{p}{RT} = \frac{p}{kT}. \qquad (1)$$

d'où la densité moléculaire au niveau du sol

$$\boxed{n_0 = \frac{p_0}{kT}}\,.$$

Application numérique : $n_0 = \mathbf{2{,}63 \cdot 10^{25}}$ **molécules/m³**

2. ***a)*** • Le volume d'une mole de gaz est $V_{\text{mole}} = m\mathcal{N}/\rho$, donc la relation entre la pression p et la masse volumique ρ du gaz est

$$p = \frac{RT}{V_{\text{mole}}} = \rho\,\frac{RT}{m\mathcal{N}}, \quad \text{soit} \quad p(r) = \rho(r)\,\frac{kT}{m}. \qquad (2)$$

• Le champ de gravitation newtonien étant à symétrie sphérique, la masse volumique $\rho(r)$ est mesurée par le rapport entre la masse d'atmosphère $\mathrm{d}M = m\,\mathrm{d}N$ (comprise entre les sphères de centre O et de rayon r et $r + \mathrm{d}r$) et son volume $\mathrm{d}\tau = 4\pi r^2\,\mathrm{d}r$, soit

$$\rho(r) = \frac{\mathrm{d}M}{\mathrm{d}\tau} = \frac{m}{4\pi r^2}\,\frac{\mathrm{d}N}{\mathrm{d}r}$$

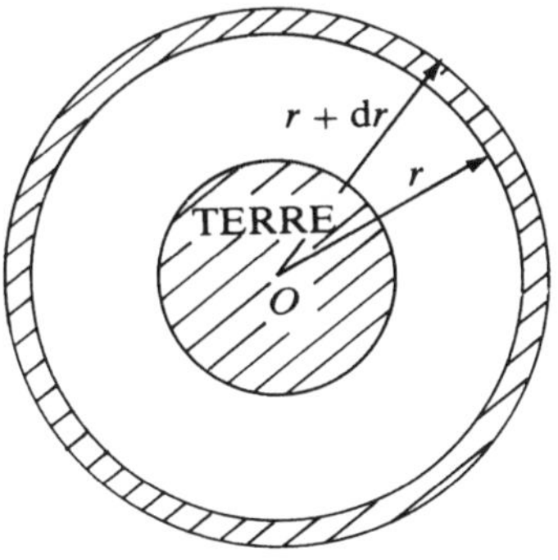

Fig. II.16

donc, d'après (2),

$$\boxed{p(r) = \frac{kT}{4\pi r^2} \frac{\mathrm{d}N}{\mathrm{d}r}}. \tag{3}$$

• Or, d'après la loi de distribution de Boltzmann rappelée dans l'énoncé, on a :

$$\frac{\mathrm{d}N}{\mathrm{d}r} = NA\,\mathrm{e}^{-\frac{E(r)}{kT}} \frac{\mathrm{d}E}{\mathrm{d}r}$$

où l'énergie d'une molécule de l'atmosphère, en équilibre, se réduit à son énergie potentielle gravitationnelle(*) :

$$E(r) = -\frac{GM_T m}{r}, \quad \text{soit} \quad \mathrm{d}E = \frac{GM_T m}{r^2}\,\mathrm{d}r$$

donc
$$\frac{\mathrm{d}N}{\mathrm{d}r} = \frac{GM_T mNA}{r^2} \cdot \exp\left(\frac{GM_T m}{kT} \frac{1}{r}\right). \tag{4}$$

D'après (3) et (4), on en déduit la loi de variation des pressions

$$p(r) = \frac{GM_T mNAkT}{4\pi r^4} \exp\left(\frac{GM_T m}{kT} \frac{1}{r}\right).$$

Or la pression au sol est

$$p_0 = p(R_T) = \frac{GM_T mNAkT}{4\pi (R_T)^4} \exp\left(\frac{GM_T m}{kT} \frac{1}{R_T}\right),$$

(*) Cf. le chapitre 6 de «Mécanique du point. Problèmes résolus» (Dunod), du même auteur.

on en déduit, en divisant membre à membre $p(r)$ et $p(R_T)$, la loi :

$$\boxed{p(r) = p_0 \left(\frac{R_T}{r}\right)^4 \exp\left[-a\left(\frac{1}{R_T} - \frac{1}{r}\right)\right]} \qquad (5)$$

le terme entre crochets est négatif car $r > R_T$.
La densité moléculaire est, d'après (1) et (5),

$$n(r) = \frac{\mathcal{N}}{R_T}\, p(r) = \frac{p(r)}{kT} = \frac{p_0}{kT}\left(\frac{R_4}{r}\right)^4 \exp\left[-a\left(\frac{1}{R_T} - \frac{1}{r}\right)\right]$$

soit $$\boxed{n(r) = n_0 \left(\frac{R_T}{r}\right)^4 \exp\left[-a\left(\frac{1}{R_T} - \frac{1}{r}\right)\right]}. \qquad (6)$$

b) Avec $\dfrac{a}{R_T} = \dfrac{GM_T m}{kTR_T} = \dfrac{GM_T M}{kTR_T\mathcal{N}} = 795$, aux points d'altitude $z_1 = r - R_T = R_T/100$ (ou $r = 1{,}01R_T$) et $z_2 = 2R_T/100$ (ou $r = 1{,}02R_T$), règnent les pressions respectives

$$p_1 = p(1{,}01R_T) = 10^5\left(\frac{1}{1{,}01}\right)^4 \mathrm{e}^{-\frac{a}{101R_T}} = \mathbf{36{,}7\ Pa}$$

et $$p_2 = p(1{,}02R_T) = 10^5\left(\frac{1}{1{,}02}\right)^4 \mathrm{e}^{-\frac{2a}{102R_T}} = \mathbf{0{,}016\ Pa}$$

et les densités moléculaires respectives sont :

et $$\begin{cases} n_1 = \dfrac{p_1}{kT} = \mathbf{9{,}6 \cdot 10^{21}\ molécules/m^3} \\ n_2 = \dfrac{p_2}{kT} = \mathbf{4{,}1 \cdot 10^{18}\ molécules/m^3}. \end{cases}$$

3. ***a)*** La très faible pression à l'altitude z_2 justifie la limite de l'atmosphère à cette altitude, pratiquement.
La loi (6) s'écrit, en introduisant l'altitude $z = r - R_T$,

$$n(z) = n_0 \left(\frac{1}{1 + \dfrac{z}{R_T}}\right)^4 \exp\left[-\frac{az}{(z + R_T)R_T}\right]$$

et, puisque $z \ll R_T$, on a la loi approchée $\boxed{n(z) \simeq n_0 \cdot \mathrm{e}^{-\frac{a}{(R_T)^2}z}}$

de la forme $n(z) = n_0\mathrm{e}^{-bz}$ avec $\boxed{b = \dfrac{a}{(R_T)^2}}$.

La densité moléculaire décroît pratiquement exponentiellement avec l'altitude z.

b) Le nombre de molécules contenues dans la couche sphérique élémentaire, limitée par les rayons r et $r + \mathrm{d}r$, est :

$$n(r) \cdot 4\pi r^2 \, \mathrm{d}r \simeq n_0 \mathrm{e}^{-b(r-R_T)} 4\pi r^2 \, \mathrm{d}r,$$

donc la masse de la couche atmosphérique est :

$$M_{\mathrm{atm}} = m \int n(r) 4\pi r^2 \, \mathrm{d}r$$

ou $M_{\mathrm{atm}} = 4\pi m n_0 \mathrm{e}^{bR_T} \int_{R_T}^{1,02R_T} \mathrm{e}^{-br} r^2 \, \mathrm{d}r.$

En intégrant par parties (on pose $u = r^2$ et $\mathrm{d}v = \mathrm{e}^{-br} \, \mathrm{d}r$), on est ramené à une intégrale en $\int \mathrm{e}^{-br} r \, \mathrm{d}r$ que l'on intègre à son tour par partie (en posant $u = r$ et $\mathrm{d}v = \mathrm{e}^{-br} \, \mathrm{d}r$) ; on obtient finalement

$$M_{\mathrm{atm}} = 4\pi m n_0 \left\{ \left[-\mathrm{e}^{b(R_T - r)} \left(\frac{r^2}{b} + \frac{2r}{b^2} + \frac{2}{b^3} \right) \right]_{r=R_T}^{r=1,02R_T} \right\}.$$

Compte tenu des valeurs numériques de $b \simeq 1,25 \cdot 10^{-4}$ et $R_T = 6,38 \cdot 10^6$ m, le terme entre crochets se réduit au terme prépondérant R_T^2/b,

donc $\quad M_{\mathrm{atm}} \simeq 4\pi m n_0 (R_T)^2/b \quad$ ou $\quad \boxed{M_{\mathrm{atm}} \simeq 4\pi m n_0 (R_T)^4/a}$.

Application numérique : $m = \dfrac{M}{\mathcal{N}} = \dfrac{29 \cdot 10^{-3}}{6,01 \cdot 10^{23}} = 4,82 \cdot 10^{-26}$ kg,

d'où $$M_{\mathrm{atm}} = \mathbf{5,2 \cdot 10^{18}\ kg}$$

(soit environ un millionième de la masse de la terre).

10. Modèles atmosphériques non isothermes

Dans la troposphère, région de l'atmosphère terrestre d'altitude inférieure à 11 km, la température $T(z)$ varie avec l'altitude z comptée à partir du sol. On admettra que :

– si $0 < z < z_1 = 2$ km, la température obéit à la loi hyperbolique

$$T(z) = \frac{T_0}{1 + az}$$

– si $z_1 < z < z_2 = 9$ km, la température obéit à la loi linéaire

$$T(z) = T_1(1 - bz)$$

– si $z_2 < z < z_3 = 11$ km, la température obéit à la loi parabolique

$$T(z) = T_2\sqrt{1 - cz}$$

où T_0, T_1, T_2, a, b et c sont des constantes positives.

On assimilera l'air à un gaz parfait de constante molaire $R = 8{,}31$ J/K, de masse molaire $M = 29$ g, soumis au champ de pesanteur supposé uniforme ($g = 9{,}8$ m/s^2).

1. Établir les lois $p(z)$ de variation de la pression de l'atmosphère, en équilibre hydrostatique, avec l'altitude z, en fonction des données et des pressions p_0 et p_2 respectivement au sol et à l'altitude z_2. La pression de l'air est supposée varier de façon continue dans la troposphère.

2. La température et la pression au sol sont 290 K et 1 atmosphère. La température décroît de 1 °C pour 140 m au voisinage du sol et de 1 °C pour 125 m à l'altitude $z = 5$ km. Les pressions aux altitudes z_2 et z_3 sont $p_2 = 0{,}280$ atm et $p_3 = 0{,}200$ atm respectivement.

a) Déterminer les constantes T_0, T_1, a, b et c (on donne $T_2 = 305$ K).

b) Calculer les pressions aux altitudes $z = 1$ km, 6 km et 11 km.

Solution

1. La différence de pression entre deux points de l'atmosphère d'altitudes voisines z et $z + \mathrm{d}z$ est :

$$\mathrm{d}p = -\rho g \, \mathrm{d}z \qquad (1)$$

où la masse volumique de l'air (gaz parfait) est :

$$\rho = \frac{M}{V} = \frac{M}{RT/p} = \frac{M}{RT}\, p \qquad (2)$$

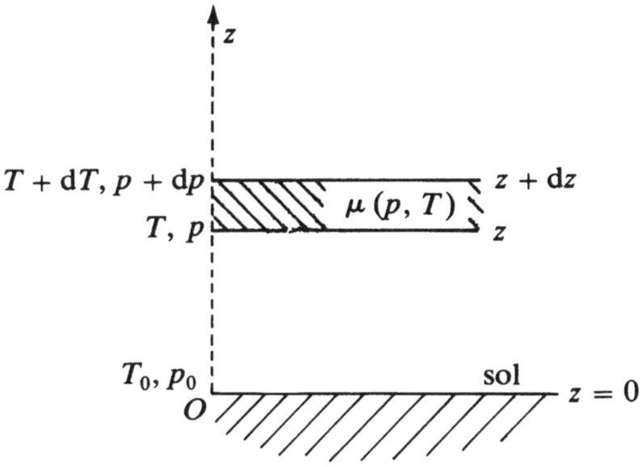

Fig. II.17

La relation (1) s'écrit donc, compte tenu de (2),

$$\boxed{\frac{\mathrm{d}p}{p} = -\frac{Mg}{R}\,\frac{\mathrm{d}z}{T(z)}}\,. \tag{3}$$

• Si $0 < z < 2$ km, on a $T(z) = \dfrac{T_0}{1 + az}$, donc la relation (3) s'écrit :

$$\frac{\mathrm{d}p}{p} = -\frac{Mg}{RT_0}(1 + az)\,\mathrm{d}z.$$

Intégrons entre l'altitude zéro et l'altitude z, il vient

$$\ln\frac{p}{p_0} = -\frac{Mg}{RT_0}\left(z + \frac{az^2}{2}\right)$$

d'où la loi des pressions

$$\boxed{p(z) = p_0 \cdot \exp\left[-\frac{Mg}{RT_0}\,z\left(1 + \frac{a}{2}\,z\right)\right]}\,. \tag{4}$$

• Si 2 km $< z <$ 9 km, on a $T(z) = T_1(1 - bz)$, donc la relation (3) s'écrit :

$$\frac{\mathrm{d}p}{p} = -\frac{Mg}{RT_1}\,\frac{\mathrm{d}z}{1 - bz}$$

soit par intégration entre l'altitude $z_1 = 2$ km et l'altitude z ($2 < z_{\mathrm{km}} < 9$) :

$$\ln \frac{p(z)}{p(z_1)} = \frac{Mg}{bRT_1} \ln \frac{1 - bz}{1 - bz_1}$$

avec, d'après (4), puisque la pression varie continuement avec z,

$$p(z_1) = p_0 \cdot \exp\left[-\frac{Mg}{RT_0} z_1 \left(1 + \frac{a}{2} z_1\right)\right]$$

donc $$\boxed{p(z) = p_0 \left(\frac{1 - bz}{1 - bz_1}\right)^{\frac{Mg}{bRT_1}} \exp\left[-\frac{Mgz_1}{RT_0}\left(1 + \frac{az_1}{2}\right)\right]}. \quad (5)$$

• Si 9 km $< z <$ 11 km, on a $T(z) = T_2\sqrt{1 - cz}$, donc la relation (3) s'écrit :

$$\frac{dp}{p} = -\frac{Mg}{RT_2}(1 - cz)^{-1/2}\, dz.$$

Intégrons entre l'altitude z_2 et l'altitude z (inférieure à 11 km)

$$\ln \frac{p(z)}{p(z_2)} = \frac{2Mg}{RT_2c}\left[(1 - cz)^{1/2} - (1 - cz_2)^{1/2}\right]$$

donc $$\boxed{p(z) = p_2 \cdot \exp\left[-\frac{2Mg}{RcT_2}(\sqrt{1 - cz_2} - \sqrt{1 - cz})\right]}. \quad (6)$$

2. *a)* La température au sol ($z = 0$) est $T(0) = T_0 =$ **290 K**.

• Le gradient de température au voisinage du sol ($z \simeq 0$) est

$$\left(\frac{dT}{dz}\right)_{z=0} = -\left[\frac{aT_0}{(1 + az)^2}\right]_{z=0} = -aT_0 = -\frac{1}{140}\ \text{K/m},$$

on en déduit le coefficient $a = \dfrac{1}{140 \times 290} = \mathbf{2{,}46 \cdot 10^{-5} m^{-1}}$.

• Le gradient de température aux altitudes moyennes ($z_1 < z < z_2$) est constant :

$$\frac{dT}{dz} = -bT_1 = -\frac{1}{125}\ \text{K/m}, \quad \text{d'où} \quad bT_1 = 8 \cdot 10^{-3}. \quad (7)$$

La relation (5) donne la pression à l'altitude z_2 :

$$p_2 = p_0 \left(\frac{1 - bz_2}{1 - bz_1}\right)^{Mg/RbT_1} \exp\left[-\frac{Mgz_1}{RT_0}\left(1 + \frac{az_1}{2}\right)\right],$$

on en déduit numériquement $\left(\dfrac{1-9\,000b}{1-2\,000b}\right)^{4,275} = 0,3565$,

soit $b = \mathbf{2{,}89 \cdot 10^{-5} m^{-1}}$ et, d'après (7), $T_1 = \mathbf{276{,}8\ K}$.

• La pression à l'altitude $z_3 = 11$ km est, d'après (6),

$$p_3 = p_2 \cdot \exp\left[-\frac{2Mg}{cRT_2}(\sqrt{1-cz_2} - \sqrt{1-cz_3})\right],$$

on en déduit

$$f(c) = \frac{\sqrt{1-cz_2} - \sqrt{1-cz_3}}{c} = \frac{RT_2}{2Mg}\ \ln\left(\frac{p_2}{p_3}\right) = 1\,500.$$

Par la méthode d'encadrement, on obtient : $c = \mathbf{5{,}54 \cdot 10^{-5}}$.

b) Les pressions aux altitudes 1 km, 6 km et 11 km données par (4), (5) et (6) sont respectivement :

$$p(1\,000) = \mathbf{0{,}887\ atm},\ \ p(6\,000) = \mathbf{0{,}449\ atm} \text{ et } p(10\,000) = \mathbf{0{,}238\ atm}.$$

11. Formule du nivellement barométrique. Taux de richesse

D'après la statistique de Boltzmann, dans un gaz en équilibre isotherme, à la température T, le nombre N_i de molédules qui possèdent l'énergie E_i est

$$N_i = A \cdot \mathrm{e}^{-\frac{E_i}{kT}}$$

où A est une constante et k la constante de Boltzmann ($k = R/\mathcal{N}$, avec $\mathcal{N}$ = nombre d'Avogadro et R = cte molaire des gaz parfaits). Le champ de pesanteur, de module g, est supposé uniforme dans ce problème.

1. L'atmosphère isotherme en équilibre, de pression p_0 à l'altitude z_0, est assimilable à un gaz parfait formé de molécules identiques de masse m. Déterminer la loi de nivellement barométrique donnant la pression p de l'atmosphère à l'altitude z.

2. *Applications.* On considère trois longs tubes verticaux contenant le premier un gaz G_1 de masse molaire M_1, le second un gaz G_2 de masse molaire $M_2 < M_1$, et le troisième un mélange de ces deux gaz, tous en équilibre isotherme dans le champ de pesanteur supposé uniforme. À l'altitude $z = 0$, tous les gaz ont même pression p_0.

a) Jusqu'à quelle altitude z_1 peut-on considérer dans le premier tube que la pression du gaz G_1 est uniforme à mieux que 1 % près ?

b) Déterminer l'altitude pour laquelle la surpression relative du gaz G_2 par rapport au gaz G_1 est 1 % ?

c) Si x désigne le pourcentage du gaz G_2 dans le mélange, exprimer le taux de richesse $R = \dfrac{x}{1-x}$ du constituant G_2, à l'altitude z, en fonction du taux de richesse R_0 au sol. Conclusion ?

Solution

1. Dans le champ de pesanteur, à l'altitude z, chaque molécule possède l'énergie (potentielle) de pesanteur $E_i = mgz$.
D'après la statistique de Boltzmann, le nombre de molécules est :

– à l'altitude z : $N(z) = A\mathrm{e}^{-\frac{mgz}{kT}}$

– à l'altitude z_0 : $N(z_0) = A\mathrm{e}^{-\frac{mgz_0}{kT}}$

soit, en divisant membre à membre,

$$N(z) = N(z_0) \cdot \mathrm{e}^{-\frac{mg}{kT}(z-z_0)} \qquad (1)$$

Si on considère un volume d'air de faible épaisseur dz, la concentration moléculaire à l'altitude z est : $C(z) = \dfrac{N(z)}{V}$ et à l'altitude z_0 : $C(z_0) = \dfrac{N(z_0)}{V}$, soit d'après (1),

$$\boxed{C(z) = C(z_0) \cdot \mathrm{e}^{-\frac{mg}{kT}(z-z_0)}} \qquad (2)$$

• Or la pression d'un gaz parfait est proportionnelle à la concentration moléculaire; en effet, d'après l'équation des gaz parfaits relative à n moles (ou $n\mathcal{N}$ molécules), la pression est $p = \dfrac{n}{V}RT = \dfrac{n\mathcal{N}}{V}kT$ et la concentration moléculaire est $C = \dfrac{n\mathcal{N}}{V}$, donc

$$\boxed{p(z) = C(z) \cdot kT} \qquad (3)$$

• On en déduit, d'après (2) et (3) pour l'atmosphère isotherme, la formule du nivellement barométrique

$$\boxed{p(z) = p(z_0) \cdot \mathrm{e}^{-\frac{mg(z-z_0)}{kT}}} \qquad (4)$$

2. Si on introduit la pression au sol $p_0 = p(z_0)$ et la masse molaire M, compte tenu de la relation $\dfrac{m}{k} = \dfrac{M/\mathcal{N}}{R/\mathcal{N}} = \dfrac{M}{R}$, l'équation (4) s'écrit :

$$p(z) = p_0 \mathrm{e}^{-\frac{Mg}{RT}z} \tag{5}$$

a) La variation relative de pression du gaz G_1 : $\dfrac{\mathrm{d}p}{p} = -\dfrac{M_1 g}{RT}\,\mathrm{d}z$ n'excède pas 1 % sur une hauteur inférieure à z_1 telle que

$$\boxed{z_1 = \frac{RT}{100 M_1 g}}$$

b) D'après (5), les pressions des gaz décroissent exponentiellement avec l'altitude :

– pour G_1 : $p_1(z) = p_0\,\mathrm{e}^{-\frac{M_1 g}{RT}z}$

– pour G_2 : $p_2(z) = p_0\,\mathrm{e}^{-\frac{M_2 g}{RT}z}$

Puisque $M_1 > M_2$, la pression décroît plus vite dans le gaz G_1 que dans le gaz G_2; la suppression relative atteint 1 % à l'altitude z_2 telle que

$$\frac{p_2(z_2) - p_1(z_2)}{p_2(z_2)} = 1\ \%, \text{ soit } 1 - \mathrm{e}^{-\frac{g(M_1-M_2)}{RT}z_2} = \frac{1}{100}$$

soit, en première approximation,

$$\frac{g(M_1 - M_2)}{RT} z_2 \simeq \frac{1}{100} \quad \text{ou} \quad \boxed{z_2 = \frac{RT}{100(M_1 - M_2)}}$$

c) D'après (2), à l'altitude z, les concentrations moléculaires des constituants gazeux du mélange sont

– pour le constituant G_1 : $C_1(z) = C_1(0) \cdot \mathrm{e}^{-\frac{M_1 g}{RT}z}$

– pour le constituant G_2 : $C_2(z) = C_2(0) \cdot \mathrm{e}^{-\frac{M_2 g}{RT}z}$;

on en déduit le taux de richesse de G_2 à l'altitude z :

$$R(z) = \frac{x}{1-x} = \frac{C_2(z)}{C_1(z)} = \frac{C_2(0)}{C_1(0)} \cdot \mathrm{e}^{\frac{(M_1-M_2)}{RT}gz}$$

soit $$\boxed{R(z) = R(0) \cdot \mathrm{e}^{\frac{(M_1-M_2)}{RT}gz}}$$

Puisque $M_1 > M_2$, on a $R(z) > R(0)$; ainsi, à mesure qu'on s'élève, le mélange s'enrichit en G_2 (constituant le plus léger).

C. MODÈLES GAZEUX NON ATMOSPHÉRIQUES

12. Équilibre d'un fluide à symétrie sphérique. Modélisation du soleil

La terre décrit autour du soleil, assimilé à une sphère de centre O et de rayon R_S et vu depuis la terre sous un diamètre angulaire $2\alpha_S = 32'$, une orbite pratiquement circulaire de rayon $D = 149{,}5$ millions de kilomètres en 1 an ($T \simeq 365$ jours).

Le soleil est modélisé par un fluide gazeux, supposé parfait, de masse volumique constante ρ_S.

On donne la cte de gravitation universelle $G = (2/3) \cdot 10^{-10}$ S.I., la cte des gaz parfaits $R = 8{,}31$ J/mole/K et la masse molaire du fluide solaire $M = 1{,}25 \cdot 10^{-3}$ kg.

1. Calculer le rayon R_S du soleil et sa masse volumique moyenne ρ_S.

2. Calculer le gradient $\mathrm{d}p/\mathrm{d}r$ de la pression du fluide solaire en tout point M à la distance r du centre du soleil, à l'aide des constantes ρ_S et G.

3. ***a)*** Établir la loi des pressions $p(r)$ en M en supposant nulle la pression au bord du soleil.

b) Calculer la pression p_0 et la température T_0 au centre du soleil, en utilisant les résultats obtenus à la 1ère question.

4. Calculer l'énergie potentielle de gravitation du soleil, en fonction de G, ρ_S et R_S, puis en fonction de la masse M_S et du rayon R_S du soleil.

Solution

1. • Le diamètre angulaire du soleil est (fig. II.18) :

$$2\alpha_S = \frac{2R_S}{D},$$

le rayon du soleil est donc

$$\boxed{R_S = \alpha_S D}\,. \qquad (1)$$

Application numérique : $\alpha_S = \dfrac{16}{60}\,\dfrac{\pi}{180} = 4{,}65 \cdot 10^{-3}$ rd, donc

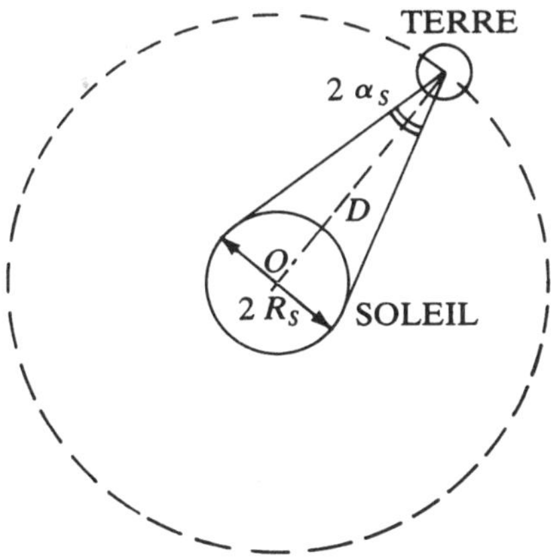

Fig. II.18

$$R_{S\ (\text{km})} = (4{,}65 \cdot 10^{-3})(149{,}5 \cdot 10^{6}) = \mathbf{6{,}96 \cdot 10^{5}\ km}.$$

• La terre, de masse M_T, de vitesse orbitale circulaire

$$v = 2\pi D/T \tag{2}$$

est soumise à la force centripète $M_T v^2/D$ égale à la force attractive terre-soleil :

$$\frac{M_T v^2}{D} = \frac{G M_T M_S}{D^2};$$

on en déduit l'expression de la masse du soleil, compte tenu de (2),

$$M_S = \frac{4\pi^2 D^3}{G T^2} \tag{3}$$

et celle de la masse volumique du fluide solaire, d'après (3) :

$$\rho_S = \frac{M_S}{4\pi R_S^3/3} \simeq \frac{3\pi D^3}{G T^2 R_S^3}$$

et, d'après (1),
$$\boxed{\rho_S = \frac{3\pi}{G T^2 (\alpha_S)^3}}.$$

Application numérique :

$$\rho_S = \frac{3 \times 3{,}14}{(0{,}667 \cdot 10^{-10})(365 \times 86\,400)^2 (4{,}65 \cdot 10^{-3})^3} = \mathbf{1{,}41 \cdot 10^{3}\ kg/m^{3}}.$$

2. Le fluide solaire est en équilibre sous l'effet du champ de gravitation $g(r)$ et des forces de pression. L'équation locale d'équilibre du fluide s'écrit

$$\overrightarrow{\text{grad}}\, p(r) = \rho \vec{g}\,(r). \tag{4}$$

Le flux du champ $\vec{g}\,(r)$ à travers la surface sphérique (S) de centre O et de rayon $r = OM$ est, d'après le théorème de Gauss :

$$\oiint \vec{g} \cdot \mathrm{d}\vec{s} = -g(r) \cdot 4\pi r^2 = -4\pi G \cdot M_{\text{int}}, \quad \text{avec} \quad M_{\text{int}} = \rho_S \frac{4}{3}\pi r^3,$$

soit
$$g(r) = \frac{G \cdot M_{\text{int}}}{r^2}, \text{ donc } g(r) = \frac{4\pi G \rho_S}{3}\, r. \tag{5}$$

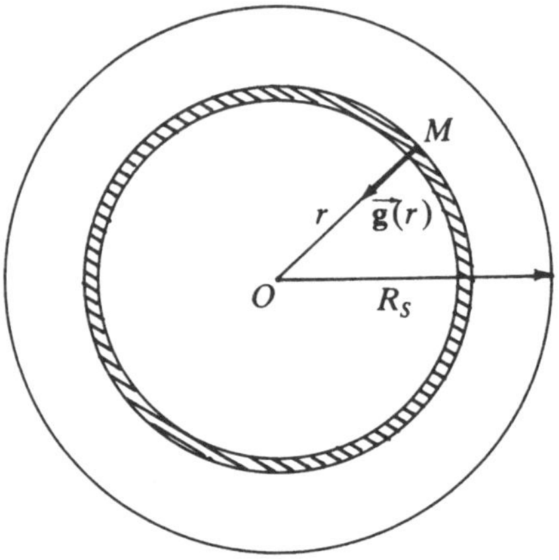

Fig. II.19

L'équation (4) d'équilibre, projetée sur l'axe radial, s'écrit donc (fig. II.19)

$$\frac{\mathrm{d}p}{\mathrm{d}r} = -\rho_S g(r). \tag{6}$$

Le gradient de pression est donc, d'après (5) et (6),

$$\boxed{\frac{\mathrm{d}p}{\mathrm{d}r} = -\frac{4\pi G \rho_S^2}{3}\, r}. \tag{7}$$

3. ***a)*** L'intégration de la relation (7), fournit

$$p(r) = -\frac{2\pi G \rho_S^2}{3}\, r^2 + \text{cte}$$

avec $p(R_S) = 0$ par hypothèse, donc cte $= \dfrac{2\pi G\rho_S^2}{3}\, R_S^2$, d'où la loi des pressions à l'intérieur du soleil

$$\boxed{p(r) = \frac{2\pi G\rho_S^2}{3}\,(R_S^2 - r^2)}\,. \tag{8}$$

b) On en déduit, d'après (8), la pression au centre du soleil ($r = 0$) :

$$\boxed{p_0 = \frac{2\pi G\rho_S^2 R_S^2}{3}}\,. \tag{9}$$

• Un volume V de fluide, supposé parfait, obéit à l'équation d'état

$$pV = \frac{\rho_S V}{M}\, RT, \quad \text{soit} \quad T(r) = \frac{M}{\rho_S R}\, p(r). \tag{10}$$

La température au centre est donc d'après (10)

$$T_0 = \frac{M}{\rho_S R}\, p_0 \quad \text{soit, d'après (9),} \quad \boxed{T_0 = \frac{2\pi G\rho_S M R_S^2}{3R}}\,.$$

Application numérique : $p_0 = \mathbf{1{,}35 \cdot 10^{14}}$ **Pa**; $T_0 = \mathbf{1{,}4 \cdot 10^{7}}$ **K.**

4. La masse élémentaire de fluide

$$\mathrm{d}m = \rho_S 4\pi r^2\, \mathrm{d}r \tag{11}$$

comprise entre les couches concentriques de rayon r et $r + \mathrm{d}r$, possède l'énergie potentielle de gravitation

$$\mathrm{d}E_p = -\frac{GM_{\text{int}}\,\mathrm{d}m}{r}$$

soit, d'après (11) et compte tenu de $M_{\text{int}} = \rho_S\, \dfrac{4\pi r^3}{3}$,

$$\mathrm{d}E_p = -\frac{16\pi^2}{3}\, \rho_S^2 G r^4\, \mathrm{d}r.$$

L'énergie potentielle gravitationnelle du fluide solaire à symétrie sphérique est donc

$$E_p = \int_{r=0}^{r=R_S} \mathrm{d}E_p = -\frac{16\pi^2}{3}\, \rho_S G \int_0^{R_S} r^4\, \mathrm{d}r$$

soit
$$\boxed{E_p = -\frac{(4\pi\rho_s)^2 G (R_S)^5}{15}}.$$

Si on introduit la masse $M_S = \rho_S \dfrac{4\pi R_S^3}{3}$ du soleil, il vient finalement

$$\boxed{E_p = -\frac{3G}{5}\frac{M_S^2}{R_S}}.$$

Application numérique : $E_p = \mathbf{6{,}76 \cdot 10^{38}}$ **J**.

13. Processus d'accrétion autour d'une étoile. Champ de pression à une dimension

Une récente photographie de l'étoile β Pictoris a mis en évidence un disque de matière qui entoure l'étoile et qu'il est plausible d'attribuer à un processus d'accrétion, c'est-à-dire à la capture de la matière environnante sous l'effet du champ gravitationnel.

Dans un modèle simplifié, l'étoile et le disque d'accrétion, sont modélisés par un gaz parfait de masse molaire M, *en équilibre* à la température T_0, remplissant tout l'espace à l'intérieur duquel règne en tout point M de cote z le champ de pression $p(z)$, le champ de masse volumique $\rho(z)$ et le champ de gravitation newtonien $\overrightarrow{g} = g(z)\overrightarrow{u_z}$, où $g(z)$ est une fonction impaire. L'origine O de l'axe Oz (de vecteur unitaire $\overrightarrow{u_z}$) est choisie dans le plan de symétrie du milieu gazeux de façon que $g(0) = 0$, $p(0) = p_0$ et $\rho(0) = \rho_0$.

La constante molaire des gaz parfaits est $R = 8{,}31$ S.I. et la constante de gravitation universelle est $G = 6{,}67 \cdot 10^{-11}$ S.I.

1. Écrire deux relations liant les champs unidimensionnels $p(z)$, $\rho(z)$, $g(z)$ et leurs dérivées par rapport à z.

2. ***a)*** Déterminer la loi des pressions $p(z)$, au point M de cote z, en fonction de $g(z)$, p_0 et G.

b) En déduire, en fonction de G et p_0, la valeur maximale $g_{\max}$ du module du champ $g(z)$ de gravitation propre.

3. Déterminer les lois de distribution du champ de gravitation propre et du champ des pressions sous les formes respectives

$$g(z) = -g_{\text{max}} \cdot f(z) \quad \text{et} \quad p(z) = p_0 \cdot h(z)$$

où $f(z)$ et $h(z)$ sont des fonctions à déterminer.

4. On donne $T_0 = 10$ K, $M = 5 \cdot 10^{-2}$ kg et $g_{\text{max}} = 10$ m/s^2.

a) Calculer p_0, ρ_0 et la masse de gaz par unité de surface du disque.

b) Tracer le graphe $p(z)$ et placer notamment les points d'inflexion.

c) Déterminer les positions des plans isobares $p_0/2$.

Solution

1. • Le théorème de Gauss pour le champ de gravitation newtonien $\vec{g}(z)$ s'écrit

$$\oiint \vec{g} \cdot \mathrm{d}\vec{s} = \iiint \operatorname{div} \vec{g} \cdot \mathrm{d}\tau = -4\pi G M_{\text{int}} = -4\pi G \iiint \rho \, \mathrm{d}\tau$$

d'où la relation locale qui lie le champ $\vec{g}(z)$ à la masse volumique $\rho(z)$:

$$\operatorname{div} \vec{g}(z) = -4\pi G \rho(z) \quad \text{ou} \quad \boxed{\frac{\mathrm{d}g}{\mathrm{d}z} + 4\pi G \rho(z) = 0}\,. \tag{1}$$

• L'équilibre de la tranche de fluide de cote z est traduit par l'équation locale :

$$\overrightarrow{\text{grad}}\, p(z) = \rho(z) \cdot \vec{g}(z)$$

soit en projection sur Oz :

$$\boxed{\frac{\mathrm{d}p}{\mathrm{d}z} - \rho(z) g(z) = 0}\,. \tag{2}$$

2. ***a)*** Éliminons la masse volumique $\rho(z)$ entre (1) et (2); il vient :

$$\frac{\mathrm{d}g}{\mathrm{d}z} + 4\pi G \, \frac{1}{g(z)} \, \frac{\mathrm{d}p}{\mathrm{d}z} = 0, \quad \text{donc} \quad \mathrm{d}p = -\frac{1}{8\pi G}\, \mathrm{d}(g^2).$$

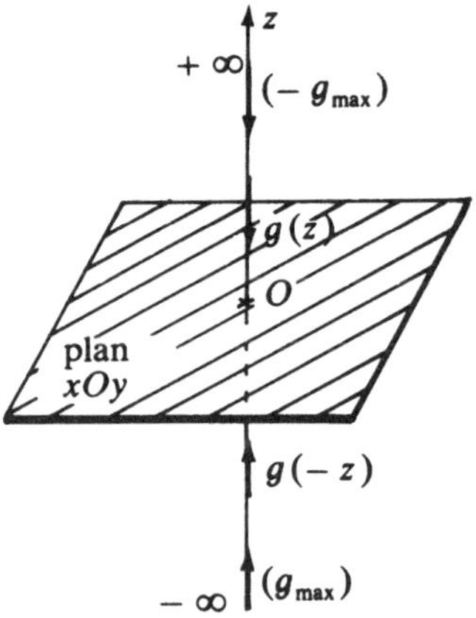

Fig. II.20

Intégrons :

$$p(z) = -\frac{1}{8\pi G}\, g^2(z) + \text{cte}, \quad \text{avec} \quad p(0) = p_0 \quad \text{et} \quad g(0) = 0$$

soit cte $= p_0$, d'où la loi des pressions

$$\boxed{p(z) = p_0 - \frac{[g(z)]^2}{8\pi G}}\,. \tag{3}$$

b) D'après (3), $g(z)$ est maximal si la pression $p(z)$ est minimale, donc pour $z = \pm\infty$ auquel cas $p(\pm\infty) = 0$; on en déduit $g_{\max} = |g(\pm\infty)|$ tel que, d'après (3),

$$0 = p_0 - \frac{g_{\max}^2}{8\pi G} \quad \text{donc} \quad \boxed{g_{\max} = \sqrt{8\pi G p_0}}\,. \tag{4}$$

3. • Le milieu étant assimilé à un gaz parfait, sa masse volumique est

$$\rho(z) = \frac{M}{RT_0}\, p(z) \tag{5}$$

donc, d'après (2), il vient

$$\frac{\mathrm{d}p}{\mathrm{d}z} = \frac{M}{RT_0}\, p(z) g(z). \tag{6}$$

D'autre part, d'après (3) et (4), on a :

$$p(z) = \frac{g_{\max}^2 - g^2(z)}{8\pi G} \tag{7}$$

et donc

$$\frac{\mathrm{d}p}{\mathrm{d}z} = -\frac{2g(z)}{8\pi G}\,\frac{\mathrm{d}g}{\mathrm{d}z}. \tag{8}$$

La relation (6) s'écrit donc, compte tenu de (7) et (8), et après simplification :

$$-2\,\frac{\mathrm{d}g}{\mathrm{d}z} = \frac{M}{RT_0}\,[g_{\max}^2 - g^2(z)], \quad \text{ou} \quad \frac{\mathrm{d}g}{1 - \left[\dfrac{g(z)}{g_{\max}}\right]^2} = -\frac{Mg_{\max}^2}{2RT_0}\,\mathrm{d}z.$$

Par intégration, il vient donc

$$\operatorname{Arg\,th}\left[\frac{g(z)}{g_{\max}}\right] = -\frac{Mg_{\max}}{2RT_0}\,z$$

(la constante d'intégration est nulle car $g(0) = 0$)

soit

$$\boxed{g(z) = -g_{\max}\operatorname{th}\left(\frac{Mg_{\max}}{2RT_0}\,z\right)}. \tag{9}$$

On en déduit, d'après (7) et (9), la loi des pressions

$$p(z) = \frac{g_{\max}^2}{8\pi G}\left[1 - \operatorname{th}^2\left(\frac{Mg_{\max}}{2RT_0}\,z\right)\right]$$

soit d'après (4) et puisque $1 - \operatorname{th}^2 X = 1/\operatorname{ch}^2 X$,

$$\boxed{p(z) = \frac{p_0}{\operatorname{ch}^2\left(\dfrac{Mg_{\max}}{2RT_0}\,z\right)}}. \tag{10}$$

• Les fonctions à déterminer sont donc d'après (9) et (10) :

$$\boxed{f(z) = \operatorname{th}\left(\frac{Mg_{\max}}{2RT_0}\,z\right)} \quad \text{et} \quad \boxed{h(z) = 1/\operatorname{ch}^2\left(\frac{Mg_{\max}}{2RT_0}\,z\right)}.$$

4. *a)* D'après (4), la pression dans le plan de symétrie $z = 0$ est

$$p_0 = \frac{g_{\max}^2}{8\pi G} \simeq \mathbf{6 \cdot 10^{10}\ Pa}.$$

D'après (5), la masse volumique dans le plan de symétrie $z = 0$ est

$$\rho_0 = \frac{M}{RT_0}\, p_0 = \mathbf{3{,}6 \cdot 10^7\ kg/m^3} \quad \text{(gaz très condensé).}$$

La masse du fluide par unité de surface est :

$$\mathrm{d}m/\mathrm{d}s = \int_{-\infty}^{\infty} \rho(z)\,\mathrm{d}z, \quad \text{donc d'après (1),}$$

$$\mathrm{d}m/\mathrm{d}s = -\frac{1}{4\pi G}\int_{-\infty}^{\infty} \mathrm{d}g = -\frac{1}{4\pi G}[g(\infty) - g(-\infty)]$$

avec $g(-\infty) = -g(\infty) = g_{\max}$, car $g(z)$ est une fonction impaire,

donc $$\boxed{\frac{\mathrm{d}m}{\mathrm{d}s} = \frac{g_{\max}}{2\pi G}} \simeq \mathbf{2{,}4 \cdot 10^{10}\ kg/m^2}.$$

b) Le graphe $p(z)$ a l'allure suivante (fig. II.21) : il présente un maximum pour $z = 0$ et des points d'inflexion pour $\dfrac{\mathrm{d}^2 p}{\mathrm{d}z^2} = 0$. Posons $Z = \dfrac{M g_{\max}}{2RT_0} z$, alors $p(Z) = p_0/\mathrm{ch}^2 Z$ et $\dfrac{\mathrm{d}^2 p}{\mathrm{d}Z^2} = -\dfrac{2p_0}{\mathrm{ch}^2 Z}(1 - 3\,\mathrm{th}^2 Z) = 0$ si $\mathrm{th}\, Z = 1/\sqrt{3}$ ou $Z = \pm\, 0{,}658$; donc les points d'inflexion du graphe $p(z)$ sont obtenus aux cotes

$$z = \pm\, 0{,}658 \times \frac{2RT_0}{M g_{\max}} \simeq \pm\, \mathbf{219\ m}.$$

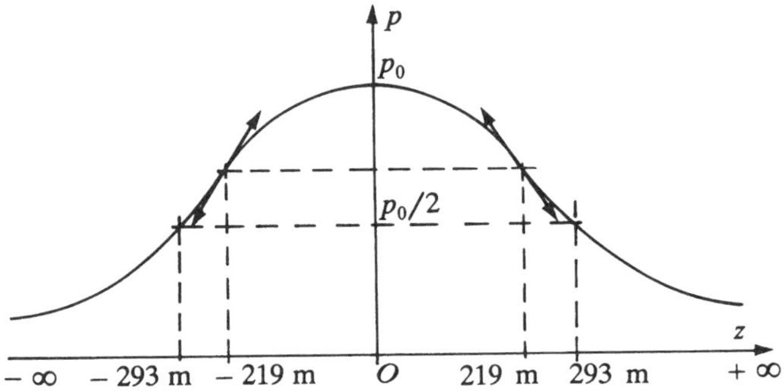

Fig. II.21

c) Les positions des plans isobares $p = p_0/2$ sont, d'après (10), telles que :

$$\text{ch}\left(\frac{Mg_{\max}}{2RT_0}\,z\right) = \sqrt{2}, \quad \text{soit} \quad z = \pm\,0{,}881\,\frac{2RT_0}{Mg_{\max}} = \pm\,\mathbf{293\ m}.$$

D. FORCES PRESSANTES DE LIQUIDES

14. Vase surmonté de trois tubes. Force pressante. Mesure de masses volumiques

Dans un récipient vide, ayant la forme d'un parallélépipède rectangle de section médiane $MNPQ$ ($MN = H = 0{,}40$ m; $NP = L = 0{,}75$ m) et de largeur $l = 0{,}50$ m, surmonté de trois longs tubes cylindriques T_0, T_1 et T_2 de même section $s = 0{,}2$ m^2, on a versé une quantité de mercure de masse 2 448 kg. On donne $g = 10$ N/kg et la masse volumique du mercure $\rho = 13{,}6$ g/cm^3.

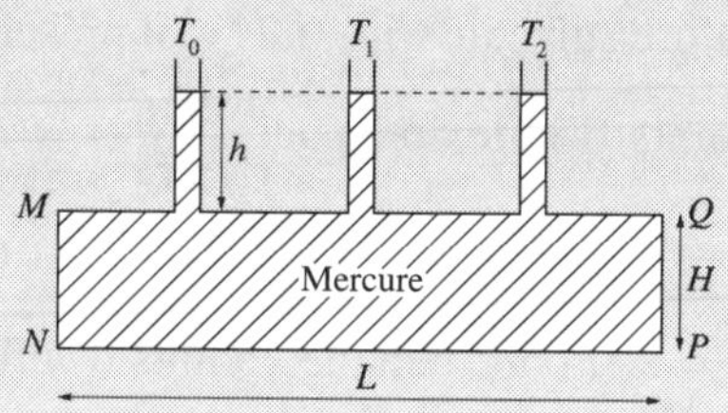

Fig. II.22

1. Déterminer l'intensité F_H de la force pressante qui s'exerce sur le fond horizontal du récipient.

2. *a)* Déterminer l'intensité F_V de la force résultante qui s'exerce sur chacune des parois verticales de trace MN ou PQ.

   b) Positionnez cette force $\overrightarrow{F_V}$ par sa cote z_C au-dessus du fond du récipient, exprimée en fonction de h et H.

3. On verse par dessus le mercure, dans T_0, une colonne d'eau de hauteur $h_0 = 40$ cm et de masse volumique $\rho_0 = 1$ g/cm^3, puis dans T_1 une colonne d'essence et dans T_2 une colonne d'acide de façon que les niveaux libres de l'eau, de l'essence et de l'acide soient dans un même plan horizontal.
   Les hauteurs de colonnes d'essence et d'acide sont alors respectivement $h_1 = 39{,}1$ cm et $h_2 = 42{,}9$ cm à l'équilibre.
   En déduire les masses volumiques ρ_1 et ρ_2 de l'essence et de l'acide respectivement.

Solution

1. • Le volume de mercure versé est 2 448/13,6 $\cdot 10^3 = 0,18$ m^3, et le volume du vase parallélépipédique est $H \cdot L \cdot l = 0,15$ m^3.
Le volume de mercure dans chacun des trois tubes T_0, T_1 et T_2 est donc

$$V = \frac{0,18 - 0,15}{3} = 0,01 \text{ m}^3.$$

• La hauteur de la colonne dans chacun des tubes est donc

$$h = \frac{V}{s} = \frac{10^{-2}}{2 \cdot 10^{-2}} = 0,50 \text{ m}.$$

• La force pressante $\overrightarrow{F_H}$ qui s'exerce sur le fond horizontal est appliquée au milieu de NP, car la pression $p = \rho g(H + h)$ est uniforme en tout point du fond, et son intensité est :

$$F_H = pS = plL, \quad \text{soit} \quad \boxed{F_H = \rho g(H + h)lL}.$$

Application numérique :

$$F_H = 13,6 \cdot 10^3 \cdot 10(0,5 + 0,4) \cdot 0,5 \cdot 0,75 = \mathbf{45\,900\ N}.$$

2. *a)* • Décomposons les parois verticales en bandes rectangulaires (fig. III.23) de largeur l, de hauteur dy et de cote y comptée à partir de la surface libre du mercure. Sur cet élément d'aire l dy où règne la pression résultante $\rho g y$, la force pressante – horizontale – a une intensité

$$\mathrm{d}F_V = \rho g y l \cdot \mathrm{d}y \qquad (1)$$

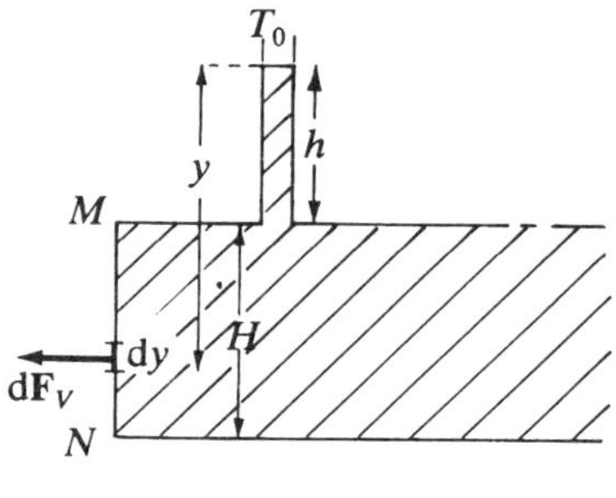

Fig. II.23

• L'intensité de la force pressante résultante sur les parois verticales est donc

$$F_V = \rho g l \int_h^{h+H} y \, \mathrm{d}y, \quad \text{soit} \quad F_V = \frac{1}{2} \rho g l [y^2]_h^{h+H}$$

ou

$$\boxed{F_V = \rho g l H [h + (H/2)]} \tag{2}$$

Application numérique :

$$F_V = 13{,}6 \cdot 10^3 \times 10 \times 0{,}5 \times 0{,}4(0{,}5 + 0{,}2) = \mathbf{19\,040\ N}.$$

b) La cote y_C du point d'application C de cette force pressante (ou centre de poussée) est telle que le moment de la résultante $\overrightarrow{F_V}$ est égal à la somme des moments des forces élémentaires $\mathrm{d}\overrightarrow{F_V}$:

$$y_C \cdot F_V = \int y \cdot \mathrm{d}F_V, \quad \text{donc} \quad y_C = \frac{1}{F_V} \int y \cdot \mathrm{d}F_V$$

soit d'après (1) et (2),

$$y_C = \frac{1}{H(h + H/2)} \int_h^{h+H} y^2 \, \mathrm{d}y$$

donc

$$y_C = \frac{(h+H)^3 - h^3}{3H(h + H/2)} = \frac{3h(h+H) + H^2}{3(h + H/2)}. \tag{3}$$

Le centre de poussée est donc à la distance z_C du fond tel que $z_C = h + H - y_C$ soit, d'après (3),

$$\boxed{z_C = \frac{H}{3} \cdot \frac{H + 3h}{H + 2h}}.$$

Application numérique : $z_C = \mathbf{18\ cm}$.

3.

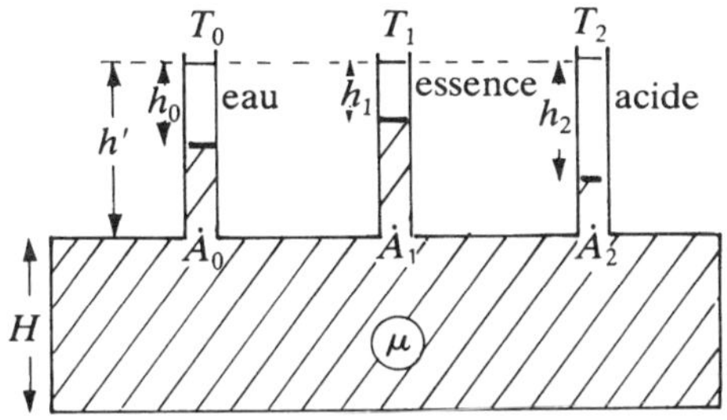

Fig. II.24

Les points A_0, A_1 et A_2 du mercure ont même pression; de plus, les surfaces libres des 3 liquides ont même pression (pression atmosphérique); on en déduit

$$\rho_0 g h_0 + \rho g(h' - h_0) = \rho_1 g h_1 + \rho g(h' - h_1) = \rho_2 g h_2 + \rho g(h' - h_2)$$

soit $\quad h_0(\rho_0 - \rho) = h_1(\rho_1 - \rho) = h_2 \quad$ d'où les masses volumiques

– de l'essence $\boxed{\rho_1 = \rho - (\rho - \rho_0)\dfrac{h_0}{h_1}} = \mathbf{0{,}71 \cdot 10^3\ kg/m^3}$

– de l'acide $\boxed{\rho_2 = \rho - (\rho - \rho_0)\dfrac{h_0}{h_2}} = \mathbf{1{,}85 \cdot 10^3\ kg/m^3}$.

15. Forces pressantes sur les parois d'un récipient en 1/4 de cylindre

On désignera $\overrightarrow{u_x}$, $\overrightarrow{u_y}$, $\overrightarrow{u_z}$ la base orthonormée du référentiel $Oxyz$ du laboratoire.

Le liquide, de masse volumique ρ, remplit le volume $OABO'A'B'$ en forme de quart de cylindre de rayon R et de hauteur h (fig. II.25) limité par les plans $x = 0$ et $y = 0$ et dont les bases sont dans les plans $z = 0$ et $z = h$. L'enveloppe solide mince du récipient est entourée par de l'air.

1. Déterminer les forces pressantes $\overrightarrow{F_i}$ exercées par le liquide sur chacune des cinq parois ($i = 1,2,\ldots,5$).

2. Comparer la résultante $\sum \overrightarrow{F_i}$ de ces forces de pression et le poids du liquide. Justifier.

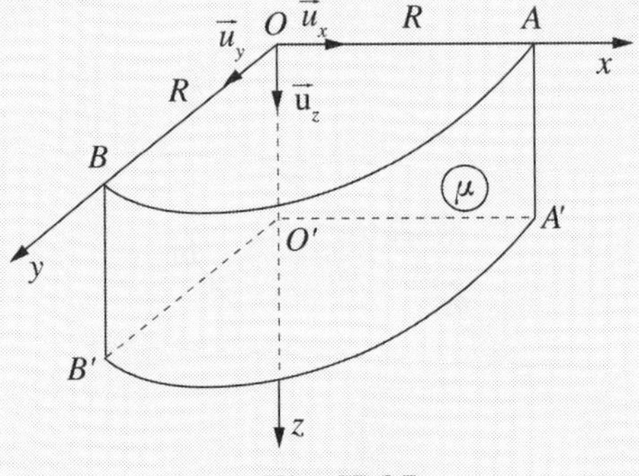

Fig. II.25

Solution

1. • **Base supérieure *OAB***

La force pressante du liquide sur le couvercle OAB est évidemment nulle :

$$\boxed{\overrightarrow{F_1} = \overrightarrow{0}}\,.$$

• **Paroi rectangulaire *OBB′O′***

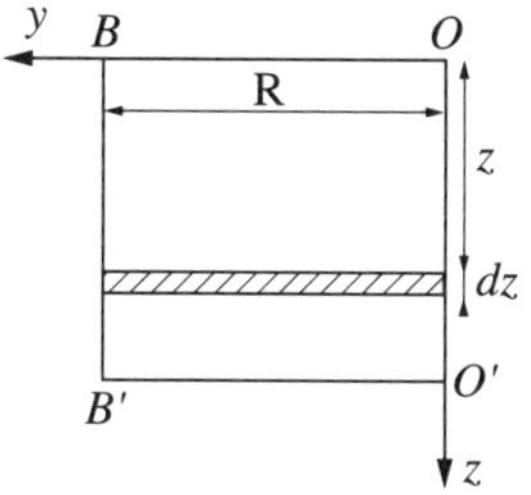

Fig. II.26

Sur la tranche de paroi de cote z, de hauteur $\mathrm{d}z$ et de largeur R, d'aire $\mathrm{d}s = R\,\mathrm{d}z$, règne la pression $p = \rho g z$; la force exercée par le liquide sur cet élément, normale à la paroi, est

$$\mathrm{d}\overrightarrow{F_2} = p \cdot \mathrm{d}\overrightarrow{s} = \rho g z \cdot R\,\mathrm{d}z(-\overrightarrow{u_x});$$

la force pressante $\overrightarrow{F_2}$ exercée sur la paroi plane $OBB'O'$ est donc

$$\overrightarrow{F_2} = \int \mathrm{d}\overrightarrow{F_2} = -\rho g R \cdot \overrightarrow{u_x} \cdot \int_0^h z\,\mathrm{d}z, \quad \text{soit} \quad \boxed{\overrightarrow{F_2} = \frac{-\rho g R h^2}{2}\,\overrightarrow{u_x}}$$

• **Paroi cylindrique *BAA′B′***

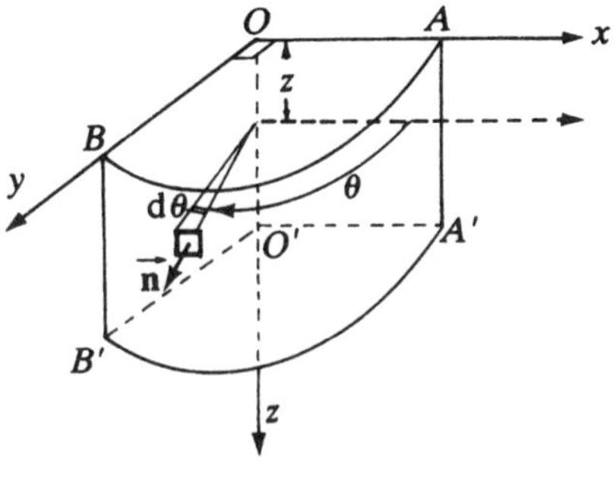

Fig. II.27

La force de pression du liquide sur l'aire élémentaire $\mathrm{d}s = R\,\mathrm{d}\theta\,\mathrm{d}z$, de cote z, est :

$$\mathrm{d}\overrightarrow{F_3} = \rho g z R\,\mathrm{d}\theta \cdot \mathrm{d}z\,\overrightarrow{n} \quad \text{avec} \quad \overrightarrow{n} = \cos\theta\,\overrightarrow{u_x} + \sin\theta\,\overrightarrow{u_y}$$

$$\text{donc } \overrightarrow{F_3} = \rho g R \int_0^h z\,\mathrm{d}z \left[\int_0^{\pi/2} \cos\theta\,\mathrm{d}\theta\,\overrightarrow{u_x} + \int_0^{\pi/2} \sin\theta\,\mathrm{d}\theta\,\overrightarrow{u_y}\right]$$

soit

$$\boxed{\overrightarrow{F_3} = \frac{\rho g R h^2}{2}\,(\overrightarrow{u_x} + \overrightarrow{u_y})}$$

(dirigée parallèlement à la bissectrice de xOy, vers l'extérieur).

- **Paroi rectangulaire *OAAO'***

Le calcul est identique à celui de $\overrightarrow{F_2}$; on obtient

$$\boxed{\overrightarrow{F_4} = -\frac{\rho g R h^2}{2}\,\overrightarrow{u_y}}\,.$$

- **Base inférieure *O'B'A'***

La pression est $p = \rho g h$ en tout point de la base d'aire $\pi R^2/4$, donc $\overrightarrow{F_5} = p \int \overrightarrow{\mathrm{d}s}$, soit

$$\boxed{\overrightarrow{F_5} = \frac{\rho g h \pi R^2}{4}\,\overrightarrow{u_z}}\,.$$

2. La résultante des forces exercées par le liquide sur les parois est, d'après les résultats obtenus en 1. :

$$\sum \overrightarrow{F_i} = \rho g\,\frac{\pi R^2 h}{4}\,\overrightarrow{u_z}\,;$$

elle est égale au poids du liquide contenu dans le quart de cylindre de volume $\pi R^2 h/4$.
Ce résultat est général, car il traduit l'équilibre du liquide soumis à son poids $\overrightarrow{P}$ et à la résultante $-\sum \overrightarrow{F_i}$ des parois sur le liquide (d'après le principe de l'action et de la réaction)

$$\text{donc} \quad -\sum \overrightarrow{F_i} + \overrightarrow{P} = 0 \quad \text{ou} \quad \boxed{\sum \overrightarrow{F_i} = \overrightarrow{P}}\,.$$

16. Forces pressantes sur les parois d'un récipient en 1/8 de sphère

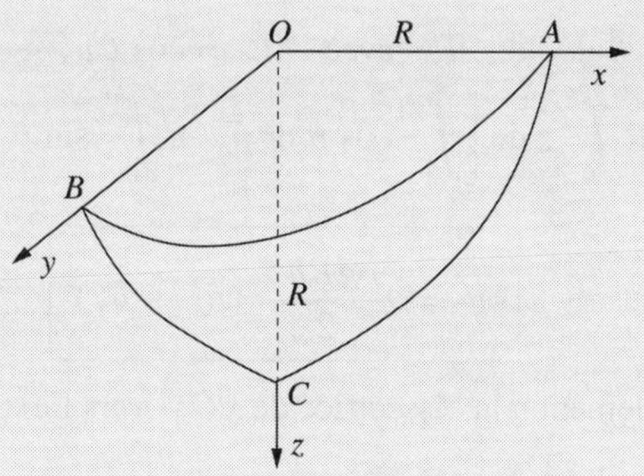

Fig. II.28

Un liquide remplit le volume $OABC$ en forme de huitième de sphère de rayon R, de centre O, limité par les plans $x = 0$, $y = 0$ et $z = 0$ (fig. II.28).

1. Déterminer les forces pressantes $\overrightarrow{f_i}$ subies par chacune des quatre parois de la part du liquide ($i = 1,2,3$ ou 4).

2. Déterminer les positions des points d'application C_i des forces de pression $\overrightarrow{f_i}$.

3. Déterminer le moment en O des efforts subis par chacune des quatre parois de la part du liquide.

Solution

1. • **Paroi *OAB***

La force pressante du liquide sur le couvercle OAB est évidemment nulle :

$$\boxed{\overrightarrow{f_1} = \overrightarrow{0}}\,.$$

• **Paroi plane *OBC*** (secteur circulaire)

La force pressante élémentaire du liquide est normale à la paroi, dirigée vers l'extérieur du récipient, donc de direction $(-\overrightarrow{u_x})$ et de module

$$\mathrm{d}f_2 = p\;\mathrm{d}s$$

où $p = \rho g z = \rho g r \cdot \sin\alpha$ est la pression du liquide au centre de l'aire

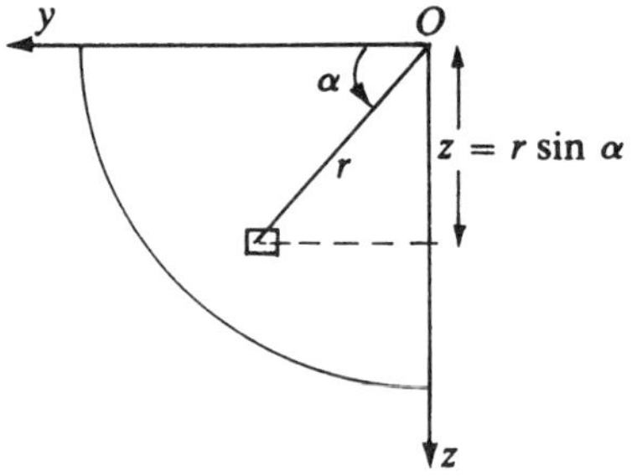

Fig. II.29

élémentaire $ds = dr \cdot r\, d\alpha$, soit

$$df_2 = \rho g r^2\, dr\, \sin\alpha\, d\alpha \qquad (1)$$

donc $$\overrightarrow{f_2} = \int d\overrightarrow{f_2} = -\rho g \int_0^R r^2\, dr \int_0^{\pi/2} \sin\alpha\, d\alpha\, \overrightarrow{u_x}$$

soit $$\boxed{\overrightarrow{f_2} = -\frac{1}{3}\rho g R^3 \overrightarrow{u_x}} \qquad (2)$$

• **Paroi plane *OAC*** (secteur circulaire)

Le calcul est identique à celui de $\overrightarrow{f_2}$; on obtient :

$$\boxed{\overrightarrow{f_3} = -\frac{1}{3}\rho g R^3 \overrightarrow{u_y}}\,.$$

• **Paroi sphérique *ABC***

On peut, pour calculer la force pressante $\overrightarrow{f_4} = \int p\, d\overrightarrow{s}$,

– soit considérer l'aire élémentaire $ds = R^2 \sin\theta\, d\theta\, d\varphi$ en coordonnées sphériques ($x = R\sin\theta\cos\varphi$, $y = R\sin\theta\sin\varphi$, $z = R\cos\theta$) et intégrer

– soit, ce qui est plus simple, utiliser la propriété établie à la question 2 du problème précédent n° 15

$$\sum \overrightarrow{f_i} = \overrightarrow{f_1} + \overrightarrow{f_2} + \overrightarrow{f_3} + \overrightarrow{f_4} = \overrightarrow{P}$$

où $\overrightarrow{P}$ désigne le poids du liquide contenu dans ce 1/8 de sphère de volume

$$\left(\frac{4\pi R^3}{3}\right) : 8 = \pi R^3/6, \quad \text{soit} \quad \overrightarrow{P} = \frac{1}{6}\rho g \pi R^3 \overrightarrow{u_z}\,;$$

on en déduit $\overrightarrow{f_4} = \overrightarrow{P} - (\overrightarrow{f_1} + \overrightarrow{f_2} + \overrightarrow{f_3})$, soit

$$\boxed{\overrightarrow{f_4} = \frac{\rho g R^3}{6}\,(2\overrightarrow{u_x} + 2\overrightarrow{u_y} + \pi\,\overrightarrow{u_z})}$$

N.B. : Il est conseiller de retrouver l'expression de $\overrightarrow{f_4}$ par intégration.

2. Les centres de pression $C_i(x_i, y_i, z_i)$ sont tels que le moment résultant en O des forces $\overrightarrow{f_i}$ est égal à la somme des moments des forces élémentaires $\mathrm{d}\overrightarrow{f_i}$ en O :

• **Position de** $C_2(O, y_2, z_2)$ telle que

$$y_2 \cdot f_2 = \int y \cdot \mathrm{d}f_2 \quad \text{et} \quad z_2 \cdot f_2 = \int z \cdot \mathrm{d}f_2$$

avec $y = r\ \cos\alpha$ et $z = r\ \sin\alpha$ (fig. II.29), soit, d'après (1) et (2),

$$\begin{cases} y_2 = \dfrac{\rho g \displaystyle\int_0^R r^3\,\mathrm{d}r \int_0^{\pi/2} \sin\alpha\ \cos\alpha\ \mathrm{d}\alpha}{\rho g R^3/3} = \dfrac{3R}{8} \\ \text{et} \quad z_2 = \dfrac{\rho g \displaystyle\int_0^R r^3\,\mathrm{d}r \int_0^{\pi/2} \sin^2\alpha\ \mathrm{d}\alpha}{\rho g R^3/3} = \dfrac{3\pi R}{16} \end{cases}$$

• **position de** $C_3(x_3, O, z_3)$ **telle que**

$$x_3 \cdot f_3 = \int x \cdot \mathrm{d}f_3 \quad \text{et} \quad z_3 \cdot f_3 = \int z \cdot \mathrm{d}f_3;$$

on obtient évidemment des résultats analogues aux précédents :

$$x_3 = 3R/8 \quad \text{et} \quad z_3 = 3\pi R/16$$

• **position de** $C_4(x_4, y_4, z_4)$. Les coordonnées de C_4 sont liées par les relations

$$\begin{cases} (x_4)^2 + (y_4)^2 + (z_4)^2 = R^2, \text{ car } C_4 \text{ appartient à la surface sphérique} \\ x_4 = y_4 \text{ par raison de symétrie} \\ z_4 = \dfrac{\pi}{2}\,x_4 = \dfrac{\pi}{2}\,y_4, \text{ car } \displaystyle\int_0^{\pi/2} \sin^2\alpha\ \mathrm{d}\alpha = \dfrac{\pi}{2}. \end{cases}$$

Ce système de trois équations admet la solution

$$x_4 = y_4 = \frac{R}{\sqrt{2 + (\pi/2)^2}} = \frac{2R}{\sqrt{8 + \pi^2}} \quad \text{et} \quad z_4 = \frac{\pi}{2}\, x_4.$$

En conclusion, les coordonnées des centres de poussée sont

$$\boxed{\begin{array}{l} C_2(0,\ 3R/8,\ 3\pi R/16) \\ C_3(3R/8,\ 0,\ 3\pi R/16) \\ C_4\left(\dfrac{2R}{\sqrt{8+\pi^2}}, \dfrac{2R}{\sqrt{8+\pi^2}}, \dfrac{\pi R}{\sqrt{8+\pi^2}}\right) \end{array}}$$

3. Calculons les moments en O des forces de pression du liquide

– sur la paroi OAB : $\boxed{\overrightarrow{\mathcal{M}_1} = 0}$

– sur la paroi OBC : $\overrightarrow{\mathcal{M}_2} = \overrightarrow{OC_2} \wedge \overrightarrow{f_2}$, soit

$$\boxed{\overrightarrow{\mathcal{M}_2} = \frac{\rho g R^4}{16}\,(-\pi\,\overrightarrow{u_y} + 2\overrightarrow{u_z})}$$

– sur la paroi OAC : $\overrightarrow{\mathcal{M}_3} = \overrightarrow{OC_3} \wedge \overrightarrow{f_3}$, soit

$$\boxed{\overrightarrow{\mathcal{M}_3} = \frac{\rho g R^4}{16}\,(\pi\,\overrightarrow{u_x} - 2\overrightarrow{u_z})}$$

– sur la paroi sphérique ABC :

$$\overrightarrow{\mathcal{M}_4} = \overrightarrow{OC_4} \wedge \overrightarrow{f_4}, \quad \text{soit} \quad \boxed{\overrightarrow{\mathcal{M}_4} = \overrightarrow{0}}\,.$$

Remarque : On peut vérifier que la somme des moments en O des forces de pression du liquide sur les parois

$$\overrightarrow{\mathcal{M}_1} + \overrightarrow{\mathcal{M}_2} + \overrightarrow{\mathcal{M}_3} + \overrightarrow{\mathcal{M}_4} = \rho g \pi R^4(\overrightarrow{u_x} - \overrightarrow{u_y})$$

est égale au moment en O du poids du liquide : $\overrightarrow{OG} \wedge \overrightarrow{P}$, sachant que les coordonnées du centre de gravité du liquide en forme de 1/8 de sphère sont $G(3R/8, 3R/8, 3R/8)$.

17. Forces de pression sur un entonnoir conique. Soulèvement et fuite d'eau

Un entonnoir conique en verre, de rayon $R = 5$ cm, de hauteur $H = 12$ cm, dont le col de dégagement C a un rayon et une longueur négligeable, a une masse 25,5 g. On donne $g = 9{,}8$ N/kg.

1. Cet entonnoir, fermé en C par un petit bouchon, repose sur le fond plan d'une cuve remplie d'eau (de masse volumique $\rho = 1$ kg/m^3) sur une hauteur $L = 20$ cm. Un petit orifice O est percé sur le fond de la cuve (fixée au sol) de façon que la pression atmosphérique règne à l'intérieur de l'entonnoir.

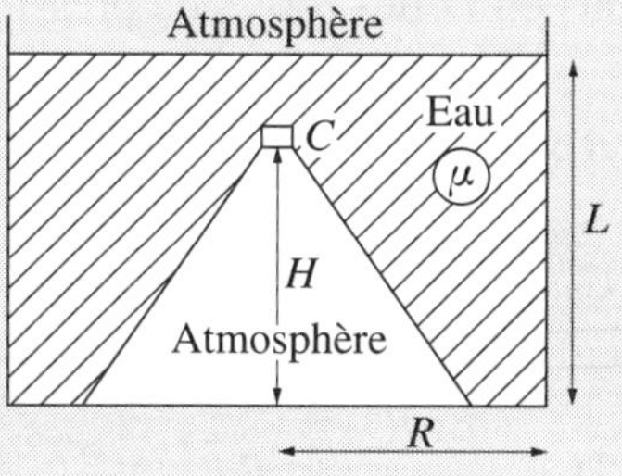

Fig. II.30

a) Déterminer la résultante $\overrightarrow{F}$ des forces de pression qui s'exercent sur l'entonnoir.

b) L'intensité de cette force $\overrightarrow{F}$ est égale au poids d'un certain volume d'eau V qu'on déterminera. Justifier le résultat obtenu.

c) Calculer la force minimale f_0 nécessaire pour soulever l'entonnoir.

2. La cuve est vidée et son orifice O bouché. L'entonnoir repose de nouveau sur le fond de la cuve. Par le petit col C débouché, on verse lentement de l'eau et on observe que l'eau s'échappe entre le fond plan de la cuve et le bord circulaire de l'entonnoir dès que la hauteur d'eau h versée dans la cuve dépasse la valeur h_0. Calculer h_0 et le volume d'eau correspondant V_0 versé.

Solution

1. *a)* La pression résultante au niveau du point M de cote z de la surface conique est :

$$p = [\rho g(L - z) + p_{\text{at}}] - p_{\text{at}} = \rho g(L - z)$$

et la force pressante résultante qui s'exerce sur l'élément de surface dS de cote z du cône est :

$$\mathrm{d}\vec{F} = p\,\mathrm{d}\vec{s} = \rho g(L - z)\,\mathrm{d}\vec{s}\,.$$

Les composantes horizontales dF_x de ces forces normales à la surface conique s'annulent deux à deux (fig. II.31).

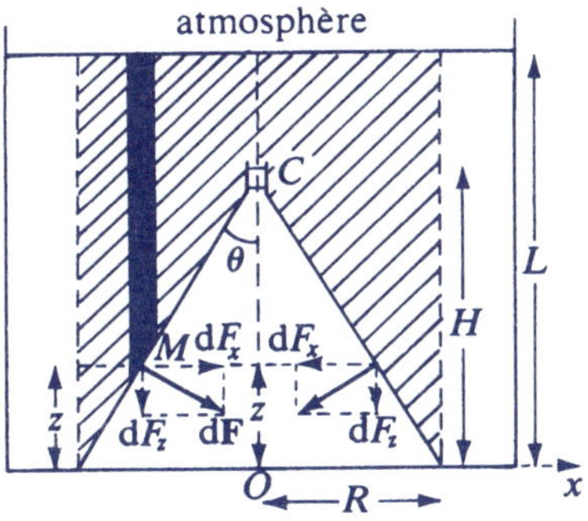

Fig. II.31

La composante utile de la force pressante élémentaire est donc verticale :

$$\mathrm{d}F_z = -|\mathrm{d}F|\,\sin\theta = -\rho g(L - z)\mathrm{d}s\,\sin\theta \qquad (1)$$

où la surface élémentaire ds du cône, comprise entre les cercles de cotes z et $z + \mathrm{d}z$ et de rayon $r = (H - z)\tan\theta$, est

$$\mathrm{d}s = 2\pi r \cdot \frac{\mathrm{d}z}{\cos\theta} = 2\pi(H - z)\,\frac{\tan\theta}{\cos\theta}\,\mathrm{d}z. \qquad (2)$$

On en déduit la force pressante, d'après (1) et (2),

$$F_z = \int \mathrm{d}F_z = -2\pi\rho g\,\tan^2\theta \int_0^H (L - z)(H - z)\,\mathrm{d}z$$

avec $\tan\theta = R/H$, soit $F_z = -\rho g\pi R^2(L - H/3)$.
La résultante des forces de pression sur le cône, verticale et descendante, est $\boxed{\vec{F} = -\rho g\pi R^2[L - H/3]\vec{u_z}}$, de module $F =$ **12,3 N**.

b) L'intensité F de la force résultante de pression est égale au poids du volume d'eau V (hachuré sur la figure) compris entre le cylindre (de rayon R et de hauteur L) et le cône :

$$V = \pi R^2 L - \pi R^2 \frac{H}{3} = \pi R^2 (L - H/3).$$

Ce résultat était prévisible; en effet, d'après (1), le module de la force élémentaire de pression

$$|\mathrm{d}F_z| = \rho g (L - z)\, \mathrm{d}s \ \sin\theta$$

est égale au poids d'une colonne de liquide de hauteur $L - z$ et qui s'appuie sur l'élément de surface ds; donc la résultante $\overrightarrow{F}$ a pour module le poids de la colonne du liquide au-dessus du cône.

c) Pour soulever l'entonnoir, il faut vaincre les deux forces verticales de pesanteur et de pression, donc tirer vers le haut avec la force $f \geqslant Mg + F_z$ d'où la force minimale de soulèvement

$$\boxed{f_0 = [M + \rho\pi R^2 (L - H/3)]g}\ .$$

2.

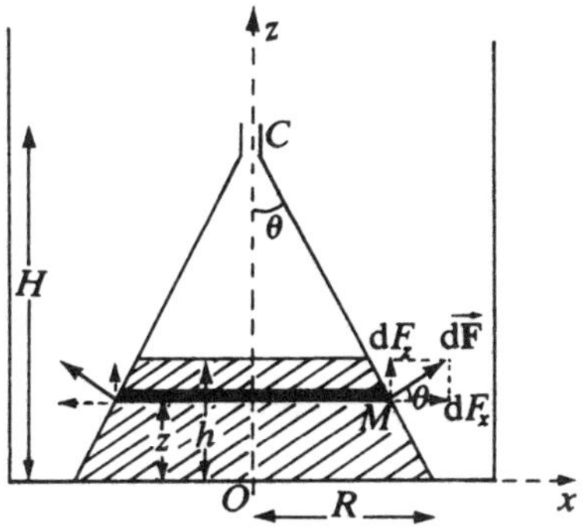

Fig. II.32

Si on verse un volume d'eau correspondant à une hauteur h dans l'entonnoir (fig. II.32), la tranche de liquide versée, comprise entre les niveaux z et $z + \mathrm{d}z$, engendre la force pressante élémentaire $\mathrm{d}\overrightarrow{F} = p\, \mathrm{d}\overrightarrow{s}$ ou $\mathrm{d}\overrightarrow{F} = \rho g (h - z)\, \mathrm{d}\overrightarrow{s}$, de composante utile verticale

$$\mathrm{d}F_z = |\mathrm{d}F|\ \sin\theta = \rho g (h - z)\, \mathrm{d}s\ \sin\theta$$

où ds est donnée par (2); on en déduit la force de pression résultante sur le cône :

$$F_z(h) = \int \mathrm{d}F_z = 2\pi\rho g \tan^2\theta \cdot \int_0^h (h-z)(H-z)\,\mathrm{d}z$$

avec $\tan\theta = R/H$, soit $F(h) = \rho g \pi \dfrac{R^2 h^2}{H}\left(1 - \dfrac{h}{3H}\right)$ (3)

Le contact entre l'entonnoir et le récipient sera maintenu (donc l'eau ne s'échappera pas) tant que le poids de l'entonnoir est supérieur à la force pressante F_z, sinon l'eau s'échappera; la hauteur limite h_0 correspond à l'égalité entre la force pressante et le poids :

$$F(h_0) = mg, \quad \text{soit} \quad \boxed{\left(\frac{h_0}{H}\right)^2\left[1 - \frac{1}{3}\left(\frac{h_0}{H}\right)\right] = \frac{m}{\rho\pi R^2 H}}\,.$$

La hauteur d'eau critique est donc solution de l'équation du 3e degré : on pose $h_0/H = \alpha$, donc $\alpha^2\left(1 - \dfrac{\alpha}{3}\right) = \dfrac{m}{\rho\pi R^2 H} = 0{,}027$, avec $0 < \alpha < 1$. Par la méthode de l'encadrement, on obtient $\alpha = 0{,}17$ soit $h_0 = \alpha H = \mathbf{2\ cm}$.

Le volume d'eau versé est le volume d'eau contenu dans le tronc de cône de hauteur h_0, de grande base $B = 2R$ et de petite base b donnée par $b = 2(H-h)\tan\theta = 2R\left(1 - \dfrac{h}{H}\right)$, soit

$$V_0 = \frac{\pi h_0}{12}[B^2 + b^2 + Bb], \text{ ou } \boxed{V_0 = \pi R^2 h_0\left(1 - \frac{h_0}{H} + \frac{h_0^2}{3H^2}\right)}\,. \quad (4)$$

Application numérique : $V_0 \simeq \mathbf{132\ cm^3}$.

Remarque : La force pressante $F(h)$, donnée par (3), aurait pu être calculée – d'après le résultat obtenu en 2. b) – comme étant égale au poids de la colonne de l'eau (fictive ici) qui s'appuierait sur la surface du cône mouillée par le liquide, soit

$$F(h) = \rho g\Bigg[\underbrace{\pi R^2 h}_{\substack{\text{Volume}\\ \text{du cylindre}}} - \underbrace{\pi R^2 h\left(1 - \frac{h}{H} + \frac{h^2}{3H^2}\right)}_{\substack{\text{Volume du tronc de cône}\\ \text{donné par (4)}}}\Bigg]$$

$$= \rho g \pi R^2 h\left(\frac{h}{H} - \frac{h^2}{3H^2}\right)$$

on retrouve bien l'expression (3).

18. Obturateur cylindrique. Force pressante maximale

Un cylindre, de rayon R et de masse M, obture une fenêtre rectangulaire de longueur l percée dans le fond horizontal d'un réservoir. La largeur de la fenêtre est telle que le centre O du cylindre obturateur est à la distance a ($a < R$) du fond du réservoir. On verse dans le réservoir une hauteur h d'eau, de masse volumique $\rho = 10^3$ kg/m^3.

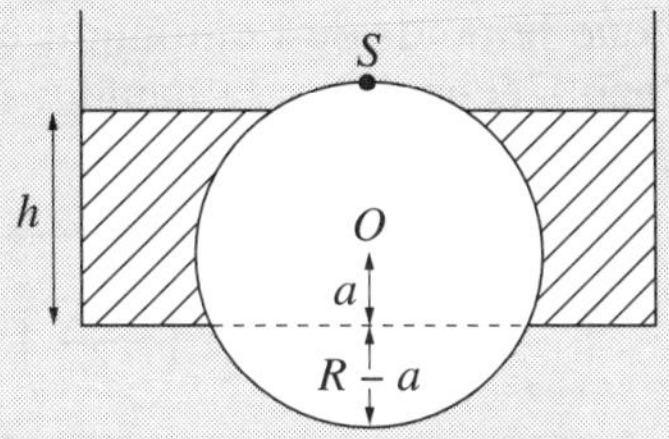

Fig. II.33

1. Exprimer la résultante $F(h)$ des forces de pression exercées par le liquide sur l'obturateur en fonction de la hauteur h d'eau (on comptera positivement cette force dans le sens ascendant) dans les deux cas :

a) si le niveau libre est au-dessous du pôle S du cylindre;

b) si le pôle S du cylindre est immergé dans le liquide.

2. *a)* Pour quelle hauteur d'eau h_1 la force $F(h)$ est-elle maximale? Calculer cette force maximale : $F_{\max}$.

b) Pour quelle hauteur d'eau h_2 la force $F(h)$ change-t-elle de sens?

Application numérique : Calculer h_1, $F_{\max}$ et h_2, sachant que
$R = 10$ cm; $a = 5\sqrt{2}$ cm; $l = 15$ cm; $g = 9{,}8$ N/kg.

c) Tracer les graphes $F(h)$ dans les deux cas envisagés à la première question.

3. Calculer la masse minimale M_0 du cylindre pour qu'il puisse fonctionner en obturateur quelle que soit la hauteur h d'eau versée.

Solution

1. *a)* Cas où le liquide est au-dessous du pôle S : $h \leqslant R + a$.
Décomposons la surface cylindrique en couples d'éléments (fig. II.34) de longueur l et de hauteur $\mathrm{d}y$, situés à la distance y du fond du réservoir; l'eau exerce sur chaque élément, d'aire $\mathrm{d}S = lR\,\mathrm{d}\theta$, où règne la pression

$p = \rho g(h - y)$, une force $\mathrm{d}\vec{F}$ de composante utile verticale (les composantes horizontales sur le couple d'éléments symétriques s'annulent deux à deux) :

$$\mathrm{d}F_V = \mathrm{d}F \cos\theta = p\,\mathrm{d}S \cos\theta = \rho g l(h - y)R \cos\theta\,\mathrm{d}\theta$$

avec $\sin\theta = \sqrt{R^2 - (a - y)^2}/R$,
soit $R \cos\theta\,\mathrm{d}\theta = \mathrm{d}(\sqrt{R^2 - (a - y)^2})$.

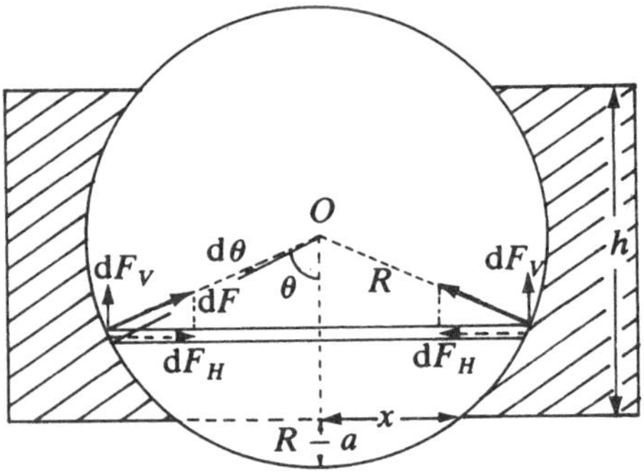

Fig. II.34

La résultante des forces est donc verticale :

$$F = 2\int \mathrm{d}F_V = 2\rho g l \int_{y=0}^{y=h} (h - y)\,\mathrm{d}(\sqrt{R^2 - (a - y)^2}) \quad (1)$$

Intégrons par parties, en posant $u = h - y$ et $\mathrm{d}v = \mathrm{d}(\sqrt{R^2(a - y)^2})$, donc

$$\int_0^h (h - y)\,\mathrm{d}(\sqrt{R^2 - (a - y)^2}) = \Big[(h - y)\sqrt{R^2 - (a - y)^2}\Big]_{y=0}^{y=h} + \int_0^h \sqrt{R^2(a - y)^2}\,\mathrm{d}y. \quad (2)$$

Dans le second membre de (2), le premier terme (entre crochets) vaut $-h\sqrt{R^2 - a^2}$ et le second terme (l'intégrale) peut être calculé en remarquant que $\sqrt{R^2 - (a - y)^2} = R \sin\theta$ et $\mathrm{d}y = R \sin\theta\,\mathrm{d}\theta$, donc

$$\int_0^h \sqrt{R^2(a - y)^2}\,\mathrm{d}y = R^2 \int \sin^2\theta \cdot \mathrm{d}\theta$$
$$= \frac{R^2}{2}\int (1 - \cos 2\theta)\mathrm{d}\theta = \frac{R^2}{2}(\theta - \sin\theta \cos\theta)$$

$$= \frac{R^2}{2}\left[\arccos\frac{a-y}{R} - \frac{\sqrt{R^2-(a-y)^2}}{R}\cdot\frac{a-y}{R}\right]_{y=0}^{y=h}$$

$$= \frac{R^2}{2}\left[\arccos\frac{a-h}{R} - \arccos\frac{a}{R} - \frac{\sqrt{R^2-(a-h)^2}}{R}\right.$$
$$\left.\times\frac{a-h}{R}\,\frac{\sqrt{R^2-a^2}}{R}\cdot\frac{a}{R}\right] \quad (3)$$

on en déduit, d'après (1), (2) et (3), l'expression cherchée, **si** $\boldsymbol{h < R + a}$

$$F(h) = \rho g l\left[(a-2h)\sqrt{R^2-a^2} + (h-a)\sqrt{R^2-(a-h)^2}\right.$$
$$\left. + R^2\left(\arccos\frac{a-h}{R} - \arccos\frac{a}{R}\right)\right] \quad (4)$$

Remarque : On vérifie aisément la relation évidente $F(0) = 0$.

b) Cas où le niveau libre du liquide est au-dessus de S : $h \geqslant R + a$. La largeur de la fenêtre obturée est $2x$ telle que (fig. II.34)

$$x = \sqrt{R^2 - a^2}.$$

La résultante des forces verticales est égale à $F(h) = f - f'$, où

* f = force de pression qui s'exercerait sur le cylindre tronqué, s'il était complètement immergé;

* f' = force de pression qui s'exerce sur la section obturée :

$$f' = ps = \rho g h 2xl$$

donc
$$F(h) = f - 2\rho g h x l = f - 2\rho g l h\sqrt{R^2-a^2}. \quad (5)$$

La force f étant constante (indépendante de h), elle peut être calculée dans le cas limite $h = R + a$ (liquide tangent en S au cylindre), donc la relation (5) donne

$$f = F(R+a) + 2\rho g l(R+a)\sqrt{R^2-a^2}$$

où $F(R+a)$ est donnée par la relation (4) valable dans le cas limite $h = R + a$, donc

$$f = \rho g l\left[a\sqrt{R^2-a^2} + R^2\left(\pi - \arccos\frac{a}{R}\right)\right]. \quad (6)$$

La relation (5), compte tenu de (6) donne finalement, si $\boldsymbol{h \geqslant R + a}$,

$$\boxed{F(h) = \rho g l \left[(a - 2h)\sqrt{R^2 - a^2} + R^2\left(\pi - \arccos\frac{a}{R}\right)\right]} \qquad (7)$$

Remarques : ① Dans le cas où $h \geqslant R + a$, la force de pression est une fonction linéaire décroissante de la hauteur h d'eau.

② Il est recommandé au lecteur de retrouver par une 2e méthode ce dernier résultat en remarquant que la composante verticale de la force exercée par le liquide sur un élément de paroi de l'obturateur cylindrique est égale au poids de la colonne de liquide (parfois inexistante), qui s'appuie sur l'élément de la paroi et de hauteur égale à la profondeur de l'élément de paroi par rapport à la surface libre du liquide.

2. ***a)*** La force $F(h)$ est maximale si $\dfrac{\mathrm{d}F}{\mathrm{d}h} = 0$; ce qui ne peut pas se produire pour $h \geqslant R + a$ car la fonction (7) linéaire ne peut présenter d'extremum. Le maximum ne peut donc se produire que pour la valeur $h_1 < R + a$, calculée à partir de (4), en rappelant que les dérivées de $\sqrt{u}$ et $\arccos u$ sont respectivement $u'/2\sqrt{u}$ et $-u'/\sqrt{1-u^2}$:

$$\left(\frac{\mathrm{d}F}{\mathrm{d}h}\right)_{h=h_1} = 0 = \rho g l\left[-2\sqrt{R^2 - a^2} + (h_1 - a)\frac{(a - h_1)}{\sqrt{R^2 - (a - h_1)^2}} + \sqrt{R^2 - (a - h_1)^2} + \frac{R^2}{\sqrt{R^2 - (a - h_1)^2}}\right]$$

soit $\left(\dfrac{\mathrm{d}h}{\mathrm{d}F}\right)_{h=h_1} = 0 = 2\rho g l[\sqrt{R^2 - (a - h_1)^2} - \sqrt{R^2 - a^2}]$

donc $R^2 - (a - h_1)^2 = R^2 - a^2$.

La solution acceptable est $\boxed{h_1 = 2a}$ et la force maximale est, d'après (4),

$$F_{\max} = F(2a) = \rho g l\left[-4a\sqrt{R^2 - a^2} + R^2 \arccos\left(-\frac{a}{R}\right) - R^2 \arccos\left(\frac{a}{R}\right)\right]$$

soit $$F_{\max} = \rho g l\left[R^2\left(\pi - 2\arccos\frac{a}{R}\right) - 2a\sqrt{R^2 - a^2}\right].$$

ou $$\boxed{F_{\max} = 2\rho g l\left[R^2 \arcsin\left(\frac{a}{R}\right) - a\sqrt{R^2 - a^2}\right]} \qquad (8)$$

b) La force $F(h)$ change de sens pour $F(h) = 0$ soit, d'après (5), pour la valeur h_2 telle que

$$(a - 2h_2)\sqrt{R^2 - a^2} + R^2\left(\pi - \arccos\frac{a}{R}\right) = a$$

soit

$$\boxed{h_2 = \frac{a}{2} + \frac{R^2[\pi - \arccos(a/R)]}{2\sqrt{R^2 - a^2}}}$$

• Ainsi, si $h < h_2$, $F > 0$ donc la force de pression du liquide est ascendante; et si $h > h_2$, $F < 0$ donc elle est dirigée vers le bas.

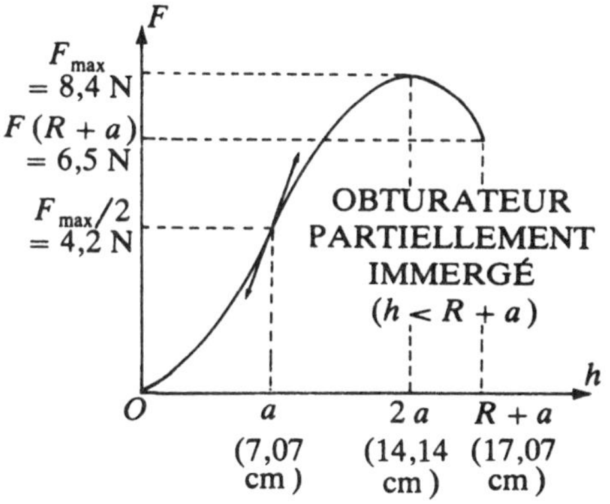

Fig. II.35

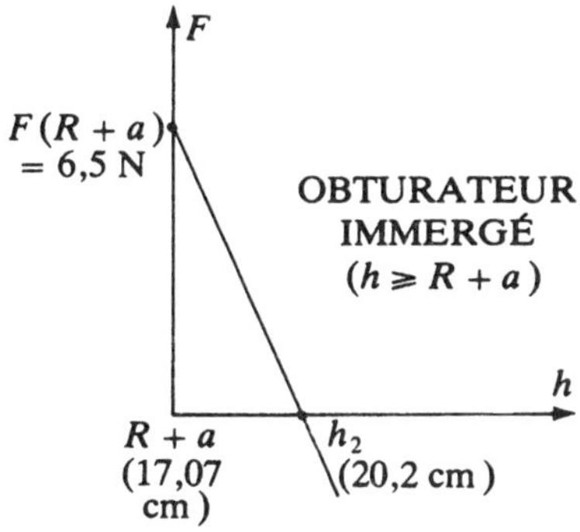

Fig. II.36

Application numérique : On obtient $h_1 = \mathbf{14{,}14\ cm}$; $F_{\max} = \mathbf{8{,}4\ N}$; $h_2 = \mathbf{20{,}2\ cm}$.

c) Les résultats précédents permettent de tracer les graphes $F(h)$; on peut remarquer que le graphe $F(h)$ correspondant à l'obturateur partiellement immergé passe par l'origine ($h = 0$, $F = 0$) et présente un point d'inflexion pour $\dfrac{\mathrm{d}^2F}{\mathrm{d}h^2} = 2\rho g l \dfrac{a - h}{2\sqrt{R^2 - (a - h)^2}} = 0$, donc pour $h = a$, auquel cas

$$F(a) = \rho l g\left[-a\sqrt{R^2 - a^2} + R^2 \cdot \arcsin\left(\frac{a}{R}\right)\right] = \frac{F_{\max}}{2} = \mathbf{4{,}2\ N}.$$

• En immersion limite ($h = R + a$), la force pressante est

$$F(R + a) = \rho g l\left[R^2\left(\pi - \arccos\frac{a}{R}\right) - (2R + a)\sqrt{R^2 - a^2}\right] \simeq \mathbf{6{,}5\ N}.$$

3. L'obturation est toujours réalisée si le poids de l'obturateur est supérieur à la force pressante $\forall h$, donc si $Mg > F_{\max}$. La masse minimale de l'obturateur est donc $M_0 = \dfrac{F_{\max}}{g}$ soit, d'après (8) :

$$\boxed{M_0 = 2\rho l \left[R^2 \cdot \arcsin\left(\frac{a}{R}\right) - a\sqrt{R^2 - a^2} \right]}.$$

Application numérique : $M > M_0 = \mathbf{857\ g}$.
(Cette masse correspond à un matériau de densité supérieure à $M_0/\pi R^2 l = \mathbf{0{,}36\ g/cm^3}$).

19. Forces pressantes sur un barrage prismatique

Un barrage homogène en béton, de masse volumique $\rho = 2{,}6 \cdot 10^3$ kg/m^3, a une forme prismatique de profil triangulaire (fig. II.37) à parement vertical de hauteur $h = OA = 120$ m, de largeur l, et de base $OB = b$. Les eaux d'un lac, de masse volumique $\rho_e = 10^3$ kg/m^3, affleurent au niveau du sommet A du barrage qui les retient. On donne $g = 10$ N/kg.

On supposera que la sous-pression P (ou intensité de la composante verticale des actions de contact exercées par l'unité de surface du sol de fondation sur le barrage) varie linéairement le long de la base OB. La sous-pression est pratiquement nulle au niveau de l'arête passant par B, et est maximale au niveau de l'arête passant par O, en contact avec l'eau.

1. ***a)*** Calculer littéralement

- la résultante $\vec{F}$ des forces de pression qui s'exercent sur la paroi verticale du barrage en contact avec l'eau,
- la cote z_C du point d'application C de cette force $\vec{F}$.

b) Calculer numériquement la force de pression par unité de largeur et la cote z_C de C.

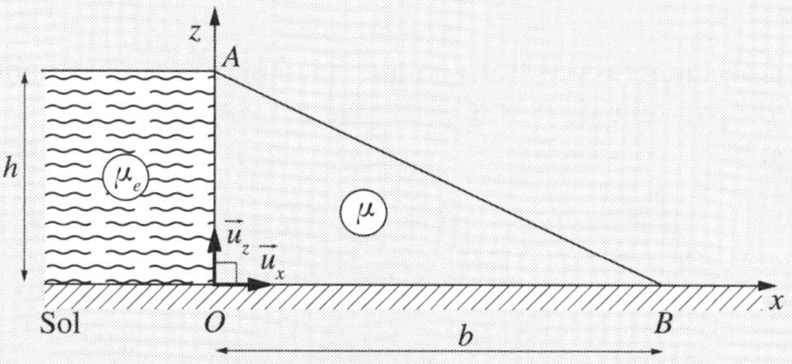

Fig. II.37

2. *a)* Écrire littéralement, à l'aide des données, la loi $P(x)$ des sous-pressions en tout point du sol de fondation de coordonnées (x, y, O) avec $0 < x < b$.

b) Exprimer littéralement, en fonction de b, g, h, l et ρ_e la résultante verticale $\overrightarrow{N}$ des actions de contact exercées par le sol, ainsi que l'abscisse x_D du point d'application D de $\overrightarrow{N}$.

3. *a)* Calculer littéralement, à l'aide de ρ, ρ_e et h, l'épaisseur b_0 minimale qu'il convient de donner à la base du barrage.

b) Calculer alors numériquement b_0, l'intensité de $\overrightarrow{N}$ par unité de largeur du barrage, et la sous-pression en D.
On justifiera succinctement le fait que les forces de pression atmosphérique n'interviennent pas dans ce problème.

Solution

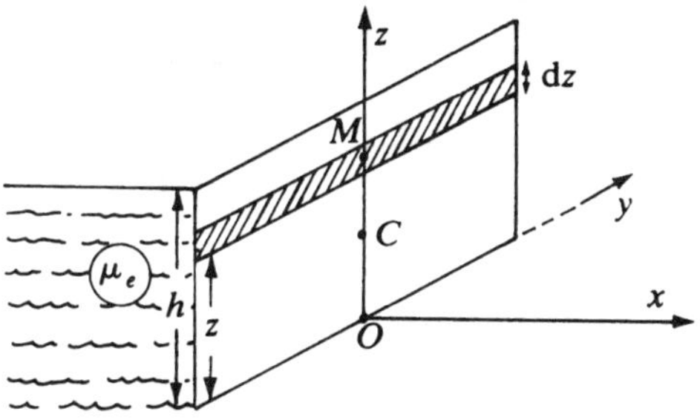

Fig. II.38

1. *a)* La pression résultante en un point de la paroi verticale de cote z est

$$p = \rho_e g(h - z).$$

La tranche élémentaire horizontale (hachurée) du parement vertical, de cote z, d'épaisseur $\mathrm{d}z$ et d'aire $\mathrm{d}s = l\ \mathrm{d}z$, est donc soumise à la force de pression

$$\mathrm{d}\overrightarrow{F} = p\ \mathrm{d}s \cdot \overrightarrow{u_x} = \rho_e g l(h - z)\ \mathrm{d}z \cdot \overrightarrow{u_x}. \qquad (1)$$

La résultante des forces de pression sur la paroi verticale est donc :

$$\overrightarrow{F} = \int \mathrm{d}\overrightarrow{F} = \rho_e g l \int_0^h (h - z)\ \mathrm{d}z \cdot \overrightarrow{u_x}$$

soit
$$\boxed{\overrightarrow{F} = \frac{1}{2}\rho_e g h^2 l \overrightarrow{u_x}}\ . \qquad (2)$$

• La cote z_C du point d'application C (d'ordonnée $y_C = l/2$) est telle que le moment de $\overrightarrow{F}$ par rapport à l'axe Oy est égal à la somme des moments élémentaires de $\mathrm{d}\overrightarrow{F}$ par rapport à Oy, soit

$$z_C F = \int z\,\mathrm{d}F \quad \text{ou} \quad z_C = \frac{1}{F}\int_{z=0}^{z=h} z\,\mathrm{d}F$$

donc, d'après (1) et (2),

$$z_C = \frac{2}{h^2}\int_0^h (h-z)z\,d\,z = \frac{2}{h^2}\left(\frac{h^3}{2} - \frac{h^3}{3}\right) \quad \text{ou} \quad \boxed{z_C = \frac{h}{3}}\ .$$

Le centre C de pression est situé au 1/3 de la hauteur du barrage à partir du sol.

b) *Application numérique* : $f = F/l = \mathbf{7{,}2 \cdot 10^7}$ **N/m**; $z_C = \mathbf{40}$ **m**.

2. ***a)*** L'aire élémentaire $\mathrm{d}x \cdot \mathrm{d}y$ du sol est soumise à la réaction de composante verticale

$$\mathrm{d}\overrightarrow{N} = \mathrm{d}N \cdot \overrightarrow{u_z} = P(x)\,\mathrm{d}x \cdot \mathrm{d}y \cdot \overrightarrow{u_z} \qquad (3)$$

avec $P(x) = \alpha x + \beta$.
Pour déterminer les coefficients α et β, écrivons que $P(0) = \rho_e g h$ et $P(b) = 0$ par hypothèse; on en déduit $\alpha = -\rho_e g h/b$ et $\beta = \rho_e g h$, d'où la loi linéaire des sous-pressions qui s'écrit

$$\boxed{P(x) = \rho_e g h\left(1 - \frac{x}{b}\right)}\ . \qquad (4)$$

b) D'après (3) et (4), la résultante verticale des actions de contact est :

$$\overrightarrow{N} = \int P(x)\,\mathrm{d}x\,\mathrm{d}y\overrightarrow{u_z} = \rho_e g h\int_0^b \left(1 - \frac{x}{b}\right)\,\mathrm{d}x\int_0^l \mathrm{d}y\,\overrightarrow{u_z}$$

soit
$$\boxed{\overrightarrow{N} = \frac{1}{2}\rho_e b h l g\,\overrightarrow{u_z}} \qquad (5)$$

• Le point d'application D de la réaction verticale du sol est tel que $N \cdot x_D = \int x \cdot \mathrm{d}N$, soit $x_D = \dfrac{1}{N}\displaystyle\int x \,\mathrm{d}N$ donc, d'après (3) et (5),

$$x_D = \frac{2}{b}\int_0^b \left(1 - \frac{x}{b}\right) x \,\mathrm{d}x \quad \text{ou} \quad \boxed{x_D = \frac{b}{3}}.$$

La résultante des forces de réaction coupe la base en D, situé au 1/3 de la base à partir du talon O.

3. *a)*

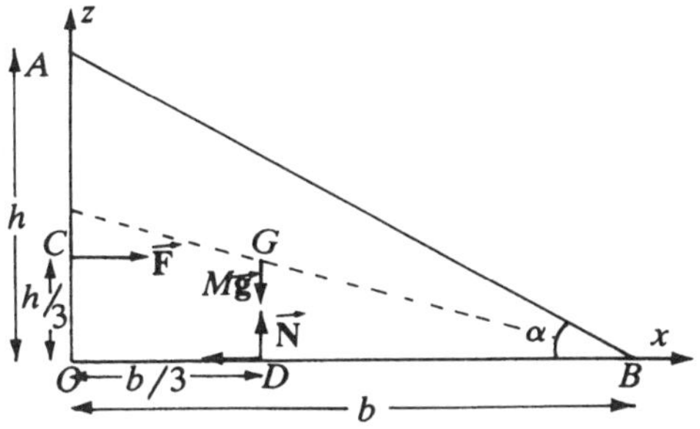

Fig. II.39

Les forces agissantes sur le barrage sont :

– le poids du barrage $M\vec{g} = -\rho\,\dfrac{bhl}{2}\,g\,\vec{u_z}$, appliqué au centre de masse $G(b/3,0,h/3)$, car G est situé aux 2/3 de la médiane à partir du sommet B,

– la résultante des forces de pression du liquide $\vec{F} = \dfrac{\rho_e g h^2 l}{2}\,\vec{u_x}$ appliquée en $C(0,0,h/3)$;

– et la réaction $\vec{R} = \vec{N} + \vec{T}$ du sol, de composante normale $\vec{N}$ appliquée en $D(b/3,0,0)$.

À l'équilibre limite (correspondant à $b = b_0$) la somme des moments de ces forces au point de basculement B est nul :

$$\overrightarrow{BG} \wedge M\vec{g} + \overrightarrow{BC} \wedge \vec{F} + \overrightarrow{BD} \wedge \vec{N} = \vec{0}$$

ou

$$\overrightarrow{BD} \wedge M\vec{g} + \overrightarrow{OC} \wedge \vec{F} + \overrightarrow{BD} \wedge \vec{N} = \vec{0}$$

soit, en projection sur l'axe Oy,

$$-\frac{2b_0}{3}\,Mg + \frac{h}{3}\,F + 2\,\frac{b_0}{3}\,N = 0, \quad \text{ou} \quad 2b_0(Mg - N) = h \cdot F$$

donc $\quad b_0^2 \cdot hlg(\rho - \rho_e) = \dfrac{1}{2}\, \rho_e g h^3 l$, soit $\boxed{b_0 = h\sqrt{\dfrac{\rho_e}{2(\rho - \rho_e)}}}$

***b)** Application numérique* : $b_0 = \mathbf{67\ m}$, $|N|/l = \dfrac{\rho_e b_0 h g}{2} = \mathbf{4 \cdot 10^7\ N/m}$

et $$P_0 = \frac{2}{3}\, \rho_e g h = \mathbf{8 \cdot 10^5\ Pa}.$$

Remarque : Dans tout le problème, on n'a pas fait intervenir les forces de pression atmosphérique car leur résultante est nulle, ainsi que leur moment résultant; en effet, au niveau du sol de fondation où le barrage repose, une très mince couche d'air s'est certainement interposée entre le sol et le béton entre 0 et B et toute la surface limitant le barrage est ainsi soumise à une pression atmosphérique uniforme de résultante nulle.

20. Barrages parallélépipédique et trapézoïdal. Base minimale

On veut construire un barrage de forme parallélépipédique (fig. II.40) de base b, à parement vertical de hauteur h et de largeur l, en béton armé de masse volumique ρ. Les eaux retenues, de masse volumique ρ_e, affleurent au sommet du barrage.

1. On admettra que la sous-pression P (ou force de contact verticale par unité de surface que le sol de fondation exerce sur le barrage) varie linéairement le long de la base OB suivant la loi $P = \alpha x + \beta$.
Calculer les coefficients α et β, puis établir à l'équilibre la loi $P(x)$ des sous-pressions en tout point M du sol de fondation, de coordonnées $M(x, y, O)$, sous la forme

$$P(x) = \rho_e g h \cdot \mathcal{E}(x)$$

où $\mathcal{E}(x)$ est une fonction linéaire de x qu'on explicitera.

On donne $\rho_e = 10^3$ kg/m^3 ; $\rho = 2{,}56 \cdot 10^3$ kg/m^3 ; $h = 80$ m, $g = 10$ N/kg.

2. ***a)*** Calculer la valeur minimale b_0 qu'il convient de donner à la base de ce barrage.

b) Entre quelles limites la sous-pression varie-t-elle dans le cas particulier où le barrage est construit avec une base égale à sa hauteur ?

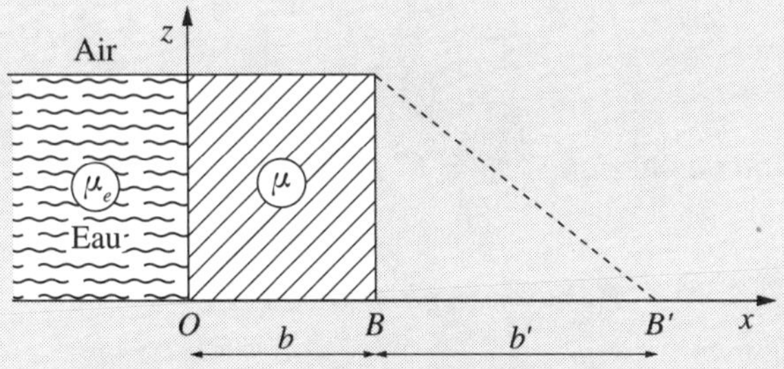

Fig. II.40

3. On accole au barrage parallélépipédique précédent, de hauteur $h = 80$ m et de base $b = 10$ m, une partie prismatique de section rectangulaire de même hauteur, de même largeur l construite avec le même matériau, de façon à obtenir un barrage de section trapézoïdale de hauteur h, de petite base b et qui repose sur le sol par sa grande base horizontale $OB' = b + b'$.
On admettra maintenant que la sous-pression $P(x)$ varie linéairement depuis la pression due à l'eau : $\rho_e gh$ en O jusqu'à zéro à l'extrémité B'.

a)Exprimer la force de contact verticale $\overrightarrow{N}$ et les coordonnées de son point d'application A.

b) À l'aide du moment des forces par rapport à l'arête passant par le point de basculement B', montrer que la base b'_0 minimale de la construction prismatique accolée obéit à une équation du second degré qu'on explicitera à l'aide des données ρ, ρ_e, b et h.
Calculer b'_0.

Solution

1. • La sous-pression $P(x)$ en $M(x, y, O)$ est fonction linéaire de x par hypothèse :

$$P(x) = \frac{\mathrm{d}N}{\mathrm{d}x \cdot \mathrm{d}y} \alpha x + \beta \tag{1}$$

où dN est la composante verticale de la réaction du sol de fondation sur l'élément d'aire dx dy du barrage en contact avec le sol.

• Écrivons les conditions d'équilibre du barrage de masse $M = \rho bhl$

– la résultante des forces appliquées au barrage (forces de pression du liquide, de sous-pression et de pesanteur) est nulle, soit en projection sur la verticale Oz : $-N + Mg = 0$ avec $N = \int P(x)\,\mathrm{d}x\,\mathrm{d}y$

donc $$\int_0^b (\alpha x + \beta)\,\mathrm{d}x \int_0^l \mathrm{d}y = \rho bhlg$$

soit, après calcul et simplification par $b \cdot l$,

$$\frac{b}{2}\,\alpha + \beta = \rho hg \tag{2}$$

– le moment dynamique résultant en O est nul :

$$\sum \overrightarrow{\mathcal{M}}_0 = \overrightarrow{OG} \wedge M\overrightarrow{g} + \int \overrightarrow{OM} \wedge \mathrm{d}\overrightarrow{R} + \int \overrightarrow{OC} \wedge \mathrm{d}\overrightarrow{f} = \overrightarrow{0} \tag{3}$$

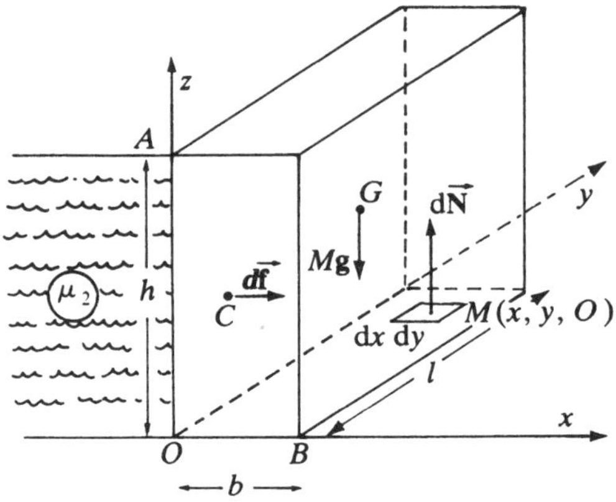

Fig. II.41

où $\mathrm{d}\overrightarrow{R}$ est la réaction élémentaire du sol de fondation qui agit sur l'élément d'aire $\mathrm{d}x \cdot \mathrm{d}y$ autour de $M(x, y, O)$, et $\mathrm{d}\overrightarrow{f} = \rho_e g(h - z)\,\mathrm{d}y \cdot \mathrm{d}z\,\overrightarrow{u_x}$ est la force élémentaire de pression au point $C(O, y, z)$.
La condition d'équilibre (3) s'écrit donc

$$\begin{vmatrix} b/2 \\ l/2 \\ h/2 \end{vmatrix} \wedge \begin{vmatrix} 0 \\ 0 \\ -\rho bhlg \end{vmatrix} + \begin{vmatrix} x \\ y \\ 0 \end{vmatrix} \wedge \begin{vmatrix} \mathrm{d}R_x \\ \mathrm{d}R_y \\ \mathrm{d}N = (\alpha x + \beta)\,\mathrm{d}x\,\mathrm{d}y \end{vmatrix}$$
$$+ \int \begin{vmatrix} 0 \\ y \\ z \end{vmatrix} \wedge \begin{vmatrix} \rho_e g(h - z)\mathrm{d}y\,\mathrm{d}z \\ 0 \\ 0 \end{vmatrix} = \begin{vmatrix} 0 \\ 0 \\ 0 \end{vmatrix}$$

soit, en projection sur Oy,

$$\frac{1}{2}\rho b^2 hlg - \int_O^b x(\alpha x + \beta)\mathrm{d}x \int_0^l \mathrm{d}y + \int_0^h \rho_e g(h-z)z\,\mathrm{d}z \int_0^l \mathrm{d}y = 0$$

ou $$\frac{1}{2}\rho b^2 hlg - \left(\frac{\alpha b^3}{3} + \frac{\beta b^2}{2}\right)l + \rho_e gl\left(\frac{h^3}{2} - \frac{h^3}{3}\right) = 0 \qquad (4)$$

soit $$\frac{2b}{3}\alpha + \beta = \rho gh + \rho_e g\frac{h^3}{3b^2}. \qquad (5)$$

Le système de deux équations (2) et (5) fournit, par soustraction, les solutions

$$\boxed{\alpha = 2\rho_e g\frac{h^3}{b^3}} \quad \text{et} \quad \boxed{\beta = \rho_e gh\left(\frac{\rho}{\rho_e} - \frac{h^2}{b^2}\right)}.$$

La sous-pression $P(x) = \alpha x + \beta$ en $M(x,y,O)$ décroît donc linéairement entre O et B suivant la loi

$$P(x) = \rho_e gh\left[\left(\frac{2x}{b} - 1\right)\frac{h^2}{b^2} + \frac{\rho}{\rho_e}\right] \qquad (6)$$

de la forme $P(x) = \rho_e gh\mathcal{E}(x)$, avec

$$\boxed{\mathcal{E}(x) = \left(\frac{2x}{b} - 1\right)\frac{h^2}{b^2} + \frac{\rho}{\rho_e}}$$ dans l'intervalle $x \in [O,b]$.

2. ***a)*** La condition d'équilibre du barrage impose $\mathrm{d}N = (\alpha + \beta x)\,\mathrm{d}x \cdot \mathrm{d}y > 0$ ou $P(x) > 0$ en tout point $M(x,y,O)$ du sol de fondation; or la sous-pression est minimale, d'après (6), au talon O du barrage ($x = 0$); on doit avoir $P(0) > 0$

soit $$\beta = \rho_e gh\left(\frac{\rho}{\rho_e} - \frac{h^2}{b^2}\right) > 0 \quad \text{ou} \quad b^2 > \frac{\rho_e}{\rho}h^2$$

donc $$\boxed{b > b_0 = h\sqrt{\frac{\rho_e}{\rho}}}.$$

Application numérique : Base minimale : $b_0 =$ **50 m**.

b) Si $b = h$, la loi (6) s'écrit $P(x) = \rho_e gh\left[\left(\frac{2}{h}x - 1\right) + \frac{\rho}{\rho_e}\right]$. La sous-pression varie alors depuis la valeur minimale $P(0) = gh(\rho - \rho_e)$

autour de O jusqu'à la valeur maximale $P(b) = gh(\rho + \rho_e)$ en B, soit

$$\boxed{gh(\rho - \rho_e) < P(x) < gh(\rho + \rho_e)}$$

ou $1{,}25 \cdot 10^6$ Pa $< P(x) < 2{,}85 \cdot 10^6$ Pa.

3. *a)*

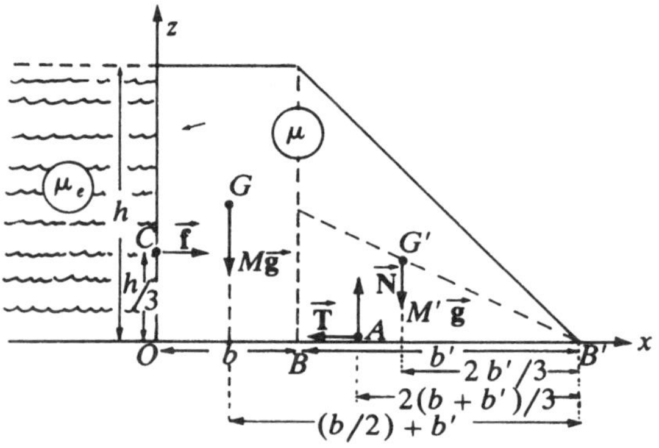

Fig. II.42

La loi linéaire des sous-espaces $P(x) = \alpha' x + \beta'$ est telle que par hypothèse, $P(0) = \rho_e gh$ en O et $P(b + b') = 0$ en B', donc

$$\alpha' = -\frac{\rho_e gh}{b + b'} \quad \text{et} \quad \beta' = \rho_e gh$$

soit
$$\boxed{P(x) = \rho_e gh \left[1 - \frac{x}{b + b'}\right]}.$$

La force de contact verticale résultante a donc pour intensité

$$N = \int_0^{b+b'} P(x)\,\mathrm{d}x \int_0^l \mathrm{d}y, \text{ on obtient } \boxed{N = \frac{1}{2}\rho_e ghl(b + b')}. \quad (7)$$

• Le point d'application A de cette force de contact est situé entre B et B' et tel que

$$N \cdot x_A = \int x \cdot \mathrm{d}N,$$

soit

$$x_A = \frac{1}{N}\int x \cdot \mathrm{d}N = \frac{2}{\rho_e ghl(b + b')}\int_0^{b+b'} \rho_e ghx\left(1 - \frac{x}{b + b'}\right)\mathrm{d}x \int_0^l \mathrm{d}y$$

donc $x_A = \dfrac{2}{b+b'}\left\{-\dfrac{1}{b+b'}\left[\dfrac{x^3}{3}\right]_0^{b+b'} + \left[\dfrac{x^2}{2}\right]_0^{b+b'}\right\} = \dfrac{b+b'}{3}.$

Les coordonnées de A sont donc

$$\boxed{A\left(x_A = \frac{b+b'}{3},\ y_A = \frac{l}{2},\ z_A = 0\right)}.$$

b) Le barrage est soumis aux forces extérieures suivantes :

– poids $M\vec{g}$ de la partie cylindrique, en $G(b/2,l/2,h/2)$, avec $M = \rho bhl$

– poids $M'\vec{g}$ de la partie prismatique, en $G'\left(b + \dfrac{b'}{3}, \dfrac{l}{2}, \dfrac{2h}{3}\right)$ avec

$$M' = \rho b'hl/2$$

– force de sous-pression $\vec{N} + \vec{T}$ appliquée en $A\left(\dfrac{b+b'}{3}, \dfrac{l}{2}, 0\right)$ avec N donné par (7)

– force de pression horizontale exercée par le liquide

$$\vec{f} = \int \mathrm{d}\vec{f} = \int_{y=0}^{l}\int_{z=0}^{h} \rho_e g(h-z)\,\mathrm{d}z \cdot \mathrm{d}y\,\vec{u_x} = \frac{1}{2}\,\rho_e g h^2 l \cdot \vec{u_x},$$

appliquée en $C(0,l/2,h/3)$.

La cote $z_C = h/3$ a été obtenue en écrivant que le moment de $\vec{f}$ en O est égal à la somme des moments élémentaires de $\mathrm{d}\vec{f}$ en O : $f \cdot z_c = \displaystyle\int z\,\mathrm{d}f$.

Si la base prend sa valeur minimale ($b' = b'_0$), le barrage est en équilibre limite : le moment des forces extérieures est alors nul par rapport à l'arête $B'y$ de basculement, soit

$$[\overrightarrow{B'G} \wedge M\vec{g} + \overrightarrow{B'G'} \wedge M'\vec{g} + \overrightarrow{B'A} \wedge (\vec{N} + \vec{T}) + \overrightarrow{B'C} \wedge \vec{f}\,]\vec{u_y} = 0$$

on obtient ainsi la condition

$$-\left(\frac{b}{2} + b'_0\right)Mg - \frac{2b'_0}{3}\,M'g + \frac{2}{3}(b + b'_0)N + f\,\frac{h}{3} = 0$$

ou $-(3b + bb'_0)b\rho - 2b'^2_0\rho + 2(b+b'_0)^2\rho_e + h^2\rho_e = 0;$

donc b'_0 obéit à l'équation du second degré

$$\boxed{2(\rho - \rho_e)b'^2_0 + 2b(3\rho - 2\rho_e)b'_0 + [(3\rho - 2\rho_e)b^2 - \rho_e h^2] = 0}.$$

Application numérique : Numériquement, on a l'équation

$$b_0'^2 + 36{,}4b_0' - 1\,868 = 0,$$

la solution acceptable ($b_0' > 0$) est :

$$b_0' = -18{,}2 + \sqrt{(18{,}2)^2 + 1\,868} = \mathbf{28{,}7\ m}.$$

Remarque : La remarque notée à la fin du problème 19 précédent reste valable dans ce problème 20.

E. POUSSÉE D'ARCHIMÈDE. CORPS FLOTTANTS

21. Solides en flottaison dans un ou deux liquides

Dans ce problème, un guidage parfait (sans frottement), maintiendra les corps flottants en position verticale.

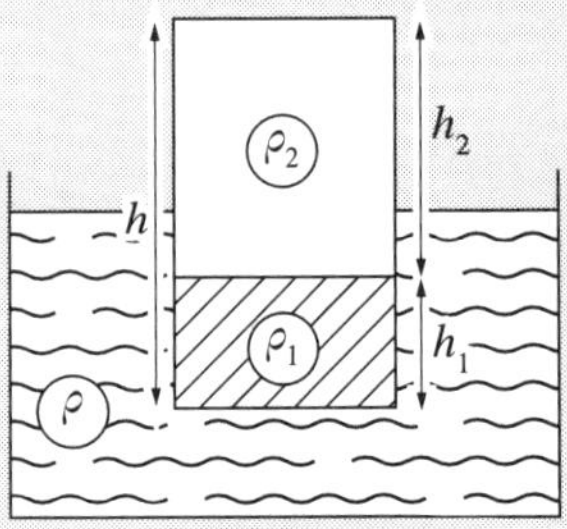

Fig. II.43

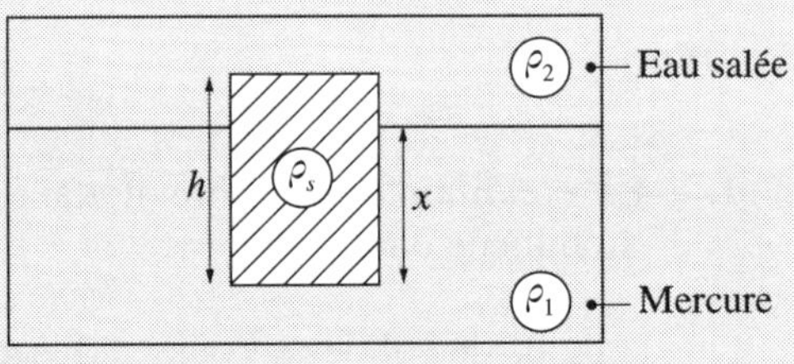

Fig. II.44

A) Solide hétérogène en flottaison dans un liquide (fig. II.43)

Un solide hétérogène de forme parallélépipédique rectangle de section s et de hauteur h, flotte sur du mercure de masse volumique $\rho = 13{,}6$ g/cm^3.

La partie inférieure, de hauteur h_1 est en platine de masse volumique $\rho_1 = 21{,}4$ g/cm^3 et la partie supérieure de hauteur h_2 est en zinc de masse volumique $\rho_2 = 7{,}1$ g/cm^3.

1. Quelle est la valeur minimale du rapport h_2/h_1 pour que ce solide puisse flotter ?

2. Entre quelles limites doit se situer le rapport h_2/h_1 pour que l'équilibre de ce corps hétérogène flottant soit stable ?

B) Solides homogènes en flottaison dans deux liquides (fig. II.44)

1. Un solide homogène de forme parallélépipédique, de masse volumique $\rho_s = 7{,}1$ g/cm^3, de section s et de hauteur $h = 15$ cm, est immergé dans deux liquides non miscibles en équilibre : le mercure de masse volumique $\rho_1 = 13{,}6$ g/cm^3 et l'eau salée de masse volumique $\rho_2 = 1{,}1$ g/cm^3. Calculer la hauteur d'immersion $x = x_0$ dans le mercure du solide en équilibre.

2. Sur les parois du récipient, contenant initialement le mercure et l'eau salée, sont gravées des graduations équidistantes horizontales. On y introduit un solide homogène en aluminium qui finit par flotter à sa surface de séparation des deux liquides. Les niveaux de mercure et de l'eau salée montent alors respectivement de 16 et 109 divisions. En déduire la masse volumique ρ_s de l'aluminium.

3. Le solide est suspendu par une corde et est toujours immergé dans le système des deux liquides. Représenter le graphe $T(x)$ du module de la tension de la corde en fonction de la hauteur x d'immersion dans le mercure.

Solution

A) 1. • La condition d'équilibre flottant s'écrit, en négligeant la poussée d'Archimède dans l'air,

Poids du solide = Poussée d'Archimède dans le mercure

donc $\rho_1 g s h_1 + \rho_2 g s h_2 = \rho g s z.$

La hauteur immergée dans le liquide est donc

$$\boxed{z = \frac{\rho_1 h_1 + \rho_2 h_2}{\rho}}. \qquad (1)$$

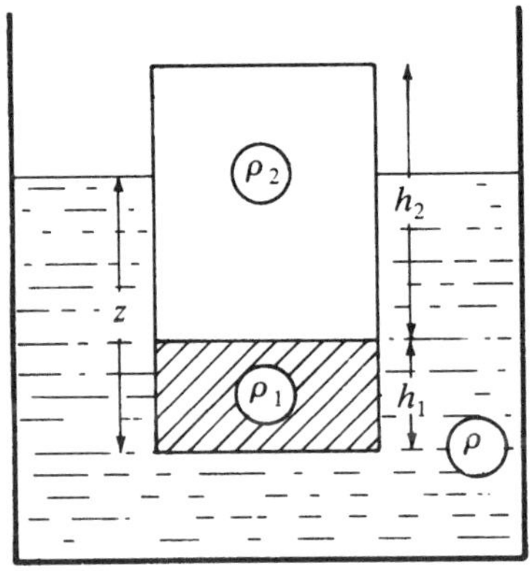

Fig. II.45

• Le solide étant partiellement immergé, la hauteur d'immersion est telle que

$$z \leqslant h = h_1 + h_2, \quad \text{soit} \quad \frac{\rho_1 h_1 + \rho_2 h_2}{\rho} \leqslant h_1 + h_2$$

donc $\rho_1 + \rho_2 \dfrac{h_2}{h_1} \leqslant \rho \left(1 + \dfrac{h_2}{h_1}\right)$ et donc, puisque $\rho > \rho_2$,

$$\boxed{\frac{h_2}{h_1} \geqslant \frac{\rho_1 - \rho}{\rho - \rho_2}}. \tag{2}$$

Application numérique : $\left(\dfrac{h_2}{h_1}\right)_{\min} = \dfrac{\rho_1 - \rho}{\rho - \rho_2} = \mathbf{1{,}20}$.

2. L'équilibre du corps flottant sera stable si son centre d'inertie G (point d'application du poids) est au-dessous du centre de poussée (point d'application de la poussée d'Archimède).
Si O désigne le centre de la base inférieure, la condition de stabilité s'écrit donc

$$OC > OG. \tag{3}$$

Si m_1 et m_2 désigne les masses des deux constituants du solide, on a

$$OG = \frac{m_1 \cdot \dfrac{h_1}{2} + m_2 \left(h_1 + \dfrac{h_2}{2}\right)}{m_1 + m_2}$$

avec $m_1 = \rho_1 s h_1$ et $m_2 = \rho_2 s h_2$, donc la condition (3) s'écrit

$$\frac{z}{2} > \frac{\rho_1 \left(\frac{h_1}{2}\right)^2 + \rho_2 h_2 \left(h_1 + \frac{h_2}{2}\right)}{\rho_1 h_1 + \rho_2 h_2}$$

soit, d'après (1),

$$\frac{\rho_1 h_1 + \rho_2 h_2}{2\rho} > \frac{\rho_1 (h_1)^2 + \rho_2 h_2 (2h_1 + h_2)}{2(\rho_1 h_1 + \rho_2 h_2)}$$

d'où l'inéquation du second degré en h_2/h_1 :

$$\left(\frac{h_2}{h_1}\right)^2 - 2\,\frac{\rho_1 - \rho}{\rho - \rho_2}\left(\frac{h_2}{h_1}\right) - \frac{\rho_1(\rho_1 - \rho)}{\rho_2(\rho - \rho_2)} < 0$$

ou numériquement $\left(\frac{h_2}{h_1}\right)^2 - 2{,}40\left(\frac{h_2}{h_1}\right) - 3{,}62 < 0.$

Ce trinôme est négatif si le rapport h_2/h_1 est compris entre les racines $-1{,}05$ et $3{,}45$; compte tenu de la condition (2) la condition d'équilibre est finalement

$$\boxed{1{,}20 < \frac{h_2}{h_1} < 3{,}45}\,.$$

B) 1. La condition de flottaison s'écrit :

Poids du solide = somme des poussées d'Archimède dans le mercure et dans l'eau salée

soit $$\rho_s g s h = \rho_1 g s x_0 + \rho_2 g s (h - x_0)$$

d'où la hauteur immergée dans l'huile :

$$\boxed{x_0 = h\,\frac{\rho_s - \rho_2}{\rho_1 - \rho_2}}\,. \qquad (4)$$

Application numérique : $x_0 =$ **7,2 cm**.

2. Le rapport des volumes immergés dans le mercure et dans l'eau est :

$$y = \frac{s x_0}{s(h - x_0)} = \frac{x_0}{h - x_0}$$

soit, d'après (4), $y = \dfrac{\rho_s - \rho_2}{\rho_1 - \rho_s}$, donc la masse volumique du solide flottant est :

$$\boxed{\rho_s = \frac{\rho_2 + \rho_1 y}{1 + y}}.$$

Application numérique : $y = 16/109$, donc $\rho_s = \mathbf{2{,}7\ g/cm^3}$.

3. La tension $\overrightarrow{T}$ de la corde obéit à la condition d'équilibre $\overrightarrow{P} + \overrightarrow{F} + \overrightarrow{T} = \overrightarrow{0}$, soit $T = |P - F|$, où la poussée d'Archimède F est

$$F = \rho_1 gsx + \rho_2 gs(h - x)$$

et le poids du solide est $P = \rho_s gsh$; on en déduit le module de la tension de la corde

$$\boxed{T = |(\rho_1 - \rho_2)x + (\rho_s - \rho_2)h|sg}.$$

Les variations de $T(x)$ avec $x(0 < x < h)$ sont représentées par le graphe ci-dessous, constitué de deux segments de droite de pentes de même module : $(\rho_1 - \rho_2)sg$.

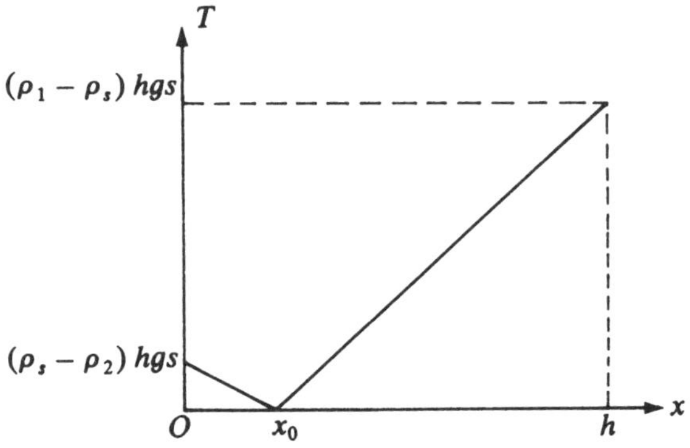

Fig. II.46

22. Corps flottants sphérique et cylindrique

Dans un liquide, de masse volumique ρ_L, peuvent flotter deux solides homogènes de même masse volumique ρ_S :

– l'un de forme sphérique, de rayon R ;
– l'autre de forme cylindrique de rayon R et de hauteur H.

On désignera h_S et h_C les profondeurs d'immersion de la sphère et du cylindre dans ce liquide.

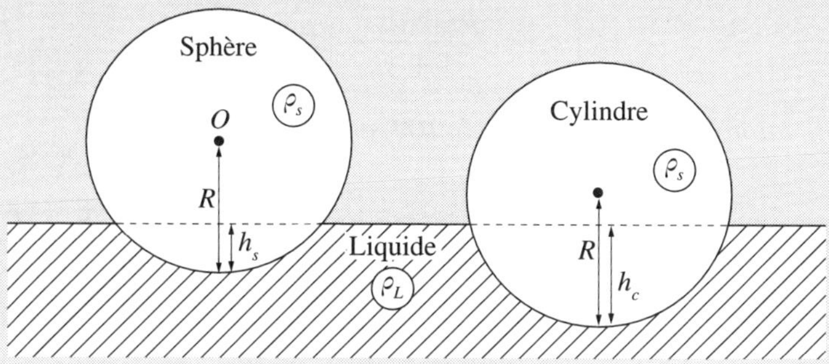

Fig. II.47

1. Montrer que la hauteur h_S d'immersion obéit à l'équation du 3e degré de la forme :
$$h_S^3 - ah_S^2 + b = 0$$
On exprimera les coefficients a et b en fonction de R et du rapport $\alpha = \rho_L/\rho_S$.

2. Pour quelle valeur du paramètre $\alpha = \rho_L/\rho_S$ a-t-on $h_S = R/2$? $h_S = R$? $h_S = 3R/2$?

3. Écrire la relation qui lie α, R et h_C pour le cylindre flottant, à l'équilibre.

4. Pour quelle valeur du paramètre $\alpha = \rho_L/\rho_S$ a-t-on pour le cylindre $h_C = R/2$? $h_C = R$? $h_C = 3R/2$?

Solution

1. L'équilibre du corps flottant sphérique est traduit par l'égalité du poids de la sphère et de la poussée d'Archimède, d'intensité égale au poids du liquide déplacée : $mg = F_a$, soit

$$\underbrace{\rho_S \cdot \frac{4}{3}\pi R^3 \cdot g}_{\text{poids de la sphère}} = \underbrace{\rho_L \cdot V_{\text{sphère immergée}} \cdot g}_{\text{poids du liquide déplacé}}$$

Donc, à l'équilibre, le volume de la porition de sphère immergéc est

$$V_{\text{sphère immergée}} = 4\pi R^3/(3\alpha) \qquad (1)$$

Pour exprimer $V_{\text{immergée}}$ en fonction de h_S, décomposons la sphère en un empilement de disques élémentaires (fig. II.48), de cote z (comptée à partir du point A le plus bas de la sphère), d'épaisseur dz et de rayon $r = \sqrt{R^2 - (R-z)^2} = \sqrt{(2R-z)z}$.

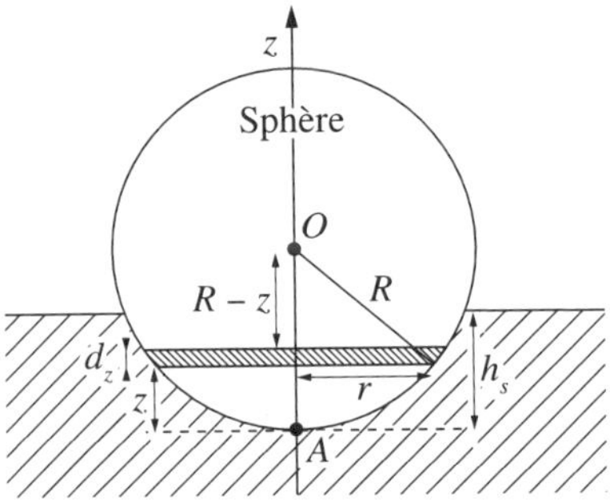

Fig. II.48

Le volume d'un tel disque élémentaire est

$$dV = \pi r^2 \, dz = \pi(2R - z)z \cdot dz,$$

le volume immergé de la sphère est donc, par intégration :

$$V_{\text{sphère immergée}} = \int_{z=0}^{z=h_S} dV = \int_0^{h_S} \pi(2R-z)z \, dz = \frac{\pi h_S^2}{3}(3R - h_S) \quad (2)$$

D'après (1) et (2), il vient : $\dfrac{4\pi R^3}{3\alpha} = \dfrac{\pi h_S^2}{3}(3R - h_S)$, soit

$$\boxed{h_S^3 - 3Rh_S^2 + (4R^3/\alpha) = 0} \quad (3)$$

de la forme $h_S^3 - ah_S^2 + b = 0$, avec $\boxed{a = 3R}$ et $\boxed{b = 4R^3/\alpha}$.

2. • On obtiendra une immersion au quart ($h_S = R/2$) si, d'après (3),

$$\frac{R^3}{8} - \frac{3R^3}{4} + \frac{4R^3}{\alpha} = \frac{R^3}{8}\left(1 - 6 + \frac{32}{\alpha}\right) = 0,$$

soit $$\alpha = \frac{32}{5} = \mathbf{6,40}$$

• On obtiendra une demi-immersion ($h_S = R$) si, d'après (3),

$$R^3 - 3R^3 + 4R^3/\alpha = R^3\left(1 - 3 + \frac{4}{\alpha}\right) = 0, \quad \text{soit} \quad \alpha = \mathbf{2}$$

• Enfin, on obtiendra une immersion au trois-quarts ($h_S = 3R/2$), si, d'après (3),

$$\frac{27R^3}{8} - \frac{27R^3}{4} + \frac{4R^3}{\alpha} = R^3\left(-\frac{27}{8} + \frac{4}{\alpha}\right) = 0,$$

soit $$\alpha = \frac{32}{27} = \mathbf{1{,}185}$$

3. L'équilibre du corps flottant cylindrique est, comme en 1., traduit par l'égalité :

$$\underbrace{\rho_S \cdot \pi R^2 H g}_{\text{poids du cylindre}} = \underbrace{\rho_L \cdot V_{\text{cylindre immergé}} \cdot g}_{\text{poids du liquide déplacé}}$$

soit $$V_{\text{cylindre immergé}} = \pi R^2 H/\alpha \tag{4}$$

Pour exprimer le volume de la portion du cylindre immergé en fonction de sa profondeur d'immersion h_C, décomposons le cylindre en un empilement de parallélépipèdes rectangles élémentaires de côte z, d'épaisseur dz, de largeur $2x (0 < x < R)$ et de hauteur H, donc de volume $\mathrm{d}V = 2x \cdot H \cdot \mathrm{d}z$ ou en introduisant le paramètre angulaire θ (fig. II.49) tel que $x = R \sin\theta$ et $R - z = R\cos\theta$, donc $\mathrm{d}z = R\sin\theta\,\mathrm{d}\theta$, il vient

$$\mathrm{d}V = 2R\sin\theta \cdot H \cdot R\sin\theta \cdot \mathrm{d}\theta = 2R^2 H \sin^2\theta\,\mathrm{d}\theta$$

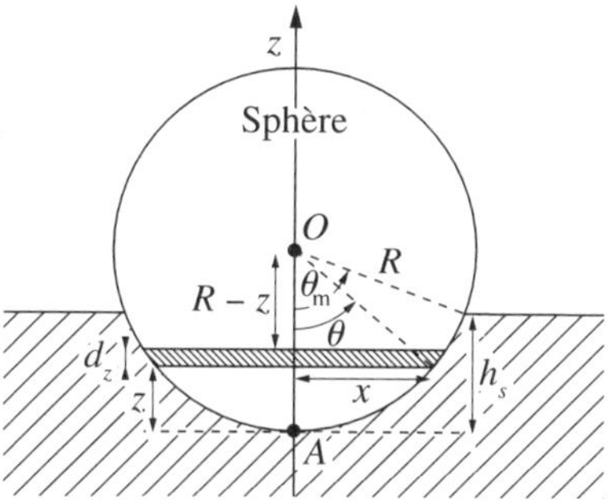

Fig. II.49

Le volume du cylindre immergé est donc, par intégration,

$$V_{\text{cylindre immergé}} = \int_{z=0}^{z=h_C} \mathrm{d}V = R^2 H \int_{\theta=0}^{\theta=\theta_m} (1 - \cos 2\theta)\mathrm{d}\theta$$
$$= R^2 H[\theta_m - \sin\theta_m \cos\theta_m]$$

avec (fig. II.49), $\cos\theta_m = \dfrac{R - h_C}{R}$ et donc $\sin\theta_m = \dfrac{\sqrt{(2R - h_C)h_C}}{R}$,
soit

$$V_{\substack{\text{cylindre}\\\text{immergé}}} = R^2 H \left[\arccos\frac{R - h_C}{R} - \frac{(R - h_C)\sqrt{(2R - h_C)h_C}}{R^2}\right] \quad (5)$$

En comparant (4) et (5), il vient :

$$\boxed{\arccos\left(\frac{R - h_C}{R}\right) - \frac{(R - h_C)\sqrt{(2R - h_C)h_C}}{R^2} = \frac{\pi}{\alpha}}$$

4. On aura $h_C = R/2$ (ou $\theta_m = \pi/3$) si $\dfrac{\pi}{\alpha} = \dfrac{\pi}{3} - \dfrac{\sqrt{3}}{8}$

donc $$\alpha = \frac{24\pi}{8\pi - 3\sqrt{3}} = \mathbf{3{,}782}$$

• On aura $h_C = R$ (ou $\theta_m = \pi/2$) si $\dfrac{\pi}{\alpha} = \dfrac{\pi}{2}$, donc $\alpha = \mathbf{2}$

• On aura enfin

$$h_C = 3R/2 \quad (\text{ou} \quad \theta_m = 2\pi/3) \quad \text{si} \quad \frac{\pi}{\alpha} = \frac{2\pi}{3} + \frac{\sqrt{3}}{4}$$

donc $$\alpha = \frac{12\pi}{8\pi + 3\sqrt{3}} = \mathbf{1{,}243}.$$

Les résultats sont réunis dans le tableau ci-après; on constate que la variation de la profondeur d'immersion avec $\alpha = \rho_L/\rho_S$ est plus sensible pour le cylindre que pour la sphère.

	$h = R/2$	$h = R$	$h = 3R/2$
Sphère	$\alpha = 6{,}40$	$\alpha = 2{,}00$	$\alpha = 1{,}18$
Cylindre	$\alpha = 3{,}78$	$\alpha = 2{,}00$	$\alpha = 1{,}24$

23. Densimètre. Sensibilité

Un aéromètre (ou densimètre) en verre est constitué d'un flotteur de forme sphérique, lesté, de rayon $a = 12$ mm, surmonté d'un tube cylindrique de rayon $r = 2$ mm qui porte des graduations arbitraires équidistantes.

1. Plongé dans l'eau pure, la sphère du densimètre immergée affleure à la surface de l'eau (graduation $n_0 = 0$ du tube). Plongé dans un dissolvant, la tige du densimètre affleure à la division $n_1 = 80$. Les masses volumiques de l'eau et du dissolvant sont respectivement $\rho_0 = 1$ g/cm^3 et $\rho_1 = 0{,}72$ g/cm^3. Le densimètre plongé dans du benzène affleure à la division $n = 28$; en déduire la densité δ du benzène liquide, ainsi que l'écart Δl (en millimètre) entre deux graduations consécutives du densimètre.

2. *a)* Soit x la hauteur du tube immergé à l'équilibre dans un liquide de densité d. Exprimer la loi $d(x)$, ainsi que la sensibilité $\sigma = \left|\dfrac{\Delta x}{\Delta d}\right|$ de ce densimètre. Conclusion?

b) Comparer les sensibilités minimale et maximale, puis calculer la masse M du densimètre et la longueur l du tube cylindrique si on veut utiliser ce densimètre pour mesurer des densités inférieures à celles de l'eau, comprises entre $d_0 = 1$ et $d_m = 0{,}60$.

Solution

1. Soit $P = Mg$ le poids du densimètre. Si V désigne le volume du flotteur et v le volume entre deux divisions successives du tube, les conditions de flottaison s'écrivent :

– dans l'eau : $P = \rho_0 V g$
– dans le dissolvant : $P = \rho_1(V + n_1 v)g$
– dans le benzène : $P = \rho(V + nv)g$

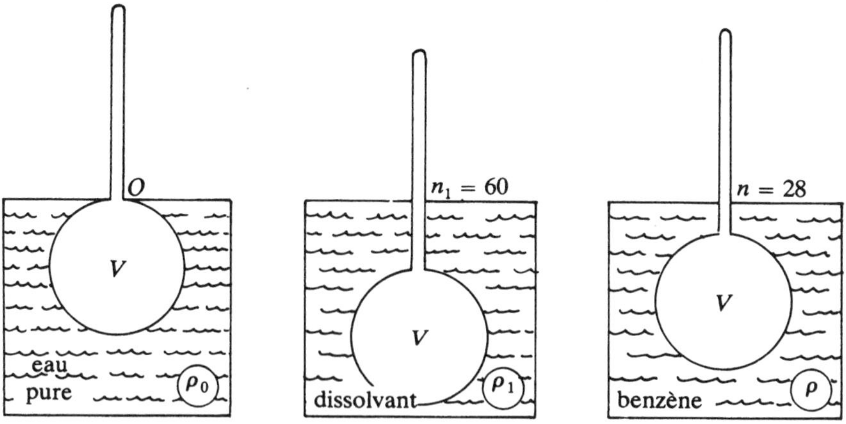

Fig. II.50

où $\rho = \rho_0 \delta$ est la masse volumique du benzène liquide; on en déduit :

$$\rho_0 V = \rho_1 (V + n_1 v) = \rho (V + n v),$$

ou
$$\rho_0 = \rho_1 \left(1 + n_1 \frac{v}{V_1}\right) = \rho \left(1 + n \frac{v}{V}\right).$$

Ce système de deux équations à deux inconnues ρ et v/V a pour solution :

$$\rho = \frac{\rho_0}{1 + \dfrac{n}{n_1}\left(\dfrac{\rho_0}{\rho_1} - 1\right)} \quad \text{et} \quad \frac{v}{V} = \frac{1}{n_1}\left(\frac{\rho_0}{\rho_1} - 1\right)$$

• la densité $\delta = \rho/\rho_0$ du benzène est donc

$$\boxed{\delta = \frac{1}{1 + \dfrac{n}{n_1}\left(\dfrac{\rho_0}{\rho_1} - 1\right)}} = \mathbf{0{,}88}$$

• l'écart entre deux graduations est

$$\Delta l = \frac{v}{\pi r^2} = \frac{V}{n_1 \pi r^2}\left(\frac{\rho_0}{\rho_1} - 1\right), \quad \text{avec} \quad V = \frac{4}{3}\pi a^3$$

donc
$$\boxed{\Delta l = \frac{4a^3}{3 n_1 r^2}\left(\frac{\rho_0}{\rho_1} - 1\right)} = \mathbf{2{,}8\ mm}.$$

2. *a)* Les conditions de flottaison s'écrivent :

– dans l'eau : $M = \rho_0 V$ (1)

– dans le liquide (de densité $d = \rho/\rho_0$) : $M = \rho(V + \pi r^2 x)$. (2)

On en déduit, d'après (1) et (2), et puisque $\rho = \rho_0 d$,

$$V = (V + \pi r^2 x) d, \quad \text{avec} \quad V = \frac{4}{3}\pi a^3$$

soit
$$\boxed{d(x) = \frac{1}{1 + \dfrac{3r^2}{4a^3}\, x}}. \qquad (3)$$

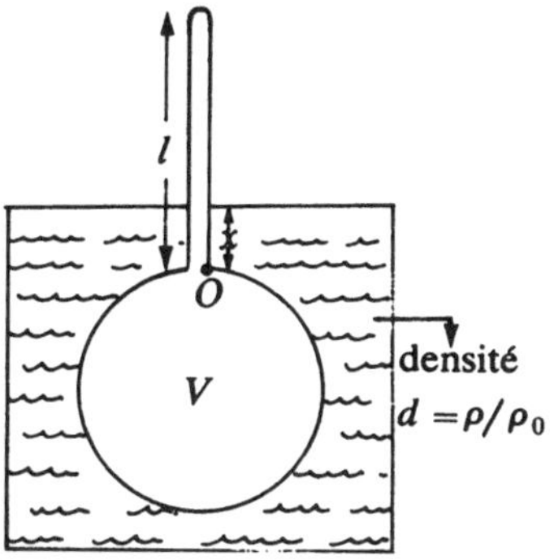

Fig. II.51

La densité du liquide est fonction homographique de la hauteur x immergée.

• Le densimètre est d'autant plus sensible que la variation Δx est plus grande pour une variation Δd de la densité du liquide; cette sensibilité $\sigma = \left|\dfrac{\Delta x}{\Delta d}\right|$ est obtenue en différenciant l'équation (3) écrite sous la forme

$$1 + \frac{3r^2}{4a^3}\,x = \frac{1}{d}, \quad \text{soit} \quad \frac{3r^2}{4a^3}\,\Delta x = -\frac{\Delta d}{d^2}$$

donc

$$\boxed{\sigma = \left|\frac{\Delta x}{\Delta d}\right| = \frac{4a^3}{3r^2} \cdot \frac{1}{d^2}}\,.$$

Cette sensibilité (qui varie en $1/d^2$) montre que le densimètre est beaucoup plus sensible aux faibles densités.

b) • Les sensibilités minimale et maximale correspondant aux densités extrêmes sont

$$\sigma_{\min} = \frac{4a^3}{3r^2} \cdot \frac{1}{(d_0)^2} \quad \text{et} \quad \sigma_{\max} = \frac{4a^3}{3r^2} \cdot \frac{1}{(d_m)^2}$$

donc

$$\boxed{\frac{\sigma_{\max}}{\sigma_{\min}} = \left(\frac{d_0}{d_m}\right)^2} = \mathbf{2{,}78}\,.$$

• La masse du densimètre est, d'après (1), $\boxed{M = \rho_0 \cdot \dfrac{4}{3}\,\pi a^3} = \mathbf{7{,}2\ g}$.

• La longueur l du tube cylindrique est telle que, d'après (2),

$$V = (V + \pi r^2 l) d_m$$

soit $l = \dfrac{V}{\pi r^2 d_m}(1 - d_m)$ ou $\boxed{l = \dfrac{4a^3}{3r^2} \cdot \dfrac{1 - d_m}{d_m}} =$ **38,4 cm**.

24. Tube renversé : hauteur barométrique et théorème d'Archimède

Un tube en verre, cylindrique, de hauteur $l = 2$ m, de section extérieure $S = 4\ \text{cm}^2$ et de section intérieure $s = 2\ \text{cm}^2$, est fermé à une extrémité par un fond d'épaisseur et de masse négligeable. La pression atmosphérique du lieu est $P_0 = 75$ cm du mercure.

1. On le remplit de mercure et on le renverse sur une cuve profonde de mercure. Déterminer les hauteurs respectives h et H du tube immergé et de la colonne de mercure au-dessus du niveau de la cuve, si on abandonne le tube en le maintenant vertical.

2. On introduit dans le tube $V_0 = 8\ \text{cm}^3$ d'air, volume mesuré sous la pression atmosphérique et à la température ambiante. Déterminer numériquement les nouvelles hauteurs respectives x, y et z du tube immergé, de la colonne de mercure au-dessus du niveau de la cuve et de la colonne d'air.

3. On enfonce le tube de $X = 27{,}6$ cm et on le fixe dans cette position verticale. Déterminer numériquement la nouvelle hauteur y' du mercure au-dessus du niveau de la cuve, ainsi que la hauteur z' de la colonne d'air. On donne les masses volumiques

   du verre : $\rho_V = 2\,500\ \text{kg/m}^3$; du mercure : $\rho_M = 13\,600\ \text{kg/m}^3$.

Solution

1. Puisque la colonne de mercure dans le tube est surmontée de vide, la hauteur barométrique est égale à la pression atmosphérique :

$$\boxed{H = P_0 \quad \text{(en cm de mercure)}}.$$

• La condition d'équilibre du système (tube de verre + mercure qui y est

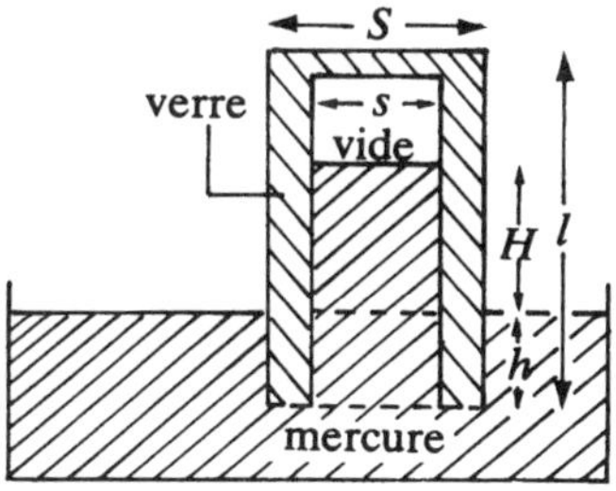

Fig. II.52

contenu) s'écrit, d'après le théorème d'Archimède (fig. II.52)

Poids du système = Poussée d'Archimède,

soit $\underbrace{\rho_V g(S-s)l}_{\text{poids du tube}} + \underbrace{\rho_M g s(H+h)}_{\text{poids du mercure}} = \underbrace{\rho_M g S h}_{\text{poids du liquide déplacé}}$

ou
$$\boxed{h = \frac{\rho_V}{\rho_M} l + \frac{s}{S-s} H}.$$

Application numérique : $H = \mathbf{75\ cm}$ et $h = \mathbf{111{,}8\ cm}$.

La solution obtenue est acceptable car la condition $h + H < l$ est bien vérifiée.

2.

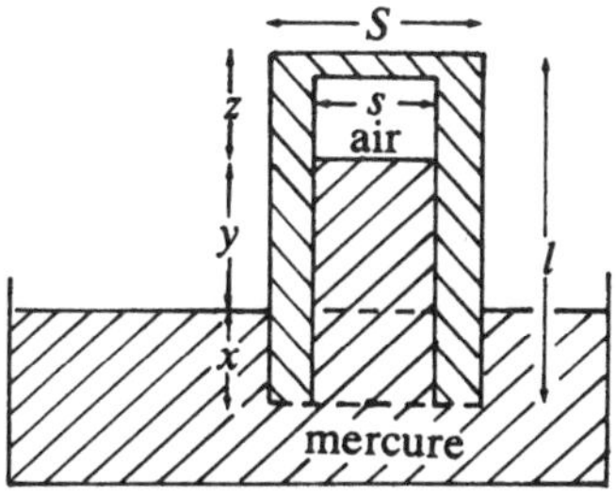

Fig. II.53

• La condition d'équilibre du système (tube de verre + mercure qui y est contenu) s'écrit, en négligeant la masse du volume d'air enfermé, et d'après le théorème d'Archimède (fig. II.53) :

$$\underbrace{\rho_V g(S-s)l + \rho_M g s(x+y)}_{\text{poids du système}} = \underbrace{\rho_M g S x}_{\text{poids du liquide déplacé}}$$

soit numériquement : $x - y = \mathbf{36{,}76\ cm}$. (1)

• D'après l'équation de l'hydrostatique on a :

$$P_0 - p_{\text{air}} = y \qquad (2)$$

où les grandeurs P_0, p_{air} et y sont exprimées en cm de mercure.
Puisque la *température est constante*, l'air introduit obéit à la loi de Mariotte : $pV =$ cte, soit d'après (2),

$$(P_0 - y) \cdot sz = P_0 V_0$$

ou numériquement $\quad (75 - y_{\text{cm}})z_{\text{cm}} = 300. \qquad (3)$

• Enfin, la longueur totale du tube est

$$l = x + y + z = 200 \text{ cm} \qquad (4)$$

La hauteur d'air obéit donc à l'équation du second degré en z :

$$\boxed{z^2 - 13{,}24z - 600 = 0}$$

obtenue en éliminant x et y entre les équations (1), (3) et (4). La solution acceptable ($z > 0$) est donc $z =$ **3,20 cm**. La hauteur barométrique est alors $y =$ **65,6 cm** et la hauteur immergée $x =$ **102,4 cm**.

3. • Puisque le tube est enfoncé de $X = 27{,}6$ cm, on a (fig. II.54) :
$y' + z' = y + z - X$, soit numériquement :

$$y' + z' = 70 \text{ cm}. \qquad (5)$$

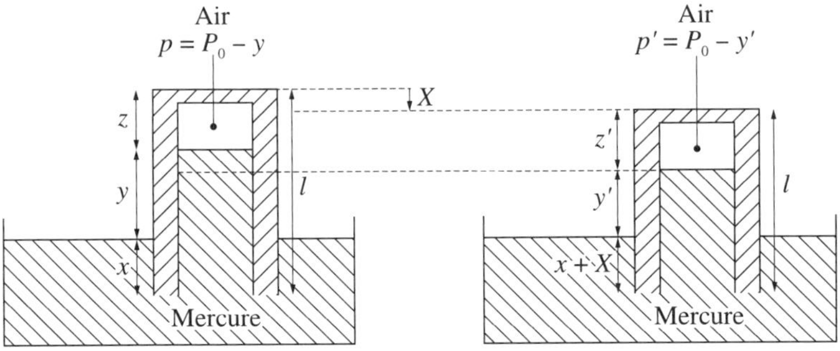

Fig. II.54

• La loi de Mariotte appliquée au volume gazeux emprisonné, dont la température est demeurée constante, s'écrit

$$(P_0 - y')sz' = (P_0 - y)sz = P_0 V_0$$

soit numériquement $\quad (75 - y'_{\text{cm}})z'_{\text{cm}} = 300. \qquad (6)$

Éliminons y' entre (5) et (6), il vient $\boxed{z'^2 + 5z' - 300 = 0}$; la solution acceptable est $z' =$ **15 cm** (l'autre solution, négative, ne convient pas). La nouvelle hauteur barométrique est alors $y' =$ **55 cm**.

25. Aérostat et ballon-sonde. Force ascensionnelle. Plafond

Un ballon sphérique, à paroi souple mais inélastique, de volume maximal $V_M = 250\ \mathrm{m}^3$, est incomplètement gonflé d'hélium gazeux (densité $d = 0,138$), de volume $V_0 = 180\ \mathrm{m}^3$ au niveau du sol où l'atmosphère de masse volumique $a_0 = 1,3\ \mathrm{kg/m^3}$ et de pression $p_0 = 10^5\ \mathrm{N/m^2}$ est à la température $T_0 = 290$ K.

L'enveloppe du ballon, la nacelle et les instruments ont une masse totale $M = 120$ kg. Tant que le volume V du ballon est inférieur à V_M, on admettra que l'hélium du ballon est en équilibre thermique et mécanique à chaque instant avec l'atmosphère. On admettra que l'atmosphère aux altitudes considérées (inférieures à 11 km) est modélisable par un gaz parfait pour lequel le rapport des chaleurs massiques est $\gamma = 7/5$. On donne $g = 9,8$ N/kg (supposé constant).

A) Aérostat

Le ballon est ouvert et communique par sa partie inférieure avec l'atmosphère.

1. *a)* Calculer le gradient vertical de température $K = \mathrm{d}T/\mathrm{d}z$ de l'atmosphère.

   b) Établir les lois $p(z)$ et $a(z)$ de variation de la pression et de la masse volumique de l'air avec l'altitude z, en fonction de a_0, p_0, γ et du rapport $\alpha = |K|/T_0$.

2. À quelle altitude z_1 le volume du ballon atteint sa valeur maximale V_M ?

3. Exprimer la force ascensionnelle $F(z)$ du ballon et le gradient vertical $\dfrac{\mathrm{d}F}{\mathrm{d}z}$ de cette force dans les deux cas : $z < z_1$ et $z > z_1$.
   On calculera $F(0)$ et on représentera le graphe $F(z)$.

4. Calculer l'altitude maximale z_m (ou plafond) atteinte par le ballon.

5. Quelle masse ΔM de lest doit-on jeter pour atteindre un nouveau plafond à 1 100 m plus haut?

B) Ballon-sonde

Le ballon précédent est maintenant hermétiquement fermé et part dans les mêmes conditions initiales.

L'équilibre thermique est réalisé à tout instant, et l'équilibre mécanique est réalisé si $V < V_M$.

6. Calculer le nouveau plafond Z_M.

7. Calculer alors la surpression du gaz hélium par rapport à l'air extérieur.

Solution

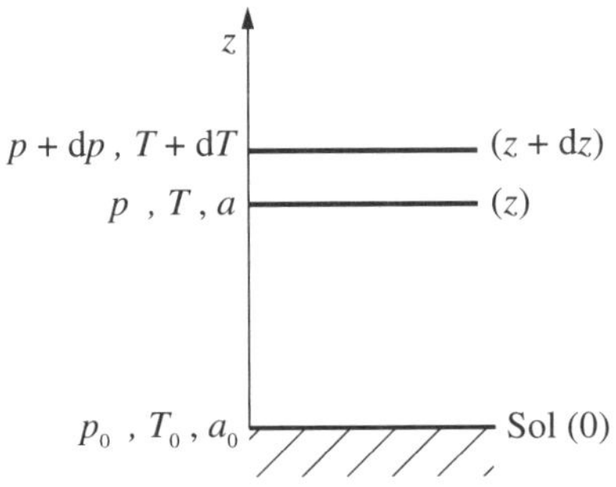

Fig. II.55

A) 1. ***a)*** • L'équation de l'hydrostatique s'écrit, entre les altitudes z et $z + \mathrm{d}z$,

$$\mathrm{d}p = -a(z)g\ \mathrm{d}z \qquad (1)$$

où la masse volumique de l'air (de masse molaire M_{air}) à l'altitude z est

$$a(z) = \frac{M_{\text{air}}}{V_{\text{molaire}}} = \frac{M_{\text{air}}}{RT/p} = \frac{M_{\text{air}}}{R}\ \frac{p}{T} \qquad (2)$$

soit, d'après (1) et (2)

$$\mathrm{d}p = -p\ \frac{M_{\text{air}}g}{RT}\ \mathrm{d}z, \quad \text{ou} \quad \boxed{\frac{\mathrm{d}p}{p} + \frac{M_{\text{air}}g}{RT}\ \mathrm{d}z = 0}. \qquad (3)$$

• L'équilibre adiabatique de l'air obéit à l'équation $Tp^{(1-\gamma)/\gamma} = \text{cte}$ soit, sous forme différentielle :

$$\boxed{\frac{\mathrm{d}T}{T} + \frac{1-\gamma}{\gamma}\ \frac{\mathrm{d}p}{p} = 0}. \qquad (4)$$

• Éliminons la pression entre les relations (3) et (4); il vient

$$dT + \frac{\gamma - 1}{\gamma}\,\frac{M_{\text{air}}g}{R}\,dz = 0$$

on en déduit le gradient vertical de température (négatif et constant) :

$$K = \frac{dT}{dz} = -\frac{\gamma - 1}{\gamma}\cdot\frac{M_{\text{air}}g}{R}$$

avec, d'après (2), $\dfrac{M_{\text{air}}}{R} = \dfrac{aT}{p} = \dfrac{a_0 T_0}{p_0}$

donc $$\boxed{K = \frac{dT}{dz} = -\frac{g a_0 T_0}{p_0}\,\frac{\gamma - 1}{\gamma}}.$$

Application numérique : $K = \mathbf{-10{,}5\ K/km}$.

b) La température absolue décroît donc linéairement avec l'altitude :

$$T(z) = T_0 - |K|z, \quad \text{ou} \quad T(z) = T_0(1 - \alpha z). \tag{5}$$

• La loi adiabatique température-pression s'écrit $p = p_0\left(\dfrac{T}{T_0}\right)^{\gamma/(\gamma-1)}$, d'où la loi des pressions, d'après (5),

$$\boxed{p(z) = p_0(1 - \alpha z)^{\gamma/(\gamma-1)}}. \tag{6}$$

• La masse volumique de l'air est d'après (2), (5) et (6) :

$$a(z) = \frac{a_0 T_0}{p_0}\,\frac{p_0(1 - \alpha z)^{\gamma/(\gamma-1)}}{T_0(1 - \alpha z)}$$

ou $$\boxed{a(z) = a_0(1 - \alpha z)^{1/(\gamma-1)}} \tag{7}$$

avec $$\boxed{\alpha = \frac{|K|}{T_0} = \frac{a_0 g}{p_0}\,\frac{\gamma - 1}{\gamma}}.$$

Ainsi, la température, la pression et la masse volumique de l'air diminuent lorsque l'altitude croît.

2. Pendant l'ascension du ballon, le gaz hélium ne quitte pas le ballon : sa masse m_{He} demeure constante, mais son volume croît de V_0 à V_M entre les altitudes zéro et z_1, donc $m_{\text{He}} = a_0 d V_0 g = a(z_1) d V_M g$, soit $a(z_1) = a_0 \dfrac{V_0}{V_M}$ et, d'après (7), $\boxed{z_1 = \dfrac{1}{\alpha}\left[1 - \left(\dfrac{V_0}{V_M}\right)^{\gamma-1}\right]}$.

Application numérique :

$\alpha = 3{,}64 \cdot 10^{-5}\ \mathrm{m}^{-1}$, d'où $z_1 = \dfrac{10^5}{3{,}64}\,[1 - (0{,}72)^{0{,}4}] = \mathbf{3\,380\ m}$.

3. La force ascensionnelle $\overrightarrow{F}$ est la résultante du poids total du ballon (y compris le poids de l'hélium) et de la force $\overrightarrow{F_A}$ de poussée d'Archimède :

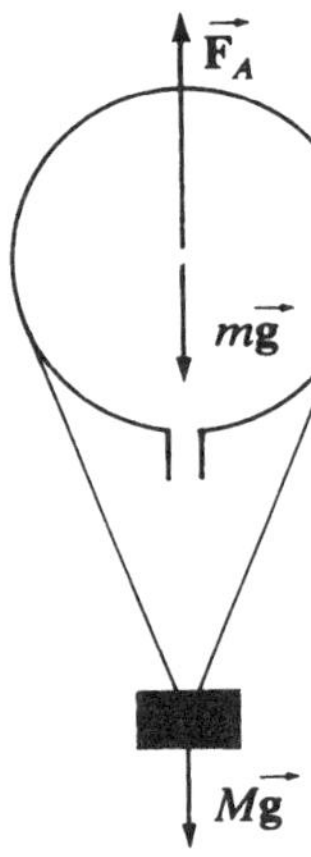

Fig. II.56

$\overrightarrow{F} = (M + m_{\mathrm{He}})\overrightarrow{g} + \overrightarrow{F_A}$, avec $m_{\mathrm{He}} = a(z)Vgd$ et $F_A = a(z)Vg$

soit une force ascendante d'intensité

$$\boxed{F = [aV(1-d) - M]g}\,. \tag{8}$$

a) Si $0 < z < z_1$ (ou $V_0 < V < V_M$), l'hélium ne s'échappe pas : sa masse demeure constante et donc $aV = \text{cte} = a_0V_0$, et la loi (8) s'écrit $\forall z$

$$\boxed{F = [a_0V_0(1-d) - M]g = \text{cte}}$$

donc le gradient $\mathrm{d}F/\mathrm{d}z$ est nul : $\boxed{\dfrac{\mathrm{d}F}{\mathrm{d}z} = 0}$.

b) Si $z_1 < z < z_M$, $V = \text{cte} = V_M$; de l'hélium s'échappe et, lorsque z croît, la masse volumique a de l'air diminue d'après (7), donc la force ascensionnelle décroît d'après (8) suivant la loi :

$$\boxed{F(z) = [a(z)V_M(1-d) - M]g} \qquad (9)$$

et le gradient vertical de la force ascensionnelle est

$$\frac{\mathrm{d}F}{\mathrm{d}z} = V_M(1-d)\,\frac{\mathrm{d}a}{\mathrm{d}z}, \quad \text{soit compte tenu de (7),}$$

$$\boxed{\frac{\mathrm{d}F}{\mathrm{d}z} = -\frac{\alpha a_0 V_M(1-d)g}{\gamma - 1}\,(1-\alpha z)^{(2-\gamma)/(\gamma-1)}}\,.$$

La force ascensionnelle au niveau du sol est

$$F(0) = [a_0 V_0(1-d) - M]g \simeq \mathbf{800\ N}.$$

Le graphe $F(z)$ a l'allure ci-dessous :

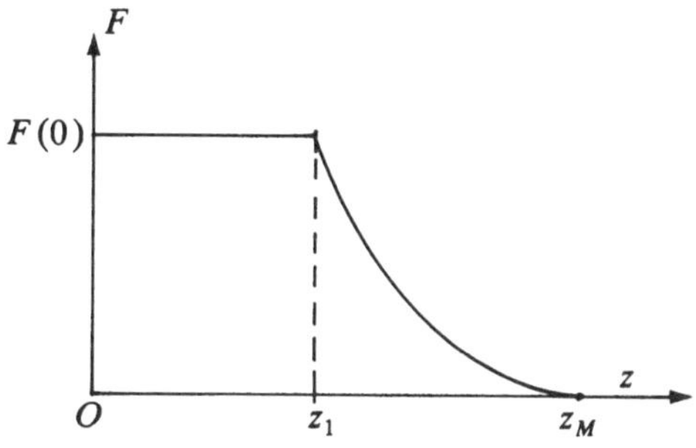

Fig. II.57

4. Le ballon atteint son plafond d'équilibre ($z = z_M$) lorsque la force ascensionnelle s'annule : $F(z_M) = 0$, soit d'après (9).

$$a(z_M)\cdot V_M(1-d) - M = 0, \quad \text{donc} \quad a(z_M) = \frac{M}{V_M(1-d)},$$

ou d'après (7), $a_0(1-\alpha z_M)^{1/(\gamma-1)} = \dfrac{M}{V_M(1-d)}$

soit

$$\boxed{z_M = \frac{1}{\alpha}\left[1 - \left(\frac{M}{a_0 V_M(1-d)}\right)^{\gamma-1}\right]}\,.$$

Application numérique : $z_M \simeq$ **7 900 m**.

5. La masse ΔM de lest à jeter pour atteindre le niveau d'altitude $z'_M = 7\,900 + 1\,100 = 9\,000$ m est telle que $F(z'_M) = 0$, soit

$$a(z'_M) \cdot V_M(1 - d) = M - \Delta M,$$

donc, compte tenu de (7),

$$\boxed{\Delta M = M - a_0 V_M (1 - d)(1 - \alpha z'_M)^{1/(\gamma - 1)}}\;.$$

Application numérique : $\Delta M \simeq$ **16,1 kg**.

B) 6. Puisque le ballon est fermé, sa masse totale $M + a_0 V_0 d$ demeure constante et la force ascensionnelle est, lorsque le ballon-sonde atteint son volume maximal V_M,

$$F(z) = a(z) V_M g - (M + a_0 V_0 d) g.$$

L'altitude maximale $z = Z_M$ est atteinte pour $F(Z_M) = 0$, soit

$$a(Z_M) = \frac{M + a_0 V_0 d}{V_M}. \qquad (10)$$

Le plafond du ballon-sonde est donc, d'après (7) et (10),

$$\boxed{Z_M = \frac{1}{\alpha}\left[1 - \left(\frac{M + a_0 V_0 d}{a_0 V_M}\right)^{\gamma - 1}\right]} \qquad (Z_M < z_M).$$

Application numérique : $Z_M =$ **7 186 m**.

7. À cette altitude Z_M, la pression atmosphérique est d'après (6) :

$$p_{\text{ext}} = p_0 (1 - \alpha Z_M)^{\gamma/(\gamma - 1)} = \mathbf{0{,}346 \cdot 10^5\ Pa}.$$

Le gaz hélium enfermé, supposé parfait, est passé de l'état initial (p_0, V_0, T_0) à l'état final $(P, V_M, T(Z_M))$

donc
$$\frac{p_0 V_0}{T_0} = \frac{P V_M}{T_0 (1 - \alpha Z_M)},$$

la pression finale du gaz est donc

$$P = \frac{p_0 V_0}{V_M}(1 - \alpha Z_M) = \mathbf{0{,}532 \cdot 10^5\ Pa}.$$

La surpression est donc, à l'altitude maximale

$$P - p_{\text{ext}} = \mathbf{18\,600\ Pa}.$$

F. FLUIDES EN ÉQUILIBRE RELATIF DANS (*R*) NON GALILÉEN

26. Équilibre relatif d'un liquide en translation. Accéléromètre hydrostatique

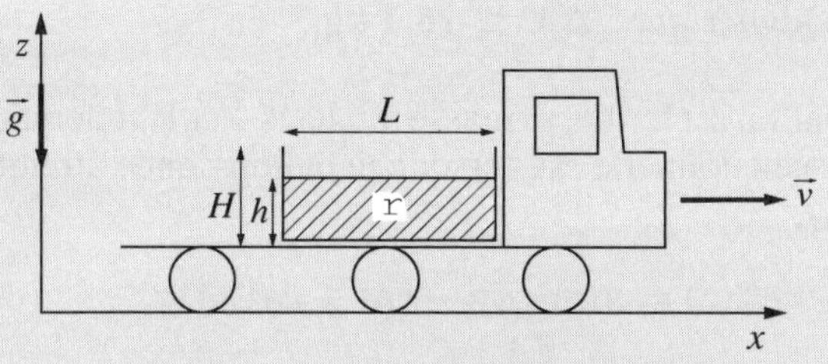

Fig. II.58

Sur la plateforme horizontale d'un camion, on fixe une cuve parallélépipédique de hauteur $H = 2$ m, de largeur $l = 1$ m et de longueur $L = 2{,}8$ m parallèle à la direction horizontale Ox. La cuve contient un liquide de masse volumique $\rho = 800$ kg/m^3 sur une hauteur $h = 1{,}2$ m lorsque le camion est au repos. On prendra $g = 10$ m/s^2.

1. Le camion démarre sur une route horizontale Ox d'un mouvement uniformément accéléré et parcourt $x = 125$ m avant d'atteindre sa vitesse de croisière $v = 72$ km/h.
Déterminer les inclinaisons α de la surface libre du liquide pendant la phase de démarrage, puis pendant la phase uniforme.

2. Le chauffeur exerce ensuite une force de freinage constante jusqu'à l'arrêt. On observe une dénivellation $Z = 1{,}4$ m entre les niveaux du liquide sur les parois P' et P. En déduire au cours de cette phase.

a) l'accélération a' du camion

b) les résultantes des forces pressantes F et F' sur les parois P et P' respectivement. Interprétez la différence $F - F'$.

3. Calculer l'accélération maximale a_{max} que ce dispositif peut mesurer.

4. Le camion freine brusquement et s'arrête sur 65 m en 5,0 s d'un mouvement rectiligne uniforme décéléré. Calculer la masse d'eau Δm qui se déverse sur la plateforme.

5. Le camion monte une route inclinée de θ sur l'horizontale avec l'accélération constante a. La surface libre du liquide fait avec l'horizontale l'angle constant β.

a) Exprimer l'accélération a en fonction de g, θ et β.

b) On donne $\theta = 15°$ et $a = 1$ m/s^2. Calculer β.

Solution

1. Dans le référentiel non galiléen lié au camion, il faut ajouter aux forces de pesanteur, de densité $\rho\vec{g}$, les forces d'inertie d'entraînement de densité $-\rho\,\vec{a}$, de sorte que l'équation d'équilibre du fluide s'écrit :

$$\overrightarrow{\text{grad}}\, p = \vec{f}_{\text{pesanteur}} + \vec{f}_{\text{entraînement}}\,, \quad \text{ou} \quad \overrightarrow{\text{grad}}\, p = \rho(\vec{g} - \vec{a}). \qquad (1)$$

La surface libre du liquide en équilibre relatif est une surface d'égale pression (p = cte = pression atmosphérique). La surface libre est donc normale au vecteur $\overrightarrow{\text{grad}}\,p$ et donc normale au vecteur $\vec{g} - \vec{a}$, d'après (1). La surface libre est donc inclinée sur l'horizontale d'un angle α (fig. II.59) tel que

$$\boxed{\tan\alpha = a/g}\,. \qquad (2)$$

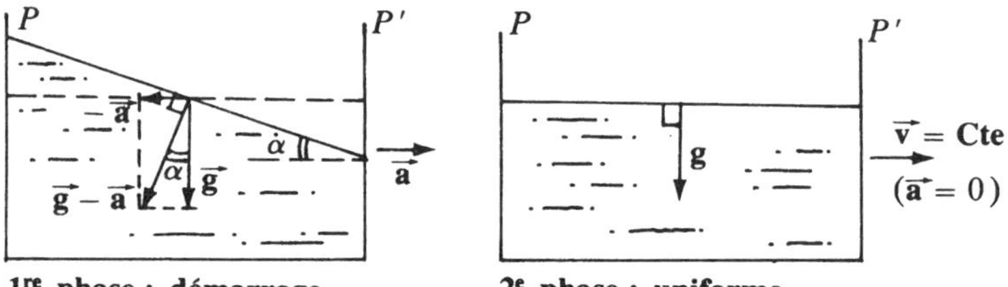

Fig. II.59

1re phase : Les équations du mouvement uniformément accéléré

$$x = \frac{1}{2}\,at^2 \quad \text{et} \quad v = at$$

permettant, par élimination du temps t, d'obtenir l'accélération

$$a = \frac{v^2}{2x} = \frac{(20)^2}{2 \times 125} = 1{,}6 \text{ m/s}^2.$$

L'inclinaison de la surface libre est donc

$$\alpha = \arctan\left(\frac{a}{g}\right) = \arctan 0,16 \quad \text{soit} \quad \boxed{\alpha = 9^\circ}.$$

2e phase : uniforme : $a = 0$, donc $\boxed{\alpha = 0}$ (surface libre horizontale).

2. *a)* Pendant la phase de freinage uniformément retardée, la surface du liquide normale au vecteur $\overrightarrow{g} - \overrightarrow{a'}$ (d'après la 1re question), est inclinée sur l'horizontale d'un angle α' tel que

$$\tan\alpha' = \frac{|a'|}{g}. \tag{3}$$

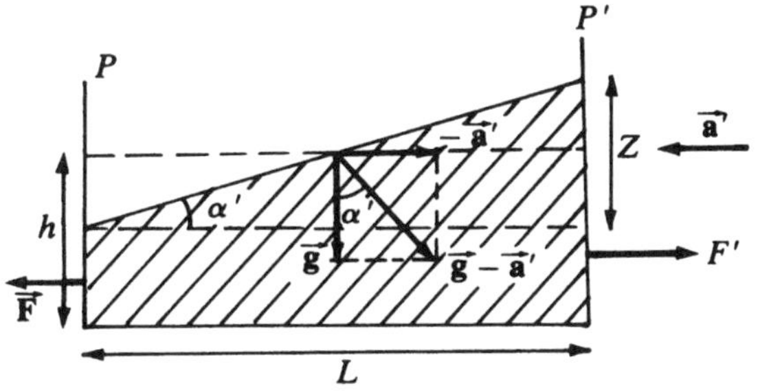

Fig. II.60

D'autre part, d'après la figure II.60, on a : $\tan\alpha' = Z/L$ (4)

on en déduit, d'après (3) et (4), $\dfrac{|a'|}{g} = \dfrac{Z}{L}$

d'où l'accélération (négative) :

$$\boxed{a' = -g(Z/L)}.$$

Application numérique : $a' = -\dfrac{10 \times 1,4}{3,5} = \mathbf{-3,75\ m/s^2}$.

b) • La profondeur h du liquide devient, pendant la phase de freinage (fig. II.60), $h - (Z/2)$ au niveau de P et $h + (Z/2)$ au niveau de P'.

• La force pressante résultante sur la paroi P est donc

$$F = \int p\,\mathrm{d}S = \int_0^{h-Z/2} \rho g z l\,\mathrm{d}z, \quad \text{soit} \quad \boxed{F = \frac{1}{2}\rho g l\left(h - \frac{Z}{2}\right)^2}$$

et la force pressante sur la paroi P' est, de même

$$F' = \int p'\,\mathrm{d}S = \int_0^{h+Z/2} \rho g z l\,\mathrm{d}z, \quad \text{soit} \quad \boxed{F' = \frac{1}{2}\,\rho g l\left(h + \frac{Z}{2}\right)^2}.$$

Application numérique : $F = \mathbf{1\,000\ N}$; $F' = \mathbf{14\,400\ N}$.

Ces forces $\overrightarrow{F}$ et $\overrightarrow{F}'$ sont horizontales et opposées (fig. II.60).

• Dans le référentiel lié au camion, la somme des forces appliquées au fluide est nulle, soit en projection sur l'horizontale :

$$\underbrace{F}_{\substack{\text{force pressante}\\ \text{de } P \text{ sur le fluide}}} + \underbrace{(-F')}_{\substack{\text{force pressante}\\ \text{de } P' \text{ sur la fluide}}} + \underbrace{m(-a')}_{\text{force d'entraînement}} = 0$$

où m désigne la masse du fluide : $m = \rho h l L$.

Soit $$\boxed{F' - F = \rho h L l |a'|}.$$

La différence des forces pressantes sur P et P' est donc due à la nécessité de décélérer la masse du fluide au cours du freinage.

Application numérique :

$$F' - F = 800 \times 1{,}2 \times 3{,}5 \times 1 \times 3{,}75 = \mathbf{13\,400\ N}$$

résultat en accord avec les résultats $F = 1\,000$ N et $F' = 14\,440$ N.

3. L'accélération maximale correspond à l'inclinaison maximale α_{max} du liquide, à la limite du débordement (fig. II.61).

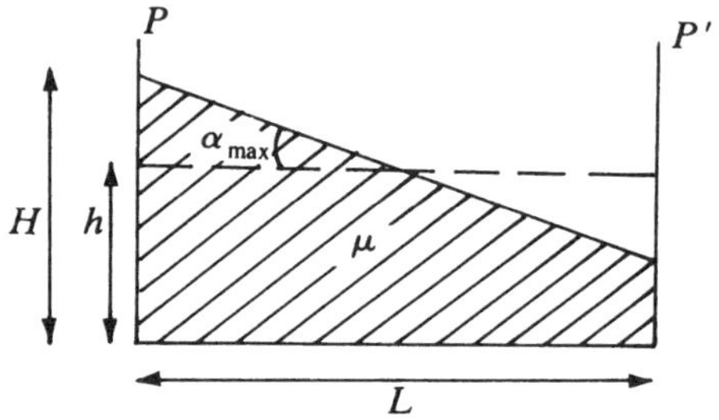

Fig. II.61

On a, d'après (2), $\tan \alpha_{max} = \dfrac{a_{max}}{g}$ avec $\tan \alpha_{max} = \dfrac{H - h}{L/2}$

d'où l'accélération maximale mesurable

$$\boxed{a_{\max} = \frac{2(H-h)}{L}\,g}\,.$$

Application numérique : $a_{\max} = \dfrac{2(2-1{,}2)\cdot 10}{3{,}5} = \mathbf{4{,}6\ m/s^2}$.

4. La décélération du camion est $|a| = \dfrac{2x}{t^2} = \dfrac{130}{25} = 5{,}2\ \mathrm{m/s^2} > a_{\max}$.
Donc, une quantité d'eau se déverse de façon que la dénivellation correspondante entre les niveaux du liquide en P et P' est (fig. II.62), d'après (3) et (4),

$$Z = L\tan\alpha = L\cdot\frac{|a|}{g} = 1{,}82\ \mathrm{m}.$$

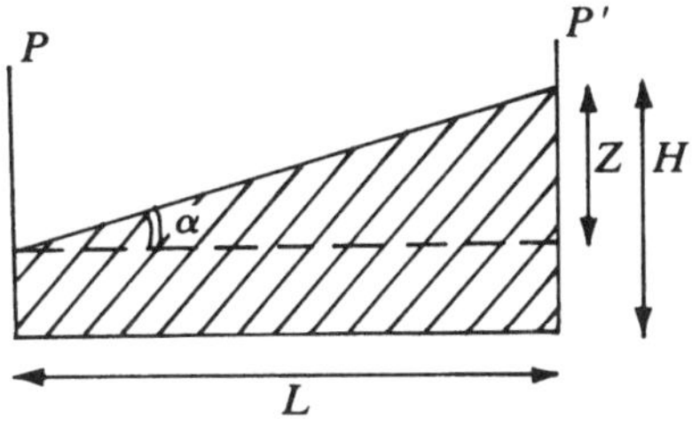

Fig. II.62

Le volume d'eau dans la cuve est donc passé de LlH à

$$(H-Z)Ll + \frac{ZLl}{2} = Ll\left(H - \frac{Z}{2}\right).$$

La masse d'eau déversée est donc

$$\boxed{\Delta m = \rho Ll\left(h - H + \frac{Z}{2}\right)}\,.$$

Application numérique :

$$\Delta m = 800\times 2{,}8\times 1(1{,}2-2+0{,}91) = \mathbf{246{,}4\ kg}.$$

5. *a)* La condition d'équilibre relatif du fluide :

$$\overrightarrow{\mathrm{grad}}\,p = \rho(\vec{g} - \vec{a})$$

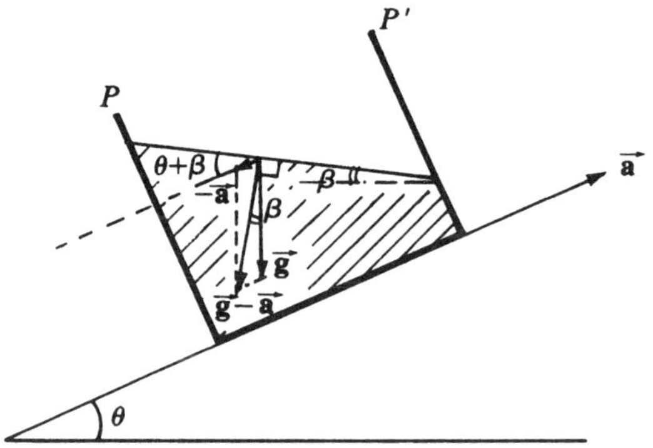

Fig. II.63

s'écrit en projection sur la surface libre isobare (normale au vecteur $\overrightarrow{\text{grad}}\, p$, donc à $\vec{g} - \vec{a}$), d'après la figure II.63 :

$$0 = \rho[g \sin\beta - a\cos(\theta + \beta)]$$

soit

$$\boxed{a = g \cdot \frac{\sin\beta}{\cos(\theta+\beta)}}. \qquad (5)$$

b) La relation (5) peut s'écrire

$$a = g\frac{\sin\beta}{\cos\theta\cos\beta - \sin\theta\sin\beta} = \frac{g}{\cos\theta\,\text{cotan}\,\beta - \sin\theta}$$

donc

$$\boxed{\text{cotan}\,\beta = \frac{g}{a\cos\theta} + \tan\theta}$$

Application numérique : $\text{cotan}\,\beta = 10{,}62$, soit $\beta = \mathbf{5°23'}$.

27. Équilibre relatif d'un liquide en rotation en vase ouvert ou fermé

A) Un récipient cylindrique *ouvert*, de hauteur $H = 90$ cm et de fond horizontal de centre O et de rayon $a = 25$ cm, contient $V = 140$ l d'eau (de masse volumique $\rho = 10^3$ kg/m^3). Il tourne à raison de 60 tours/min autour de son axe vertical Oz. On donne : $g = 9{,}8$ N/kg; pression atmosphérique $p_{at} = 10^5$ Pa.

1. Exprimer la pression $p(r,z)$ en tout point M du liquide en équilibre relatif, de cote z et à la distance r de l'axe de rotation. En déduire la forme de la surface libre du liquide.

2. De quelle hauteur Δh remonte le milieu de la surface libre si on arrête la rotation du vase ?

3. Calculer la pression de l'eau en O, puis la pression maximale de l'eau sur le fond du vase tournant.

4. Quelle est la fréquence de rotation maximale (en tours/min) pour que l'eau ne déborde pas ?

B) Ce même récipient, contenant le même volume d'eau, est maintenant *fermé* par un couvercle. Il tourne à raison de 300 tours/min. L'eau mouille le fond et le couvercle sauf sur une région circulaire de rayon R_1 sur le fond et de rayon R_2 sur le couvercle intérieur.

5. Calculer R_1 et R_2.

6. De combien varie la pression exercée par le liquide sur le fond du récipient si on se déplace de la région centrale vers l'extérieur du récipient.

N.B. : On rappelle que le volume intérieur à une paraboloïde est égal à la moitié du volume du cylindre circonscrit ayant la même hauteur.

Solution

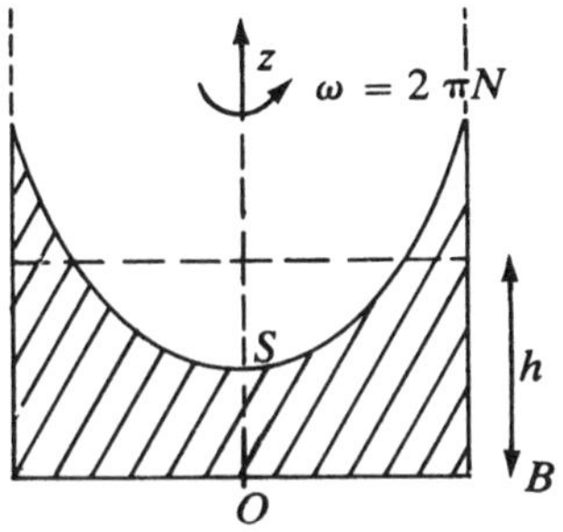

Fig. II.64

A) 1. • Pour traduire l'équilibre relatif du liquide dans le référentiel tournant non galiléen lié au récipient, il faut ajouter aux forces réelles (de

pression et de pesanteur) la force d'inertie d'entraînement $\int -\overrightarrow{a_e}\,\mathrm{d}m$, où l'accélération d'entraînement qui agit sur un élément de fluide de masse dm placé en M ($\overrightarrow{OM} = \overrightarrow{r}$) est $\overrightarrow{a_e} = \overrightarrow{\omega} \wedge (\overrightarrow{\omega} \wedge \overrightarrow{r}) = -\omega^2 \overrightarrow{r}$ où la vitesse angulaire ω (rad/s) de rotation est liée à sa fréquence N (en tr/s) par $\omega = 2\pi N$.
L'équation d'équilibre s'écrit donc vectoriellement

$$\overrightarrow{\mathrm{grad}}\, p = \rho[\overrightarrow{g} + (-\overrightarrow{a_e})] = \rho(\overrightarrow{g} + \omega^2 \overrightarrow{r}).$$

Cette équation locale, valable en tout point M du fluide repéré par ses coordonnées cylindriques (r,θ,z), s'écrit en projection :

$$\frac{\partial p}{\partial r} = \rho\omega^2 r, \quad \frac{1}{r}\frac{\partial p}{\partial \theta} = 0 \quad \text{et} \quad \frac{\partial p}{\partial z} = -\rho g$$

on en déduit

$$\mathrm{d}p = \frac{\partial p}{\partial r}\,\mathrm{d}r + \frac{\partial p}{\partial \theta}\,\mathrm{d}\theta + \frac{\partial p}{\partial z}\,\mathrm{d}z = \rho(\omega^2 r\,\mathrm{d}r - g\,\mathrm{d}z).$$

Puisque le liquide est incompressible (ρ = cte)) et que la rotation est uniforme (ω= cte), la pression du fluide est, par intégration :

$$\boxed{p(r,z) = \rho\left(\frac{\omega^2 r^2}{2} - gz\right) + p(0,0)}\,. \qquad (1)$$

• La surface du liquide, en contact avec l'atmosphère est une isobare (p = cte = $p_{\text{atmosphérique}}$) donc la surface libre prend, d'après (1), la forme d'une **paraboloïde de révolution**, autour de l'axe de rotation Oz d'équation

$$\frac{\omega^2 r^2}{2} - gz = \text{cte} \quad \text{ou} \quad \boxed{z(r) = \frac{\omega^2}{2g} r^2 + z(0)}\,. \qquad (2)$$

La section des isobares par un plan qui contient l'axe Oz est donc une **parabole** et la section par un plan horizontal (z = cte) est donc un **cercle**.

2. • La cote du niveau du liquide au repos est :

$$H_0 = \frac{V}{\pi a^2} = \mathbf{71{,}3\ cm}.$$

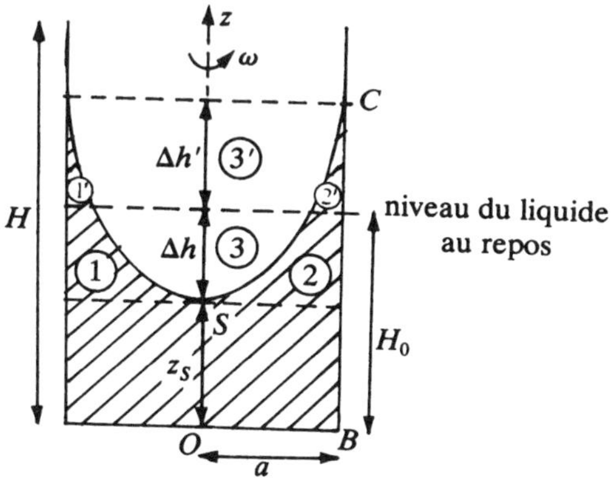

Fig. II.65

• La hauteur cherchée Δh est la dénivellation entre le sommet S de la paraboloïde et le niveau de liquide au repos. L'eau, dans le vase de rotation, s'élève jusqu'en C sur les parois, avec une dénivellation $\Delta h'$ par rapport au niveau du liquide au repos. Montrons que $\Delta h = \Delta h'$; en effet (fig. II.65) :

* $V_{\text{paraboloïde}} = \dfrac{1}{2} V_{\text{cylindre}}$, donc : $1 + 1' + 2 + 2' = 3 + 3'$ (3)

* la conservation de volume d'eau s'écrit : $1' + 2' = 3$. (4)

Soustrayons membre à membre (3) et (4) : $1 + 2 = 3'$. (5)

Additionnons (4) et (5); il vient

$$1 + 2 + 3 = 1' + 2' + 3'$$

soit $$\pi a^2 \Delta h = \pi a^2 \Delta h' \quad \text{donc} \quad \boxed{\Delta h = \Delta h'}.$$

• Les points S et C de cotes respectives z_S et $z_S + 2\Delta h$, appartenant à une même isobare, ont même pression :

$$p(0,z_S) = p(a,z_S + 2\Delta h)$$

soit, d'après (1),

$$\rho(-gz_S) + p(0,0) = \rho\left[\frac{\omega^2 a^2}{2} - g(z_S + 2\Delta h)\right] + p(0,0)$$

donc $$\Delta h = \frac{\omega^2 a^2}{4g} \quad \text{ou} \quad \boxed{\Delta h = \frac{\pi^2 N^2 a^2}{g}}. \qquad (6)$$

Application numérique : $N = 1$ tr/s; on obtient $\Delta h =$ **6,3 cm**.

3. • La pression $p(0{,}0)$ du liquide en O est telle que, d'après (1),

$$p(0{,}0) - p_S = \rho g z_S$$

avec $z_S = H_0 - \Delta h$
et $p_S = p_{\text{atmosphérique}}$,

donc $$\boxed{p(0{,}0) = \rho g(H_0 - \Delta h) + p_{\text{atm}}} = \mathbf{106\,370\ Pa}.$$

• La pression de l'eau est maximale sur le fond en $B(r = a,\ z = 0)$, d'après (1), soit :

$$p_{\max} = p(a{,}0) = \frac{\rho\omega^2 a^2}{2} + p(0{,}0)$$

ou $$\boxed{p_{\max} = 2\pi^2\rho N^2 a^2 + p(0{,}0)} = \mathbf{107\,600\ Pa}.$$

On notera que sur le fond, la pression croît en r^2 depuis le centre O jusqu'au bord B.

4. L'eau sera à la limite du débordement si (fig. II.65) :

$$\Delta h' = \Delta h = H - H_0$$

soit, d'après (6), si

$$\frac{\pi^2 N^2 a^2}{g} = H - H_0,$$

la fréquence de rotation maximale est donc

$$\boxed{N_{\max} = \frac{\sqrt{(H - H_0)g}}{\pi a}}.$$

Application numérique :

$$N_{\max} = \frac{\sqrt{(90 - 71{,}3) \cdot 10^{-2} \times 9{,}8}}{3{,}14 \times 0{,}25} = 1{,}72\ \text{tr/s} = \mathbf{103{,}5\ tr/min}.$$

B) 5.

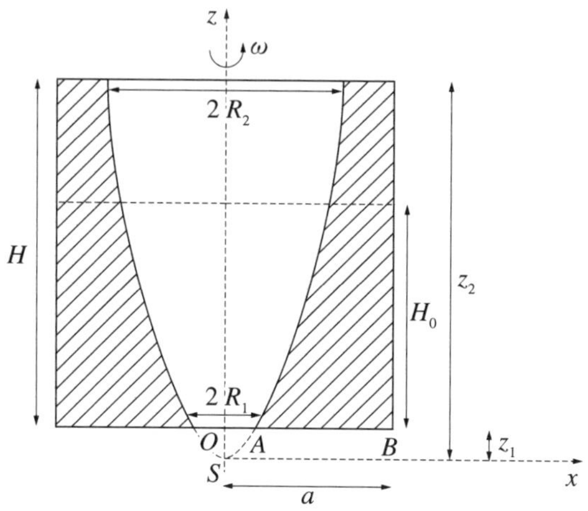

Fig. II.66

Dans le vase fermé en rotation dont la vitesse de rotation dépasse celle calculée en **A)** 4., le débordement qui aurait dû se produire en vase ouvert est remplacé par une surface libre paraboloïdique dont le sommet S (fictif) serait au-dessous du fond, à la distance z_1 de O (fig. II.66) laissant ainsi apparaître sur le fond un disque, de rayon R_1, non recouvert d'eau.

• Dans le référentiel Sxz, la relation (2) s'écrit :

$$z_1 = \frac{\omega^2}{2g} R_1^2 \quad \text{et} \quad z_2 = \frac{\omega^2}{2g} R_2^2 \tag{7}$$

donc, par soustraction :

$$z_2 - z_1 = H = \frac{\omega^2}{2g}(R_2^2 - R_1^2), \quad \text{soit} \quad \boxed{R_2^2 - R_1^2 = \frac{2gH}{\omega^2}}. \tag{8}$$

• D'autre part, le volume d'air dans le récipient fermé est invariant, donc

$$\underbrace{\pi a^2(H - h_0)}_{\substack{\text{volume du cylindre}\\ \text{d'air au repos}}} = \underbrace{\frac{\pi R_2^2 z_2}{2} - \frac{\pi R_1^2 z_1}{2}}_{\substack{\text{volume d'air dans le récipient}\\ \text{fermé, pendant la rotation}}}$$

donc, en tenant compte de (7)

$$(R_2)^4 - (R_1)^4 = \frac{4ga^2(H - H_0)}{\omega^2}. \tag{9}$$

En divisant membre à membre (9) et (8), il vient

$$\boxed{R_2^2 + R_1^2 = 2a^2\left(1 - \frac{H_0}{H}\right)}. \tag{10}$$

Le système d'équations (8) et (10) fournit par soustraction, puis par addition, les solutions :

$$\boxed{R_1 = \sqrt{a^2\left(1 - \frac{H_0}{H}\right) - \frac{gH}{\omega^2}}} \text{ et } \boxed{R_2 = \sqrt{a^2\left(1 - \frac{H_0}{H}\right) + \frac{gH}{\omega^2}}}.$$

Application numérique :

$\omega = 2\pi N = 10\pi$ rad/s, d'où $R_1 =$ **6,4 cm** et $R_2 =$ **14,8 cm**.

6. La pression exercée par le liquide sur le fond du vase, de cote z_1, croît de A à B, d'après (1) :

$$p_B - p_A = p(a,z_1) - p(R_1,z_1) = \frac{\rho\omega^2}{2}(a^2 - R_1^2)$$

soit

$$\boxed{\Delta p = \frac{\rho\omega^2}{2}(a^2 - R_1^2)} = \mathbf{28\,850\ Pa}$$

28. Champs de pression de gaz en rotation en équilibre relatif

Les expériences ci-dessous seront réalisées à la température uniforme $T = 290$ K. On donne : $g = 9{,}80$ m/s^2 ; masse molaire de l'air (gaz supposé parfait) : $M = 29$ g; constante des gaz parfaits : $R = 8{,}32$ J/mole/K.

1. Un vase cylindrique, contenant de l'air, de rayon $a = 20$ cm et de hauteur $h = 1$ m, tourne autour de son axe vertical Oz avec une vitesse angulaire de rotation ω constante.

a) Établir l'expression du champ des pressions $p(r,z)$ de l'air du récipient en tout point de cote z (compté à partir du centre O du fond) et à la distance r de l'axe de rotation; on désignera p_0 la pression en O.

b) Déterminez la forme de l'isobare $p = p_0$. Quelle doit être la vitesse de rotation ω_0 (en rad/s et en tr/min) pour que la pression sur le bord supérieur du vase soit la même qu'en O ?

2. Un tube assez mince, recourbé à l'angle droit et contenant de l'air, est constitué d'une branche verticale dont l'extrémité inférieure plonge dans de l'eau (de massse volumique $\rho = 10^3$ kg/m^3) et d'une branche horizontale de longueur $L = 30$ cm parallèle à la surface libre de l'eau au repos, et ouverte à son extrémité en contact avec l'atmosphère. Lorsque le tube tourne à la vitesse angulaire ω constante autour de l'axe de la branche verticale, l'eau monte de $h = 60$ cm dans cette branche. Justifier cette ascension et calculer la vitesse angulaire de rotation ω. On donne la pression atmosphérique $p_a = 10^5$ Pa.

Solution

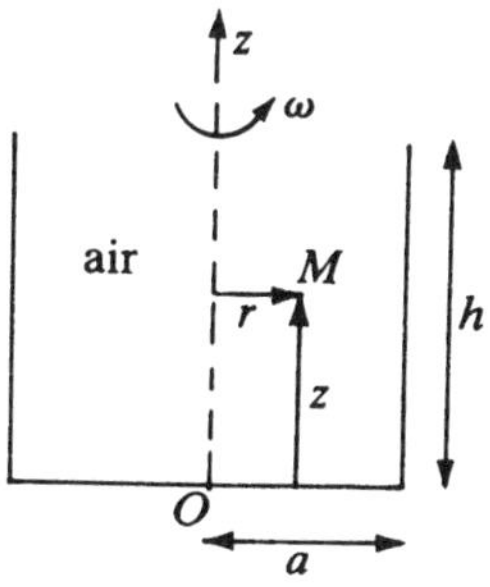

Fig. II.67

1. *a)* • L'équilibre relatif de l'air, dans le référentiel tournant non galiléen lié au vase cylindrique, s'écrit en tout point M du fluide :

$$\overrightarrow{\text{grad}}\, p = \rho[\overrightarrow{g} + (-\overrightarrow{a_e})]$$

où l'accélération d'entraînement est $\overrightarrow{a_e} = \overrightarrow{\omega} \wedge (\overrightarrow{\omega} \wedge \overrightarrow{r}) = -\overrightarrow{\omega}^2 \overrightarrow{r}$ et la masse volumique de l'air, gaz parfait, est :

$$\rho = \frac{M}{RT}\, p, \quad \text{donc} \quad \boxed{\overrightarrow{\text{grad}}\, p = \frac{M}{RT}\, p(\overrightarrow{g} + \omega^2 \overrightarrow{r})}\,. \qquad (1)$$

Cette équation locale, valable en tout point M du fluide repéré par ses coordonnées cylindriques (r,θ,z), s'écrit en projection :

$$\frac{\partial p}{\partial r} = \frac{M}{RT}\, p\omega^2 r, \qquad \frac{1}{r}\,\frac{\partial p}{\partial \theta} = 0 \quad \text{et} \quad \frac{\partial p}{\partial z} = -\frac{M}{RT}\, pg.$$

On en déduit la différentielle de la pression de l'air

$$\mathrm{d}p = \frac{\partial p}{\partial r}\,\mathrm{d}r + \frac{\partial p}{\partial \theta}\,\mathrm{d}\theta + \frac{\partial p}{\partial z}\,\mathrm{d}z = \frac{M}{RT}\, p(\omega^2 r\,\mathrm{d}r - g\,\mathrm{d}z).$$

Séparons les variables : $\dfrac{\mathrm{d}p}{p} = \dfrac{M}{RT}(\omega^2 r\ \mathrm{d}r - g\ \mathrm{d}z)$, et intégrons :

$$\ln\ p(r,z) = \frac{M}{RT}\left(\frac{\omega^2 r^2}{2} - gz\right) + \text{cte} \qquad (2)$$

avec cte $= \ln\ p(0,0) = \ln\ p_0$; d'où la loi des pressions dans le fluide

$$\boxed{p(r,z) = p_0 \mathrm{e}^{\frac{M}{RT}\left(\frac{\omega^2 r^2}{2} - gz\right)}}\ . \qquad (3)$$

b) • L'isobare $p = p_0 =$ cte s'écrit, d'après (3),

$$\frac{M}{RT}\left(\frac{\omega^2 r^2}{2} - gz\right) = \text{cte}, \quad \text{soit} \quad \boxed{z = \frac{\omega^2}{2g}\, r^2}\ . \qquad (4)$$

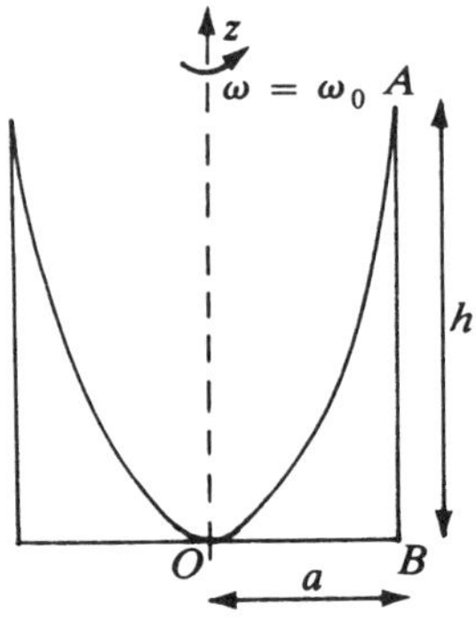

Fig. II.68

L'isobare est donc la paraboloïde de révolution d'axe vertical Oz, de sommet O ($r = 0$, $z = 0$).
Le bord supérieur A appartient à l'isobare $p = p_0$ passant par le centre O du fond si les coordonnées de $A(r = a, z = h)$ vérifient l'équation (4) pour la vitesse angulaire $\omega = \omega_0$:

$$h = \frac{\omega_0^2}{2g}\, a^2, \quad \text{soit} \quad \boxed{\omega_0 = \frac{\sqrt{2gh}}{a}}\ .$$

Application numérique : $\omega_0 =$ **17,7 rd/s** (ou **169 tr/min**).

2. • Lorsque le tube est au repos (fig. II.69), l'eau dans le tube vertical est au même niveau que l'eau du récipient (si on néglige les phénomènes capillaires) et la pression de l'air à l'intérieur du tube est constante et égale à la pression atmosphérique, puisque dans un gaz on peut négliger les variations de pression avec l'altitude z pour les faibles dénivellations.

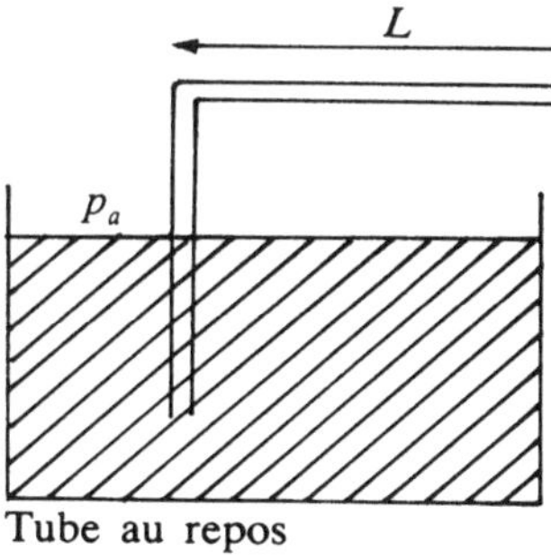

Fig. II.69

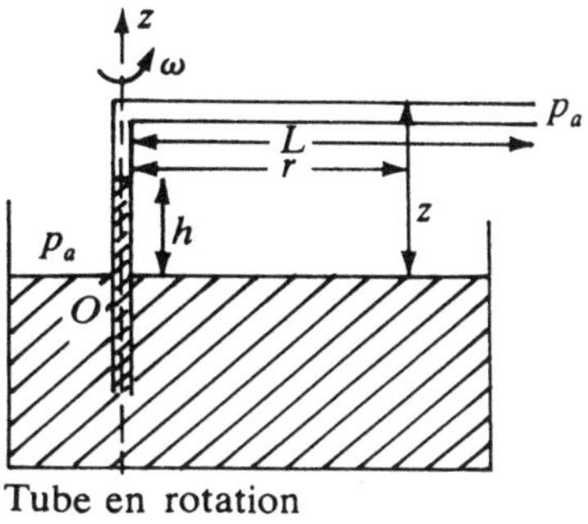

Fig. II.70

• Lorsque le tube tourne (fig. II.70) autour de l'axe vertical Oz de la branche verticale, le champ des pressions dans l'air du tube horizontal en équilibre relatif obéit, comme à la 1re question, à l'équation vectorielle (1) donc à l'équation (2) avec $z =$ cte, soit

$$\ln p(r) = \frac{M\omega^2}{2RT}\, r^2 + \text{cte}$$

avec $p(L) = p_a$, donc cte $= \ln p_a - \dfrac{M\omega^2 L^2}{2RT}$

soit
$$\boxed{p(r) = p_a \cdot \mathrm{e}^{\frac{M\omega^2}{2RT}(r^2 - L^2)}}\,.$$

Ainsi, en tout point de l'air contenu dans la branche verticale, la pression est

$$p(0) = p_a \mathrm{e}^{-\frac{M\omega^2 L^2}{2RT}}. \tag{5}$$

Cette pression étant inférieure à la pression atmosphérique qui règne à l'extrémité ouverte, une aspiration de liquide se produit, qui monte ainsi d'une hauteur h telle qu'à l'équilibre relatif on a : $p_a - p(0) = \rho g h$ soit, d'après (5),

$$p_a \left(1 - \mathrm{e}^{-\frac{M\omega^2 L^2}{2RT}}\right) = \rho g h$$

d'où la vitesse angulaire cherchée

$$\boxed{\omega = \sqrt{\frac{2RT}{ML^2}\ln\left(\frac{p_a}{p_a - \rho g h}\right)}}\,.$$

Application numérique : $\omega =$ **105 rad/s** ou **1 000 tr/min.**

CHAPITRE 3

Le premier principe. Bilans énergétiques. Énergie interne *U*, enthalpie *H*

Le premier principe de la thermodynamique traduit une loi de conservation de l'énergie et fait donc intervenir un **bilan énergétique**.

I. DÉFINITIONS ET TYPES DE SYSTÈMES THERMODYNAMIQUES. MODES D'ÉVOLUTION

1. Systèmes thermodynamiques

• Un système thermodynamique est un ensemble de corps limité par une surface de contrôle Σ (réelle ou fictive) à travers laquelle se font les échanges d'énergie et de matière avec le milieu extérieur.

• Un système est dit *fermé* s'il n'échange pas de matière avec l'extérieur et *ouvert* s'il échange de la matière à travers Σ avec l'extérieur.

• Un système fermé est *isolé* s'il n'y a pas de transfert d'énergie (ni mécanique, ni thermique) avec le milieu extérieur.

2. Évolutions thermodynamiques

Une transformation d'un état d'équilibre initial à un état d'équilibre final est :

– *quasi statique*, si elle lente (succession d'états d'équilibre voisin),

– *réversible* si elle est quasi statique et si l'évolution inverse est possible,

– *isobare*, *isochore* ou *isotherme* respectivement si $p =$ cte ou $V =$ cte ou $T =$ cte en tout point du système,

– *adiabatique* si le système n'échange pas d'énergie thermique (chaleur) avec le milieu extérieur (grâce à des parois athermanes),

– *isentropique* si elle est adiabatique et réversible, donc à entropie constante (cf. chap. 4),

– *cyclique* si l'état final coïncide avec l'état initial.

II. EXPRESSION DES TRAVAUX ET CHALEURS ÉCHANGÉS

1. Expression des travaux échangés (échanges mécaniques)

a) Dans le cas général (transformation irréversible ou réversible), le travail élémentaire des forces $\vec{F}$ de pression, reçu par le gaz est

$$\boxed{\delta W = -p_e \mathrm{d}V},$$

$\mathrm{d}V$ étant la variation de volume et p_e la pression extérieure.

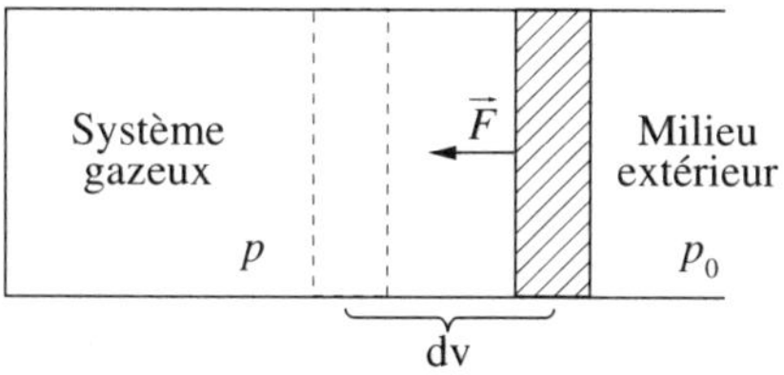

Fig. III.A

b) Dans le cas d'une transformation réversible (suite d'états d'équilibre, absence de frottements), la pression du système est $p = p_e$.

Le travail échangé devient donc $\boxed{\delta W = -p\,\mathrm{d}V}$.

Le travail total des forces de pression est donc donné par l'intégrale

$$\boxed{W = \int_1^2 -p\,\mathrm{d}V}.$$

Ce travail est mesuré par l'aire hachurée sur le diagramme (p, V) : fig. III.B.

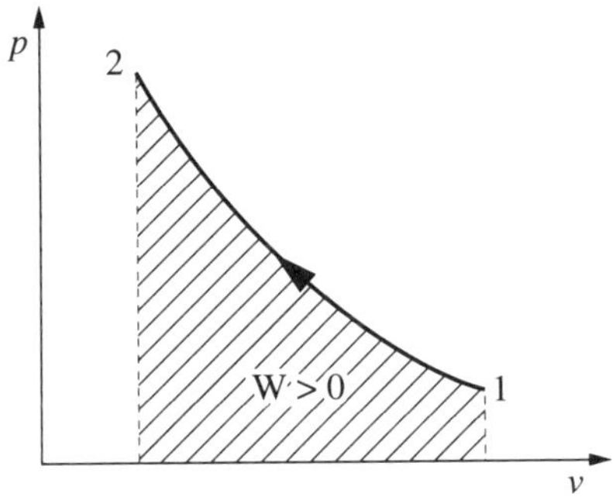

Fig. III.B

c) Cas particuliers

– *Dans une transformation isochore* (volume constant), $W = 0$.

– *Dans une transformation isobare* (pression constante), $W = -p(V_2 - V_1)$.

2. Expression des chaleurs échangées (échanges thermiques)

On rappelle (cf. page 5) que la chaleur reçue par un fluide est, au cours d'une transformation réversible élémentaire :

– avec les paramètres T et V : $\delta Q = C_V \, \mathrm{d}T + l \, \mathrm{d}v$
– avec les paramètres T et p : $\delta Q = C_p \, \mathrm{d}T + h \, \mathrm{d}p$
avec, pour n moles de gaz parfait :

$$l = p, \quad h = -v, \quad C_V = \frac{nR}{\gamma - 1}, \, C_p = \frac{n\gamma R}{\gamma - 1}.$$

Cas particulier : dans une transformation adiabatique : $\delta Q = 0$.

III. PREMIER PRINCIPE DE THERMODYNAMIQUE ÉNERGIE INTERNE U

• Au cours d'une transformation *élémentaire*, un système échange avec le milieu extérieur

– une énergie mécanique ou travail δW
– une énergie thermique ou quantité de chaleur δQ.

L'énergie interne de ce système subit alors une *variation* :

$$\boxed{\mathrm{d}U = \delta W + \delta Q} \, . \qquad (1)$$

Le premier principe de la thermodynamique postule que la somme $\delta W + \delta Q = \mathrm{d}U$ est une différentielle totale exacte, alors que δW et δQ séparément ne sont pas en général des différentielles totales.

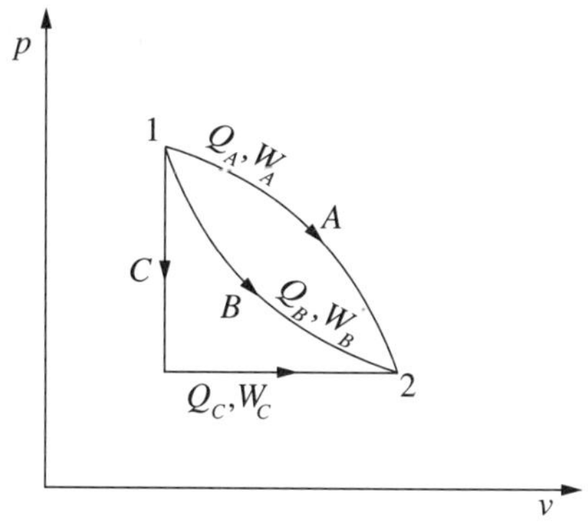

Fig. III.C

• Considérons une tranformation ouverte (non cyclique) faisant passer le système de l'état initial 1 à l'état final 2, par plusieurs chemins possibles $1A2$, $1B2$, $1C2$. Alors que les travaux (W_A, W_B, W_C) et les quantités de chaleur (Q_A, Q_B, Q_C) échangés avec le milieu extérieur dépendent du «chemin suivi», leur somme, qui mesure la variation d'énergie interne du système, est indépendante du chemin suivi et ne dépend que des états 1 et 2 :

$$U_2 - U_1 = W_A + Q_A = W_B + Q_B = W_C + Q_C.$$

Plus généralement, on a

$$\boxed{U_2 - U_1 \;=\; W_{1\to 2} + Q_{1\to 2}}\,.$$

↓ indépendant des états intermédiaires — ↓ ↓ dépendent des états intermédiaires

Remarques

① Dans la relation (1), δW et δQ sont comptés algébriquement. On compte **positivement** le travail et la chaleur **reçus** par le système, et **négativement** le travail et la chaleur **fournis** par le système au milieu extérieur.

② Lorsque l'énergie cinétique E_c et l'énergie potentielle E_p du système varient, l'expression (1) du 1er principe est à remplacer par l'expression généralisée (cf. Annexe à la fin de l'ouvrage et cf. probl. n° 21 et n° 25 de ce chapitre 3) :

$$\boxed{\mathrm{d}(U + E_c + E_p) = \delta W + \delta Q}$$

Cas particuliers

• Dans une **transformation cyclique**, l'état initial coïncide avec l'état final ($U_1 = U_2$) ; on a donc

$$\boxed{(W + Q)_{\text{cycle}} = 0}.$$

Cette relation traduit le *principe de l'équivalence* entre travail et chaleur, au cours d'un cycle ($|W| = |Q|$).

• Dans un **système isolé** (le système n'échange rien avec le milieu extérieur), $W = 0$ et $Q = 0$; on a donc $U_1 = U_2$; l'énergie interne ne varie pas.

• Pour un système qui **fournit du travail, sans recevoir de chaleur**, on a $W < 0$ et $Q = 0$; soit $U_2 = U_1 < 0$: il y a donc diminution de l'énergie interne du système, jusqu'au moment où ses réserves d'énergie s'épuisent; le système ne pourra donc pas fournir indéfiniment du travail. **Le premier principe s'oppose au mouvement perpétuel**.

IV. FONCTIONS D'ÉTAT U ET H : TRADUCTION MATHÉMATIQUE DU 1er PRINCIPE

1. Fonctions d'état U et H

L'**énergie interne** U, définie en III, par $\boxed{\Delta U = W + Q}$ est une fonction d'état extensive (donc additive), définie à une constante près.

De même, l'**enthalpie** H définie par $\boxed{H = U + p \cdot V}$, est une fonction d'état extensive, définie a une constante près.

Puisque les variations de U et H ne dépendent que de l'état initial et de l'état final de la transformation, $\mathrm{d}U$ et $\mathrm{d}H$ sont des **différentielles totales exactes**.

2. Expressions des différentielles $\mathrm{d}U$ et $\mathrm{d}H$

D'après le paragraphe II, on a :

$$\text{et} \quad \begin{cases} \mathrm{d}U = \delta W + \delta Q = c_V \, \mathrm{d}T + (l - p)\mathrm{d}V & (1) \\ \mathrm{d}H = \mathrm{d}(U + pV) = \delta Q + V \, \mathrm{d}p = c_p \, \mathrm{d}T + (h + V)\mathrm{d}p & (2) \end{cases}$$

3. Traduction mathématique du 1er principe

• La différentielle de la fonction mathématique de deux variables : $f(x, y)$, de la forme

$$\mathrm{d}f = A \cdot \mathrm{d}x + B \cdot \mathrm{d}y$$

est une différentielle totale exacte si $\left(\dfrac{\partial A}{\partial y}\right)_x = \left(\dfrac{\partial B}{\partial x}\right)_y$

où $(\partial A/\partial y)x$ est la dérivée partielle de A par rapport à la variable y, à $x =$ cte.

• Donc dU et dH étant des différentielles totales exactes d'après le 1er principe, il vient, d'après (1) et (2),

$$\left(\frac{\partial c_V}{\partial V}\right)_T = \left[\frac{\partial(l-p)}{\partial T}\right]_v \quad \text{et} \quad \left(\frac{\partial C_p}{\partial p}\right)_T = \left[\frac{\partial(h+V)}{\partial T}\right]_p$$

4. Relations générales de ΔU et ΔH

Pour n'importe quel système qui ne reçoit du travail que des forces de pression, on a les relations générales des variations de U et H :

$$\boxed{\Delta U = W_{\text{adiabatique}}} \qquad \boxed{\Delta U = Q_{\text{isochore}}} \qquad \boxed{\Delta H = Q_{\text{isobare}}}$$

5. Détentes de Joule-Gay-Lussac et Joule-Thomson

• Une détente de Joule-Gay-Lussac ($W = 0$; $Q = 0$) est à énergie interne constante $\Delta U = 0$ (Cf. problème n° 5 du chapitre 4).

• Une détente de Joule-Thomson ($W = p_1 V_1 - p_2 V_2$, $Q = 0$) est à enthalpie constante : $\Delta H = 0$ (Cf. problème n° 22 du chapitre 3, et cf. page 397).

V. EXPRESSIONS DES DIFFÉRENTIELLES dU ET dH D'UN GAZ PARFAIT : LOIS DE JOULE

1. Un gaz parfait (G.P.) est un gaz qui obéit

• à la **1re loi de Joule** : l'énergie interne n'est fonction que de la température,

$$\boxed{U = U(T)},$$

donc d'après (1), $\dfrac{\partial U}{\partial p} = 0$ et $\dfrac{\partial U}{\partial V} = l - p = 0$,

soit $l = p$, d'où d'après (1),

$$\boxed{\mathrm{d}U = C_V\,\mathrm{d}T},$$

• à la **2e loi de Joule** : l'enthalpie n'est fonction que de la température,

$$\boxed{H = H(T)},$$

donc d'après (2), $\dfrac{\partial H}{\partial V} = 0$ et $\dfrac{\partial H}{\partial p} = h + V = 0$,
soit $h = -V$, d'où d'après (2)

$$\boxed{\mathrm{d}H = C_p\,\mathrm{d}T},$$

2. Pour n moles, d'un gaz parfait ($pV = nRT$) de température T, les fonctions d'état sont $\boxed{U = (3/2)nRT}$ et $H = U + pV$ soit $\boxed{H = (5/2)nRT}$

VI. TABLEAU DE *W*, *Q*, Δ*U*, Δ*H* DES TRANSFORMATIONS D'UN GAZ PARFAIT

Relations caractéristiques / Transformation	Relation p, V, T	Transfert mécanique $W_{\text{reçu}} = -\int p\,\mathrm{d}V$	Transfert thermique $Q_{\text{reçu}}$	Variation d'énergie interne ΔU	Variation d'enthalpie ΔH
ISOBARE (pression) (constante)	$p = \text{cte}$ $\dfrac{V_2}{T_2} = \dfrac{V_1}{T_1}$	$W = -p(V_2 - V_1)$	$Q = C_p(T_2 - T_1)$	$\Delta U = C_V(T_2 - T_1)$	$\Delta H = c_p(T_2 - T_1)$
ISOCHORE (volume) (constante)	$V = \text{cte}$ $\dfrac{p_2}{T_2} = \dfrac{p_1}{T_1}$	$W = 0$	$Q = C_V(T_2 - T_1)$	$\Delta U = C_V(T_2 - T_1)$	$\Delta H = c_p(T_2 - T_1)$
ISOTHERME (température) (constante)	$T = \text{cte}$ $p2V_2 = p_1V_1$	$W = p_1V_1\,\ln\left(\dfrac{p_2}{p_1}\right)$	$Q = -W$ $= p_1V_1\,\ln\left(\dfrac{p_1}{p_2}\right)$	$\Delta U = 0$	$\Delta H = 0$
ISEN-TROPIQUE (adiabatique) (réversible)	$\begin{cases} p_2V_2^{\gamma} = p_1V_1^{\gamma} \\ T_2V_2^{\gamma-1} = T_1V_1^{\gamma-1} \end{cases}$	$\begin{cases} W = \dfrac{p_2V_2 - p_1v_1}{\;} \\ W = C_V(T_2 - T_1) \end{cases}$	$Q = 0$	$\Delta U = C_V(T_2 - T_1)$	$\Delta H = C_p(T_2 - T_1)$

PROBLÈMES DU CHAPITRE 3

A. CALCUL DE TRAVAIL ET CHALEUR ÉCHANGÉS

1. Détente isotherme d'un gaz parfait

1 m^3 d'air, (supposé gaz parfait), à la pression $p_1 = 10$ atmosphères, subit une détente, à température constante; la pression finale est $p_2 = 1$ atmosphère.

Déterminer le travail échangé par le gaz avec le milieu extérieur, au cours de cette détente, ainsi que la quantité de chaleur échangée avec le milieu extérieur.

On rappelle que 1 atm $= 10^5$ N/m^2.

Solution

La transformation est isotherme; elle obéit donc à la loi de Mariotte :

$$p_1 V_1 = p_2 V_2 = pV = \text{cte} = A,$$

d'où
$$p = \frac{A}{V}$$

Le travail échangé par le gaz est alors

$$W = \int_{V_1}^{V_2} = -p\,\mathrm{d}V = -A \int_{V_1}^{V_2} \frac{\mathrm{d}V}{V} = p_1 V_1 \ln \frac{V_1}{V_2},$$

or, d'après la loi $pV = \text{cte}$,

$$\frac{V_2}{V_1} = \frac{p_1}{p_2},$$

d'où
$$\boxed{W = p_1 V_1 \ln \frac{p_2}{p_1}}.$$

Application numérique : $W = 10^6 \cdot 1.\ \ln \dfrac{1}{10} = -2{,}3 \cdot 10^6$ J $=$ **$-2\,300$ kJ**.

Le gaz a donc cédé un travail (signe $-$) au milieu extérieur. Comme la variation d'énergie interne est nulle ($U_2 - U_1 = W + Q = 0$ à température constante), on en déduit que le gaz a reçu une quantité de chaleur égale au travail cédé :

$$Q = -W = \mathbf{+2\,300\ kJ}.$$

2. Compression adiabatique d'un gaz parfait

Un récipient, fermé par un piston mobile, renferme 2 g d'hélium (gaz parfait, monoatomique) dans les conditions (p_1, V_1). On opère une compression adiabatique, de façon *réversible*, qui amène le gaz dans les conditions (p_2, V_2). On donne $p_1 = 1$ atm, $V_1 = 10$ l, $p_2 = 3$ atm.

Déterminer :

1. le volume final V_2;

2 le travail reçu par le gaz,

3. la variation d'énergie interne et la variation d'enthalpie du gaz.

4. En déduire l'élévation de température du gaz, sans calculer la température initiale T_1.

On donne : rapport des chaleurs massiques à pression et volume constants : $\gamma = c_p/c_V = 5/3$,
constante des gaz parfaits : $R = 8{,}32$ S.I.

Solution

1. On a $p_1 V_1^\gamma = p_2 V_2^\gamma$, soit

$$\boxed{V_2 = V_1 \left(\frac{p_1}{p_2}\right)^{\frac{1}{\gamma}}}.$$

Application numérique : $V_2 = 10 \left(\frac{1}{3}\right)^{3/5} = \mathbf{5{,}16\,l}$.

2. La transformation adiabatique est régie par l'équation $pV^\gamma = \text{cte} = A$. Le travail reçu par le gaz est alors, compte tenu de $p = AV^{-\gamma}$,

$$W = \int_{V_1}^{V_2} -p\,\mathrm{d}V = A \int_{V_1}^{V_2} = -V^{-\gamma}\,\mathrm{d}V = \left[\frac{A \cdot V^{1-\gamma}}{\gamma - 1}\right]_{V_1}^{V_2} = \left[\frac{pV}{\gamma - 1}\right]_1^2$$

ou

$$\boxed{W = \frac{p_2 V_2 - p_1 V_1}{\gamma - 1}}.$$

Application numérique :

$$W = \frac{3 \cdot 10^5 \cdot 5{,}16 \cdot 10^{-3} - 10^5 \cdot 10 \cdot 10^{-3}}{\frac{2}{3}} = \mathbf{822\ J}.$$

3. • La variation d'énergie interne est

$$U_2 - U_1 = W + Q = W \quad (\text{car } Q = 0).$$

soit $\boxed{U_2 = U_1 = W}$

La variation d'enthalpie du gaz est

$$H_2 - H_1 = \underbrace{U_2 - U_1}_{=W} + \underbrace{(P_2V_2 - P_1V_1)}_{=(\gamma-1)W}$$

soit $\boxed{H_2 - H_1 = \gamma \cdot W}$

Application numérique : $U_2 - U_1 = \mathbf{822\ J}$; $H_2 - H_1 = \mathbf{1\,370\ J}$

4. On a, pour n moles de gaz parfait,

$$U_2 - U_1 = W = nC_{V_m}(T_2 - T_1),$$

or, la capacité calorifique molaire est $C_{V_m} = \dfrac{R}{\gamma - 1}$, donc

$$W = \frac{nR}{\gamma - 1}(T_2 - T_1).$$

On en déduit l'élévation de température du gaz :

$$\boxed{T_2 - T_1 = \frac{W(\gamma - 1)}{nR}}.$$

Application numérique :

2 g d'He (He = 4), représentent $n = \dfrac{2}{4} = \dfrac{1}{2}$ mole; d'où

$$T_2 - T_1 = \frac{822 \cdot \frac{2}{3}}{\frac{1}{2} \cdot 8{,}32} = \mathbf{132\ degrés}.$$

3. Variation d'énergie interne et transfert thermique

On chauffe un récipient contenant 6 g d'hydrogène (gaz supposé parfait) dont la température s'élève de 15 ° C à 30 ° C. Calculer :

1. la variation d'énergie interne du gaz au cours de cet échauffement;
2. la quantité de chaleur reçue par le gaz, si ce dernier a fourni un travail de 264 joules.

On donne : constante des gaz parfaits : $R = 8{,}32$ S.I.; rapport des chaleurs massiques de l'hydrogène : $\gamma = \dfrac{C_{p_m}}{C_{V_m}} = 1{,}4$.

Solution

1. La variation d'énergie interne de n moles de gaz parfait, de capacité calorifique molaire C_{V_m}, lors d'une variation de température ΔT, est

$$\boxed{\Delta U = nC_{V_m}\Delta T},$$

avec

$$C_{V_m} = \frac{R}{\gamma - 1}.$$

Application numérique : $C_{V_m} = \dfrac{8{,}32}{0{,}4} = 20{,}8$ J/mole·degré.

Or, le nombre de moles d'hydrogène ($H_2 = 2$ g) est $n = \dfrac{6}{2} = 3$ moles. On en déduit

$$\Delta U = 3 \cdot 20{,}8 \cdot 15 = \mathbf{936\ J}.$$

2. On a $\Delta U = W + Q$; la quantité de chaleur reçue par le gaz est alors

$$\boxed{Q = \Delta U - W},$$

avec $W = -264$ joules, car le gaz *a fourni* un travail.

Application numérique : On obtient $Q = 936 - (-264) = 1\,200$ J soit $Q \simeq$ **287 cal**.

4. Calcul de travaux reçus par un solide par deux chemins différents

Un solide de volume V_0, de coefficient de compressibilité isotherme χ et de coefficient de dilatation isobare α (V_0, α et χ sont constants), subit :

– un échauffement isobare réversible, de l'état $A_0(p_0, T_0)$ à l'état A $(p_0, T_1 = kT_0)$;

– puis une compression isotherme, de l'état A à l'état $A_1(p_1, T_1)$.

Représenter les états A_0, A et A_1 dans un diagramme (p, T).

Établir l'expression du travail reçu pour passer de l'état A_0 à l'état A_1, en fonction de p_0, V_0, T_0, k, α et χ :

1. en suivant le trajet A_0AA_1,

2. en suivant le trajet direct A_0A_1, dans le diagramme (p, T).

Solution

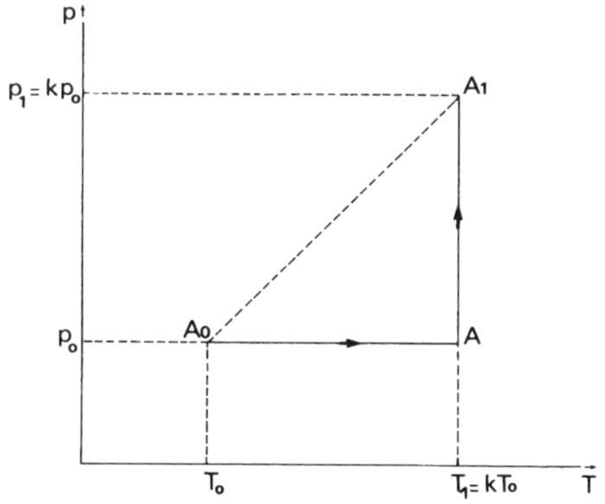

Fig. III.1

1. Le travail reçu par le solide, au cours de la transformation élémentaire réversible, est

$$dW = -p\,dV = -p\left[\left(\frac{\partial V}{\partial T}\right)_p dT + \left(\frac{\partial V}{\partial p}\right)_T dp\right].$$

Or, on a $\left(\frac{\partial V}{\partial T}\right)_p = \alpha V_0$ et $\left(\frac{\partial V}{\partial p}\right)_T = -\chi V_0.$

On en déduit

$$\boxed{dW = -pV_0(\alpha\, dT - \chi\, dp)}\,. \tag{1}$$

• Au cours de l'échauffement isobare A_0A, le travail élémentaire s'écrit

$$dW = -p_0 V_0 \alpha\, dT,$$

puisque $dp = 0$.
Par intégration on obtient

$$W_{A_0A} = \int dW = -\alpha p_0 V_0 (T_1 - T_0) = -\alpha p_0 V_0 T_0 (k-1).$$

• Au cours de la compression isotherme ($dT = 0$) le travail élémentaire s'écrit $dW = \chi V_0 p\, dp$; le travail reçu est alors

$$W_{AA_1} = \chi V_0 \frac{p_1^2 - p_0^2}{2} = \frac{\chi V_0 p_0^2}{2}(k^2 - 1).$$

Le travail total reçu pour passer de l'état A_1 (suivant le chemin A_0AA_1) est donc

$$W_{A_0AA_1} = W_{A_0A} + W_{AA_1},$$

soit

$$\boxed{W_{A_0AA_1} = \frac{p_0 V_0 (k^2 - 1)}{2}\left(-\frac{2\alpha T_0}{k+1} + \chi p_0\right)}\,. \tag{2}$$

2. La transformation A_0A_1 est représentée par la droite d'équation $p = kT$. L'expression (1) du travail élémentaire devient alors

$$dW = -k\alpha V_0 T \cdot dT + \chi V_0 p \cdot dp.$$

Le travail total reçu est donc

$$W = -k\alpha V_0 \left(\frac{T_1^2 - T_0^2}{2}\right) + \chi V_0 \left(\frac{p_1^2 - p_0^2}{2}\right),$$

et en tenant compte de $k = \dfrac{p_0}{T_0}$, il vient

$$\boxed{W_{A_0A_1} = \frac{p_0 V_0 (k^2 - 1)}{2}(-\alpha T_0 + \chi p_0)}\,. \tag{3}$$

Remarque : Les expressions (2) et (3) montrent bien que le travail reçu par le solide pour passer d'un état initial A_0 à un état final A_1 dépend du «chemin» suivi.

5. Travaux et chaleur échangés entre deux états d'un gaz

On considère deux moles d'oxygène (gaz supposé parfait) que l'on peut faire passer *réversiblement* de l'état initial $A(p_A, V_A, T_A)$ à l'état $B(p_B = 3p_A, V_B, T_A)$, par trois chemins distincts :

- chemin $A1B$ (transformation isotherme),
- chemin $A2B$ (représenté par une droite dans le diagramme (p, V)).
- chemin $A3B$ (cf. figure III.2)

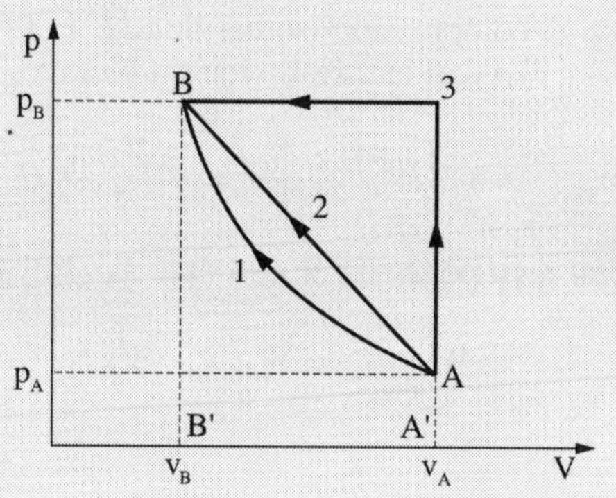

Fig. III.2

Calculer les travaux et les quantités de chaleur mises en jeu, durant ces trois transformations, en fonction de R et T.

Application numérique : $T = 300$ K, $R = \dfrac{25}{3}$ S.I.

Solution

D'après la loi de Mariotte, appliquée à l'isotherme $A1B$, on a

$$V_A = V_B\ \frac{p_B}{p_A} = 3V_B.$$

– Au cours de la compression isotherme $A1B$, le gaz reçoit un travail

$$W_1 = nRT\ \ln\ \frac{p_B}{p_A},$$

soit
$$W_1 = 2RT \ \ln 3$$
ou
$$\boxed{W_1 = 2{,}2RT}$$

– Au cours de la compression $A2B$, le travail est mesuré par l'aire du trapèze $AA'B'B$ de bases p_A et p_B et de hauteur $V_A - V_B$:

$$W_2 = \frac{(p_A + p_B)(V_A - V_B)}{2},$$

avec
$$p_B = 3p_A \quad \text{et} \quad V_B = \frac{V_A}{3},$$

on obtient donc

$$W_2 = \frac{4}{3}\ p_A V_A = \frac{4}{3}\ nRT$$

ou
$$\boxed{W_2 = \frac{8}{3}\ RT}\ .$$

– La transformation $A3B$ se décompose en une transformation à volume constant $A \rightarrow 3$ (le travail échangé est nul) et une transformation à pression constante $3 \rightarrow B$ (le travail échangé est $W = -p_B(V_B - V_A)$).

Le travail total mis en jeu est donc

$$W_3 = -3p_A \left(-\frac{2}{3}\ V_A\right) = 2p_A V_A = 2nRT,$$

soit
$$\boxed{W_3 = 4RT}\ .$$

Or, d'après le 1er principe, la variation d'énergie interne est, dans les trois cas, indépendantes du «chemin suivi»; donc

$$U_B - U_A = W_1 + Q_1 = W_2 + Q_2 = W_3 + Q_3 = 0.$$

La quantité de chaleur échangée est alors, dans chaque cas,

$$Q_1 = -W_1, \text{ soit } \boxed{Q_1 = -2{,}2RT,}$$

$$Q_2 = -W_2, \text{ soit } \boxed{Q_2 = -\frac{8}{3}\ RT,}$$

$$Q_3 = -W_3, \text{ soit } \boxed{Q_3 = -4RT.}$$

Application numérique : $W_1 = -Q_1 =$ **5,5 kJ**; $W_2 = -Q_2 =$ **6,67 kJ**; $W_3 = -Q_3 =$ **10 kJ**.

On remarque que le travail mis en jeu dépend du chemin suivi, de même que la quantité de chaleur; par contre la somme des travaux et chaleurs échangés, donc la variation d'énergie interne, ne dépend pas du chemin suivi (1er principe).

6. Capacité thermique et quantité de chaleur. Entropie massique

Aux faibles pressions, la chaleur massique à pression constante d'un gaz diatomique (oxyde de carbone) est fonction de la température absolue T :

$$c_p = A_0 - \frac{A_1}{T} + \frac{A_2}{T^2},$$

avec $A_0 = 1{,}41$; $A_1 = 492$; $A_2 = 16 \cdot 10^4$; c_p s'exprime alors en $\mathrm{J \cdot g^{-1} \cdot K^{-1}}$.

1. Calculer la quantité de chaleur reçue par une mole d'oxyde de carbone ($CO = 28$ g) lorsque ce gaz est chauffé de 27 °C à 127 °C, à pression constante.

2. En déduire la chaleur massique moyenne du gaz.

3. Exprimer l'entropie massique s de ce gaz, à la température $T^{(*)}$.

Solution

1. La quantité de chaleur élémentaire, correspondant à une variation $\mathrm{d}T$ de température d'une mole (de masse M) du gaz, est

$$\delta Q = M c_p \,\mathrm{d}T = M\left(A_0 - \frac{A_1}{T} + \frac{A_2}{T^2}\right)\mathrm{d}T;$$

en intégrant, on obtient la quantité de chaleur totale reçue par une mole du gaz;

$$\boxed{Q = M\left[A_0(T_2 - T_1) - A_1 \ln \frac{T_2}{T_1} + A_2\left(\frac{1}{T_1} - \frac{1}{T_2}\right)\right]}.$$

Application numérique : $T_1 = 300$ K, $T_2 = 400$ K; $\ln \dfrac{T_2}{T_1} = 0{,}287$; $M = 28$ g; on obtient $Q = 28(141 - 141{,}2 + 133{,}3) = \mathbf{3\,726\ J}$.

(*) Cette question 3, relative à l'entropie, est à relier au chapitre 4.

2. La chaleur massique moyenne $\overline{c}$ du gaz est,

puisque $Q = M\overline{c}(T_2 - T_1)$, $$\boxed{\overline{c} = \frac{Q}{M(T_2 - T_1)}}.$$

Application numérique : On obtient $\overline{c} = \mathbf{1{,}33\ J/g\cdot^\circ C} \approx 0{,}32$ cal/g·° C.

3. La différentielle de l'entropie massique du gaz est

$$\mathrm{d}s = c_p \frac{\mathrm{d}T}{T} = A_0 \frac{\mathrm{d}T}{T} - \frac{A_1}{T^2}\,\mathrm{d}T + \frac{A_2\,\mathrm{d}T}{T^3}$$

On en déduit, par intégration, l'entropie massique

$$\boxed{s(T) = A_0 \ln T + \frac{A_1}{T} - \frac{A_2}{2T^2} + \text{cte}}$$

7. Travail isotherme d'un gaz de Van der Waals

On considère une mole de gaz (CO_2) qui obéit à l'équation de Van der Waals
$$\left(p + \frac{a}{V^2}\right)(V - b) = RT.$$

1. Établir l'expression du travail reçu par le gaz, au cours d'une compression isotherme réversible s'effectuant entre les volumes V_1 et V_2, à la température T.

2. Que devient l'expression de ce travail, aux basses pressions ($b \ll V$) ?

3. Montrer alors que pour une certaine température T_1, que l'on exprimera en fonction de a, b, R, le gaz se comporte comme un gaz parfait. Vérifier que, pour cette température T_1, l'isotherme admet une tangente horizontale si p tend vers 0, dans le diagramme d'Amagat $pV = f(p)$.

Application numérique : Calculer T_1 pour le gaz carbonique.

On donne : $a = 0{,}36$ S.I., $b = 42{,}7 \cdot 10^{-6}$ S.I.; $R = 8{,}32$ S.I.

Solution

1. L'équation du gaz s'écrit

$$p = \frac{RT}{V-b} - \frac{a}{V^2},$$

le travail reçu au cours d'une compression isotherme est alors

$$W = \int_{V_1}^{V_2} -p\,\mathrm{d}V = -RT\int_{V_1}^{V_2}\frac{\mathrm{d}V}{V-b} + a\int_{V_1}^{V_2}\frac{\mathrm{d}V}{V^2},$$

ou

$$W = RT\,\ln\frac{V_1 - b}{V_2 - b} + a\left(-\frac{1}{V_2} + \frac{1}{V_1}\right),$$

ou encore

$$\boxed{W = RT\,\ln\frac{V_1}{V_2}\,\frac{1 - \dfrac{b}{V_1}}{1 - \dfrac{b}{V_2}} + a\left(\frac{1}{V_1} - \frac{1}{V_2}\right)}\,. \qquad (1)$$

2. Si la pression tend vers 0, le covolume b est négligeable devant V ; on a donc

$$\frac{1 - \dfrac{b}{V_1}}{1 - \dfrac{b}{V_2}} \approx 1 - \frac{b}{V_1} + \frac{b}{V_2} = 1 - b\left(\frac{1}{V_1} - \frac{1}{V_2}\right).$$

L'expression (1) s'écrit alors

$$W \approx RT\,\ln\frac{V_1}{V_2} + RT\,\ln\left[1 - b\left(\frac{1}{V_1} - \frac{1}{V_2}\right)\right] + a\left(\frac{1}{V_1} - \frac{1}{V_2}\right);$$

or, si $\varepsilon \ll 1$, on a $\ln(1+\varepsilon) \approx \varepsilon$, d'où

$$\ln\left[1 - b\left(\frac{1}{V_1} - \frac{1}{V_2}\right)\right] \approx -b\left(\frac{1}{V_1} - \frac{1}{v_2}\right).$$

On en déduit l'expression approchée du travail isotherme reçu par le gaz :

$$\boxed{W \approx RT\,\ln\frac{V_1}{V_2} + \underbrace{(a - RTb)\left(\frac{1}{V_1} - \frac{1}{V_2}\right)}_{\text{terme correctif par rapport au gaz parfait}}}\,.$$

3. Si le gaz était parfait, on aurait $a = b = 0$ et le travail isotherme serait alors

$$W = RT \ln \frac{V_1}{V_2}.$$

Donc le travail reçu par le gaz de Van der Waals est le même que celui d'un gaz parfait à condition que $a - RTb = 0$; la température métacritique est alors

$$\boxed{T_1 = \frac{a}{Rb}}.$$

L'isotherme $pV = f(p)$ admet une tangente horizontale lorsque

$$\left[\frac{\partial(pV)}{\partial p}\right]_T = 0.$$

Or, l'équation de Van der Waals peut s'écrire

$$pV = RT + pb - \frac{a}{V} + \frac{ab}{V^2};$$

aux faibles pressions, on a $b \ll V$; on peut donc négliger $\dfrac{ab}{V^2}$ devant RT ; l'équation s'écrit alors

$$pV \approx RT + p\left(b - \frac{a}{pV}\right),$$

ou
$$pV \approx RT + p\left(b - \frac{a}{RT}\right),$$

car aux faibles pressions, le gaz se comporte comme un gaz parfait ($pV = RT$). La pente de l'isotherme est donc

$$\left[\frac{\partial(pV)}{\partial p}\right]_T = b - \frac{a}{RT}.$$

À la température $T_1 = \dfrac{a}{Rb}$, on obtient $\left[\dfrac{\partial(pV)}{\partial p}\right]_T = 0$: la tangente de l'isotherme est horizontale, dans le diagramme d'Amagat (cf. problème 2 du chapitre 5, fig. V.2).

Application numérique : Pour le gaz carbonique CO_2, on obtient

$$T_1 = \frac{a}{Rb} = \mathbf{1\,014\ K}.$$

8. Diagramme travail-chaleur de transformations polytropiques

Une mole de gaz parfait (défini par les variables indépendantes : pression p et volume V) subit une transformation *réversible* au cours de laquelle le travail W et la quantité de chaleur Q reçus par le gaz sont liés par la relation $W = kQ$; cette relation est vérifiée au cours de chaque transformation élémentaire.

1. Montrer que le produit pV^n est constant au cours de la transformation : on exprimera n en fonction de k et du rapport $\gamma = \dfrac{C_p}{C_V}$ du gaz (C_p et C_V = capacités calorifiques molaires du gaz à pression ou volume constants).

2. *a)* Exprimer la capacité thermique molaire C du gaz parfait, en fonction de c_V et k, puis en fonction de c_V, n et γ.

b) Donner les valeurs de C dans les quatre cas suivants :
- transformation isotherme,
- transformation adiabatique,
- transformation isochore,
- transformation isobare.

3. *a)* Calculer en fonction de k, γ, p_1, V_1, p_2, V_2 le travail W reçu par le gaz, de la part du milieu extérieur, au cours d'une transformation réversible qui fait passer le gaz de l'état $\begin{cases} p_1 \\ V_1 \end{cases}$ à l'état $\begin{cases} p_2 \\ V_2 \end{cases}$.

b) Comparer ce travail avec le travail W_i reçu par le gaz, si la transformation précédente était effectuée par voie irréversible.

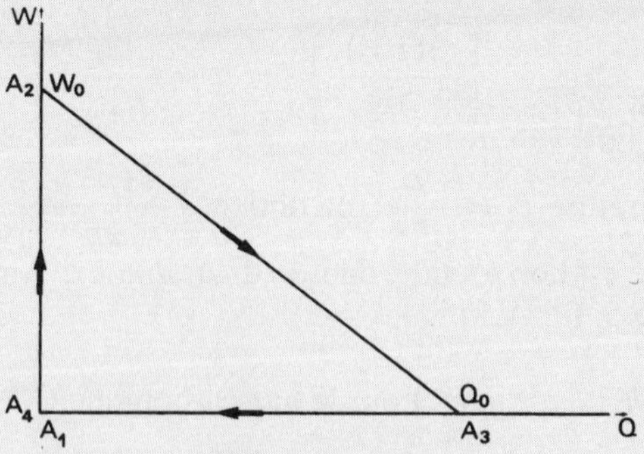

Fig. III.3

4. ***a)*** Le gaz subit la transformation $A_1 \begin{cases} p_1 \\ V_1 \\ T_1 \end{cases} \rightarrow A_2 \begin{cases} p_2 \\ V_2 \\ T_2 \end{cases} \rightarrow A_3 \begin{cases} p_3 \\ V_3 \\ T_3 \end{cases} \rightarrow$ $A_4 \begin{cases} p_4 \\ V_4 \\ T_4 \end{cases}$ représentée ci-dessus sur le diagramme (Q, W).
Déterminer les paramètres thermodynamiques, en fonction de p_1, V_1, T_1, dans les états A_2, A_3, A_4. On donne $Q_0 = W_0 = p_1 V_1$.

b) Tracer le diagramme des transformations subies par le gaz dans la représentation de Clapeyron (p, V).

Application numérique : $p_1 = 1$ atm; $T_1 = 300$ K; cte molaire des gaz parfaits $R = 8{,}32\ \mathrm{J \cdot K^{-1}/mole}$, $\gamma = 1{,}40$.

Solution

1. La relation entre travail et chaleur élémentaires échangés s'écrit

$$\delta W = k\delta Q, \qquad (1)$$

soit $-\,p\ \mathrm{d}V = k(C_{V_m}\ \mathrm{d}T + l\ \mathrm{d}V)$, avec $C_{V_m} = \dfrac{R}{\gamma - 1}$ et $l = p$, et, puisque $pV = RT$, $\mathrm{d}T = \dfrac{p\ \mathrm{d}V + V \cdot \mathrm{d}p}{R}$, donc

$$-\,p\ \mathrm{d}V = k\left[\frac{1}{\gamma - 1}(p\ \mathrm{d}V + V\ \mathrm{d}p) + p\ \mathrm{d}V\right]$$

ou $\quad (\gamma - 1)p\ \mathrm{d}V + k(p\ \mathrm{d}V + V\ \mathrm{d}p) + k(\gamma - 1)p\ \mathrm{d}V = 0$
On en déduit

$$p\ \mathrm{d}V[k\gamma + (\gamma - 1)] + kV\ \mathrm{d}p = 0$$

ou

$$\frac{\mathrm{d}V}{V}\left(\gamma + \frac{\gamma - 1}{k}\right) + \frac{\mathrm{d}p}{p} = 0 \qquad (2)$$

(en divisant les deux membres par kpV)
de la forme $\dfrac{\mathrm{d}p}{p} + n\,\dfrac{\mathrm{d}V}{V} = 0$. L'intégration fournit la relation

$$\boxed{pV^n = \text{cte}} \quad \text{avec} \quad \boxed{n = \gamma + \frac{\gamma - 1}{k}} \qquad (3)$$

2. ***a)*** La capacité thermique molaire du gaz parfait est, par définition,

$$C = \frac{\delta Q}{\mathrm{d}T}.$$

Or, la variation d'énergie interne d'une mole de gaz parfait, au cours d'une transformation élémentaire, est

$$\mathrm{d}U = C_{V_m}\,\mathrm{d}T = \delta W + \delta Q = \delta Q(k+1),$$

d'après la relation (1).
On en déduit

$$\boxed{C = \frac{\delta Q}{\mathrm{d}T} = \frac{C_{V_m}}{k+1}}. \qquad (4)$$

La relation (3) fournit

$$k = \frac{\gamma - 1}{n - \gamma},$$

d'où

$$\boxed{C = C_{V_m}\,\frac{n-\gamma}{n-1}}.$$

b) • Si la transformation est isotherme (T = cte), l'énergie interne ne varie pas :

$$\mathrm{d}U = \delta Q(k+1) = 0,$$

soit $k = -1$, et la relation (4) donne

$$\boxed{C = \infty}.$$

• Si la transformation est adiabatique ($Q = 0$), $k = \infty$, d'où

$$\boxed{C = 0}.$$

• Si la transformation est isochore (V = cte), $W = 0$; donc $k = 0$ et

$$\boxed{C = C_{V_m}}.$$

• Si la transformation est isobare ($\mathrm{d}p = 0$), la relation (2) fournit

$$\gamma + \frac{\gamma - 1}{k} = 0 \quad \text{donc} \quad k = \frac{1-\gamma}{\gamma};$$

d'où, d'après la relation (4),

$$\boxed{C = \gamma C_{V_m} = C_{p_m}}.$$

3. *a)* La variation d'énergie interne du gaz parfait est, au cours d'une transformation élémentaire, compte tenu de $\delta Q = \delta W/k$,

$$dU = C_{V_m}\, dT = \delta W + \delta Q = \delta W \left(\frac{k+1}{k}\right),$$

Le travail élémentaire reçu par le gaz est donc

$$\delta W = \frac{kC_{V_m}}{k+1}\, dT = \frac{kC_{V_m}}{k+1}\, \frac{d(pV)}{R}.$$

En intégrant, on obtient le travail W fourni au gaz :

$$W = \frac{kC_{V_m}}{(k+1)R}\,(p_2V_2 - p_1V_1), \text{ avec } C_{V_m} = \frac{R}{\gamma - 1},$$

d'où
$$\boxed{W = \frac{k}{k+1}\,\frac{p_2V_2 - p_1V_1}{\gamma - 1}}.$$

Remarque : Dans une transformation adiabatique, $k = \infty$ et $\dfrac{k}{k+1}$ tend vers 1 et $W \rightarrow W_{\text{adiab}} = \dfrac{p_2V_2 - p_1V_1}{\gamma - 1}$.

b) La variation d'énergie interne $dU = \delta W \left(\dfrac{k+1}{k}\right)$ ne dépend pas du «chemin suivi». Comme, ici, δW est proportionnelle à dU, c'est que δW ne dépend pas du chemin suivi.
Donc, par voie réversible ou irréversible, le gaz reçoit le même travail $\boxed{W_i = W}$.

4. *a)* On reconnaît que :
– A_1A_2 : adiabatique (car $Q = 0$),
– A_2A_3; isotherme (car $W = -Q$), soit $\Delta U = W + Q = 0$,
– A_3A_4 : isochore (car $W = 0$), c'est donc une transformation à volume constant.
Puisque A_1A_2 est une adiabatique, on a

$$W_0 = \frac{p_2V_2 - p_1V_1}{\gamma - 1} = p_1V_1,$$

soit
$$p_2V_2 = \gamma p_1V_1 \quad \text{ou} \quad RT_2 = \gamma RT_1,$$

d'où
$$\boxed{T_2 = \gamma T_1}.$$

De plus $T_2 V_2^{\gamma-1} = T_1 V_1^{\gamma-1}$,

d'où $$\boxed{V_2 = V_1 \cdot \gamma^{\frac{1}{1-\gamma}}},$$

et $p_2 = \dfrac{\gamma p_1 V_1}{V_2}$, d'où $\boxed{p_2 = p_1 \cdot \gamma^{\frac{\gamma}{\gamma-1}}}$.

Le long de l'isotherme A_2A_3,

$$\boxed{T_3 = T_2}$$

et $W_0 = RT_2 \ln \dfrac{p_2}{p_3} = RT_2 \ln \dfrac{V_3}{V_2} = p_1 V_1 = RT_1 = \dfrac{RT_2}{\gamma}$.

On en déduit $V_3 = V_2 e^{\frac{1}{\gamma}}$,

d'où $$\boxed{V_3 = V_1 \cdot \gamma^{\frac{1}{1-\gamma}}\, e^{\frac{1}{\gamma}}},$$

et $p_3 = p_2 e^{-\frac{1}{\gamma}}$, d'où $\boxed{p_3 = p_1 \cdot \gamma^{\frac{\gamma}{\gamma-1}}\, e^{-\frac{1}{\gamma}}}$.

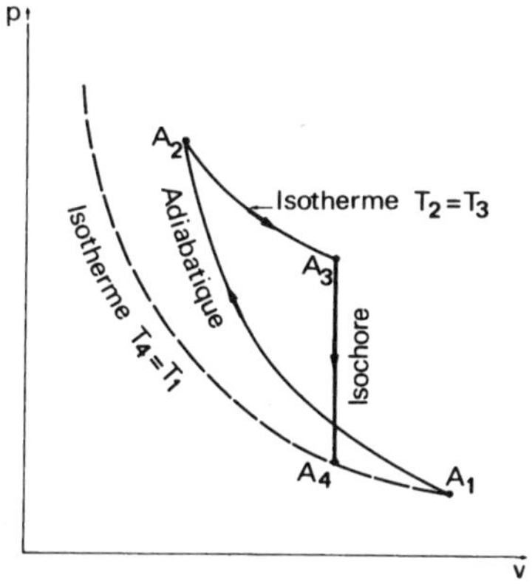

Fig. III.4

Le long de l'isochore A_3A_4,

$$\boxed{V_3 = V_4}.$$

De plus, $U_4 - U_1 = W + Q = 0 = C_{V_m}(T_4 - T_1)$.

Donc $$\boxed{T_4 = T_1}\,.$$

Enfin $$\boxed{p_4 = \frac{RT_1}{V_3} = p_1 \cdot \gamma^{-\frac{1}{1-\gamma}}\,e^{-\frac{1}{\gamma}}}\,.$$

Application numérique :

$T_2 =$ **420 K**; $V_2 = 24{,}96 \cdot \dfrac{1}{2{,}42} =$ **10,76 l**; $p_2 =$ **3,24 · 10⁵ Pa**.

$T_3 = T_2 =$ **420 K**; $V_3 =$ **22,0 l**; $p_3 =$ **1,6 · 10⁵ Pa**.

$T_4 = T_1 =$ **300 K**; $V_4 = V_3 =$ **22,0 l**; $p_4 =$ **1,13 · 10⁵ Pa**.

b) Dans le diagramme (p, V), les points représentatifs A_1 et A_4 des états initial et final ne sont pas confondus, contrairement au diagramme (W, Q).

B. BILANS ÉNERGÉTIQUES DE CYCLES RÉVERSIBLES

9. Vérification du premier principe pour trois cycles représentés en diagramme (P,V), (T,V) et (T,P)

On considère les trois transformations cycliques réversibles d'une mole de gaz parfait, représentées par un rectangle (figure III.5) :

a) sur le diagramme de Clapeyron (p, V),

b) sur le diagramme (T, V),

c) sur le diagramme (T, p).

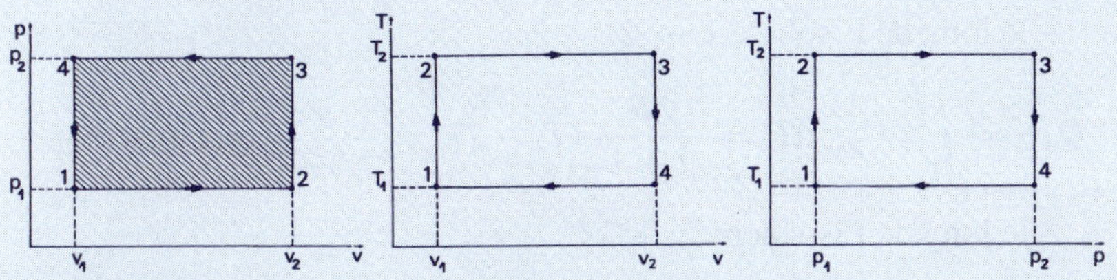

Fig. III.5

Calculer dans chaque cas le travail et la quantité de chaleur échangés au cours de chaque transformation $1 \to 2$, $2 \to 3$, $3 \to 4$, $4 \to 1$, et du cycle entier, entre le système gazeux et le milieu extérieur, en fonction de γ et des coordonnées thermodynamiques indiquées dans chacun des diagrammes. Vérifier le principe d'équivalence.

Solution

a) Variables p, V :

- Les travaux échangés avec le milieu extérieur valent :
  - le long de l'isobare $1 \to 2$: $W_{1,2} = -p_1(V_2 - V_1)$,
  - le long de l'isochore $2 \to 3$: $W_{2,3} = 0$,
  - le long de l'isobare $3 \to 4$: $W_{3,4} = -p_2(V_1 - V_2)$,
  - le long de l'isochore $4 \to 1$: $W_{4,1} = 0$.

Le travail total échangé avec le milieu extérieur est donc

$$W = \sum W_i,$$

ou

$$\boxed{W = (p_2 - p_1)(V_2 - V_1)}\,.$$

Remarque : Le travail $W = \oint -p \, \mathrm{d}V$ est également mesuré par l'aire hachurée du diagramme (p, V), qui est un rectangle de côtés $(V_2 - V_1)$ et $(p_2 - p_1)$; ce travail est compté positivement car le cycle est décrit dans le sens trigonométrique direct.
Dans le diagramme de Clapeyron (p, V), on a donc

$$W = (p_2 - p_1)(V_2 - V_1).$$

- Les quantités de chaleur échangées valent, compte tenu des équations d'état $\begin{cases} p_1 V_1 = RT_1, \\ p_1 V_2 = RT_2, \\ p_2 V_2 = RT_3, \\ p_2 V_1 = RT_4, \end{cases}$
  - le long de l'isobare $1 \to 2$:

$$Q_{1,2} = \int_{T_1}^{T_2} C_{p_m} \, \mathrm{d}T = \frac{\gamma R}{\gamma - 1} (T_2 - T_1) = \frac{\gamma}{\gamma - 1} p_1(V_2 - V_1),$$

  - le long de l'isochore $2 \to 3$:

$$Q_{2,3} = \int_{T_2}^{T_3} C_{V_m} \, \mathrm{d}T = \frac{R}{\gamma - 1} (T_3 - T_2) = \frac{1}{\gamma - 1} V_2(p_2 - p_1),$$

– le long de l'isobare 3 → 4 :

$$Q_{3,4} = \int_{T_3}^{T_4} C_{p_m}\, \mathrm{d}T = \frac{\gamma R}{\gamma - 1}\,(T_4 - T_3) = -\frac{\gamma}{\gamma - 1}\, p_2(V_2 - V_1),$$

– le long de l'isochore 4 → 1 :

$$Q_{4,1} = \int_{T_4}^{T_1} C_{V_m}\, \mathrm{d}T = \frac{R}{\gamma - 1}\,(T_1 - T_4) = -\frac{1}{\gamma - 1}\, V_1(p_2 - p_1).$$

La quantité de chaleur totale échangée est alors $Q = \sum Q_i$, soit

$$Q = \frac{\gamma(V_2 - V_1)(p_1 - p_2) + (p_2 - p_1)(V_2 - V_1)}{\gamma - 1}$$

ou

$$\boxed{Q = -(p_2 - p_1)(V_2 - V_1)}\,.$$

Remarque : On a $W = -Q$, ce qui vérifie le principe de l'équivalence : $(Q + W)_{\text{cycle}} = 0$.

b) Variables T, V.

• Les travaux échangés avec le milieu extérieur valent :

– le long de l'isochore 1 → 2 :

$$W_{1,2} = 0,$$

– le long de l'isotherme 2 → 3 :

$$W_{2,3} = RT_2\, \ln \frac{V_1}{V_2} = -RT_2\, \ln \frac{V_2}{V_1},$$

– le long de l'isochore 3 → 4 :

$$W_{3,4} = 0,$$

– le long de l'isotherme 4 → 1 :

$$W_{4,1} = RT_1\, \ln \frac{V_2}{V_1}.$$

Au cours du cycle 1 → 2 → 3 → 4 → 1, le travail total est échangé est

$$W = \sum W_i,$$

ou

$$\boxed{W = -R(T_2 - T_1)\, \ln \frac{V_2}{V_1}}\,.$$

• Les quantités de chaleur échangées valent :

– le long de l'isochore 1 → 2 :

$$Q_{1,2} = \int_{T_1}^{T_2} C_{V_m} \, \mathrm{d}T = \frac{R}{\gamma - 1} (T_2 - T_1),$$

– le long de l'isotherme 2 → 3 :

$$Q_{2,3} = -W_{2,3} = +RT_2 \ln \frac{V_2}{V_1},$$

– le long de l'isochore 3 → 4 :

$$Q_{3,4} = \int_{T_2}^{T_1} C_{V_m} \, \mathrm{d}T = -\frac{\gamma R}{\gamma - 1}(T_2 - T_1),$$

– le long de l'isotherme 4 → 1 :

$$Q_{4,1} = -W_{4,1} = -RT_1 \ln \frac{V_2}{V_1}.$$

Au cours du cycle 1 → 2 → 3 → 4 → 1, la quantité de chaleur totale échangée est $Q = \sum Q_i$, soit

$$\boxed{Q = R(T_2 - T_1) \ln \frac{V_2}{V_1}}.$$

Remarque : Le principe de l'équivalence $(Q + W)_{\text{cycle}} = 0$ est encore vérifié. Mais ici $W < 0$ et $Q > 0$: le système fournit un travail et reçoit de la chaleur, contrairement au cycle précédent.

c) Variables T, p.

• Les travaux échangés avec le milieu extérieur valent :

– le long de l'isobare 1 → 2 :

$$W_{1,2} = -p_1(V_2 - V_1) = -R(T_2 - T_1),$$

– le long de l'isotherme 2 → 3 :

$$W_{2,3} = RT_2 \ln \frac{p_2}{p_1},$$

– le long de l'isobare 3 → 4 :

$$W_{3,4} = -p_2(V_4 - V_3) = R(T_2 - T_1),$$

– le long de l'isotherme 4 → 1 :

$$W_{4,1} = RT_1 \ln \frac{p_1}{p_2} = -RT_1 \ln \frac{p_2}{p_1}.$$

Au cours du cycle 1 → 2 → 3 → 4 → 1, le travail total échangé est

$$\boxed{W = R(T_2 - T_1) \ln \frac{p_2}{p_1}}.$$

• Les quantités de chaleur échangées avec le milieu extérieur valent :

– le long de l'isobare 1 → 2 :

$$Q_{1,2} = \int_{T_2}^{T_1} C_{p_m} \, \mathrm{d}T = -\frac{\gamma R}{\gamma - 1} (T_2 - T_1),$$

– le long de l'isotherme 2 → 3 :

$$Q_{2,3} = -W_{2,3} = -RT_2 \ln \frac{p_2}{p_1},$$

– le long de l'isobare 3 → 4 :

$$Q_{3,4} = \int_{T_2}^{T_1} C_{p_m} \, \mathrm{d}T = -\frac{\gamma R}{\gamma - 1} (T_2 - T_1),$$

– le long de l'isotherme 4 → 1 :

$$Q_{4,1} = -W_{4,1} = +RT_1 \ln \frac{p_2}{p_1}.$$

Au cours du cycle 1 → 2 → 3 → 4 → 1, la quantité de chaleur totale échangée est

$$\boxed{Q = -R(T_2 - T_1) \ln \frac{p_2}{p_1}}.$$

Remarque : On a encore évidemment $(W + Q)_{\text{cycle}} = 0$, avec $W > 0$ et $Q < 0$.

/ X

10. Bilan d'énergie du cycle de Lenoir

L'état initial d'une mole de gaz parfait est caractérisé par $p_0 = 2 \cdot 10^5$ pascals, $V_0 = 14$ litres. On fait subir successivement à ce gaz :

– une détente isobare, qui double son volume,

– une compression isotherme, qui le ramène à son volume initial,

– un refroidissement isochore, qui le ramène à l'état initial (p_0, V_0).

1. À quelle température s'effectue la compression isotherme ? En déduire la pression maximale atteinte. Représenter le cycle de transformation dans le diagramme (p, V).

2. Calculer le travail et la quantité de chaleur échangés par le système au cours du cycle.

On donne : constante des gaz parfaits : $R = 8{,}32$ J·K^{-1}.

Solution

1. L'état initial du gaz, représenté par le point A_0, est caractérisé par

$$A_0 \begin{cases} p_0 = 2 \cdot 10^5 \text{ pascals,} \\ V_0 = 14 \cdot 10^{-3} \text{ m}^3, \\ T_0 = \dfrac{p_0 V_0}{R} = 336{,}5 \text{ K.} \end{cases}$$

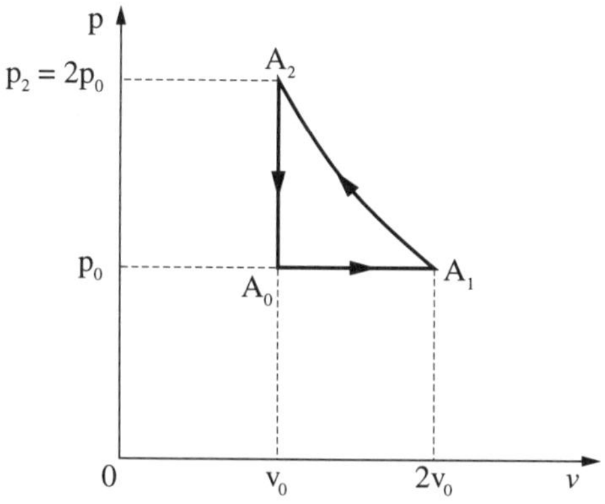

Fig. III.6

À la fin de la détente isobare, l'état du gaz, représenté par le point A_1, est caractérisé par

$$A_1 \begin{cases} p_1 = p_0, \\ V_1 = 2V_0 \text{ (par hypothèse)}, \\ T_1 = \dfrac{p_1 V_1}{R} = \dfrac{2p_0 V_0}{R} = 2T_0. \end{cases}$$

La compression isotherme BC s'effectue à température constante :

$$\boxed{T_1 = 2T_0 = 673 \text{ K}}.$$

À la fin de la compression isotherme, l'état du gaz est alors représenté par

$$A_2 \begin{cases} p_2 = \dfrac{p_1 V_1}{V_0} = 2p_0 \text{ (d'après la loi de Mariotte)}, \\ V_0, \\ 2T_0. \end{cases}$$

La pression maximale du gaz est donc

$$\boxed{p_2 = 2p_0 = 4 \cdot 10^5 \text{ pascals}}.$$

2. Les travaux échangés, au cours de chacune des transformations sont :

– détente isobare A_0A_1 : $W_1 = -p_0(2V_0 - V_0) = -p_0V_0 = -2\,800$ J,

– compression isotherme A_1A_2 : $W_2 = RT_1 \ln \dfrac{p_2}{p_0} = 2RT_0 \ln 2$ soit $W_2 = +3\,864$ J,

– refroidissement isochore A_2A_0 : $W_3 = 0$ (à volume constant).

Le bilan mécanique du cycle est donc

$$W = W_1 + W_2 + W_3 \approx \mathbf{1\,064\ J/mole}.$$

Au cours du cycle, $W + Q = 0$; la quantité de chaleur échangée est donc

$$Q = -W = -1\,064 \text{ J/mole} = \mathbf{-255\ cal/mole}.$$

W est positif, Q est négatif; par conséquent, le système a reçu un travail qu'il a intégralement restitué au milieu extérieur sous forme de chaleur.

11. Compresseur : bilan énergétique et travail maximal

A) Un piston étanche peut se mouvoir sans frottement, dans un cylindre muni de deux soupapes R_0 et R_1. On effectue les opérations suivantes :

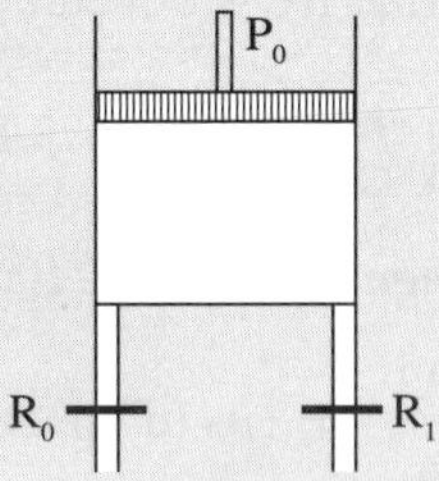

Fig. III.7

a) R_0 ouverte, R_1 fermée, le piston est au fond et remonte en aspirant une mole de gaz sous la pression p_0 et la température T_0.

b) R_0 fermée, R_1 fermée, le piston comprime adiabatiquement le gaz jusqu'à la pression p'_1 et la température T'_1.

c) R_0 fermée, R_1 ouverte, le piston refoule le gaz à pression constante p'_1.

1. Calculer en fonction de T_0, T'_1, R et γ, le travail total fourni par le piston, pendant un aller et retour.
Application numérique : $\gamma = 1{,}4$; $p'_1/p_0 = 10$; $T_0 = 300$ K;
$R = 8{,}32$ J·K^{-1} · mole^{-1}.

B) Le compresseur est à deux étages : le gaz chassé par R_1 est refroidi jusqu'à T_0, à pression constante p'_1, et admis dans un deuxième cylindre. On effectue les opérations suivantes :

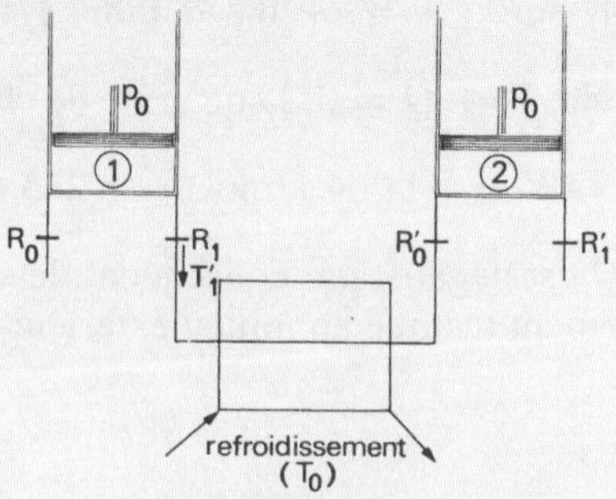

Fig. III.8

a) Admission dans le deuxième cylindre sous pression constante p'_1 (R'_0 ouverte, et R'_1 fermée).

b) Compression adiabatique (R'_0 fermée, R'_1 fermée) jusqu'à la pression p_1, la température finale étant T''_1.

c) Refoulement du gaz à la pression constante p_1 (R'_0 fermée, R'_1 ouverte).

2. Calculer les travaux W_1 et W_2 fournis par un aller et retour des pistons 1 et 2.

3. Calculer $W = W_1 + W_2$ en fonction de R, γ, T_0, T'_1, T''_1 puis de γ, R, T_0, x et y, en posant $\dfrac{p_1}{p_0} = x$ et $\dfrac{p'_1}{p_0} = y$.

4. Montrer que si le rapport x est fixé, il y a une valeur de y qui rend W minimal; calculer p'_1 dans ce cas, en fonction de p_0 et x. Calculer alors W, en fonction de R, γ, T_0 et x, ainsi que la quantité de chaleur cédée au cours du refroidissement.

Application numérique : $\gamma = 1{,}4$; $T_0 = 300$ K, $p_0 = 1$ atm; $x = p_1/p_0 = 10$.

Solution

A) **1.** Les travaux fournis par le piston sont :

– pendant l'admission : $W_a = 0$ (car la même pression p_0 agit sur les deux faces du piston);

– pendant la compression adiabatique(*) :

$$W_c = \underbrace{\frac{p'_1 V'_1 - p_0 V_0}{\gamma - 1}}_{\text{Travail de compression}} + \underbrace{[-p_0(V_0 - V'_1)]}_{\text{Travail fourni sur la face extérieure}} ;$$

– pendant l'échappement :

$$W_e = \underbrace{-p_0(V'_1 - 0)}_{\text{face extérieure}} + \underbrace{p'_1(V'_1 - 0)}_{\text{face intérieure}} = (p'_1 - p_0)V'_1$$

(*) Pour la justification de la relation ci-dessous donnant le travail W_c, se reporter à la solution du problème n° 14 du chapitre 4 (3e question a)).

Le travail total fourni par le piston, pour un aller et retour, est donc

$$W = W_a + W_c + W_e = \frac{p'_1 V'_1 - P_0 V_0}{\gamma - 1} - p_0 V_0 + p'_1 V'_1$$

ou

$$W = \frac{\gamma}{\gamma - 1}\,(p'_1 V'_1 - p_0 V_0).$$

Or, on a

$$p_0 V_0 = RT_0 \quad \text{et} \quad p'_1 V'_1 = RT'_1.$$

Le travail fourni est donc

$$\boxed{W = \frac{R\gamma}{\gamma - 1}\,(T'_1 - T_0)}\,.$$

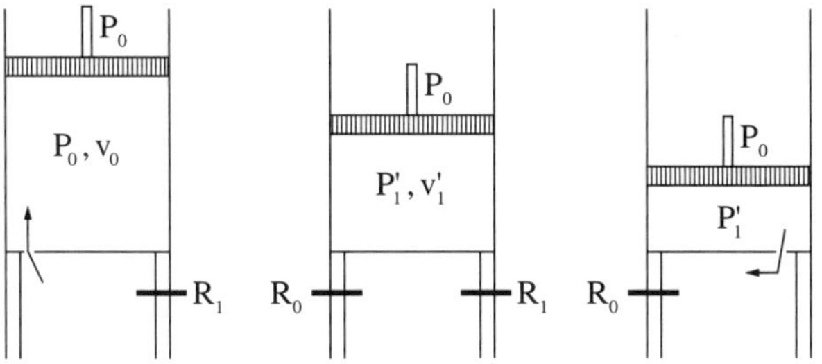

Fig. III.9

La température T'_1 du gaz, à la fin de la compression adiabatique, est

$$T'_1 = T_0 \left(\frac{p_0}{p'_1}\right)^{\frac{1-\gamma}{\gamma}}.$$

Application numérique : $T'_1 = 300(10)^{2/3} =$ **580 K**; $W \approx$ **8 150 J**.

B) 2. Le travail fourni par le piston 1 est, d'après la 1re question,

$$\boxed{W_1 = \frac{R\gamma T_0}{\gamma - 1}\left(\frac{T'_1}{T_0} - 1\right)}\,.$$

Le travail fourni par le piston 2 est :

– pendant l'admission :

$$W'_a = -(p'_1 - p_0)V'_1;$$

– pendant la compression adiabatique qui amène le gaz de l'état $\begin{cases} p_1' \\ V_1' \\ T_0 \end{cases}$

à l'état $\begin{cases} p_1 \\ V_1 \\ T_1'' \end{cases}$;

$$W_c' = \frac{p_1V_1 - p_1'V_1'}{\gamma - 1} - p_0(V_1' - V_1),$$

– pendant l'échappement :

$$W_e' = (p_1 - p_0)V_1.$$

Le travail total fourni par le piston 2, pour un aller et retour, est donc

$$W_2 = W_a' + W_c' + W_e' = \frac{p_1V_1 - p_1'V_1'}{\gamma - 1} + p_1V_1 - p_1'V_1',$$

ou $$W_2 = \frac{\gamma}{\gamma - 1}\,(p_1V_1 - p_1'V_1')$$

avec $$p_1V_1 = RT_1'' \text{ et } p_1'V_1' = RT_0,$$

donc $$\boxed{W_2 = \frac{\gamma RT_0}{\gamma - 1}\left(\frac{T_1''}{T_0} - 1\right)}.$$

3. La somme des travaux est alors

$$W = W_1 + W_2 = \frac{\gamma RT_0}{\gamma - 1}\left(\frac{T_1'}{T_0} + \frac{T_1''}{T_0} - 2\right),$$

avec $$\frac{T_1'}{T_0} = \left(\frac{p_0}{p_1'}\right)^{\frac{1-\gamma}{\gamma}} = y^{\frac{\gamma-1}{\gamma}}$$

et $$\frac{T_1''}{T_0} = \left(\frac{p_1'}{p_1}\right)^{\frac{1-\gamma}{\gamma}} = \left(\frac{p_1'}{p_0}\,\frac{p_0}{p_1}\right)^{\frac{1-\gamma}{\gamma}} = \left(\frac{x}{y}\right)^{\frac{\gamma-1}{\gamma}}$$

On a donc $$\boxed{W = \frac{\gamma RT_0}{\gamma - 1}\left[y^{\frac{\gamma-1}{\gamma}} + \left(\frac{x}{y}\right)^{\frac{\gamma-1}{\gamma}} - 2\right]}.$$

4. Si x est constant, ce travail fonction de y est minimal lorsque $\dfrac{\mathrm{d}W}{\mathrm{d}y} = 0$.

soit $$\frac{\mathrm{d}W}{\mathrm{d}y} = RT_0\left(y^{-\frac{1}{\gamma}} - x^{\frac{\gamma-1}{\gamma}} \cdot y^{\frac{1-2\gamma}{\gamma}}\right) = 0$$

ou $$x^{\frac{\gamma-1}{\gamma}} = y^{\frac{2(\gamma-1)}{\gamma}} \text{ et enfin } y^2 = \left(\frac{p_1'}{p_0}\right)^2 = x.$$

On a donc $$\boxed{p_1' = p_0\sqrt{x}}.$$

• On peut vérifier qu'il s'agit bien là d'un minimum, en remarquant que

et $$\begin{cases} \dfrac{\mathrm{d}W}{\mathrm{d}y} < 0 \quad \text{si} \quad y \to 0, \\ \dfrac{\mathrm{d}W}{\mathrm{d}y} > 0 \quad \text{si} \quad y \to \infty. \end{cases}$$

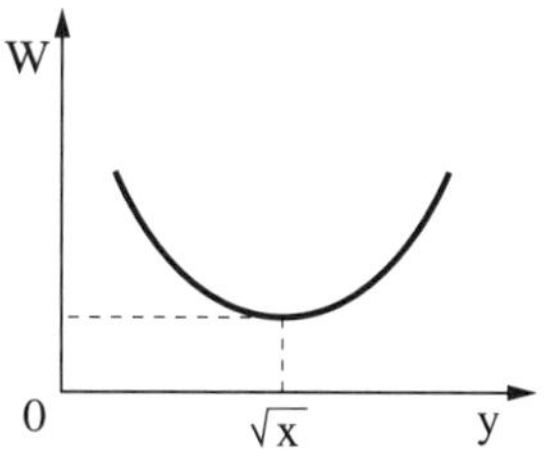

Fig. III.10

• La somme des travaux fournis par le piston est alors minimale et vaut, puisque $y = x^{1/2}$,

$$W = \frac{\gamma R T_0}{\gamma - 1}\left(x^{\frac{\gamma-1}{2\gamma}} + x^{\frac{\gamma-1}{2\gamma}} - 2\right),$$

ou $$\boxed{W = \frac{2\gamma R T_0}{\gamma - 1}\left(x^{\frac{\gamma-1}{2\gamma}} - 1\right)}.$$

Application numérique : $\dfrac{\gamma - 1}{2\gamma} = \dfrac{1}{7}$; $x = 10$; $T_0 = 300$ K.

On obtient $W = 7 \cdot 8{,}32 \cdot 300(10^{1/7} - 1) \approx$ **6 800 J**.

Cette valeur est bien inférieure à celle trouvée au paragraphe A, qui pourtant ne concernait que le travail du piston 1.

• La quantité de chaleur cédée au cours des refroidissements à pression constante est

$$Q = C_{p_m}(T_1' - T_0), \quad \text{avec} \quad C_{p_m} = \frac{\gamma R}{\gamma - 1}.$$

donc $$Q = \frac{\gamma R T_0}{\gamma - 1}\left(\frac{T_1'}{T_0} - 1\right) = \frac{\gamma R T_0}{\gamma - 1}\left(y^{\frac{\gamma-1}{\gamma}} - 1\right).$$

Or, dans le cas envisagé, $y = x^{1/2}$, on a donc

$$Q = \frac{\gamma R T_0}{\gamma - 1}\left(x^{\frac{\gamma-1}{2\gamma}} - 1\right), \quad \text{soit} \quad \boxed{Q = \frac{1}{2}\,W}\,.$$

Application numérique : $Q =$ **3 400 J**.

12. Congélateur à ammoniac : bilans énergétique et enthalpique

Le schéma ci-après représente un congélateur à ammoniac, à deux étages. Chaque étage comprend un évaporateur, un compresseur et un condenseur, le réservoir intermédiaire jouant à la fois le rôle de condenseur pour le 1er étage, et d'évaporateur pour le 2e. Dans chaque cycle, l'ammoniac (NH_3) subit donc successivement une évaporation, une compression adiabatique, un refroidissement suivi d'une condensation, et une détente adiabatique et isenthalpique (à enthalpie constante).

Les notations utilisées sont celles qui sont indiquées sur le schéma. Les symboles p et t sont affectés de l'indice du cycle correspondant.

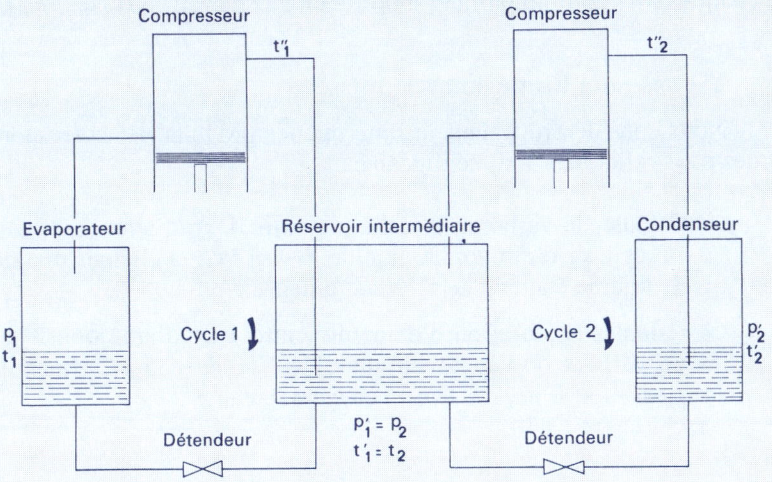

Fig. III.11

$$\text{Cycle 1}\begin{cases} t_1 = -35\,^\circ\text{C},\ p_1 = 0{,}95 \cdot 10^5 \text{ pascals} \\ \qquad \text{(pression de vapeur saturante à } t_1\text{)}, \\ t_1'' \text{ désigne la température à la sortie du premier compresseur,} \\ t_1' = 3\,^\circ\text{C},\ p_1' = 4{,}9 \cdot 10^5 \text{ pascals} \\ \qquad \text{(pression de vapeur saturante à } t_1'\text{)}. \end{cases}$$

$$\text{Cycle 2}\begin{cases} t_2 = t_1' = 3\,^\circ\text{C},\ p_2 = p_1' = 4{,}9 \cdot 10^5 \text{ pascals.} \\ t_2'' \text{ désigne la température à la sortie du deuxième compresseur,} \\ t_2' = 35\,^\circ\text{C},\ p_2' = 13{,}8 \cdot 10^5 \text{ pascals} \\ \qquad \text{(pression de vapeur saturante à } t_2'\text{)}. \end{cases}$$

$\gamma = 1{,}30$; $R = 8{,}31$ joules/mole/degré; $J = 4{,}18$ joules/cal.

1re question : Étude de la compression adiabatique

Soit une transformation adabiatique réversible, faisant passer un gaz parfait de l'état (p,T) à l'état (p',T'').

a) Exprimer T'' en fonction de $\dfrac{p'}{p}$, T et γ. En déduire les températures t_1'' et t_2'' à la sortie de chacun des compresseurs.

b) Exprimer le travail w nécessaire pour transformer ainsi une mole de gaz en fonction de $(T'' - T)$, R et γ.

En déduire les travaux w_1 et w_2 nécessaires pour comprimer dans chaque cas 1 kg d'ammoniac supposé un gaz parfait ($NH_3 = 17$ g).

2e question : Étude du cycle 1

Nous considérerons dans la suite que les produits pV correspondant à des phases liquides sont négligeables.

a) • Calculer la variation d'enthalpie entre 1 kg d'ammoniac liquide à 3 °C et 1 kg d'ammoniac liquide à −35 °C, la chaleur massique de NH_3 liquide étant égale à 1,1 cal/g/degré.

• Calculer la variation d'enthalpie entre 1 kg d'ammoniac liquide à 3 °C et 1 kg de vapeur saturante de NH_3 à −35 °C (la chaleur de vaporisation L à −35° C est égale à 328 cal/g).

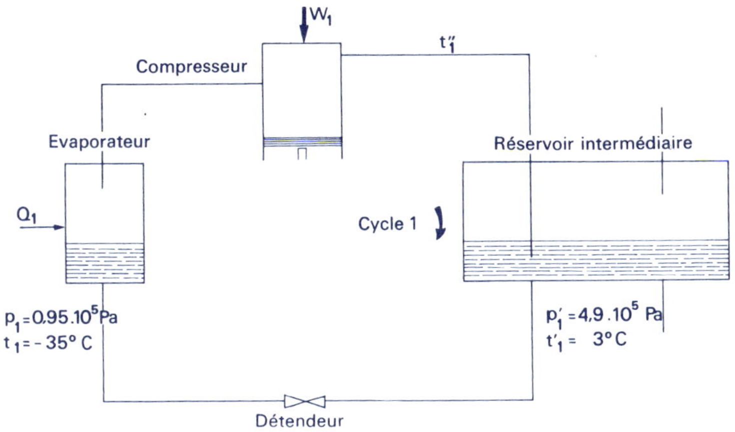

Fig. III.12

• En déduire la proportion x d'ammoniac vaporisé lors de la détente adiabatique et isenthalpique entre les deux états ($p'_1 = 4{,}9 \cdot 10^5$ Pa, $t'_2 = 3°$ C) et ($p_1 = 0{,}95 \cdot 10^5$ Pa, $t_1 = -35$ ° C).

• Déduire du résultat précédent la quantité de chaleur Q_1 échangée avec l'extérieur au niveau de l'évaporateur pour 1 kg d'ammoniac effectuant le cycle 1.

• Démontrer que cette quantité de chaleur Q_1 doit être égale à la diminution totale de l'enthalpie entre l'état initial (liquide à 3 ° C) et l'état final (vapeur saturante à -35 ° C) de 1 kg d'ammoniac. Vérifier ainsi le résultat précédent.

b) La quantité de chaleur échangée au niveau du réservoir intermédiaire (jouant le rôle de condenseur pour le cycle 1) est égale à la somme des quantités de chaleur provenant du refroidissement de t''_1 à t'_1 et de celle correspondant à la condensation.

Calculer cette quantité de chaleur Q absorbée pour 1 kg d'ammoniac effectuant le cycle 1.

$$L(+3\ °\text{C}) = 294 \text{ cal/g} : \ c_p = 0{,}5 \text{ cal/g/degré.}$$

3e question : Étude du cycle 2

a) Déterminer q (quantité de chaleur échangée au niveau du réservoir intermédiaire), q_2 (quantité de chaleur échangée avec l'extérieur au niveau du condenseur) pour 1 kg d'ammoniac effectuant le cycle 2. On donne L à 35 ° C = 267 cal/g.

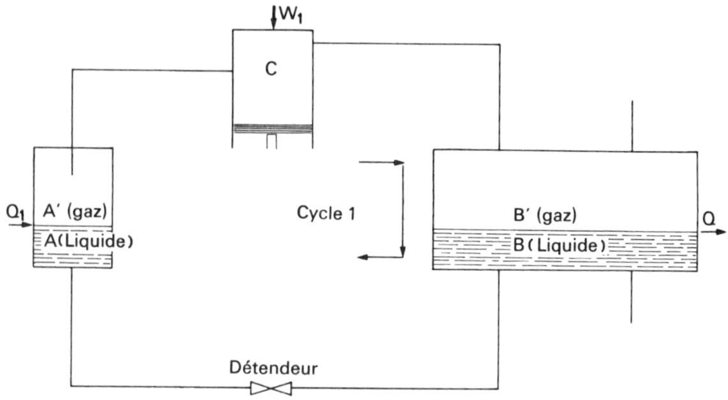

Fig. III.13

b) Déterminer la masse m_2 d'ammoniac devant effectuer le cycle 2, quand 1 kg d'ammoniac parcourt le cycle 1.

4e question : Étude du congélateur complet

a) Déterminer les quantités Q_1, W_1, Q, W_2 et Q_2 correspondant à 1 kg d'ammoniac effectuant le cycle 1 et à la masse m_2 déterminée précédemment effectuant le cycle 2.

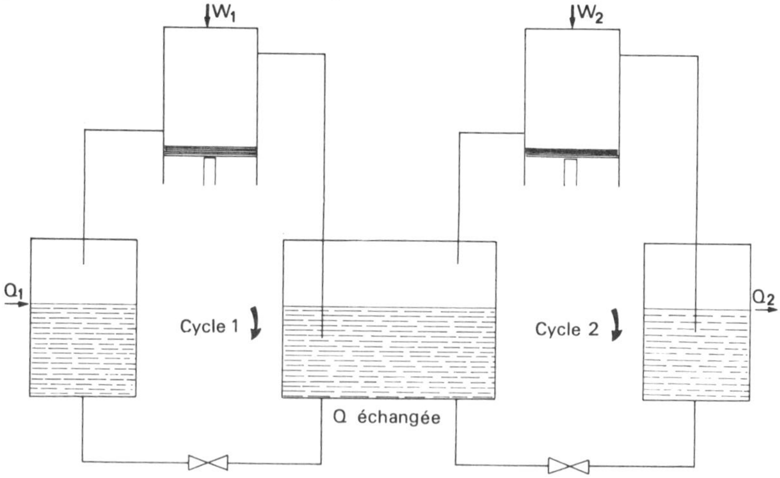

Fig. III.14

b) En appliquant le premier principe de la thermodynamique aux quantités $W = W_1 + W_2$, Q_1 et Q_2 calculées précédemment, vérifier que la cohérence des résultats est satisfaisante.

Solution

1re question

a) La transformation adiabatique réversible obéit à la relation

$$Tp^{\frac{1-\gamma}{\gamma}} = T''p'^{\frac{1-\gamma}{\gamma}}, \quad \text{d'où} \quad \boxed{T'' = T\left(\frac{p'}{p}\right)^{\frac{\gamma-1}{\gamma}}} \qquad (1)$$

• À la sortie du 1er compresseur, la température absolue est donc

$$T_1'' = T_1\left(\frac{p_1'}{p_1}\right)^{\frac{\gamma-1}{\gamma}} = 238(5{,}16)^{3/13} = 347{,}5\ \text{K ou } t_1'' = \mathbf{74{,}5\ ^\circ C}.$$

• À la sortie du 2e compresseur, la température absolue est, d'après la relation (1),

$$T_2'' = T_2\left(\frac{p_2'}{p_2}\right)^{\frac{\gamma-1}{\gamma}} \quad \text{avec} \quad T_2 = T_1', \text{ par hypothèse.}$$

Application numérique :
$T_2'' = 276(2{,}82)^{3/13} = 350{,}5$ K ou $t_2'' = \mathbf{77{,}5\ ^\circ C}$.

b) La compression étant adiabatique ($\mathrm{d}Q = 0$), le travail élémentaire reçu par n moles de gaz est

$$\mathrm{d}W = \mathrm{d}U = nC_{V_m}\,\mathrm{d}T = n\,\frac{R}{\gamma-1}\,\mathrm{d}T.$$

Le travail nécessaire pour comprimer n moles de gaz est donc

$$\boxed{w = \frac{nR}{\gamma-1}\,(T''-T)}\,.$$

Application numérique : 1 kg d'ammoniac renferme $n = \dfrac{1\,000}{17}$ moles.
Les travaux cherchés sont donc

$$\text{et} \quad \begin{cases} w_1 = \dfrac{nR}{\gamma-1}\,(T_1''-T_1) = \mathbf{178{,}4\ kJ} \\ w_2 = \dfrac{nR}{\gamma-1}\,(T_2''-T_2) = \mathbf{121{,}6\ kJ}. \end{cases}$$

2e question : Cycle 1

a) La variation d'enthalpie d'une masse $m = 1$ kg d'ammoniac liquide entre l'état B (3 ° C) et l'état A (−35 ° C) est

$$\Delta H_1 = H_A - H_B = U_A - U_B + \underbrace{(pV)_A - (pV)_B}_{\text{négligeable}}.$$

Donc, on a
$$\boxed{\Delta H_1 = mc(t_1 - t_1')}.$$

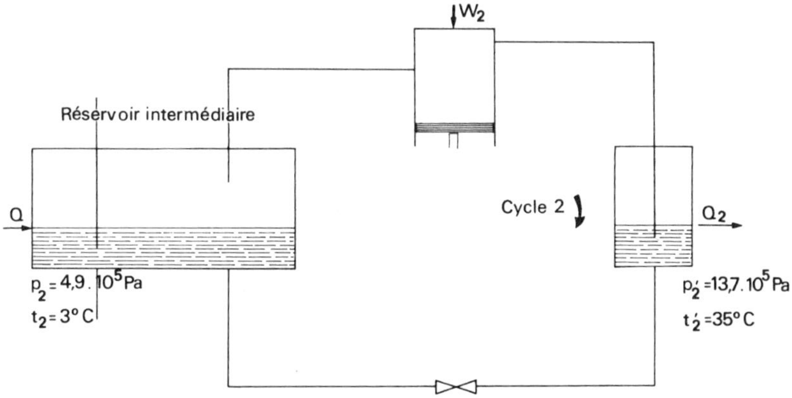

Fig. III.15

Application numérique : $\Delta H_1 = 4{,}6(-35 - 3) = \mathbf{-174{,}8\ kJ}$.

• La variation d'enthalpie de la masse $m = 1$ kg d'ammoniac passant de l'état B (liquide à 3 ° C) à l'état A' (vapeur saturante à −35 ° C) est

$$\Delta H_2 = H_{A'} - H_B = (H_{A'} - H_A) + (H_A - H_B)$$

ou
$$\boxed{\Delta H_2 = mL_{(-35\,°\mathrm{C})} + mc(t_1 - t_1')}.$$

Application numérique : $L_{(-35\,°\mathrm{C})} = 328 \cdot 4{,}18 = 1\,371$ kJ/kg;
$\Delta H_2 = 1\,371 - 174{,}8 \approx \mathbf{1\,196\ kJ}$.

• Lors de la détente isenthalpique considérée, mx kg d'ammoniac sont vaporisés; donc on a

$$\Delta H = H_{A'} - H_B = mc(t_1 - t_1') + mxL_{(t_1)} = 0;$$

soit
$$\boxed{x = \frac{c(T_1' - T_1)}{L_{(t_1)}}}.$$

Application numérique : $x = \dfrac{174{,}8}{1\,371} = \mathbf{12{,}8}$ %.

• Puisque x kg d'ammoniac sont vaporisés lors de la détente adiabatique et isenthalpique, le milieu extérieur doit fournir à l'évaporateur la quantité de chaleur Q_1 nécessaire à la vaporisation de la masse restante $m' = 1 - x$, soit

$$Q_1 = m' L_{(-35\,^\circ\mathrm{C})}.$$

Application numérique : $m' = 0{,}872$ kg; $Q_1 = 0{,}872 \cdot 1\,371 \approx$ **1 196 kJ**.

• La variation d'enthalpie entre l'état initial et l'état final est

$$\Delta H_2 = \underbrace{\Delta H_{\text{isenthalpique}}}_{=0} + \underbrace{\Delta H_{\text{vaporisation à pression constante}}}_{=Q_1} = Q_1$$

Ce résultat est vérifié puisque $\Delta H_2 = Q_1 \approx 1\,196$ kJ.

b) La quantité de chaleur *cédée* au 2e étage par le réservoir intermédiaire (jouant le rôle de condenseur) est égale à la somme des chaleurs absorbées lors du refroidissement et de la condensation :

$$\boxed{Q = \underbrace{mc_p(t_1'' - t_1')}_{\text{refroidissement}} + \underbrace{mL_{(t_1')}}_{\text{condensation}}}\,. \qquad (2)$$

Application numérique : $L_{(t_1')} = L_{(3\,^\circ\mathrm{C})} = 294 \cdot 4{,}18 = 1\,229$ kJ; $c_p = 0{,}5 \cdot 4{,}18 = 2{,}09$ kJ/kg; d'où $Q = 2{,}09 \cdot 71{,}5 + 1\,229 =$ **1 378 kJ**.

3e question : Cycle 2

a) • **1re méthode :** Le réservoir intermédiaire, jouant le rôle d'évaporateur pour le 2e étage, reçoit

– une quantité de chaleur q, provenant du 1er étage,

– une quantité de chaleur $q' = mc(t_2' - t_2)$ provenant du refroidissement du liquide entre le condenseur (t_2') et le réservoir (t_2).

La chaleur totale reçue, soit $q + q'$, est utilisée pour vaporiser, à $t_2 = 3\,^\circ$C, l'ammoniac liquide :

$$q + q' = mL_{(t_2)},$$

donc

$$\boxed{q = m[L_{(t_2)} - c(t_2' - t_2)]}\,. \qquad (3)$$

Application numérique : $q = 1\,229 - 4{,}6(35 - 3) =$ **1 082 kJ**.

Autre méthode : La proportion y d'ammoniac vaporisé lors de la détente isenthalpique du cycle 2, se calcule comme x (question 2. a) :

$$y = \frac{c(t_2' - t_2)}{L_{(t_2)}} = 12\ \%.$$

La quantité de chaleur q échangée au niveau du réservoir intermédiaire représente alors la quantité de chaleur nécessaire pour vaporiser la masse $m(1-y)$ d'ammoniac, à $t_2 = 3\ °\text{C}$, soit

$$q = m(1-y)L_{(t_2)} = m(L - yL) = m[L - c(t_2' - t_2)].$$

On a ainsi retrouvé l'expression (3).

• Calcul de q_2 : La quantité de chaleur q_2 échangée avec l'extérieur, au niveau du condenseur est égale à la somme :

– de la quantité de chaleur absorbée lors du refroidissement du gaz, de t_2'' à t_2', soit $mc_p(t_2'' - t_2')$;

– de la quantité de chaleur absorbée lors de la condensation à t_2', soit $mL_{(t_2')}$;

donc

$$\boxed{q_2 = m[c_p(t_2'' - t_2') + L_{(t_2')}}.$$

Application numérique : $q_2 = 2{,}09(77{,}5 - 35) + 267 \cdot 4{,}18 =$ **1 205 kJ**.

b) La quantité de chaleur Q cédée au 2e étage, par 1 kg d'ammoniac effectuant le cycle 1, sert à vaporiser la masse $m_2(1-y)$, non encore vaporisée : $Q = m_2 q$, car q représente la chaleur échangée par *unité de masse* effectuant le cycle 2; donc

$$\boxed{m_2 = \frac{Q}{q}}.$$

Application numérique : $m_2 = \dfrac{1\,378}{1\,082} \approx$ **1,27 kg**.

4e question : Étude du congélateur complet

a) En comptant positivement les quantités de chaleur et les travaux reçus par le congélateur, et négativement ce qui est fourni par le congélateur, on obtient les résultats suivants :

$$\begin{cases} Q_1 = +1\,196 \text{ kJ}, \quad W_1 = +178{,}4 \text{ kJ}, \\ Q_{\text{échangée}} = 1\,378 \text{ kJ}, \\ Q_2 = m_2 q_2 = 1{,}27(-1\,205) = -1\,530 \text{ kJ}, \\ W_2 = m_2 w_2 = 1{,}27(121{,}6) = 154{,}4 \text{ kJ}. \end{cases}$$

b) D'après le 1er principe de la thermodynamique, au cours d'un cycle, la somme des travaux et chaleurs échangés est nulle; on obtient ainsi

$$(W_1 + W_2) + (Q_2 + Q_1) = 0.$$

Vérification : $(178{,}4 + 154{,}4) + (1\,196 - 1\,530) \approx 0$: la cohérence des résultats est donc satisfaisante.

C. BILANS D'ÉNERGIE. LOIS D'ÉVOLUTION DES TEMPÉRATURES

13. Équation calorimétrique. Détermination de température

Dans un calorimètre de capacité thermique totale $\Gamma = 400$ g (y compris celle de l'eau qui y est contenue) et de température initiale $\theta_0 = 15\ ^\circ$C, on immerge un serpentin de capacité thermique négligeable, parcouru par un liquide de capacité thermique massique constante, $c = 0{,}4$ cal/g °C, avec un débit régulier $k = 1$ g/s.

Ce liquide entre à la température constante $\theta_1 = 80\ ^\circ$C et sort à la température θ du calorimètre. On négligera les fuites thermiques.

1. Établir la relation donnant la température θ du calorimètre en fonction du temps t.

2. ***a)*** Quelle serait la température du calorimètre au moment où 100 g de liquide ont traversé le serpentin ?

b) Quelle serait la température d'équilibre du calorimètre initialement à θ_0, si l'on y versait directement 100 g du liquide dont la température initiale était θ_1, le serpentin étant alors vide ?

3. Le serpentin est maintenant parcouru par de l'hydrogène qui entre avec un débit $k = 1$ g/s à la température $\theta_1 = 80\ ^\circ$C et sort à la température θ du calorimètre, initialement à $\theta_0 = 15\ ^\circ$C et de capacité calorifique $\Gamma = 400$ g. Au bout du temps $t = 100$ s, on note $\theta = 52{,}0\ ^\circ$C.

Déterminer la capacité thermique massique de l'hydrogène.

Solution

1. Entre les instants t et $t + \mathrm{d}t$, la température du calorimètre s'élève de θ à $\theta + \mathrm{d}\theta$. La quantité de chaleur reçue par le calorimètre est alors $\Gamma\ \mathrm{d}\theta$, et la quantité de chaleur cédée par le liquide (de masse $\mathrm{d}m = k\ \mathrm{d}t$) qui a traversé le serpentin est $(k\ \mathrm{d}t)c(\theta_1 - \theta)$.
L'équation calorimétrique s'écrit donc

$$\Gamma\ \mathrm{d}\theta = kc(\theta_1 - \theta)\ \mathrm{d}t,$$

ou

$$\frac{\mathrm{d}\theta}{\theta - \theta_1} = -\frac{kc}{\Gamma}\ \mathrm{d}t.$$

L'intégration fournit

$$\ln(\theta - \theta_1) = -\frac{kc}{\Gamma}\ t + \text{cte},$$

ou

$$\theta = \theta_1 + K\ \mathrm{e}^{-\frac{kc}{\Gamma}\ t}$$

La constante d'intégration K est déterminée en écrivant qu'à l'instant $t = 0$, la température du calorimètre est $\theta = \theta_0$, d'où $K = \theta_0 - \theta_1$.
La loi de variation de la température $\theta(t)$ est donc

$$\boxed{\theta(t) = \theta_1 - (\theta_1 - \theta_0)\mathrm{e}^{-\frac{kc}{\Gamma}\ t}}. \qquad (1)$$

2. *a)* La masse $m = 100$ g a traversé le serpentin au bout d'un temps

$$t = \frac{m}{k} = 100\ \text{s};$$

la température du calorimètre est alors

$$\theta = 80 - (80 - 15)\mathrm{e}^{-\frac{0,4 \cdot 100}{400}} = 80 - 65\ \mathrm{e}^{-0,1} = \mathbf{21,5\ ^\circ C}$$

b) À l'équilibre, l'équation calorimétrique s'écrit

$$\underbrace{\Gamma(\theta - \theta_0)}_{\substack{\text{quantité de chaleur} \\ \text{reçue par le calorimètre}}} = \underbrace{mc(\theta_1 - \theta)}_{\substack{\text{quantité de chaleur} \\ \text{cédée par le liquide chaud}}}$$

soit

$$\boxed{\theta = \frac{mc\theta_1 + \Gamma\theta_0}{mc + \Gamma}}.$$

Application numérique : $\theta = \mathbf{20,9\ ^\circ C}$.

3. La relation (1) est encore valable; on en déduit $\mathrm{e}^{\frac{kc}{\Gamma}\ t} = \dfrac{\theta_1 - \theta_0}{\theta_1 - \theta}$, la capacité thermique du gaz est donc

$$\boxed{c = \frac{\Gamma}{kt} \ln \frac{\theta_1 - \theta_0}{\theta_1 - \theta}}.$$

Application numérique :

$c = 4 \cdot \ln \dfrac{65}{28} = \mathbf{3{,}37\ cal/g\,^\circ C} = 14 \cdot 10^3$ J/kg·degré.

14. Loi d'évolution des températures d'un fil chauffé

Un fil de fer cylindrique de longueur $l = 1$ m, de section $s = 2$ mm^2 et de température initiale 0 ° C, possède à cette température une résistivité $\rho_0 = 1{,}1 \cdot 10^{-7}\ \Omega - m$. On donne pour le fer : capacité thermique massique $C = 460$ J/kg·degré et masse volumique $\mu = 8$ g/cm^3. À l'instant $t = 0$, on fait passer un courant continu d'intensité $I = 20$ A.

1. *Le fil n'est pas isolé thermiquement* : une partie de la chaleur produite par effet Joule est rayonnée dans le milieu ambiant avec une puissance $P' = k \cdot S \cdot \theta$ (k = constante = 50 watts/m^2/degré Celsius) où S est la surface latérale du fil, et θ l'excès de température du fil sur la température ambiante supposée constante et égale à 0 ° C.
Déterminer la loi d'échauffement du fil : $\theta(t)$, sa température d'équilibre, la constante de temps τ d'évolution et la température du fil au bout d'une minute.
On traitera ce problème dans les deux hypothèses suivantes :

a) on suppose la résistivité constante, indépendante de la température,

b) la résistivité croît avec la température Celsius suivant la loi linéaire : $\rho = \rho_0(1 + a\theta)$, avec $a = 5 \cdot 10^{-3}$.

2. *Le fil est* maintenant *isolé thermiquement* et on admettra l'hypothèse $\rho = \rho_0(1 + a\theta)$.
Établir la nouvelle loi d'évolution de la température du fil en fonction du temps, et calculer la nouvelle température du fil au bout d'une minute.

Solution

1. Dans l'intervalle de temps dt, le fil de fer de résistance $R = \dfrac{\rho l}{s}$ et parcouru par le courant électrique d'intensité I

– reçoit par effet Joule l'énergie $\mathrm{d}W = RI^2\,\mathrm{d}t = \rho\,\dfrac{l}{s}I^2\,\mathrm{d}t$

– et rayonne l'énergie $\mathrm{d}W' = P'\,\mathrm{d}t = k \cdot S \cdot \theta \cdot \mathrm{d}t$

Pendant ce temps $\mathrm{d}t$, la température du fil de masse m s'élève de θ à $\theta+\mathrm{d}\theta$; le bilan énergétique est traduit par la relation :

$$mc\,\mathrm{d}\theta = \rho\frac{l}{s}\,I^2\,\mathrm{d}t - k \cdot S \cdot \theta \cdot \mathrm{d}t$$

avec $m = \mu s l$ et $S = 2\pi r l = 2\pi\sqrt{\dfrac{s}{\pi}} \cdot l$ (r = rayon du fil), donc

$$\boxed{\frac{\mathrm{d}\theta}{\mathrm{d}t} = \frac{\rho I^2}{\mu c s^2} - \frac{2k}{\mu c}\sqrt{\frac{\pi}{s}} \cdot \theta} \qquad (1)$$

a) Si on suppose $\rho = \text{cte} = \rho_0$, l'équation différentielle (1) s'écrit :

$$\frac{\mathrm{d}\theta}{\mathrm{d}t} + A\theta = B$$

avec et

$$\begin{cases} A = \dfrac{2k}{\mu c}\sqrt{\dfrac{\pi}{s}} & (2) \\ B = \dfrac{\rho_0 I^2}{\mu c s^2} & (3) \end{cases}$$

La solution générale de l'équation différentielle est donc

$$\theta = \frac{B}{A} + K \cdot \mathrm{e}^{-At}$$

On détermine la constante K à partir des conditions initiales : $t = 0, \theta = 0$ donc $K = -\dfrac{B}{A}$ et $\theta = \dfrac{B}{A}\,(1 - \mathrm{e}^{-At})$ soit, d'après (2) et (3),

$$\boxed{\theta = \frac{\rho_0 I^2}{2k\sqrt{\pi}}\,s^{-3/2}\left(1 - \mathrm{e}^{-\frac{2k}{\mu c}\sqrt{\frac{\pi}{s}}t}\right)} \qquad (4)$$

La loi d'échauffement (4) peut être mise sous la forme

$$\theta = \theta_m(1 - \mathrm{e}^{-t/\tau})$$

• La température d'équilibre du fil (atteinte théoriquement en un temps

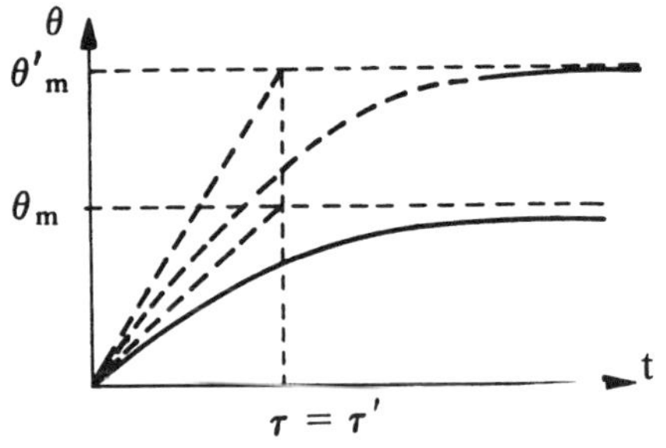

Fig. III.16

infini) est

$$\boxed{\theta_m = \frac{\rho_0 I^2}{2k\sqrt{\pi}}\, s^{-3/2}} \cong \mathbf{88\,^\circ C}$$

• La constante de temps de cette évolution est

$$\tau = \frac{1}{A} \quad \text{ou} \quad \boxed{\tau = \frac{\mu c}{2k}\sqrt{\frac{s}{\pi}}} = \mathbf{29{,}4\ s}$$

• Au bout de $t = 60$ s, la température est, d'après (4),

$$\theta = 8\left(1 - e^{-\frac{60}{29{,}4}}\right) = \mathbf{76{,}5\,^\circ C}.$$

La constante de temps étant inférieure à une demi-minute, la température d'équilibre est en fait pratiquement atteinte au bout de quelques minutes seulement.

b) En fait, la résistivité du fil croît avec la température suivant la loi $\rho = \rho_0(1 + a\theta)$, donc l'équation différentielle (1) s'écrit en conservant les relations (2) et (3) :

$$\frac{d\theta}{dt} + (A - aB)\theta = B \qquad (5)$$

La solution est $\theta = \dfrac{B}{A - aB} + K' \cdot e^{-(A-aB)t}$; si $t = 0$, $\theta = 0$ donc $K' = -\dfrac{B}{A - aB}$, et finalement

$$\theta = \frac{B}{A - aB}\left[1 - e^{(A-aB)t}\right]$$

La nouvelle loi d'échauffement du fil est donc, d'après (2) et (3),

$$\boxed{\theta = \frac{1}{\dfrac{2k\sqrt{\pi}s^{3/2}}{\rho_0 I^2} - a}\left[1 - \mathrm{e}^{-\left(\frac{2k}{\mu c}\sqrt{\frac{\pi}{s}} - \frac{a\rho_0 I^2}{\mu c s^2}\right)t}\right]}$$

On en déduit, dans cette hypothèse plus réaliste,

- la température d'équilibre $\boxed{\theta'_m = \dfrac{1}{\dfrac{2k\sqrt{\pi}s^{3/2}}{\rho_0 I^2} - a}}$ $=$ **156 ° C**

- la constante de temps $\boxed{\tau' = \dfrac{1}{\dfrac{2k}{\mu c}\sqrt{\dfrac{\pi}{s}} - a\,\dfrac{\rho_0 I^2}{\mu c s^2}}}$ $\cong$ **29,4 s**

On a donc pratiquement $\boxed{\theta'_m \simeq 2\theta_m}$ et $\boxed{\tau' \simeq \tau}$

2. Si le fil est thermiquement isolé, la chaleur produite par effet Joule sert intégralement à échauffer le fil. Les résultats généraux de la question 1. b) restent valables, avec ici $k = 0$ ou $A = 0$ donc la relation (5) s'écrit

$$\frac{\mathrm{d}\theta}{\mathrm{d}t} = B(1 + a\theta) \quad \text{ou} \quad \frac{a\,\mathrm{d}\theta}{1 + a\theta} = aB\,\mathrm{d}t$$

Intégrons : $\ln(1 + a\theta) = aBt + \text{cte}$
si $t = 0, \theta = 0$ donc $\text{cte} = 0$, et $1 + a\theta = \mathrm{e}^{aBt}$,
soit $\theta = \dfrac{1}{a}\,(\mathrm{e}^{aBt} - 1)$

donc $$\boxed{\theta = \frac{1}{a}\left(\mathrm{e}^{\frac{a\rho_0 I^2}{\mu c s^2}\,t} - 1\right)}$$

Si $t = 60$ s, on obtient avec les données numériques de la 1re question : $\theta =$ **290 ° C**.

15. Compressions et détentes successives d'un gaz parfait

1. On comprime de façon isotherme, un gaz parfait diatonique (γ = 1,41), de la pression $p_0 = 1$ atm à la pression $p_1 = 20$ atm, à la température $T_0 = 273$ K. Le gaz est ensuite détendu adiabatiquement de façon réversible jusqu'à la pression $p_0 = 1$ atm. Calculer la température finale T_1 après cette double opération.

2. *a)* On recommence les deux opérations précédentes à la température constante T_1.
Calculer la nouvelle température finale T_2 du gaz.

b) Trouver la formule générale de la température T_n du gaz, atteinte à la fin de n doubles opérations successives décrites précédemment.

Application numérique : $n = 4$ et $n = 5$.

3. Déterminer la variation d'énergie interne d'une mole du gaz, au cours de la $n^{\text{ième}}$ double transformation (en fonction de γ, T_0, p_0, p_1 et n) ainsi que le travail et la chaleur échangés avec le milieu extérieur.

Application numérique : $n = 5$.

Solution

1. Au cours de la transformation adiabatique réversible, on a

$$Tp^{\frac{1-\gamma}{\gamma}} = \text{cte}, \quad \text{soit} \quad T_0 p_1^{\frac{1-\gamma}{\gamma}} = T_1 p_0^{\frac{1-\gamma}{\gamma}},$$

donc

$$\boxed{T_1 = T_0 \left(\frac{p_1}{p_0}\right)^{\frac{1-\gamma}{\gamma}}}. \qquad (1)$$

Application numérique : $T_1 = 273(20)^{-\frac{41}{141}} = \mathbf{114{,}3\ K}$.

2. *a)* On a maintenant $T_2 = T_1 \left(\dfrac{p_1}{p_0}\right)^{\frac{1-\gamma}{\gamma}}$ ou d'après la relation (1)

$$\boxed{T_2 = T_0 \left(\frac{p_1}{p_0}\right)^{\frac{2(1-\gamma)}{\gamma}}}.$$

Application numérique : $T_2 = 273(20)^{-\frac{82}{141}} = \mathbf{47{,}9\ K}$.

b) La température atteinte par le gaz, au bout de $n = 3$ doubles opérations, est

$$T_3 = T_2 \left(\frac{p_1}{p_0}\right)^{\frac{1-\gamma}{\gamma}} = T_0 \left(\frac{p_1}{p_0}\right)^{\frac{3(1-\gamma)}{\gamma}}.$$

Un raisonnement par récurrence donne la température atteinte au bout de n doubles transformations successives :

$$\boxed{T_n = T_0 \left(\frac{p_1}{p_0}\right)^{\frac{n(1-\gamma)}{\gamma}}}.$$

Application numérique : pour $n = 4$, $T_4 = 273(20)^{-\frac{164}{141}} = \mathbf{8{,}4\,K}$; pour $n = 5$, $T_5 = \mathbf{3{,}5\,K}$.

Remarque : Par ce procédé, on peut atteindre de très basses températures, au bout d'un grand nombre d'opérations.

3. La capacité calorifique à volume constant d'une mole de gaz parfait est $C_{V_m} = \dfrac{R}{\gamma - 1}$. La variation d'énergie interne, au cours de la $n^{\text{ième}}$ double opération, faisant passer la température du gaz de T_{n-1} à T_n, est

$$\Delta U_n = C_{V_m}(T_n - T_{n-1}) = \frac{RT_0}{\gamma - 1}\left[\left(\frac{p_1}{p_0}\right)^{\frac{n(1-\gamma)}{\gamma}} - \left(\frac{p_1}{p_0}\right)^{\frac{(n-1)(1-\gamma)}{\gamma}}\right]$$

ou

$$\boxed{\Delta U_n = \frac{RT_0}{\gamma - 1}\left(\frac{p_1}{p_0}\right)^{\frac{n(1-\gamma)}{\gamma}}\left[1 - \left(\frac{p_1}{p_0}\right)^{\frac{\gamma-1}{\gamma}}\right]}.$$

Application numérique : $n = 5$, $\Delta U_5 = \mathbf{-99{,}4\ joules}$.

• Le long de l'isotherme, le travail reçu au bout de n doubles opérations est (la température étant T_{n-1})

$$W'_n = RT_{n-1}\ \ln\frac{p_1}{p_0} \quad \text{ou} \quad W'_n = RT_0\left(\frac{p_1}{p_0}\right)^{\frac{(n-1)(1-\gamma)}{\gamma}}\ \ln\frac{p_1}{p_0}.$$

La quantité de chaleur échangée est alors $Q_n = -W'_n$.

• Le long des transformations adiabatiques, la chaleur échangée est nulle et le travail échangé est $W''_n = \Delta U_n$.

• Au total, pendant la $n^{\text{ième}}$ double transformation,

– le travail échangé est $W_n = W'_n + W''_n$, ou

$$\boxed{W_n = RT_0 \left(\frac{p_1}{p_0}\right)^{\frac{n(1-\gamma)}{\gamma}} \left[\left(\frac{p_1}{p_0}\right)^{\frac{\gamma-1}{\gamma}} \left(\ln \frac{p_1}{p_0} - \frac{1}{\gamma-1}\right) + \frac{1}{\gamma-1}\right]},$$

– et la quantité de chaleur échangée est

$$\boxed{Q_n = -RT_0 \left(\frac{p_1}{p_0}\right)^{\frac{(n-1)(1-\gamma)}{\gamma}} \ln \frac{p_1}{p_0}}.$$

Application numérique : $n = 5$; $W_5 =$ **110 joules**; $Q_5 =$ **−209,4 joules**.

16. Chauffage d'un appartement. Bilan d'énergie thermique

On veut maintenir dans un appartement, de capacité thermique $C = 3 \cdot 10^7\ \mathrm{J{\cdot}K^{-1}}$, une température d'équilibre $\theta_e = 20°\,\mathrm{C}$ alors que la température extérieure est $\theta_2 = 2\ °\mathrm{C}$ supposée constante.

Le chauffage de l'appartement est assuré par trois radiateurs traversés par de l'eau chaude maintenue à la température θ_1. Chaque radiateur cède à l'appartement par unité de temps une énergie thermique proportionnelle à l'excès de température de l'eau sur l'appartement : chaque radiateur transfère au local $q_1 = 0{,}50$ kJ par seconde et par degré d'écart.

L'appartement perd par unité de temps une énergie thermique proportionnelle à l'excès de température du local sur le milieu extérieur : cette énergie perdue est $q_2 = 3{,}50$ kJ par seconde et par degré d'écart.

1. À quelle température θ_1 l'eau chaude doit-elle circuler dans les radiateurs ?

2. La température initiale de l'appartement étant $\theta_0 = 8\ °\mathrm{C}$, on ouvre les trois radiateurs à l'instant $t = 0$.

a) Établir, par un bilan énergétique, l'équation différentielle qui permet de calculer la température $\theta(t)$ de l'appartement à l'instant t.

b) Déterminer la loi d'évolution $\theta(t)$ de la température du local.

c) Au bout de quel temps T l'appartement atteint-il sa température d'équilibre désirée, à mieux que 1 % près ?

3. Le local ayant atteint sa température d'équilibre θ_e, on ferme les radiateurs.

a) Au bout de quel temps T', compté à partir de la fermeture des radiateurs, la température reviendra-t-elle à $\theta_0 = 8\,^\circ\mathrm{C}$?

b) Quelle est alors la variation d'enthalpie du local?

Solution

1. Entre les instants voisins t et $t + \mathrm{d}t$, l'appartement de température $\theta(t)$

– reçoit de la part de chaque radiateur l'énergie thermique (chaleur)

$$\delta Q_1 = q_1(\theta_1 - \theta) \cdot \mathrm{d}t \tag{1}$$

– et cède à l'extérieur l'énergie thermique

$$\delta Q_2 = q_2(\theta - \theta_2)\ \mathrm{d}t \tag{2}$$

Lorsque l'appartement chauffé atteint sa température d'équilibre $\theta = \theta_e$, l'énergie thermique reçue de la part des trois radiateurs est intégralement restituée au milieu extérieur, soit

$$3\delta Q_1 = \delta Q_2,$$

ou, d'après (1) et (2),

$$3q_1(\theta_1 - \theta_e) = q_2(\theta_e - \theta_2) \tag{3}$$

donc la température de l'eau chaude qui circule dans les radiateurs est

$$\boxed{\theta_1 = \theta_e + \frac{q_2}{3q_1}\ (\theta_e - \theta_2)} = \mathbf{62\,^\circ C}$$

2. *a)* La différence des énergies thermiques reçue et cédée par le local entre les instants t et $t + \mathrm{d}t$ sert à élever sa température de $\mathrm{d}\theta$.
Le bilan énergétique est donc traduit par l'équation différentielle

$$3\delta Q_1 - \delta Q_2 = C \cdot \mathrm{d}\theta \tag{4}$$

ou, d'après (1) et (2),

$$\boxed{C\ \frac{\mathrm{d}\theta}{\mathrm{d}t} + (3q_1 + q_2)\theta = 3q_1\theta_1 + q_2\theta_2} \tag{5}$$

b) La solution générale de (5) est

$$\theta(t) = \underbrace{\frac{3q_1\theta_1 + q_2\theta_2}{3q_1 + q_2}}_{\substack{\text{solution en régime permanent}\\ = \theta_e \text{ d'après (3)}}} + \underbrace{K \cdot \mathrm{e}^{-\frac{3q_1+q_2}{C}t}}_{\text{solution sans 2}^e\text{ membre}}$$

soit $\theta(t) = \theta_e + K \cdot \mathrm{e}^{-t/\tau}$ avec $\boxed{\tau = \dfrac{C}{3q_1 + q_2}}$

À l'instant $t = 0$, $\theta(0) = \theta_0$, il vient $K = \theta_0 - \theta_e$, d'où la loi d'évolution régie par le temps de relaxation τ :

$$\boxed{\theta(t) = \theta_e - (\theta_e - \theta_0)\mathrm{e}^{-t/\tau}} \qquad (6)$$

c) Le local atteint la température limite θ_e à 1 % près si $\theta = \dfrac{99}{100}\,\theta_e$, soit d'après (6), $\dfrac{\theta_e}{100} = (\theta_e - \theta_0) \cdot \mathrm{e}^{-T/\tau}$, donc à l'instant

$$\boxed{T = \tau \cdot \ln\left[100\left(1 - \frac{\theta_0}{\theta_e}\right)\right]}$$

Application numérique : $\tau = 6\,000$ s; $T = 24\,566$ s $\simeq$ **6 h 49 min**.

3. ***a)*** Pendant la fermeture des radiateurs ($\delta Q_1 \equiv 0$), la relation (4) devient $-\delta Q_2 = C \cdot \mathrm{d}\theta$ ou, d'après (2), $-q_2(\theta - \theta_2)\,\mathrm{d}t = C \cdot \mathrm{d}\theta$

soit, en séparant les variables, $\dfrac{\mathrm{d}\theta}{\theta - \theta_2} = -\dfrac{q_2}{C}\,\mathrm{d}t$

dont l'intégration entre les instants 0 et T' fournit

$$[\ln(\theta - \theta_2)]_{\theta=\theta_e}^{\theta=\theta_0} = \left[-\frac{q_2}{C}\,t\right]_{t=0}^{t=T'}$$

soit

$$\ln\left(\frac{\theta_0 - \theta_2}{\theta_e - \theta_2}\right) = \frac{-q_2}{C}\,T', \quad \text{et donc} \quad \boxed{T' = \frac{C}{q_2}\,\ln\left(\frac{\theta_e - \theta_2}{\theta_0 - \theta_2}\right)}$$

Application numérique : $T = 9\,417$ s $\simeq$ **2 h 37 min**.

Remarque : L'expérience décrite en 3) permet de déterminer q_2 si on mesure expérimentalement la durée T', et l'expérience décrite en 2. ***c)*** permet alors de mesurer q_1 si on mesure expérimentalement la durée T.

b) La variation d'enthalpie du local est mesurée par la quantité de chaleur perdue, soit

$$\Delta H = \int_{\theta_e}^{\theta_0} C \cdot \mathrm{d}\theta, \quad \text{ou} \quad \boxed{\Delta H = -C(\theta_e - \theta_0)} = \mathbf{360\ MJ}.$$

17. Évolution en vase clos d'un système isolé à 2 compartiments

On considère un cylindre fermé, dont les parois sont adiabatiques. De l'air (gaz parfait) est emprisonné dans chacun des compartiments C_1 et C_2, séparés par un piston II, fixé au départ.

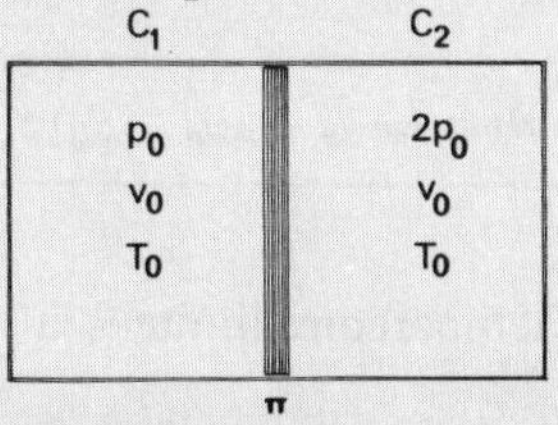

Fig. III.17

Dans C_1, l'air est dans l'état (p_0,V_0,T_0) et dans C_2, dans l'état $(2p_0,V_0,T_0)$.

On libère le piston mobile II. Lorsque l'équilibre est établi, déterminer la pression finale p_1 de l'air en fonction de p_0 et γ (rapport des chaleurs massiques de l'air), ainsi que les volumes et les températures du gaz, dans chaque compartiment. On admettra que le déplacement du piston II s'effectue de façon quasi statique.

Application numérique : $p_0 = 1$ atm; $\gamma = \dfrac{7}{5}$; $V_0 = 2$ l; $T_0 = 300$ K.

Solution

À l'équilibre, C_1 est rempli d'air dans l'état (p_1,V_1,T_1) et C_2 d'air dans l'état (p_2,V_2,T_2).

Les équations de Laplace relatives aux transformations adiabatiques du gaz dans chacun des compartiments s'écrivent :

$$\begin{cases} p_0V_0^\gamma = p_1V_1^\gamma\,; & (1)\\ 2p_0V_0^\gamma = p_2V_2^\gamma\,. & (2)\end{cases}$$

Comme, à l'équilibre, les pressions sont les mêmes de part et d'autre du piston II, on a $p_1 = p_2$; en divisant membre à membre les relations (1) et (2), on obtient alors

$$2 = \left(\frac{V_2}{V_1}\right)^\gamma, \quad \text{avec} \quad V_1 + V_2 = 2V_0 \quad \text{(volume total constant).}$$

$$\text{Donc} \quad 2 = \left(\frac{2V_0}{V_1} - 1\right)^\gamma, \quad \text{soit} \quad \frac{V_0}{V_1} = \frac{1}{2}(1 + 2^{1/\gamma}).$$

La pression finale des gaz, dans chaque compartiment, est alors, d'après la relation (1),

$$p_1 = p_0\left(\frac{V_0}{V_1}\right)^\gamma \quad \text{ou} \quad \boxed{p_1 = p_0\left(\frac{1 + 2^{1/\gamma}}{2}\right)^\gamma}.$$

Application numérique : on obtient $p_1 = (1{,}32)^{7/5} = \mathbf{1{,}47}$ **atm**;
et $V_1 = \dfrac{V_0}{1{,}32}$, soit $V_1 = \mathbf{1{,}52}$ **l**, et $V_2 = 2V_0 - V_1$, soit $V_2 = \mathbf{2{,}48}$ **l**.

Pour obtenir la température T_1, on écrit la loi des gaz parfaits :

$$\frac{p_1 V_1}{T_1} = \frac{p_0 V_0}{T_0}.$$

On trouve $T_1 = \mathbf{334}$ **K**; de même, on obtient $T_2 = \mathbf{274}$ **K**.

18. Évolution en vase clos d'un système non isolé à deux compartiments

Un cylindre horizontal, clos, de volume invariable, est divisé en deux compartiments, par un piston mobile, sans frottement. Les parois du cylindre et le piston sont imperméables à la chaleur. À l'état initial, les deux compartiments C_1 et C_2 contiennent un même volume $V_0 = 2$ l d'hélium (gaz parfait), à la pression $p_0 = 1$ atmosphère, et à la température $T_0 = 273$ K. Le rapport des chaleurs massiques à pression et volume constants est $\gamma = 5/3$.

Le gaz du compartiment C_1 reçoit, à l'aide d'une résistance chauffante, de la chaleur du milieu extérieur.

Déterminer :

1. les pressions, volumes et températures des compartiments C_1 et C_2, lorsque la pression du gaz contenu dans C_1 devient $p_1 = 3p_0$.

2. la variation d'énergie interne du gaz dans C_1 et C_2, et l'énergie fournie par la résistance chauffante.

Solution

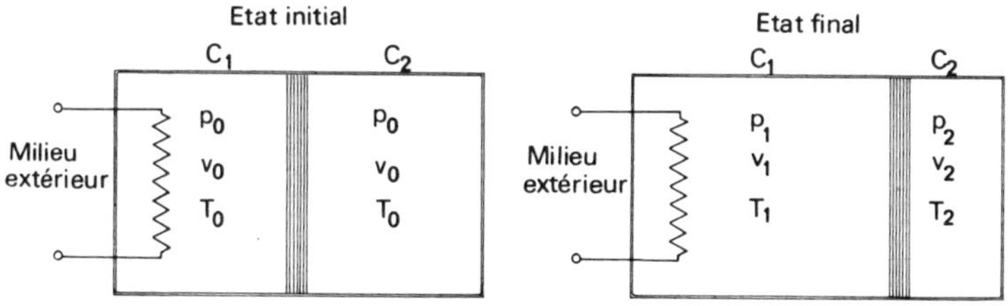

Fig. III.18

1. L'équilibre mécanique se traduit par $\boxed{p_1 = p_2} = 3p_0 = \mathbf{3\ atm}$. D'autre part, le gaz contenu dans C_2 a subi une compression adiabatique réversible, en passant de l'état (p_0, V_0, T_0) à l'état (p_2, V_2, T_2); donc $p_0 V_0^\gamma = p_2 V_2^\gamma$,

soit $$\boxed{V_2 = V_0 \left(\frac{p_0}{p_2}\right)^{1/\gamma}}.$$

Le volume du gaz contenu dans C_2 est donc réduit à la valeur

$$V_2 = 2 \cdot (3)^{-3/5} = \mathbf{1{,}03\ l}.$$

On en déduit le volume du gaz dans C_1 :

$$\boxed{V_1 = 2V_0 - V_2} = \mathbf{2{,}97\ l}.$$

Enfin, la température du gaz contenu dans C_2 est

$$\boxed{T_2 = T_0 \left(\frac{p_2}{p_0}\right)^{1-\frac{1}{\gamma}}},$$

soit $T_2 = 273 \cdot (3)^{2/5} = 423{,}7$ K ou **150,7 ° C**.

Et d'après l'équation des gaz parfaits $\dfrac{pV}{T} =$ cte, on obtient la température du gaz contenu dans C_1 :

$$\boxed{T_1 = T_0 \frac{p_1}{p_0} \frac{V_1}{V_0}}$$

soit $T_1 = 1\,216$ K ou **943 ° C**.

2. • La variation d'énergie interne de n moles du gaz dans C_1 (dont la capacité calorifique à volume constant est $C_{V_1} = \dfrac{nR}{\gamma - 1}$) est

$$\Delta U_1 = C_{V_1}(T_1 - T_0) \quad \text{ou} \quad \Delta U_1 = \frac{nR}{\gamma - 1}(T_1 - T_0),$$

$$\boxed{\Delta U_1 = \frac{p_1 V_1 - p_0 V_0}{\gamma - 1}}\,.$$

Application numérique : $\Delta U_1 =$ **1 040 kJ**.

• De même, la variation d'énergie interne du gaz dans C_2 est

$$\Delta U_2 = \frac{p_2 V_2 - p_0 V_0}{\gamma - 1}.$$

Application numérique : $\Delta U_2 =$ **164 kJ**.

La résistance chauffante a donc fourni l'énergie

$$\mathcal{E} = \Delta U_1 + \Delta U_2, \quad \text{soit} \quad \mathcal{E} = \mathbf{1\,204\ kJ}.$$

D. MESURE DU RAPPORT γ DES CAPACITÉS THERMIQUES

19. Mesure de γ par la méthode de Clément-Desormes

1. Question préliminaire : montrer que le rapport γ des chaleurs massiques d'un gaz parfait est égal au rapport des pentes de l'adiabatique et de l'isotherme en un point du diagramme (p, V).

2. Dans un grand ballon fermé par un robinet R, et relié à un manomètre à eau, est enfermé de l'hélium, à la température ambiante T_0, sous la pression initiale $p = p_0 + h$, où p_0 est la pression extérieure et h la surpression en centimètres d'eau, lue sur le manomètre.

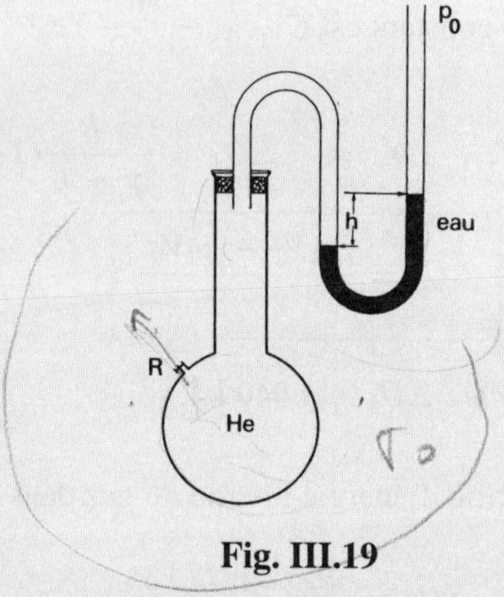

Fig. III.19

On ouvre brusquement le robinet (détente adiabatique); la dénivellation s'annule, on referme immédiatement le robinet; progressivement, il s'établit une surpression h' lue sur le manomètre à eau.

a) Expliciter les transformations mises en jeu dans cette expérience. Dessiner le diagramme (p, V) correspondant.

b) Déduire des mesures expérimentales de $h = 25{,}9$ cm et $h' = 10{,}0$ cm, la mesure de γ pour l'hélium.

Solution

1. L'équation de l'isotherme d'un gaz parfait, $pV = \text{cte}$, s'écrit sous forme différentielle

$$\frac{\mathrm{d}p}{p} + \frac{\mathrm{d}V}{V} = 0;$$

la pente de l'isotherme au point (p, V) du diagramme de Clapeyron est alors

$$\left(\frac{\mathrm{d}p}{\mathrm{d}V}\right)_T = -\frac{p}{V}. \qquad (1)$$

• De même, l'équation de l'adiabatique du gaz, $pV^\gamma = \text{cte}$, s'écrit

$$\frac{\mathrm{d}p}{p} + \gamma\,\frac{\mathrm{d}V}{V} = 0.$$

La pente de l'adiabatique au même point (p, V) est alors

$$\left(\frac{\mathrm{d}p}{\mathrm{d}V}\right)_Q = -\gamma\,\frac{p}{V}. \tag{2}$$

En comparant (1) et (2), il vient

$$\boxed{\gamma = \frac{\left(\dfrac{\mathrm{d}p}{\mathrm{d}V}\right)_Q}{\left(\dfrac{\mathrm{d}p}{\mathrm{d}V}\right)_T}} \tag{3}$$

γ est donc égal au rapport des pentes de l'adiabatique et de l'isotherme au même point (p, V).

2.

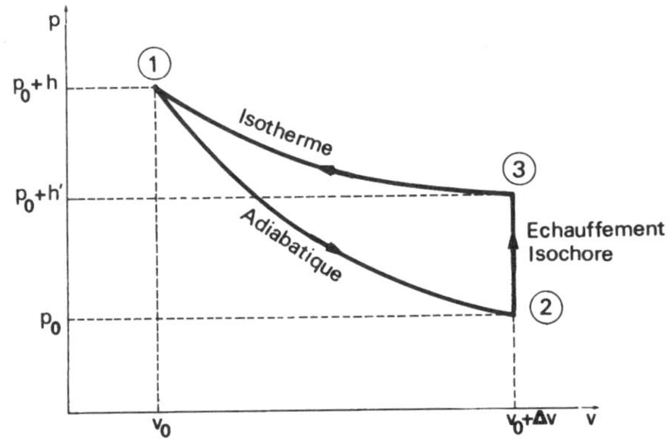

Fig. III.20

a) • À l'ouverture du robinet, pendant un temps très court, il s'est produit une *détente adiabatique* car aucune chaleur n'a eu le temps de traverser les parois du récipient, pendant l'instant très bref d'ouverture) et *quasi statique* (l'état du gaz est resté voisin d'un état d'équilibre, compte tenu de la faible surpression).
Soit ΔV l'augmentation de volume au cours de cette détente qui a refroidi le gaz. La pente de l'adiabatique est alors (fig. III.20), en assimilant l'adiabatique à un segment de droite,

$$\left(\frac{\mathrm{d}p}{\mathrm{d}V}\right)_Q = \frac{(p_0 + h) - p_0}{(V_0 + \Delta V) - V_0} = \frac{h}{\Delta V}. \tag{4}$$

• Dès que le robinet est renfermé, on assiste à un *échauffement du gaz à volume constant*, qui reprend la température ambiante T_0. L'état final du

gaz est donc représenté par le point ③ du diagramme (p, V) qui est sur la même isotherme que le point ① représentant l'état initial.
La pente de l'isotherme ① → ③ est alors

$$\left(\frac{\mathrm{d}p}{\mathrm{d}V}\right)_T = \frac{(p_0 + h) - (p_0 + h')}{(V_0 + \Delta V) - V_0} = \frac{h - h'}{\Delta V}. \tag{5}$$

b) En utilisant la relation (3), on en déduit, en divisant membre à membre les relations (4) et (5),

$$\boxed{\gamma = \frac{h}{h - h'}}.$$

Application numérique : $\gamma = \dfrac{25{,}9}{15{,}9} \approx \mathbf{1{,}63}$ (valeur voisine de $\dfrac{5}{3}$, comme pour les gaz monoatomiques tels que l'hélium).

Remarque : Dans le tracé du diagramme, on a négligé la perte de masse due à l'échappement d'un peu d'air, au cours de la détente.

20. Mesure du rapport $\gamma = c_p/c_V$ d'un gaz par la méthode de Ruckhardt

Une bille sphérique de cuivre, de rayon $r = 5$ mm et de masse volumique $\mu = 8{,}9$ g/cm^3, à l'intérieur du col vertical (cylindrique, de rayon r) d'un grand récipient, emprisonne à l'équilibre un volume $V_0 = 8$ litres d'hélium gazeux sous la pression atmosphérique $P_0 = 10^5$ pascals.

On déplace légèrement la bille de sa position d'équilibre. Les petits déplacements de la bille font subir au gaz des transformations adiabatiques réversibles. On négligera toute fuite du gaz et tout frottement.

On notera $y(t)$ l'élongation du centre de la bille par rapport à sa position d'équilibre, à l'instant t.

1. Établir l'équation différentielle du second ordre en $y(t)$.

2. • Exprimer le rapport $\gamma = c_p/c_V$ des chaleurs massiques du gaz en fonction de μ, r, P_0, V_0 et τ, période des oscillations de la bille.
• On mesure la durée $t = 11{,}9$ s de 10 oscillations. Calculer le coefficient γ de l'hélium.

3. La bille est écartée dans le col de 4 cm de sa position d'équilibre. Calculer les variations relatives maximales de pression et de température de l'hélium au cours du mouvement de la bille.

Solution

1. Lorsque la bille est au-dessus de sa position d'équilibre à la cote $y(t)$ le gaz a subi une détente isentropique, de l'état (P_0, V_0) à l'état voisin $(P = P_0 + \mathrm{d}P,\ V = V_0 + \mathrm{d}V)$, régie par l'équation

$$PV^{\gamma} = \text{cte} \quad \text{ou} \quad \frac{\mathrm{d}P}{P} + \gamma\,\frac{\mathrm{d}V}{V} = 0$$

avec, si s désigne la section du col (fig. III-21), $\mathrm{d}V = s \cdot y = \pi r^2 \cdot y \ll V_0$ et $\mathrm{d}P \ll P_0$; on peut donc en pratique assimiler P à P_0 et V à V_0, soit :

$$\frac{\mathrm{d}P}{P_0} + \gamma\,\frac{\mathrm{d}V}{V_0} \simeq 0,$$

on en déduit : $\mathrm{d}P = -\gamma\,\dfrac{P_0}{V_0}\,\mathrm{d}V = -\gamma\,\dfrac{P_0}{V_0}\,\pi r^2 y$ (1)

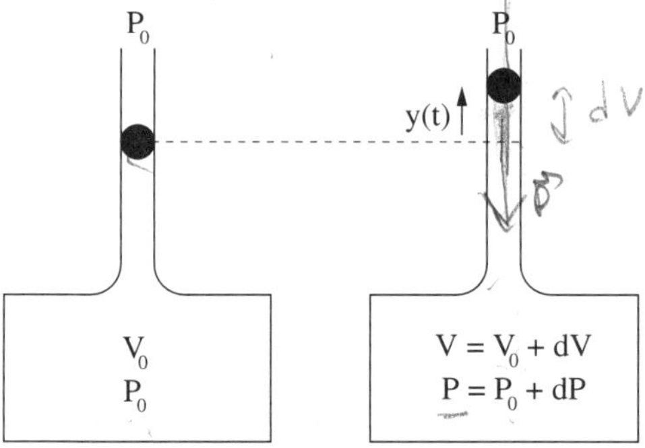

Fig. III.21

• La relation fondamentale de la dynamique, appliquée à la bille de masse $m = \dfrac{4}{3}\,\pi r^3 \mu$, s'écrit :

$$m\,\frac{\mathrm{d}^2 y}{\mathrm{d}t^2} = s(P - P_0) = \pi r^2 \cdot \mathrm{d}P$$

soit, d'après (1),

$$\frac{4}{3}\,\pi r^3 \mu\,\frac{\mathrm{d}^2 y}{\mathrm{d}t^2} = -\gamma\,\frac{P_0}{V_0}\,\pi^2 r^4 \cdot y$$

ou

$$\boxed{\frac{\mathrm{d}^2 y}{\mathrm{d}t^2} + \frac{3\pi\gamma P_0 r}{4\mu V_0}\,y = 0} \qquad (2)$$

2. La relation (2), de la forme $\ddot{y} + \omega^2 y = 0$, avec $\omega^2 = (3\pi\gamma P_0 r)/(4\mu V_0)$ montre que la bille est animée d'un mouvement sinusoïdal de période

$$\tau = \frac{2\pi}{\omega} = 2\pi\sqrt{\frac{4\mu V_0}{3\pi\gamma P_0 r}}$$

On en déduit l'expression du rapport des chaleurs massiques du gaz

$$\boxed{\gamma = \frac{16\pi\mu V_0}{3P_0 \cdot r \cdot \tau^2}}.$$

Application numérique :

$$\tau = 1{,}19 \text{ s et } \gamma = \frac{16 \cdot 3{,}14(8{,}9 \cdot 10^3)(8 \cdot 10^{-3})}{3 \cdot 10^5 \cdot (5 \cdot 10^{-3})(1{,}19)^2} = \mathbf{1{,}68}$$

3. • D'après (1), la variation relative de pression imposée au gaz par le mouvement de la bille, à la distance y de sa position d'équilibre, est

$$\frac{\mathrm{d}P}{P_0} = -\frac{\gamma\pi r^2}{V_0}\, y$$

La variation relation maximale de pression est obtenue pour $y = -y_{\max}$,

soit
$$\boxed{\left(\frac{\Delta P}{P_0}\right)_{\max} = \frac{\gamma\pi r^2}{V_0}\, y_{\max}}$$

Application numérique :

$$\left(\frac{\Delta P}{P_0}\right)_{\max} = \frac{1{,}68 \cdot 3{,}14(5 \cdot 10^{-3})^2}{8 \cdot 10^{-3}} \cdot 4 \cdot 10^{-2} = \mathbf{0{,}66}\ ‰$$

Remarque : Ce très faible écart relatif, inférieur à 1 ‰, justifie l'approximation $P \simeq P_0$ faite à la première question.

• L'équation de l'isentropique $TP^{(1-\gamma)/\gamma} = $ cte s'écrit, sous forme différentielle,

$$\frac{\mathrm{d}T}{T} + \frac{1-\gamma}{\gamma}\,\frac{\mathrm{d}P}{P} = 0$$

On en déduit la variation relative maximale de température du gaz

$$\left(\frac{\Delta T}{T}\right)_{\max} = \frac{\gamma - 1}{\gamma}\left(\frac{\Delta P}{P}\right)_{\max},$$

soit, $$\left(\frac{\Delta T}{T}\right)_{max} = \frac{(\gamma - 1)\pi r^2 y_{max}}{V_0} = \mathbf{0{,}27}\ ‰$$

21. Système gaz-vide avec ressort : mesure de

Dans un cyli zontal, de volume invariable $2V_0$ et de section droit **ıbatiques** et un piston sépare un gaz parfait (dans le vide (dans le compartiment C_1). Au départ, le pistor ılindre et le gaz étudié est dans l'état (P_0, V_0, T_0). Un raideur k relie dans le vide le piston à la paroi termi ırtiment C_1.

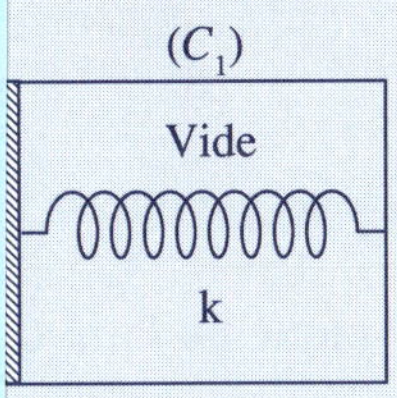

I.22

On note γ le hermiques c_p et c_V du gaz étudié.

On donne Pa, $V_0 = 500\ \text{cm}^3$; $T_0 = 280$ K; $S = 20\ \text{cm}^2$; k

1. On choisit la longueur naturelle l_0 du ressort de façon que le ressort ne soit ni étiré ni comprimé au départ. Calculer l_0.
2. On libère le piston qui se déplace alors sans frottement d'une quantité X jusqu'à atteindre sa position d'équilibre.
   Montrer que la température T et la pression finale P du gaz dans C_0 sont liées au déplacement X du piston par les relations de la forme
   $$T = T_0 - aX^2 \quad \text{et} \quad P = b \cdot X$$
   où les coefficients a et b seront exprimés en fonction de γ, k, S, P_0, V_0 et T_0.
3. Montrer que la mesure du déplacement X permet de déterminer le rapport γ du gaz étudié; exprimer γ en fonction de P_0, V_0, S et k.
   On obtient expérimentalement $X = 3{,}7$ cm; calculer γ.
4. On écarte très légèrement le piston de masse m, supposé adiabatique, de sa position d'équilibre, puis on le lâche. Calculer la période τ des petites oscillations du piston, en fonction de k, m, V_0, S et X et γ.

Solution

1. Au départ, le piston fixé au milieu du cylindre sépare deux compartiments de même volume V_0, donc la longueur initiale du ressort est V_0/S ; puisqu'on désire qu'il ne soit ni étiré ni comprimé, il est donc initialement à sa longueur naturelle, soit $\boxed{l_0 = V_0/S} =$ **25 cm**.

2. • Le gaz possède une énergie interne U et le ressort étiré de X une énergie potentielle $\dfrac{1}{2}\,kX^2$. La conservation de l'énergie du système isolé gaz-ressort s'écrit $U + E_p = \text{cte}$, soit

$$\underbrace{U_0 + 0}_{\text{au départ}} = \underbrace{U_1 + \frac{1}{2}\,kX^2}_{\text{à l'équilibre}} \tag{1}$$

où la variation d'énergie interne des n moles du gaz parfait ($n = \dfrac{P_0V_0}{RT_0}$), de capacité thermique molaire $C_{V_m} = \dfrac{R}{\gamma - 1}$, est

$$U_1 - U_0 = nC_{V_m}(T - T_0) = \frac{P_0V_0}{\gamma - 1} \cdot \frac{T - T_0}{T_0}$$

L'équation (1) s'écrit donc $\dfrac{1}{2}\,kX^2 = \dfrac{P_0V_0}{\gamma - 1}\,\dfrac{T_0 - T}{T_0}$ et la température finale du gaz $T(X)$ est donc

$$\boxed{T = T_0 - aX^2} \quad \text{avec} \quad \boxed{a = \frac{(\gamma - 1)kT_0}{2P_0V_0}} \tag{2}$$

• Le piston atteint l'état d'équilibre lorsque la force pressante du gaz est exactement compensée par la force de rappel du ressort comprimé, soit $PS = k \cdot X$, ou

$$\boxed{P = b \cdot X} \quad \text{avec} \quad \boxed{b = \frac{k}{S}} \tag{3}$$

3. L'équation d'état du gaz de C_0 (système fermé à n moles) s'écrit :

– dans l'état initial : $P_0V_0 = nRT_0$

– dans l'état final d'équilibre : $P(V_0 + S \cdot X) = nRT$

soit, en divisant membre à membre : $\dfrac{P}{P_0} \cdot \left(1 + \dfrac{S \cdot X}{V_0}\right) = \dfrac{T}{T_0}$

et, d'après (2) et (3), $\dfrac{b \cdot X}{P_0}\left(1 + \dfrac{S \cdot X}{V_0}\right) = 1 - \dfrac{aX^2}{T_0}$.

On en déduit, compte tenu de $b = k/S$,

$$a = T_0\left(\frac{1}{X^2} - \frac{k}{P_0 \cdot S \cdot X} - \frac{k}{P_0 V_0}\right) \qquad (4)$$

D'après (2) et (4), il vient

$$\gamma - 1 = a \cdot \frac{2P_0 V_0}{kT_0} = \frac{2P_0 V_0}{kX^2} - \frac{2V_0}{SX} - 2$$

d'où l'expression du rapport des capacités thermiques du gaz

$$\boxed{\gamma = \frac{2V_0}{X}\left(\frac{P_0}{kX} - \frac{1}{S}\right) - 1} \qquad (5)$$

La mesure du déplacement X du piston permet donc de déterminer γ d'après (5); on obtient numériquement $\gamma = \mathbf{1{,}37}$.

4. Le mouvement du piston est régi par la relation fondamentale de la dynamique projetée sur l'axe horizontal :

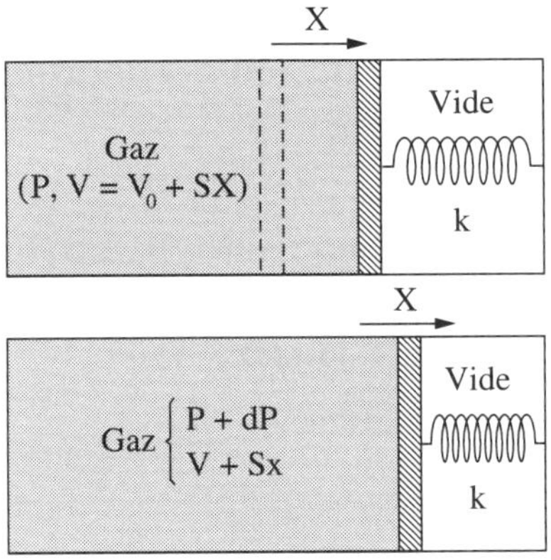

Fig. III.23

$$m\,\frac{\mathrm{d}^2x}{\mathrm{d}t^2} = \underbrace{S\,\mathrm{d}P}_{\text{force pressante}} - \underbrace{kx}_{\text{force de rappel}} \qquad (6)$$

avec, au cours de l'évolution isentropique du gaz imposée par le mouvement du piston,

$$PV^\gamma = \text{cte} \quad \text{ou} \quad \frac{\mathrm{d}P}{P} + \gamma\,\frac{\mathrm{d}V}{V} = 0, \quad \text{avec} \quad \mathrm{d}V = S\,\mathrm{d}x$$

(fig. III.23), donc

$$\mathrm{d}P = -\frac{\gamma PS}{V}\,x \tag{7}$$

L'équation du mouvement (6) s'écrit donc, compte tenu de (7),

$$\frac{\mathrm{d}^2x}{\mathrm{d}t^2} + \frac{1}{m}\left(k + \frac{\gamma PS^2}{V}\right) = 0, \text{ avec } P = \frac{k}{S}\,X \text{ et } V = V_0 + S \cdot X,$$

donc

$$\boxed{\frac{\mathrm{d}^2x}{\mathrm{d}t^2} + \frac{k}{m}\left(1 + \frac{\gamma SX}{V_0 + SX}\right) = 0}$$

Le piston est donc animé d'un mouvement oscillatoire sinusoïdal de pulsation $\omega = 2\pi/\tau$, telle que $\omega^2 = \dfrac{k}{m}\left(1 + \dfrac{\gamma SX}{V_0 + SX}\right)$, donc de période

$$\boxed{\tau = 2\pi\sqrt{\frac{m}{k} \cdot \frac{V_0 + SX}{V_0 + (\gamma + 1)SX}}}$$

E. THERMODYNAMIQUE DES ÉCOULEMENTS

22. Détente isenthalpique de Joule-Thomson

Un gaz s'écoule lentement dans un tuyau cylindrique, en traversant un obstacle poreux. En régime permanent, les pressions, températures et volumes molaires du gaz, sont :

– p_1, V_1, T_1 en amont de l'obstacle,

– p_2, V_2, T_2 en aval de l'obstacle.

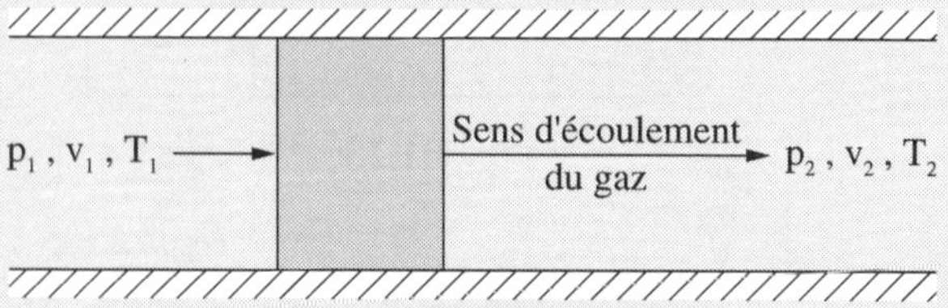

Fig. III.24

Les parois du tuyau sont parfaitement calorifugées.

1. Montrer que l'enthalpie molaire du gaz $H = U + pV$ (où U est l'énergie interne molaire) est la même en amont et en aval.

2. Montrer qu'une variation de pression $\mathrm{d}p$ s'accompagne d'une variation de température $\mathrm{d}T$ telle que

$$\frac{\mathrm{d}T}{\mathrm{d}p} = \frac{T\left(\dfrac{\partial V}{\partial T}\right)_p - V}{c_p},$$

où c_p est la capacité calorifique molaire à pression constante.
On admettra que dans une transformation où la pression varie de $\mathrm{d}p$ et la température de $\mathrm{d}T$, la quantité de chaleur mise en jeu est

$$\delta Q = c_p\,\mathrm{d}T + h\,\mathrm{d}p, \quad \text{avec} \quad h = -T\left(\frac{\partial V}{\partial T}\right)_p.$$

Que vaut $\dfrac{\mathrm{d}T}{\mathrm{d}p}$ pour un gaz parfait?

3. Montrer que la variation d'enthalpie d'un système, dans une transformation quelconque, à pression constante, est égale à la chaleur reçue par le système.

Solution

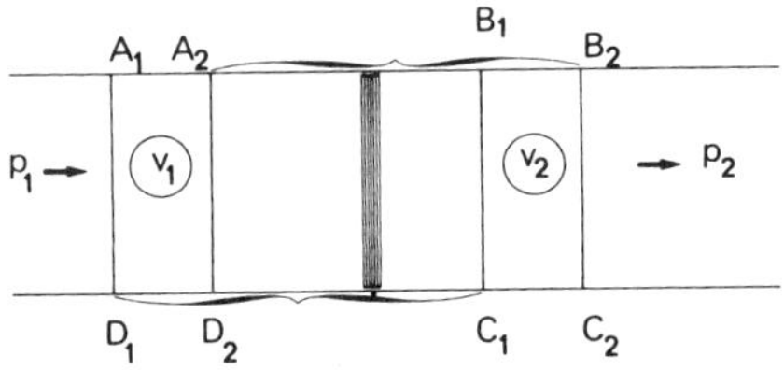

Fig. III.25

1. Soit V_1 le volume molaire du gaz situé en amont ($A_1\,A_2\,D_2\,D_1$), d'énergie interne U_1, et soit V_2 le volume occupé par ce gaz en aval ($B_1\,B_2\,C_2\,C_1$), d'énergie interne U_2.
Considérons comme système le gaz contenu dans le volume $A_1\,B_1\,C_1\,D_1$, et qui occupe ensuite le volume $A_2\,B_2\,C_2\,D_2$. Au cours de cette détente, ce système gazeux *reçoit* un travail p_1V_1 en amont, et *cède* en aval un travail

p_2V_2, de sorte que le travail total reçu par ce système est

$$W = p_1V_1 - p_2V_2.$$

Comme la détente est adiabatique ($Q = 0$), la variation d'énergie interne du système est mesurée par le travail reçu :

$$U_{A_2B_2C_2D_2} - U_{A_1B_1C_1D_1} = W = p_1V_1 - P_2V_2.$$

Or $A_1B_1C_1D_1$ et $A_2B_2C_2D_2$ possèdent en commun la partie $A_2B_1C_1D_2$; on a donc

$$U_{A_2B_2C_2D_2} - U_{A_1B_1C_1D_1} = (U_{A_2B_1C_1D_2} + U_2) - (U_{A_2B_1C_1D_2} + U_1) = U_2 - U_1$$

d'où $$U_2 - U_1 = p_1V_1 - P_2V_2$$

ou $$U_1 + p_1V_1 = U_2 + p_2V_2$$

soit $$\boxed{H_1 = H_2}$$

La détente adiabatique irréversible de Joule-Thomson s'effectue donc à *enthalpie constante*.

2. Pour la transformation élémentaire qui fait passer le gaz de l'état (p, T) à l'état $(p + \mathrm{d}p, T + \mathrm{d}T)$, écrivons que la variation d'enthalpie est nulle :

$$\mathrm{d}H = \mathrm{d}U + V\,\mathrm{d}p + p\,\mathrm{d}V = 0,$$

avec $$\mathrm{d}U = \delta W + \delta Q = -p\,\mathrm{d}V + (c_p\,\mathrm{d}T + h\,\mathrm{d}p),$$

donc $$\mathrm{d}H = c_p\,\mathrm{d}T + (h + V)\,\mathrm{d}p = 0,$$

d'où $$\frac{\mathrm{d}T}{\mathrm{d}p} = \frac{-h - V}{c_p},$$

soit $$\boxed{\frac{\mathrm{d}T}{\mathrm{d}p} = \frac{T\left(\dfrac{\partial V}{\partial T}\right)_p - V}{c_p}}.$$

• Dans le cas d'un gaz parfait, d'après l'équation d'état $pV = RT$, on a

$$\left(\frac{\partial V}{\partial T}\right)_p = \frac{V}{T},$$

d'où $$h = -T\left(\frac{\partial V}{\partial T}\right)_p = -V,$$

donc $$\frac{\mathrm{d}T}{\mathrm{d}p} = 0 \text{ ou } \boxed{\mathrm{d}T = 0},$$

cette détente s'effectue à *température constante* pour un gaz parfait.

3. À pression constante, on a

$$\Delta H = \Delta U + p\Delta V = (Q_p - p\Delta V) + p\Delta V = Q_p;$$

ainsi la quantité de chaleur échangée par un système, à pression constante, est mesurée par la variation de la fonction enthalpie de ce système :

$$\boxed{\Delta H = Q_p}$$

23. Détente irréversible dans l'air. Système ouvert

Un récipient, fermé par un robinet R, contient un gaz dans l'état p_1, V_1, T_1. On ouvre le robinet. Lorsque la pression du gaz dans le récipient est égale à la pression extérieure p_0, déterminer la température finale du gaz en fonction de T_1, p_1, p_0 et γ (rapport des chaleurs massiques). Les parois du récipient sont adiabatiques. On négligera la vitesse d'écoulement du gaz.

Application numérique : $T_1 = 300$ K, $p_1 = 2p_0$, $\gamma = 7/5$.

On raisonnera de deux façons :

1. le système considéré sera le gaz enfermé dans le récipient (volume constant);

2. le système sera l'ensemble du gaz restant dans le récipient et du gaz s'échappant dans l'atmosphère.

Interpréter la différence des résultats obtenus et montrer que la deuxième solution représente une approximation de la première.

Solution

1. Système à **volume constant**. Désignons par u l'énergie interne molaire; l'énergie interne des n moles de gaz est donc

$$U = u \cdot n.$$

Or, lorsque dn moles s'échappent du récipient (donc des frontières du système), la variation d'énergie interne du système est

$$\mathrm{d}U = \mathrm{d}(un) = u\,\mathrm{d}n + n\,\mathrm{d}u.$$

Or, l'enthalpie molaire est $h = u + pV = u + RT$.

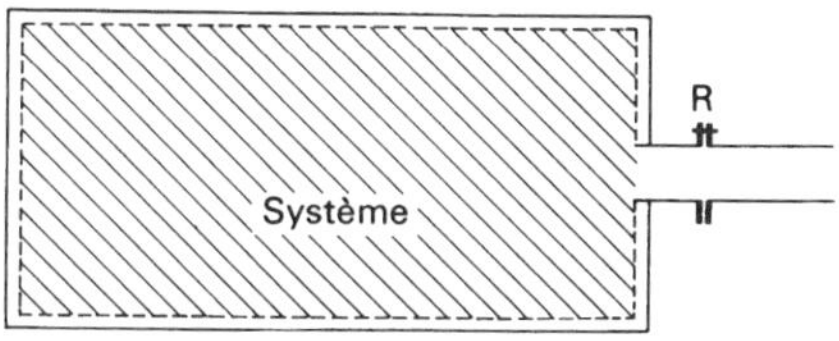

Fig. III.26

Appliquons le 1er principe : $\mathrm{d}U = \delta Q + \delta W$

ou $$\mathrm{d}U = h\,\mathrm{d}n = (u + RT)\,\mathrm{d}n^{(*)}$$

On a donc

$$\mathrm{d}U = u\,\mathrm{d}n + n\,\mathrm{d}u + (u + RT)\,\mathrm{d}n,$$

soit $$n\,\mathrm{d}u = RT\,\mathrm{d}n, \quad \text{avec} \quad \mathrm{d}u = C_{V_m}\,\mathrm{d}T,$$

donc $$\frac{\mathrm{d}n}{n} = \frac{\mathrm{d}u}{RT} = \frac{C_{V_m}}{R}\,\frac{\mathrm{d}T}{T}.$$

L'intégration entre les états initial et final fournit, puisque $C_{V_m} = \dfrac{R}{\gamma - 1}$,

$$\ln\frac{n_2}{n_1} = \frac{C_{V_m}}{R}\ln\frac{T_2}{T_1} = \ln\left(\frac{T_2}{T_1}\right)^{\frac{1}{\gamma-1}},$$

soit $$\frac{n_2}{n_1} = \left(\frac{T_2}{T_1}\right)^{\frac{1}{\gamma-1}}.$$

Or à l'état initial, le nombre de moles du gaz est $n_1 = \dfrac{p_1 V}{RT_1}$,

et, à l'état final, le nombre de moles est $n_2 = \dfrac{p_0 V}{RT_2}$ (car $p_2 = p_0$).

On en déduit $$\frac{n_2}{n_1} = \frac{p_0}{p_1}\,\frac{T_1}{T_2} = \left(\frac{T_2}{T_1}\right)^{\frac{1}{\gamma-1}}.$$

Finalement, on a $$\boxed{T_2 = T_1\left(\frac{p_0}{p_1}\right)^{\frac{\gamma-1}{\gamma}}}. \qquad (1)$$

On obtient le même résultat que si la transformation était adiabatique réversible.

(*) En annexe, à la fin de l'ouvrage, on trouvera une justification de la relation $\mathrm{d}U = h\,\mathrm{d}n$.

Application numérique : $T_2 = 300\left(\frac{1}{2}\right)^{2/7} =$ **246 K** ou $-27\,^\circ$C.

2. **Système à nombre de moles constant** : le nombre de moles du système est, dans ce cas, invariant, pendant la détente.

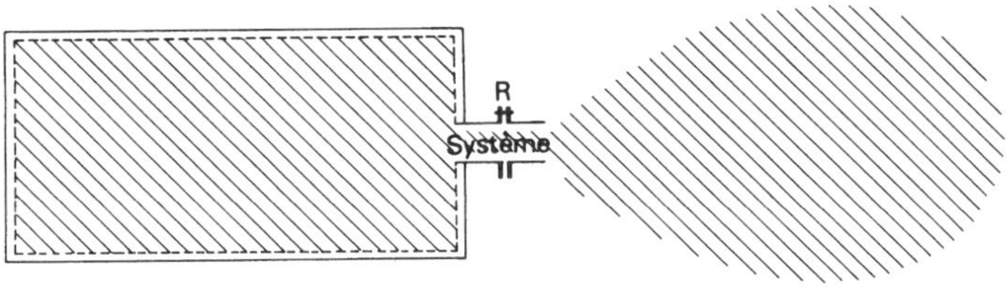

Fig. III.27

La variation d'énergie interne est $\Delta U = W + Q$, avec $Q = 0$ (pas de chaleur échangée) et $W = -p_0(V_2 - V_1)$,
car la pression *extérieure* p_0 est constante (notons que cette dernière relation est générale, même si la transformation est irréversible, comme dans ce problème).
On a donc

$$\Delta U = nC_{V_m}\Delta T = -p_0(V_2 - V_1);$$

en tenant compte de $p_2 = p_0$ et des équations d'état $p_1V_1 = nRT_1$ et $p_2V_2 = nRT_2$, il vient

$$\Delta U = \frac{p_1V_1}{RT_1} \cdot \frac{R}{\gamma - 1}\,(T_2 - T_1) = -p_0V_1\left(\frac{T_2}{T_1}\,\frac{p_1}{p_0} - 1\right)$$

Après simplification, on obtient

$$\boxed{T_2 = \frac{T_1}{\gamma}\left[1 + (\gamma - 1)\,\frac{p_0}{p_1}\right]}. \qquad (2)$$

Application numérique : $T_2 = 300 \cdot \frac{5}{7}\left(1 + \frac{1}{5}\right) = 300 \cdot \frac{6}{7} =$ **257 K** ou $-16\,^\circ$C.

• Le désaccord des résultats entre les deux solutions est dû au fait que, dans la 2e méthode, on a implicitement admis que le gaz à l'intérieur du récipient est en équilibre avec le gaz à l'extérieur de l'enceinte, ce qui n'est pas réaliste, car au cours de cette détente irréversible, le gaz traversant le robinet et quittant le récipient n'a pas la même température que le gaz qui est resté dans le récipient.
Montrons que la 2e solution est une approximation de la 1re.

En effet, la solution (1) s'écrit

$$T_2 = T_1 \left(\frac{p_0}{p_1}\right)^{\frac{\gamma-1}{\gamma}} = T_1 \left(1 - \frac{p_1 - p_0}{p_1}\right)^{\frac{\gamma-1}{\gamma}},$$

le terme entre parenthèses est de la forme $(1-\varepsilon)^a \approx 1 - a\varepsilon$, au second ordre près, si $\varepsilon = \dfrac{p_1 - p_0}{p_1} \ll 1$.
Donc, si l'écart relatif des pressions initiale et finale du gaz est très faible, on aura

$$T_2 \approx T_1 \left(1 - \frac{\gamma - 1}{\gamma}\,\frac{p_1 - p_0}{p_1}\right),$$

ou
$$T_2 = \frac{T_1}{\gamma}\left[\gamma - (\gamma - 1)\left(1 - \frac{p_0}{p_1}\right)\right],$$

soit finalement
$$T_2 = \frac{T_1}{\gamma}\left[1 + (\gamma - 1)\,\frac{p_0}{p_1}\right],$$

on a retrouvé la solution (2).
Par conséquent, si p_1 est très voisin de p_0, les deux méthodes donnent des résultats concordants, puisqu'alors l'approximation faite dans la 2e solution est justifiée.

24. Écoulement irréversible d'air dans un récipient vide

On considère un récipient *vide* cylindrique de volume $V_1 = 2$ l, fermé par des parois adiabatiques. On perce un trou, de façon que l'air ambiant (température $T_0 = 300$ K, pression $p_0 = 1$ atm) qui entoure le récipient, y pénètre.

Soit T_1 la température de l'air du récipient au moment où sa pression est égale à la pression extérieure p_0.

1. Exprimer T_1 en fonction de T_0 et γ ; calculer T_1.

2. Calculer la variation d'énergie interne de l'air qui a pénétré dans le récipient.

On donne : 1 atm $= 10^5$ pascals; rapport des chaleurs massiques de l'air : $\gamma = 1{,}4$. L'air sera considéré comme un gaz parfait.

Solution

1. Considérons le système formé de n moles d'air, qui après avoir occupé un volume $V_0 = \dfrac{nRT_0}{p_0}$ dans l'atmopshère, occupent à présent le volume V_1 du récipient initialement vide.

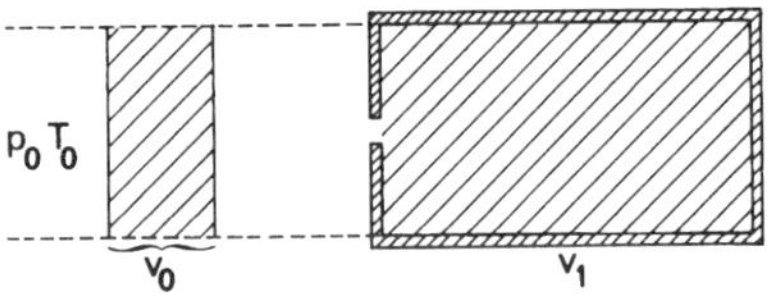

Fig. III.28

Comme la transformation est adiabatique ($Q = 0$), on a $W_{ad} = \Delta U$; donc, le travail reçu par le gaz, au cours de cette transformation, ne dépend pas du chemin suivi. Imaginons alors, pour calculer W_{ad}, que le système est passé brusquement de l'état (p_0, V_0, T_0) à l'état final (p_0, V_1, T_1). Le gaz a reçu en amont un travail $p_0 V_0$ de la part de l'atmosphère est un travail nul en aval (vide). Le travail adiabatique reçu par le gaz est donc

$$W_{ad} = p_0 V_0.$$

La variation d'énergie interne du gaz, de capacité thermique

$$c_V = \frac{nR}{\gamma - 1},$$

peut alors s'exprimer de deux façons :

– d'après la 1re loi de Joule :

$$\Delta U = c_V \Delta T = \frac{nR}{\gamma - 1}(T_1 - T_0), \qquad (1)$$

– d'après le 1er principe de thermodynamique :

$$\Delta U = W_{ad} = p_0 V_0 = nRT_0. \qquad (2)$$

En égalant les relations (1) et (2), on en déduit

$$\frac{T_1 - T_0}{\gamma - 1} = T_0,$$

soit

$$\boxed{T_1 = \gamma T_0}.$$

Application numérique : $T_1 = 1{,}4 \cdot 300 =$ **420 K**.

2. La tranche de gaz considérée est passée de l'état (p_0, V_0, T_0) à l'état final (p_0, V_1, T_1). L'équation d'état s'écrit donc

et
$$\begin{cases} p_0 V_0 = nRT_0 \\ p_0 V_1 = nRT_1. \end{cases}$$

On en déduit $\dfrac{V_1}{V_0} = \dfrac{T_1}{T_0} = \gamma$ et $V_0 = \dfrac{V_1}{\gamma}$.

La variation d'énergie interne (égale au travail fourni par l'atmosphère) est donc

$$\Delta U = p_0 V_0 = \boxed{\frac{p_0 V_1}{\gamma}}.$$

Application numérique : $\Delta U = \dfrac{10^5 \cdot 2 \cdot 10^{-3}}{1{,}4} = \mathbf{143\ J}$.

25. Bilan énergétique de l'écoulement d'un fluide. Applications

Un fluide pénètre par l'entrée ① du volume de contrôle Σ (fig. III.29) à la vitesse $\overrightarrow{V_1}$, à l'altitude z_1 par rapport au sol et sort du volume Σ en ② à la vitesse $\overrightarrow{V_2}$, à l'altitude z_2. On désignera u, h, v et p respectivement l'énergie interne massique, l'enthalpie massique, le volume massique et la pression du fluide, affectés de l'indice 1 à l'entrée de Σ et de l'indice 2 à la sortie de Σ.

1. Entre les instants voisins t et $t + \mathrm{d}t$, il pénètre dans Σ une masse $\mathrm{d}m_1$ du fluide, il sort de Σ une masse $\mathrm{d}m_2$ de fluide et le volume de contrôle Σ reçoit du milieu extérieur une chaleur δQ_e et un travail δW_e^* autre que celui des forces de pression. Effectuer un bilan énergétique et exprimer l'énergie $\mathrm{d}E$ accumulée dans le volume de contrôle Σ entre les instants t et $t + \mathrm{d}t$.

2. En déduire qu'en régime permanent, et si l'écoulement ne reçoit ni chaleur (parois de Σ calorifugées) ni travail autre que celui des forces de pression, on a

$$h_1 + \frac{V_1^2}{2} + gz_1 = h_2 + \frac{V_2^2}{2} + gz_2.$$

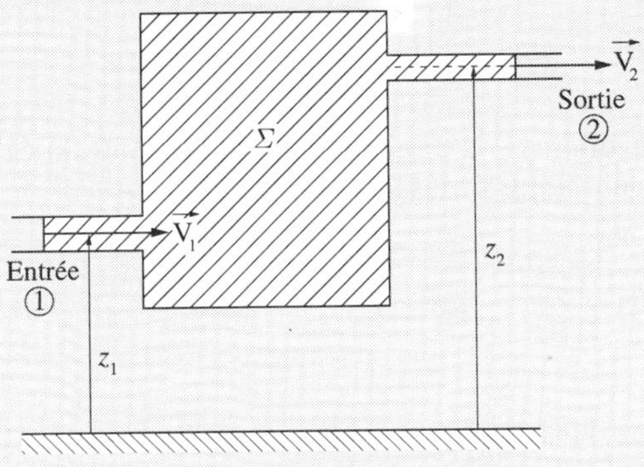

Fig. III.29

3. **Applications :** Déduire de cette dernière relation :

a) le caractère **isenthalpique** de la détente de Joule-Thomson d'un gaz;

b) la vitesse V d'écoulement d'un gaz parfait à la sortie d'un mince tube horizontal, sachant que ce gaz de vitesse initiale négligeable et de température initiale $T_1 = 300$ K a subi une détente **isentropique** dans la tuyère où il sort à la température $T_2 = 295$ K.
On donne : masse molaire du gaz $M = 28$ g; rapport des chaleurs massiques $\gamma = 7/5$; cte des gaz parfaits $R = 8{,}32\ \mathrm{J \cdot mol^{-1} \cdot K^{-1}}$.

Solution

1. L'application du premier principe de la thermodynamique (ou principe de conservation de l'énergie) au fluide (système ouvert) contenu dans le volume de contrôle Σ, s'écrit :

$$\begin{array}{c}\text{Énergie } \mathrm{d}E_1 \text{ qui pénètre} \\ \text{dans } \Sigma \text{ en } ①\end{array} + \begin{array}{c}\text{chaleur et travail} \\ \text{reçus du milieu extérieur}\end{array}$$
$$= \begin{array}{c}\text{Énergie } \mathrm{d}E_2 \text{ qui quitte} \\ \text{dans } \Sigma \text{ en } ②\end{array} + \begin{array}{c}\text{Énergie } \mathrm{d}E \text{ accumulée} \\ \text{à l'intérieur de } \Sigma\end{array}.$$

L'énergie accumulée à l'intérieur de Σ entre les instants t et $t + \mathrm{d}t$ est donc

$$\mathrm{d}E = \mathrm{d}E_1 - \mathrm{d}E_2 + \delta W_e + \delta Q_e \qquad (1)$$

avec
$$\mathrm{d}E_1 = \underbrace{u_1\,\mathrm{d}m_1}_{\substack{\text{énergie}\\ \text{interne}}} + \underbrace{\frac{1}{2}\,\mathrm{d}m_1 V_1^2}_{\substack{\text{énergie}\\ \text{cinétique}}} + \underbrace{g z_1\,\mathrm{d}m_1}_{\substack{\text{énergie}\\ \text{potentielle}}} + \underbrace{p_1 v_1\,\mathrm{d}m_1}_{\substack{\text{travail des forces}\\ \text{de pression}}} \qquad (2)$$

et de même

$$dE_2 = u_2\,dm_2 + \frac{1}{2}dm_2 V_2^2 + gz_2\,dm + p_2 v_2\,dm_2. \qquad (3)$$

La relation-bilan (1) s'écrit donc, compte tenu de (2) et (3) et en introduisant les enthalpies massiques $h_i = u_i + p_i v_i$ ($i = 1$ ou 2) :

$$\boxed{dE = dm_1\left(h_1 + \frac{V_1^2}{2} + gz_1\right) - dm_2\left(h_2 + \frac{V_2^2}{2} + gz_2\right) + \delta W_e^* + \delta Q_e}. \qquad (4)$$

2. D'après les hypothèses, on a $\delta W_e^* = 0$ et $\delta Q_e = 0$ et, puisque le régime d'écoulement est **permanent**, il ne peut y avoir d'accumulation d'énergie dans tout volume de contrôle Σ, soit $dE = 0$; le débit massique du fluide dm/dt est constant, donc la masse dm_1 qui pénètre pendant dt est égale à la masse du fluide dm_2 qui sort pendant le même temps dt, soit $dm_1 = dm_2 = dm$; la relation (4) se simplifie alors :

$$0 = dm\left[\left(h_1 + \frac{V_1^2}{2} + gz_1\right) - \left(h_2 + \frac{V_2^2}{2} + gz_2\right)\right],$$

soit

$$\boxed{h_1 + \frac{V_1^2}{2} + gz_1 = h_2 + \frac{V_2^2}{2} + gz_2}. \qquad (5)$$

Au cours de cet écoulement permanent, il y a donc conservation de la quantité : $h + (V^2/2) + gz =$ cte.

3. ***a)*** Au cours de la détente de Joule-Thomson, le gaz s'écoule lentement (on néglige les vitesses V_1 et V_2) dans un tuyau horizontal, donc $z_1 = z_2$; de plus, on a $\delta W_e^* = 0$ et $\delta Q_e = 0$ (détente adiabatique), donc la relation (5) s'écrit

$$\boxed{h_1 = h_2}.$$

C'est bien une détente à enthalpie constante (isenthalpique).

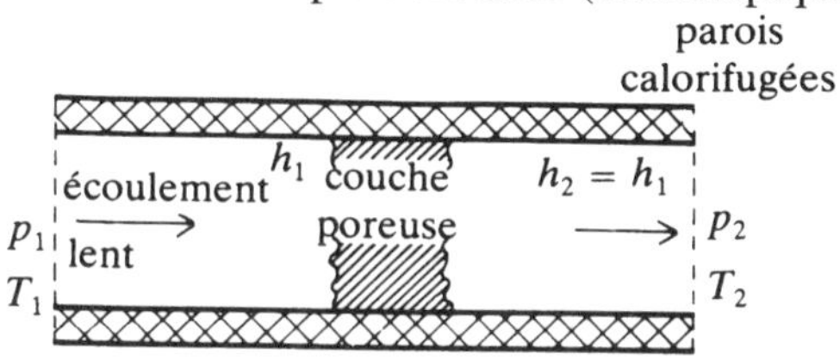

Fig. III.30

b) Puisque la tuyère est horizontale ($z_1 = z_2$) et puisque $V_1 \simeq 0$, la relation

(5) s'écrit

$$h_1 = h_2 + \frac{V^2}{2}.$$

donc la vitesse d'éjection du gaz est

$$V = \sqrt{2(h_1 - h_2)}, \quad \text{avec} \quad h_1 - h_2 = c_p(T_1 - T_2),$$

et c_p = chaleur massique du gaz à pression constante $= \dfrac{\gamma R}{M(\gamma - 1)}$,

donc $h_1 - h_2 = \dfrac{\gamma R(T_1 - T_2)}{M(\gamma - 1)}$ et $\boxed{V = \sqrt{\dfrac{\gamma}{\gamma - 1} \dfrac{R}{M} (T_1 - T_2)}}$.

Application numérique : $V =$ **102 m/s**.

26. Gaz en écoulement isotherme. Transfert calorifique (ou thermique)

Dans ce problème, les systèmes sont maintenus à la température constante de 16 °C ou $T_0 = 289$ K. L'argon est supposé gaz parfait, de rapport $\gamma = c_p/c_V = 5/3$ et de masse molaire $M = 40$ g; on donne la cte molaire des gaz parfaits $R = 8{,}31$ J mole/K.

A) Un ballon de volume $V = 3$ litres, contenant $n = 1/3$ moles d'argon de température T_0, est relié par un tuyau de volume négligeable à un cylindre équipé d'un piston π mobile sans frottement, soumis à la pression atmosphérique $P_0 = 1{,}0 \cdot 10^5$ Pa.

À l'instant $t = 0$, le volume du gaz enfermé dans le cylindre étant nul (fig. III.31), on ouvre le robinet R_0; le gaz se détend irréversiblement jusqu'à l'équilibre. Calculer

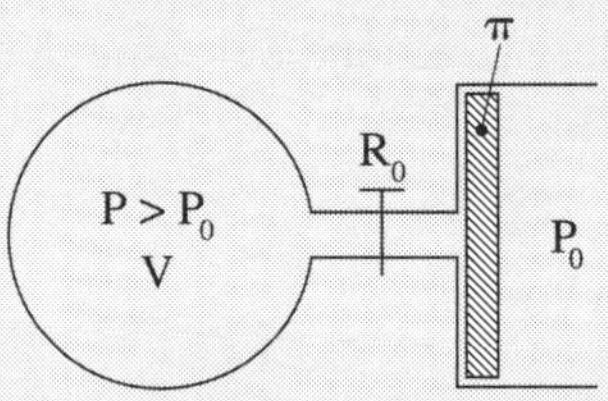

Fig. III.31

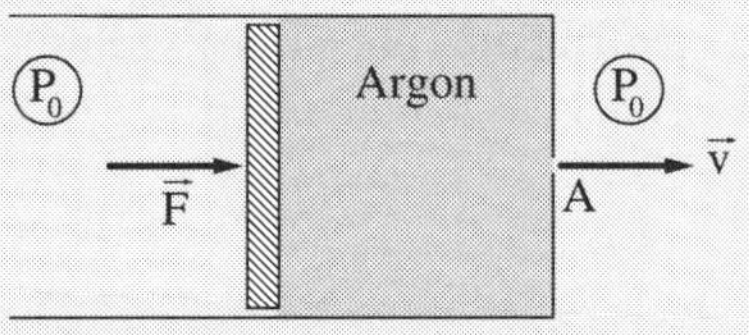

Fig. III.32

1. *a)* la pression initiale P du gaz dans le ballon;

b) le nombre Δn de moles d'argon transvasé dans le cylindre, à l'équilibre.

2. le transfert calorifique du milieu extérieur vers le gaz en détente, littéralement en fonction de Δn et T_0, puis numériquement.

B) Un cylindre d'axe horizontal (fig. III.32), fermé par un piston mobile sans frottement, de surface S, contient de l'argon à la température T_0 et à la pression P_0 égale à la pression atmosphérique. On pratique un petit trou A de section s au centre de la face verticale opposée au piston et on exerce une force $\overrightarrow{F}$ horizontale constante dans le sens d'une compression.

3. Montrer, par un bilan énergétique, que le transfert calorifique δQ du milieu extérieur vers le gaz est égal à la variation d'énergie cinétique $\mathrm{d}E_c$ du gaz entre les instants voisins t et $t + \mathrm{d}t$.

4. On admettra que l'échange calorifique est le même que si la transformation était réversible. Exprimer la vitesse v de sortie du gaz en fonction de la force F et des données M, P_0, R, S et T_0.

Solution

A) 1. *a)* La pression initiale P des n moles de gaz, de volume V et de température T_0, obéit à l'équation d'état des gaz parfaits

$$PV = nRT_0, \quad \text{soit} \quad \boxed{P = n\,\frac{RT_0}{V}}\,. \tag{1}$$

Application numérique : $P = 1{,}5 \cdot 10^5$ Pa $=$ **1,5 atm**.

b) • À la fin de la détente, l'équilibre mécanique du piston impose une même pression de part et d'autre; le gaz a donc subi une détente **isotherme** (pression × volume = cte), depuis l'état (P, V) jusqu'à l'état $(P_0, V + \Delta V)$, soit

$$P \cdot V = P_0(V + \Delta V)$$

Le volume gazeux transvasé dans le cylindre est donc

$$\Delta V = V\left(\frac{P}{P_0} - 1\right) \tag{2}$$

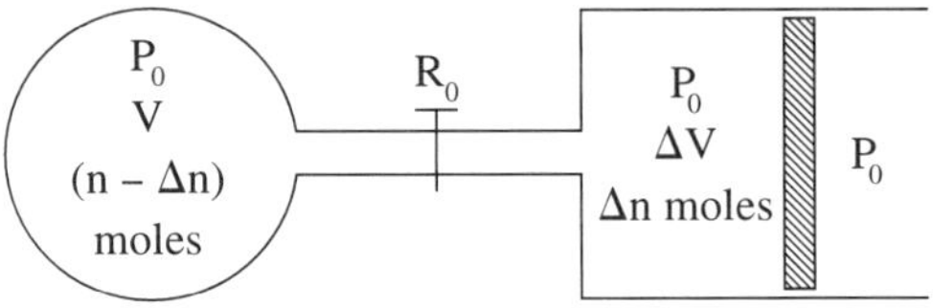

Fig. III.33

• Dans les mêmes conditions de température (T_0) et de pression (P_0), les nombres de moles $(n - \Delta n)$ et Δn contenus dans le ballon et dans le cylindre à l'équilibre sont proportionnels aux volumes gazeux respectifs, soit $\dfrac{n - \Delta n}{V} = \dfrac{\Delta n}{\Delta V}$, donc le nombre de moles transvasés dans le cylindre est :

$$\Delta n = n \cdot \frac{\Delta V}{V + \Delta V}$$

soit, d'après (1)

$$\boxed{\Delta n = n\left(1 - \frac{P_0}{P}\right)} \qquad (3)$$

Application numérique : $\Delta n = 1/9 = \mathbf{0,11}$ **moles**.

2. • Puisque la pression extérieure P_0 est constante, le travail reçu par le gaz au cours de cette détente isotherme irréversible est $W = -P_0 \cdot \Delta V$, soit d'après (2), $W = -(P - P_0)V$ avec, d'après (3), $P - P_0 = P \cdot \dfrac{\Delta n}{n}$, donc $W = -PV \cdot \dfrac{\Delta n}{n}$; enfin, d'après (1), $P = nRT_0/V$ donc $W = -\Delta n \cdot R \cdot T_0$.

• L'énergie interne du gaz parfait demeure constante au cours de la transformation isotherme, donc

$$\Delta U = W + Q = 0 \quad \text{soit} \quad Q = -W$$

Le transfert calorifique du milieu extérieur vers le gaz est donc

$$\boxed{Q = \Delta n \cdot R \cdot T_0} = \mathbf{267\ J}$$

B) 3. • Entre deux instants t et $t + \mathrm{d}t$ voisins, l'argon contenu dans le récipient subit une variation d'énergie totale

$$\mathrm{d}U + \mathrm{d}E_c + \mathrm{d}E_p = \delta W + \delta Q, \quad \text{soit} \quad \mathrm{d}E_c = \delta W + \delta Q \qquad (4)$$

car $\mathrm{d}U = 0$ (isotherme) et $\mathrm{d}E_p = 0$ (cote z = cte)

Calculons le travail élémentaire δW des forces extérieures reçu par le gaz : entre les instants t et $t + \mathrm{d}t$, le piston se déplace de $\mathrm{d}x$ en déplaçant un volume de gaz $S \cdot \mathrm{d}x$, et un volume gazeux $s \cdot v \cdot \mathrm{d}t$ sort par le trou A (fig. III.34).

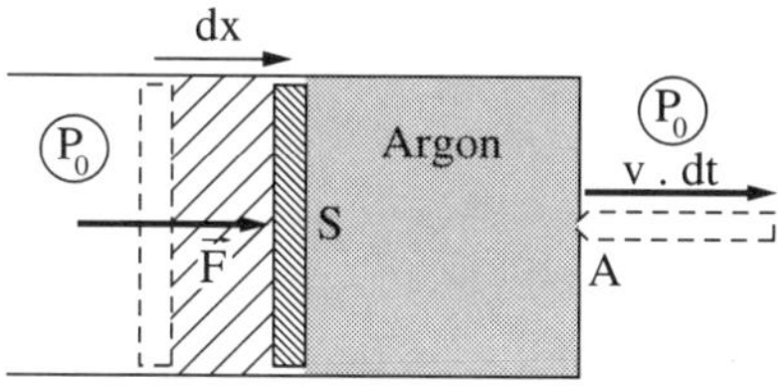

Fig. III.34

On en déduit $\delta W = (P_0 S + F)\,\mathrm{d}x - P_0 \cdot s \cdot v\,\mathrm{d}t$
avec, d'après la loi de Mariotte $P \cdot V = $ cte appliquée au système gazeux (hachuré sur la figure) :

$$\left(P_0 + \frac{F}{S}\right) \cdot S\,\mathrm{d}x = P_0 \cdot sv\,\mathrm{d}t, \text{ soit } (P_0 S + F)\,\mathrm{d}x = P_0\,sv\,\mathrm{d}t$$

donc $\boxed{\delta W = 0}$ et le gaz ne reçoit aucun travail du milieu extérieur et donc, d'après (4),

$$\boxed{\delta Q = \mathrm{d}E_c} \qquad (5)$$

4. • On a supposé $\delta Q = \delta Q_{\substack{\text{réversible}\\ \text{isotherme}}} = P_{\text{finale}} \cdot V_{\text{final}} \cdot \ln \dfrac{P_{\text{initial}}}{P_{\text{final}}}$
le transfert thermique est donc

$$\delta Q = P_0 \cdot s \cdot v \cdot \mathrm{d}t \cdot \ln\left(\frac{P_0 + \dfrac{F}{S}}{P_0}\right) \qquad (6)$$

• D'autre part, la variation d'énergie cinétique est, en introduisant la masse volumique du gaz parfait $\mu = \dfrac{MP_0}{RT_0}$,

$$\mathrm{d}E_c = \frac{1}{2}\,\mathrm{d}m \cdot v^2 = \frac{1}{2}(\mu \cdot s \cdot v \cdot \mathrm{d}t)v^2 = \frac{MP_0}{2RT_0}\,sv^3 \cdot \mathrm{d}t \qquad (7)$$

La relation énergétique (5) s'écrit, compte tenu des expressions (6) et (7),

$$P_0 \cdot s \cdot v\,\mathrm{d}t \cdot \ln\left(1 + \frac{F}{P_0 S}\right) = \frac{MP_0}{2RT_0}\,s \cdot v^3 \cdot \mathrm{d}t$$

soit $$\boxed{v = \sqrt{\frac{2RT_0}{M} \cdot \ln\left(1 + \frac{F}{P_0 S}\right)}}$$

CHAPITRE 4

Le deuxième principe. Bilans entropiques. Machines thermiques

Le deuxième principe (ou principe d'évolution) impose des conditions restrictives au cours des transformations d'un système et permet, contrairement au premier principe, de prévoir le sens de *l'évolution* d'un système.

I. TRANSFORMATIONS CYCLIQUES MONOTHERMES

Le système n'échange de la chaleur qu'avec une seule source.

• D'après le deuxième principe, il est impossible qu'un système puisse fournir du travail au milieu extérieur, au cours d'un cycle monotherme. On a donc nécessairement

$$\boxed{W_{\text{cycle}} \geqslant 0},$$

et comme $(W + Q)_{\text{cycle}} = 0$, on a aussi

$$\boxed{Q_{\text{cycle}} \leqslant 0},$$

• Si la transformation monotherme est *réversible*, dans un sens, on a $W \geqslant 0$ et, en sens inverse, $-W \leqslant 0$; ces deux conditions entraînent

$$\boxed{W_{\substack{\text{cycle}\\ \text{rév}}} = Q_{\substack{\text{cycle}\\ \text{rév}}} = 0}.$$

Il est donc impossible de réaliser une machine thermique motrice, en empruntant de la chaleur à une seule source. Pour fonctionner, une machine thermique doit donc être en contact avec au moins deux sources.

II. CYCLES DITHERMES. MACHINES THERMIQUES : RENDEMENT ET EFFICACITÉ

Le système échange de la chaleur avec deux sources.

• Une machine thermique ditherme échange une quantité de chaleur Q_1 avec la source chaude, une quantité de chaleur Q_2 avec la source froide et un travail W avec le milieu extérieur (fig. IV.A). Au cours d'un cycle, d'après le 1er principe, on aura toujours, *en valeurs algébriques*,

$$W + Q_1 + Q_2 = 0. \tag{1}$$

1. Cas du moteur thermique (cf. Problèmes n° 20 à 25)

Son rôle est de fournir un travail au milieu extérieur($W < 0$), en empruntant une quantité de chaleur Q_1 à la source chaude ($Q_1 > 0$) et en restituant *obligatoirement* une quantité de chaleur Q_2 à la source froide ($Q_2 < 0$). Il est donc impossible d'avoir $Q_2 = 0$, sinon on reviendrait à la machine thermique monotherme qui ne peut pas fonctionner.

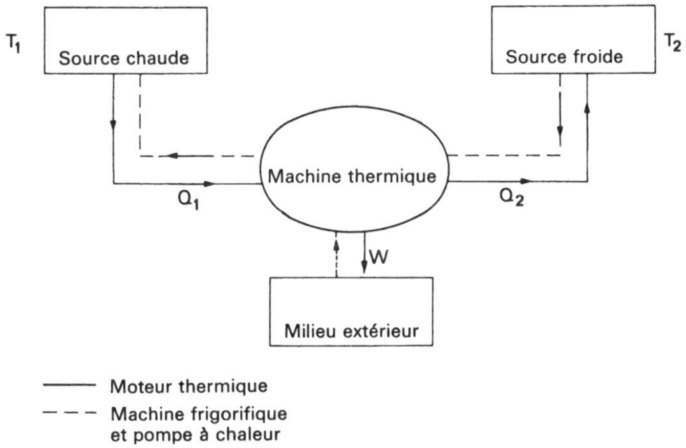

Fig. IV.A

Le rendement du moteur, défini comme le rapport positif recette-dépense, est

$$\boxed{\eta = -\frac{W}{Q_1}}, \quad (\eta < 1)$$

ou, d'après la relation (1), $\quad \eta = \dfrac{Q_1 + Q_2}{Q_1}. \qquad (2)$

2. Cas de la machine frigorifique (cf. Problèmes n° 16 et 20)

Son rôle est d'extraire une quantité de chaleur Q_2 à la source froide ($Q_2 > 0$), en recevant un travail W du milieu extérieur ($W > 0$), et en fournissant une quantité de chaleur $Q_1 (Q_1 < 0)$ à la source chaude.

Le coefficient d'efficacité est encore le rapport positif recette-dépense, soit

$$\boxed{e = \frac{Q_2}{W}} \qquad (e > 1)$$

ou, d'après la relation (1). $$e = \frac{Q_2}{-(Q_1 + Q_2)} \tag{3}$$

3. Cas de la pompe à chaleur (cf. Problème n° 15)

Son rôle est de fournir une quantité de chaleur Q_1 ($Q_1 < 0$) à la source chaude (air de la salle à chauffer), en recevant un travail W du milieu extérieur ($W > 0$) et une quantité de chaleur $Q_2 (Q_2 > 0)$ de la source froide (atmosphère).

Le coefficient d'efficacité est le rapport positif recette-dépense, soit

$$\boxed{e' = -\frac{Q_1}{W}} \qquad (e' > 1)$$

où, d'après la relation (1), $$e' = \frac{Q_1}{Q_1 + Q_2}. \tag{4}$$

III. CYCLES RÉVERSIBLES ET IRRÉVERSIBLES

1. Cycles réversibles

D'après le *théorème de Carnot*, tous les cycles réversibles, fonctionnant entre les mêmes sources, ont même rendement (ou même coefficient d'efficacité), indépendamment de la nature du fluide.

Exemple : le cycle de Carnot (cycle réversible ditherme) comprend deux isothermes (T_1) et (T_2) reliées par deux adiabatiques réversibles (fig. IV.B).

Le rapport des chaleurs échangées (au cours des transformations isothermes) avec les sources de température T_1 et T_2 est (cf. Problème n° 20)

$$\frac{Q_1}{Q_2} = -\frac{T_1}{T_2} \tag{5}$$

On en déduit, d'après les relations (2), (3) et (4),

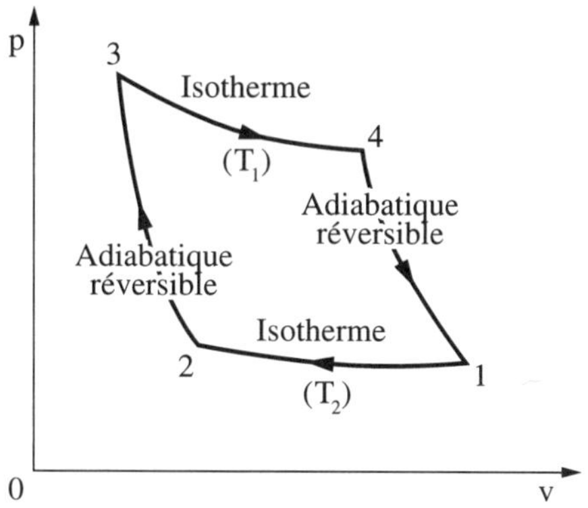

Fig. IV.B

1) le rendement du moteur thermique ditherme réversible :

$$\boxed{\eta_r = \frac{T_1 - T_2}{T_1}} \; ;$$

2) le coefficient d'efficacité de la machine frigorifique réversible :

$$\boxed{e_r = \frac{T_2}{T_1 - T_2}} \; ;$$

3) le coefficient d'efficacité de la pompe à chaleur réversible :

$$e'_r = \frac{T_1}{T_1 - T_2} \; .$$

• D'autre part, pour les cycles réversibles dithermes, la relation (5) s'écrit

$$\boxed{\frac{Q_1}{T_1} + \frac{Q_2}{T_2} = 0} \; .$$

On peut généraliser cette relation à un cycle réversible fonctionnant avec un très grand nombre de sources :

$$\sum \frac{Q_i}{T_i} = 0 \, ,$$

et pour une infinité de sources, on aura

$$\boxed{\oint_{\substack{\text{cycle}\\ \text{réversible}}} \frac{\delta Q}{T} = 0} \, , \qquad (6)$$

où δQ est le chaleur échangée par le système avec la source de température T (égale à celle du système, car il y a réversibilité).

2. Cycles irréversibles

D'après le théorème de Carnot, le rendement (et le coefficient d'efficacité) d'un cycle fonctionnant entre deux sources est maximal lorsque le système fonctionne de façon réversible; donc : $\eta_{\text{irréversible}} < \eta_{\text{réversible}}$;
on en déduit

$$\frac{Q_1 + Q_2}{Q_1} < \frac{T_1 - T_2}{T_1}, \quad \text{soit} \quad \boxed{\frac{Q_1}{T_1} + \frac{Q_2}{T_2} < 0}.$$

On peut généraliser ce résultat à un cycle irréversible fonctionnant avec un grand nombre de sources :

$$\Sigma \frac{Q_i}{T_i} < 0$$

et pour une infinité de sources, on aura

$$\boxed{\oint_{\substack{\text{cycle}\\ \text{irréversible}}} \frac{\delta Q}{T} < 0}. \tag{7}$$

Ici, T désigne toujours *la température d'une source*, mais en aucun cas celle du système (car la transformation est irréversible).

IV. TRANSFORMATIONS OUVERTES. ENTROPIE

1. Transformations réversibles

La quantité $\displaystyle\int_I^F \frac{\delta Q}{T}$, indépendante du chemin suivi pour passer de l'état initial I à l'état final F, est mesurée par la variation de la *fonction d'état* S (entropie) :

$$\boxed{\underbrace{\int_I^F \frac{\delta Q}{T} = S_F - S_I}_{\text{transformation réversible}}}.$$

Pour un cycle, $S_1 = S_F$ et on retrouve la relation (6)

La différentielle de la fonction entropie est donc, pour une transformation réversible,

$$\boxed{dS = \frac{\delta Q}{T}},$$

T étant la température de la source (égale à la température du système).

2. Transformations irréversibles

D'après les relations (6) et (7), on a

$$\boxed{\int_I^F \frac{\delta Q}{T} < S_F - S_I \quad \text{transformation irréversible}}\,, \tag{8}$$

T étant *la température de la source* et non celle du système.

V. PROPRIÉTÉS DE LA FONCTION ENTROPIE S

• S est une *fonction d'état liée au désordre* moléculaire; elle est définie dans un état d'équilibre du système; ses variations ne dépendent pas du chemin suivi, ce qui simplifie le calcul de ΔS.

• $dS = \dfrac{\delta Q}{T}$ est donc une *différentielle totale* exacte (alors que δQ n'est pas une différentielle totale).

• S est une quantité extensive (donc additive) : on peut calculer la variation d'entropie de l'univers en faisant la somme des entropies de chaque partie du système, des sources et du milieu extérieur :

$$\boxed{(\Delta S)_{\text{univers}} = (\Delta S)_{\text{système}} + (\Delta S)_{\text{source}} + (\Delta S)_{\text{extérieur}}}\,. \tag{9}$$

• L'irréversibilité est liée à l'augmentation d'entropie de l'univers.

• Pour un *système isolé*, alors que son énergie interne U est constante, son entropie ne peut croître : $\Delta S_{\text{univers}} \geqslant 0$. C'est la raison pour laquelle un système isolé qui,a subi une évolution ne peut plus revenir à son état initial .

• Il existe une relation générale entre la variation d'entropie de l'univers et le travail $\boxed{W_{\text{irr}} - W_{\text{rév}} = T_0 \Delta S_{\text{univers}}}$ (voir Problème n° 13)

VI. BILAN ENTROPIQUE DE SYSTÈMES FERMÉ ET OUVERT. ENTROPIES ÉCHANGÉE ET CRÉÉE

Au cours d'une transformation élémentaire, l'entropie d'un *système* thermodynamique quelconque varie de

- $\delta Q/T$ à cause du transfert de chaleur δQ entre la source et le système,
- $s_0 \cdot \mathrm{d}m$ à cause du transfert de matière (de masse $\mathrm{d}m$, d'entropie massique s_0) entre le milieu extérieur et le système,

- $\delta S_{\text{création}}$ à cause de l'irréversibilité ($\delta S_{\text{création}} > 0$ si la transformation est irréversible et $\delta S_{\text{création}} = 0$ si la transformation est réversible).

1. Le ***bilan entropique*** s'écrit donc

- pour un système *ouvert* ($dm \neq 0$) :

$$\boxed{\mathrm{d}S_{\substack{\text{système}\\ \text{ouvert}}} = \underbrace{\left(\frac{\delta Q}{T} + s_0 dm\right)}_{\text{entr. échangée}} + \underbrace{\delta S_{\text{création}}}_{\text{entr. créée } (\geqslant 0)}}$$

- pour un système *fermé* ($dm = 0$) :

$$\boxed{dS_{\substack{\text{système}\\ \text{fermé}}} = \underbrace{\frac{\delta Q}{T}}_{\text{entr. échangée}} + \underbrace{\delta S_{\text{création}}}_{\text{entr. créée}}} \qquad (10)$$

2. Pour un ***système fermé***, la relation (9) s'écrit :

$$(\Delta S)_{\text{système}} = (\Delta S)_{\text{univers}} - (\Delta S)_{\text{source}}$$

et la relation (10) s'écrit, par intégration

$$(\Delta S)_{\text{système}} = (\Delta S)_{\text{échange}} + (\Delta S)_{\text{création}}$$

On en déduit

$$\boxed{\Delta S_{\text{échangée}} = -\Delta S_{\text{source}}} \begin{cases} \nearrow > 0 \\ \rightarrow = 0 \\ \searrow < 0 \end{cases} \quad \text{et} \quad \boxed{\Delta S_{\text{création}} = \Delta S_{\text{univers}}} \geqslant 0$$

3. ***Cas particuliers***

- Si la transformation est *adiabatique* : $\Delta S_{\text{échangée}} = -\Delta S_{\text{source}} = 0$ et donc

$$\Delta S_{\substack{\text{système}\\ \text{(adiabatique)}}} = \Delta S_{\text{création}} \geqslant 0$$

- Si la transformation est *réversible* : $\Delta S_{\text{création}} = 0$, et donc

$$\Delta S_{\substack{\text{système}\\ \text{réversible}}} = \Delta S_{\text{échangée}} = -\Delta S_{\text{source}}$$

VII. TABLEAU DES VARIATIONS D'ENTROPIE dS ET ΔS DES GAZ PARFAITS

• Les variations élémentaires d'entropie de n moles d'un gaz parfait sont : si $C_p = nC_{p_m} = \dfrac{n\gamma R}{\gamma - 1}$ et $C_V = nC_{V_m} = \dfrac{nR}{\gamma - 1}$ sont les capacités thermiques du gaz à pression et à volume constants ($\gamma = C_p/C_V$) :

• en fonction des variables T et p, on a $\qquad \mathrm{d}S = C_p\dfrac{\mathrm{d}T}{T} - nR\dfrac{\mathrm{d}p}{p}$;

• en fonction des variables T et V, on a $\qquad \mathrm{d}S = C_V\dfrac{\mathrm{d}T}{T} - nR\dfrac{\mathrm{d}V}{V}$;

• en fonction des variables V et p, on a $\qquad \mathrm{d}S = C_V\dfrac{\mathrm{d}p}{p} - C_p\dfrac{\mathrm{d}V}{V}$;

• on en déduit le tableau ci-dessous pour les transformations classiques :

Transformation / Variation d'entropie	ISOBARE (p = cte)	ISOCHORE (v = cte)	ISOTHERME (T = cte)	ISENTROPIQUE (adiabatique réversible)
élémentaire $\mathrm{d}S = \dfrac{\delta Q}{T}$	$\mathrm{d}S = C_p\dfrac{\mathrm{d}T}{T}$	$\mathrm{d}S = C_V\dfrac{\mathrm{d}T}{T}$	$\mathrm{d}S = nR\dfrac{\mathrm{d}V}{V}$	$\mathrm{d}S = 0$
totale ΔS	$\Delta S = C_p \ln \dfrac{T_2}{T_1}$	$\Delta S = C_V \ln \dfrac{T_2}{T_1}$	$\begin{cases} \Delta S = nR \ln \dfrac{V_2}{V_1} \\ \Delta S = nR \ln \dfrac{p_1}{p_2} \end{cases}$	$\Delta S = 0$

PROBLÈMES DU CHAPITRE 4

A. DIFFÉRENTIELLES d U, d H, d S : RELATIONS AUX DÉRIVÉES PARTIELLES

1. Loi de Joule déduite du 2e principe

1. Écrire l'expression de la différentielle de l'entropie d'une mole de gaz parfait, en fonction des variables indépendantes : température T et volume V, et des dérivées partielles de l'énergie interne U du gaz.

2. En déduire la première loi de Joule : l'énergie interne U d'un gaz parfait ne dépend que de la température.

Solution

1. La différentielle de l'énergie interne $U(T,V)$ du gaz est

$$\mathrm{d}U = \delta Q + \delta W = \left(\frac{\partial U}{\partial T}\right)_V \mathrm{d}T + \left(\frac{\partial T}{\partial V}\right)_T \mathrm{d}V \tag{1}$$

La différentielle de l'entropie du gaz est

$$\mathrm{d}S = \frac{\delta Q}{T} = \frac{1}{T}(\mathrm{d}U - \delta W). \tag{2}$$

Or, le travail élémentaire reçu par une mole de gaz parfait ($pV = RT$) est

$$\delta W = -p\,\mathrm{d}V = -RT\frac{\mathrm{d}V}{V}. \tag{3}$$

La relation (2) s'écrit donc, compte tenu des relations (1) et (3),

$$\boxed{\mathrm{d}S = \frac{1}{T}\left(\frac{\partial U}{\partial T}\right)_V \mathrm{d}T + \left[\frac{1}{T}\left(\frac{\partial U}{\partial V}\right)_T + \frac{R}{V}\right]\mathrm{d}V}\,.$$

2. Écrivons, d'après le 2e principe, que dS est une différentielle totale exacte, puisque l'entropie S du gaz est une fonction d'état :

$$\frac{\partial}{\partial V}\left[\frac{1}{T}\left(\frac{\partial U}{\partial T}\right)_V\right] = \frac{\partial}{\partial T}\left[\frac{1}{T}\left(\frac{\partial U}{\partial V}\right)_T + \frac{R}{V}\right],$$

soit
$$\frac{1}{T}\frac{\partial^2 U}{\partial T\cdot\partial V} = -\frac{1}{T^2}\left(\frac{\partial U}{\partial V}\right)_T + \frac{1}{T}\cdot\frac{\partial^2 U}{\partial V\cdot\partial T}\,.$$

On en déduit

$$-\frac{1}{T^2}\left(\frac{\partial U}{\partial V}\right)_T = 0, \quad \text{donc} \quad \boxed{\left(\frac{\partial U}{\partial V}\right)_T = 0} \;;$$

l'énergie interne $U(T,V)$ du gaz parfait ne dépend pas du volume V, donc U n'est fonction que de la température, soit $U(T)$.

2. Fonctions caractéristiques *U(V, S)* et *H(P, S)* d'un fluide et capacités thermiques C_V et C_P

Pour un système thermodynamique fluide, on peut considérer

• l'énergie interne $U(V,S)$ comme une fonction du volume V et de l'entropie S du fluide,

• l'enthalpie $H(P,S)$ comme une fonction de la pression P et de l'entropie S du fluide.

Au cours d'une transformation élémentaire reversible, le transfert calorifique δQ est

• en fonction de T et V : $\delta Q = C_V \mathrm{d}T + l \cdot \mathrm{d}V$,

• en fonction de T et P : $\delta Q = C_P \mathrm{d}T + k \cdot \mathrm{d}P$.

(C_V, C_P, l et k = coefficients thermiques du fluide)

1. ***a)*** Exprimer la pression $P(V, S)$ et la température $T(V, S)$ du système en fonction des dérivées partielles de son énergie interne $U(V, S)$.

b) En déduire les expressions de la capacité thermique C_V à volume constant et du coefficient thermique l en fonction des dérivées partielles de $U(V, S)$.

c) Exprimer l'enthalpie $H(V, S)$ en fonction de $U(V, S)$ et des dérivées partielles de U.

2. ***a)*** Exprimer le volume $V(P, S)$ et la température $T(P, S)$ du système en fonction des dérivées partielles de son enthalpie $H(P, S)$.

b) En déduire les expressions de la capacité thermique C_P à pression constante et du coefficient thermique k en fonction des dérivées partielles de $H(P, S)$.

c) Exprimer l'énergie interne $U(V, S)$ en fonction de $H(P, S)$ et des dérivées partielles de H.

Solution

1. *a)* La différentielle de l'énergie interne $\mathrm{d}U = \delta W + \delta Q$, avec pour une transformation réversible $\delta W = -P\mathrm{d}V$ et $\delta Q = T\mathrm{d}S$, s'écrit

$$\mathrm{d}U = -P\mathrm{d}V + T\mathrm{d}S \tag{1}$$

de la forme $\mathrm{d}U = \left(\dfrac{\partial U}{\partial V}\right)_S \mathrm{d}V + \left(\dfrac{\partial U}{\partial S}\right)_V \mathrm{d}S$

On en déduit : • la pression

$$\boxed{P(V,S) = -(\partial U/\partial V)_S} \tag{2}$$

• la température

$$\boxed{T(V,S) = (\partial U/\partial S)_V} \tag{3}$$

b) Le transfert calorifique élémentaire s'écrit, avec les paramètres T et V :

$$\delta Q = C_V \cdot \mathrm{d}T + l \cdot \mathrm{d}V = T \cdot \mathrm{d}S$$

avec d'après (2),

$$\mathrm{d}T = \left(\frac{\partial T}{\partial V}\right)_S \mathrm{d}V + \left(\frac{\partial T}{\partial S}\right)_V \mathrm{d}S = \left(\frac{\partial^2 U}{\partial S \cdot \partial V}\right)\mathrm{d}V + \left(\frac{\partial^2 U}{\partial S^2}\right)_V \mathrm{d}S$$

soit $\delta Q = \left(C_V \dfrac{\partial^2 U}{\partial S \cdot \partial V} + l\right)\mathrm{d}V + C_V \dfrac{\partial^2 U}{\partial S^2}\mathrm{d}S = T \cdot \mathrm{d}S$

On en déduit, en identifiant les coefficients respectifs de $\mathrm{d}S$ et $\mathrm{d}V$:

- $C_V \dfrac{\partial^2 U}{\partial S^2} = T$, soit d'après (3), $\boxed{C_V = \dfrac{(\partial U/\partial S)_V}{(\partial^2 U/\partial S^2)_V}}$ (4)

- $C_V \dfrac{\partial^2 U}{\partial S \cdot \partial V} + l = 0$, soit d'après (4), $\boxed{l = -\dfrac{\left(\dfrac{\partial U}{\partial S}\right)_V \cdot \dfrac{\partial^2 U}{\partial S \cdot \partial V}}{(\partial^2 U/\partial S^2)_V}}$

c) L'enthalpie, exprimée à l'aide des variables V et S, s'écrit

$$H(V,S) = U(V,S) + P \cdot V,$$

soit d'après (2),

$$\boxed{H(V,S) = U(V,S) - V\left(\frac{\partial U}{\partial V}\right)_S}$$

2. *a)* La différentielle de l'enthalpie $\mathrm{d}H = \mathrm{d}(U + P \cdot V)$ est, compte tenu de (1),

$$\mathrm{d}H = V \cdot \mathrm{d}P + T \cdot \mathrm{d}S$$

de la forme $\mathrm{d}H = \left(\frac{\partial H}{\partial P}\right)_S \mathrm{d}P + \left(\frac{\partial H}{\partial s}\right)_P \mathrm{d}S$

On en déduit • le volume $\boxed{V(P, S) = (\partial H / \partial P)_S}$ (5)

• la température $\boxed{T(P, S) = (\partial H / \partial S)_P}$ (6)

b) Le transfert calorifique élémentaire s'écrit, avec les paramètres T et P :

$$\delta Q = C_P \cdot \mathrm{d}T + k \cdot \mathrm{d}P = T \cdot \mathrm{d}S$$

avec, d'après (4),

$$\mathrm{d}T = \left(\frac{\partial T}{\partial P}\right)_S \mathrm{d}P + \left(\frac{\partial T}{\partial S}\right)_P \mathrm{d}S = \frac{\partial^2 H}{\partial S \cdot \partial P} \mathrm{d}P + \left(\frac{\partial^2 H}{\partial S^2}\right)_P \mathrm{d}S$$

soit $\delta Q = \left(C_P \frac{\partial^2 H}{\partial S \cdot \partial P} + k\right) \mathrm{d}P + C_P \left(\frac{\partial^2 H}{\partial S^2}\right)_P \mathrm{d}S = T \cdot \mathrm{d}S$

On en déduit, en identifiant les coefficients respectifs de $\mathrm{d}S$ et $\mathrm{d}P$:

• $C_P \frac{\partial^2 H}{\partial S^2} = T$, soit d'après (6), $\boxed{C_P = \frac{(\partial H / \partial S)_P}{(\partial^2 H / \partial S^2)_P}}$ (7)

• $C_P \frac{\partial^2 H}{\partial S . \partial P} + k = 0$, soit d'après (7), $\boxed{k = -\frac{\left(\frac{\partial H}{\partial S}\right)_P \cdot \frac{\partial^2 H}{\partial S \cdot \partial P}}{(\partial^2 H / \partial S^2)_P}}$

c) L'énergie interne, exprimée à l'aide des variables P et S, est

$$U(P, S) = H(P, S) - P \cdot V,$$

soit d'après (5),

$$\boxed{U(P, S) = H(P, S) - P \left(\frac{\partial H}{\partial P}\right)_S}$$

Remarque : La connaissance de la fonction $U(V,S)$ ou de la fonction $H(P,S)$ permet d'accéder
– à tous les paramètres et à toutes les autres fonctions thermodynamiques,
– et à la détermination de l'équation d'état $(P,V,T) = 0$ du système thermodynamique en éliminant S entre (2) et (3), ou en éliminant H entre (5) et (6).

Cette remarque justifie l'appellation de **fonction caractéristique** attribuée aux fonctions $U(V, S)$ ou $H(P, S)$.

B. CALCULS DE VARIATIONS D'ENTROPIE

3. Variation d'entropie d'un gaz parfait

Exprimer la variation élémentaire d'entropie d'un gaz parfait, en fonction des variables indépendantes T et V. En déduire la variation d'entropie d'une mole de gaz parfait, lorsqu'on triple simultanément la température initiale et le volume initial du gaz. On indiquera deux méthodes de résolution.

Application numérique : Rapport des chaleurs massiques : $\gamma = \dfrac{7}{5}$; constante des gaz parfaits : $R = 8{,}32$ J–K^{-1}–mole^{-1}

Solution

1. *1ère méthode*

Au cours d'une transformation élémentaire réversible, où la température T varie de $\mathrm{d}T$ et le volume V varie de $\mathrm{d}V$, la quantité de chaleur reçue par le gaz est

$$\delta Q = \mathrm{d}U - \delta W = c_V \mathrm{d}T + p\mathrm{d}V.$$

La transformation s'accompagne donc d'une variation élémentaire d'entropie

$$\mathrm{d}S = \frac{\delta Q}{T} = c_V \frac{\mathrm{d}T}{T} + p\frac{\mathrm{d}V}{T}.$$

Compte tenu de l'équation d'état relative à **une mole** de gaz parfait, $pV = RT$, $\mathrm{d}S$ s'exprime en fonction des variables indépendantes T et V :

$$\mathrm{d}S = C_{V_m} \frac{\mathrm{d}T}{T} + R\frac{\mathrm{d}V}{V} \quad \text{avec} \quad C_{V_m} = \frac{R}{\gamma - 1} = \text{cte.}$$

En intégrant, on obtient la variation d'entropie d'une mole de gaz :

$$\Delta S = C_{V_m} \ln \frac{T_2}{T_1} + R \ln \frac{V_2}{V_1},$$

soit
$$\Delta S = \frac{R}{\gamma - 1} \ln 3 + R \ln 3$$

ou
$$\boxed{\Delta S = \frac{R\gamma}{\gamma - 1} \ln 3}.$$

2. *2e méthode*

Remarquons que si le volume V et la température T ont triplé simultanément, la pression $p = \dfrac{RT}{V}$ est restée la même à l'état initial et à l'état final. On peut donc imaginer que la transformation est isobare et réversible, pour déterminer ΔS qui ne dépend pas du chemin suivi.
La quantité de chaleur échangée avec le milieu extérieur est alors

$$\delta Q = C_{p_m} \mathrm{d}T,$$

et la variation élémentaire d'entropie est

$$\mathrm{d}S = \frac{\delta Q}{T} = C_{p_m} \frac{\mathrm{d}T}{T}, \quad \text{avec} \quad C_{p_m} = \frac{\gamma R}{\gamma - 1}.$$

En intégrant, on obtient $\boxed{\Delta S = C_{p_m} \ln \dfrac{T_2}{T_1}}$.

On retrouve donc l'expression $\Delta S = \dfrac{R\gamma}{\gamma - 1} \ln 3$.

Application numérique : $\Delta S = 8{,}32 \cdot \dfrac{7}{2} \cdot 1{,}097 =$ **32 J/K.**

4. Variation d'entropie d'un gaz de capacité thermique $c_p = a + bT$

La capacité thermique massique d'un gaz, de masse molaire M, est une fonction linéaire de la température T, dans l'intervalle de température considéré :

$$c_p = a + bT \quad (a \text{ et } b \text{ sont des constantes})$$

On chauffe une mole de ce gaz, réversiblement, sous pression constante, depuis la température T_1 jusqu'à la température T_2. Exprimer la fonction de a, b, M, T_1 et T_2.

1. la variation d'entropie ΔS de ce gaz,

2. le transfert thermique Q au cours de cette évolution.

3. *Application* : Calculer ΔS et Q pour l'azote N_2, sachant que les mesures expérimentales conduisent à la relation

$$c_p = 1{,}04 + 1{,}1 \cdot 10^{-5} \cdot T \quad (c_p \text{ en J/g}, T \text{ en degrés K}),$$

si la température du gaz s'élève de 300 K à 600 K à pression constante. On donne $N = 14$.

Solution

1. La variation d'entropie élémentaire, à pression constante, d'une mole de gaz est

$$\mathrm{d}S = \frac{\delta Q}{T} = \frac{M_{c_p}\mathrm{d}T}{T}, \quad \text{or} \quad c_p = a + bT,$$

on en déduit

$$\mathrm{d}S = M\left(a\frac{\mathrm{d}T}{T} + b\mathrm{d}T\right).$$

La variation d'entropie du gaz, lorsque la température passe de T_1 à T_2, est donc, en intégrant :

$$\boxed{\Delta S = M\left[a \ln \frac{T_2}{T_1} + b(T_2 - T_1)\right]}.$$

2. Le transfert thermique élémentaire (ou quantité de chaleur reçue par le gaz) lors de l'évolution isobare d'une mole du gaz de la température T à la température $T + \mathrm{d}T$ est

$$\delta Q = M_{c_p}\,\mathrm{d}T = M(a + bT)\,\mathrm{d}T$$

Le transfert thermique lors du réchauffement isobare du gaz de T_1 à T_2 est donc

$$Q = \int \delta Q = M\int_{T_2}^{T_1}(a + bT)\,\mathrm{d}T$$

soit

$$Q = M\left[a(T_2 - T_1) + \frac{b(T_2^2 - T_1^2)}{2}\right]$$

ou
$$\boxed{Q = M(T_2 - T_1)\left[a + b\,\frac{T_1 + T_2}{2}\right]}$$

3. *Application numérique* : Masse molaire de l'azote $N_2 = 28$ g;

donc $$\Delta S = 28(1{,}04 \ln 2 + 1{,}1 \cdot 10^{-5} \cdot 300) = \mathbf{20{,}28\ J/K}.$$

et $$Q = 28 \cdot 300(1{,}04 + 1{,}1 \cdot 10^{5} \cdot 450) = \mathbf{8\,778\ J}$$

5. Variations d'entropie par détente de Joule

NB : Les deux questions de ce problème sont indépendantes

1. Un récipient A, à parois adiabatiques, de volume $V_1 = 1$ l, contient de l'air (supposé parfait) sous la pression atmosphérique (1 atm $= 10^5$ pascals), à la température $T = 300$ K . On le met en communication, grâce à un robinet, avec un récipient B de volume $V_2 = 4$ l, parfaitement vide et dont les parois sont calorifugées.

Calculer :

a) la température et la pression finale du système à la fin de la détente,

b) la variation d'entropie de l'air, au cours de cette détente.

2. Une masse $m = 56$ g d'azote (gaz diatomique supposé parfait) subit une détente irréversible isotherme dans le vide (détente de Joule), d'une pression initiale de 2 atmosphères à la pression atmosphérique normale. Déterminer la variation d'entropie du gaz, de deux manières :

a) en imaginant un processus réversible isotherme;

b) en imaginant une détente adiabatique réversible, jusqu'à la pression atmosphérique, suivie d'un échauffement réversible isobare.

On donne : constante des gaz parfaits : $R = 8{,}32$ J–K^{-1}–mole^{-1}

Solution

1. ***a)*** Il s'agit d'une «détente de Joule », puisque le gaz (parfait) n'échange ni travail ni chaleur avec le milieu extérieur ($\Delta U = W + Q$); son énergie interne $U\ (T)$ demeure constante, de même que sa température, soit $T_{\text{finale}} = T = \mathbf{300\ K}$.

Cette détente isotherme irréversible obéit à la relation

$$p_1 V_1 = p_{\text{final}}(V_1 + V_2)$$

donc la pression à la fin de cette détente est

$$\boxed{p_{\text{final}} = p_1 \cdot \frac{V_1}{V_1 + V_2}} = \mathbf{2 \cdot 10^4\ Pa}$$

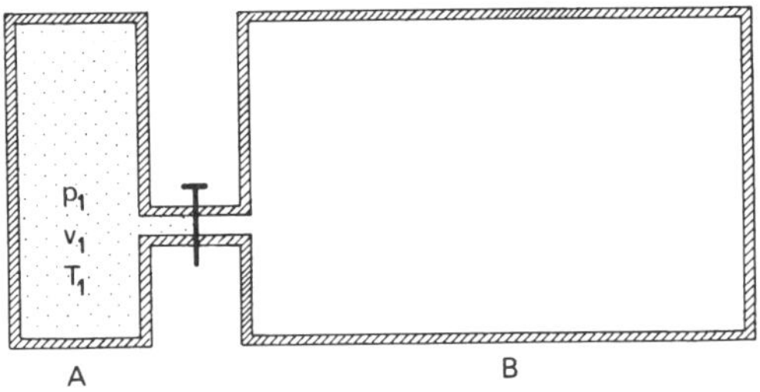

Fig. IV.1

b) La variation d'entropie ΔS du gaz qui a subi une détente *isotherme irréversible*, est la même qu'au cours d'une détente isotherme réversible ayant les mêmes extrémités, pour laquelle on a

$$\Delta S = \frac{Q}{T} = nR \ln \frac{V_{\text{final}}}{V_{\text{initial}}}, \quad \text{car} \quad Q_{\text{isotherme}} = nRT \ln \frac{V_{\text{final}}}{V_{\text{initial}}};$$

on a donc

$$\boxed{\Delta S = \frac{p_1 V_1}{T} \ln \frac{V_1 + V_2}{V_1}}.$$

Application numérique :

$$\Delta S = \frac{10^5 \cdot 10^{-3}}{300} \ln \frac{1+4}{1} = \frac{1}{3} \ln 5 = \mathbf{0{,}53\ J/K}.$$

2. ***a)*** La masse molaire de l'azote N_2 est $M = 28g$. Le nombre de moles d'azote subissant la détente est donc

$$n = \frac{m}{M} = \frac{56}{28} = 2 \text{ moles}.$$

La variation d'entropie $\Delta S = S_B - S_A$ étant indépendante du chemin suivi, on peut imaginer que le passage de l'état $A(T,\ p_1 = 2$ atm) à l'état B $(T,\ p_2 = 1$ atm) s'effectue de façon réversible isotherme (le gaz refoulant très lentement un piston). On aura alors

$$\Delta S = \frac{1}{T} \int \mathrm{d}Q = \frac{Q}{T} = \frac{nRT \ln \dfrac{p_1}{p_2}}{T},$$

soit $$\boxed{\Delta S = nR \ln \frac{p_1}{p_2}}, \quad \text{ou} \quad \Delta S = nR \ln 2$$

Application numérique : $\Delta S = 2 \cdot 8{,}32 \cdot 0{,}69 =$ **11,5 J/K**.

b) On peut également imaginer que le passage de l'état initial A à l'état final B s'effectue en deux étapes :

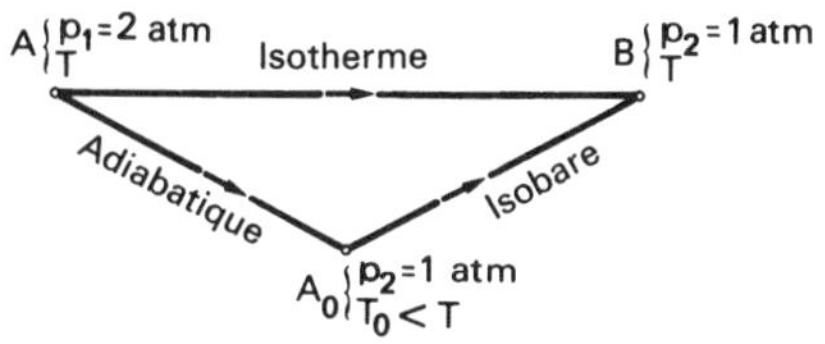

Fig. IV.2

– une détente adiabatique réversible AA_0 (donc isentropique : $\Delta S_1 = 0$) de l'état A (p_1, T) à l'état A_0 (p_2, T_0); la température T a alors diminué jusqu'à $T_0 = T\left(\dfrac{p_2}{p_1}\right)^{\frac{\gamma-1}{\gamma}}$;

– puis un échauffement réversible de T_0 à T à pression $p_2 =$ cte; la variation d'entropie du gaz est alors (en désignant par $C_{p_m} = \dfrac{\gamma R}{\gamma - 1}$ la capacité calorifique molaire du gaz)

$$\Delta S_2 = \int \frac{\delta Q}{T} = \int_{T_0}^{T} \frac{nC_{p_m}\mathrm{d}T}{T} = \frac{n\gamma R}{\gamma - 1} \ln \frac{T}{T_0},$$

soit $$\Delta S_2 = \frac{nR\gamma}{\gamma - 1} \ln\left(\frac{p_1}{p_2}\right)^{\frac{\gamma-1}{\gamma}} = nR \ln \frac{p_1}{p_2}.$$

On retrouve ainsi l'expression de la variation d'entropie du gaz (et de l'univers) :

$$\boxed{\Delta S = \Delta S_1 + \Delta S_2 = nR \ln 2}$$

On a ainsi vérifié sur cet exemple que ΔS est indépendant du chemin suivi (l'entropie S est une fonction d'état).

6. Variations d'entropie au cours de N transformations successives

On comprime une mole de gaz monoatomique ($\gamma = 5/3$), supposé parfait, de la pression $p_0 = 1$ atm à $p_1 = 10$ atm de façon réversible, à la température constante $T_0 = 450$ K; puis on détend le gaz adiabatiquement, de façon réversible, jusqu'à la pression p_0. On recommence N fois cette opération.

Calculer :

1. la variation d'entropie ΔS_1, au cours d'une opération, et la variation d'entropie ΔS_N, après N opérations successives;

2. la température finale T_N atteinte et la variation d'énergie interne ΔU_N après N opérations.

Application numérique pour les deux questions : $N = 5$.

Solution

1. Au cours d'une opération, une mole du gaz subit

– une compression isotherme, au cours de laquelle la chaleur reçue est $Q = -RT \ln \dfrac{p_1}{p_0}$ et la variation d'entropie correspondante est

$$\Delta S = \frac{Q}{T} = -R \ln \frac{p_1}{p_0},$$

– une détente adiabatique réversible, donc isentropique, $\Delta S' = 0$. La variation d'entropie totale est donc $\Delta S_1 = \Delta S + \Delta S'$,

ou
$$\boxed{\Delta S_1 = -R \ln \frac{p_1}{p_0}}.$$

Application numérique : $\Delta S_1 = -8{,}32 \cdot \ln 10 = -$ **19, 16 J/K**

• L'entropie étant une fonction additive, la variation d'entropie, après N opérations, est $\Delta S_N = N \cdot \Delta S_1$; en effet, bien que les N opérations ne soient pas identiques au cours de chacune d'elles le gaz subit la même variation d'entropie : ΔS_1, car cette dernière quantité n'est fonction que des pressions initiale p_0 et finale p_1, toujours les mêmes pour chaque opération.

On a donc $$\boxed{\Delta S_N = -NR \ln \frac{p_1}{p_0}}.$$

Application numérique : $N = 5$, on obtient $\Delta S_5 = -$ **95,8 J/K**.

2. À la fin de la 1re opération, le gaz est à la température

$$T_1 = T_0 \left(\frac{p_0}{p_1}\right)^{\frac{\gamma-1}{\gamma}},$$

à la fin de la 2e opération, le gaz est à la température

$$T_2 = T_1 \left(\frac{p_0}{p_1}\right)^{\frac{\gamma-1}{\gamma}} = T_0 \left(\frac{p_0}{p_1}\right)^{2\frac{\gamma-1}{\gamma}}.$$

À la fin de la $N^{\text{ième}}$ opération, la température finale est donc

$$\boxed{T_N = T_0 \left(\frac{p_0}{p_1}\right)^{N\cdot\frac{\gamma-1}{\gamma}}.} \qquad (1)$$

Application numérique : On obtient $T_5 = 450 \left(\frac{1}{10}\right)^2 =$ **4,5 K**.

• Après N opérations successives, la température du gaz passe par la température T_0 à T_N ; la variation d'énergie interne d'une mole du gaz est donc

$$\Delta U_N = C_{V_m}(T_N - T_0)$$

la capacité calorifique molaire à volume constant du gaz étant $C_{V_m} = \frac{R}{\gamma - 1}$. En utilisant l'expression (1), on obtient

$$\boxed{\Delta U_N = \frac{RT_0}{\gamma - 1}\left[\left(\frac{p_0}{p_1}\right)^{\frac{N(\gamma-1)}{\gamma}} - 1\right]}$$

Application numérique : $\Delta U_5 = -$ **5 560 J**.

7. Variation d'entropie d'un système isolé à deux compartiments

Un cylindre horizontal parfaitement calorifugé est divisé en deux compartiments A et B par un piston mobile sans frottement, de faible conductivité thermique. Les compartiments A et B renferment chacun une mole d'hydrogène, gaz diatomique supposé parfait.

1. Le système est en *équilibre mécanique* à chaque instant. Initialement, la température de l'hydrogène dans le compartiment B est double de la température T_0 de l'hydrogène contenu dans A. Le système évolue jusqu'à un état d'équilibre (*mécanique et thermique*).

Déterminer la variation d'entropie de l'ensemble du système gazeux (deux moles d'hydrogène).

2. En supposant que le transfert thermique du compartiment B au compartiment A se soit effectué de façon réversible, calculer la température finale à l'équilibre; en déduire la variation d'énergie interne et le travail fourni par le système gazeux.

On donne $T_0 = 300$ K; $\gamma = c_p/c_V = 7/5$; constante molaire des gaz parfaits : $R = 8{,}32$ J/mole−K

Solution

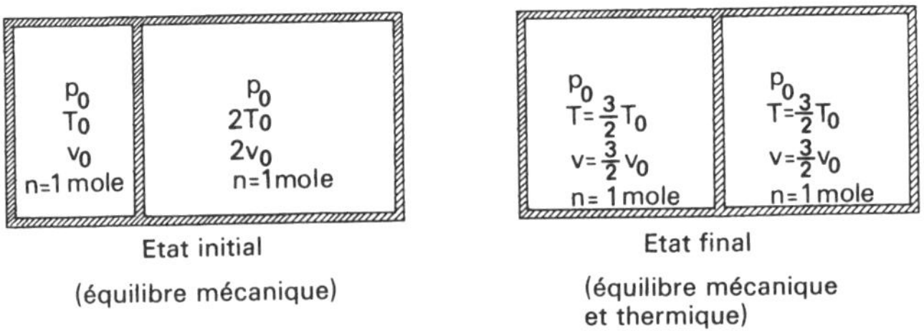

Fig. IV.3

1. À l'état initial, le gaz contenu dans le compartiment A est dans l'état (p_0, T_0, V_0) et celui du compartiment B dans l'état $(p_0, 2T_0, 2V_0)$.
En effet, l'équilibre mécanique impose la même pression p_0 de part et d'autre; et comme le rapport des températures du gaz contenu dans B et dans A vaut 2, il en est de même du rapport des volumes, d'après l'équation des gaz parfaits

$$pV = nRT \tag{1}$$

À l'état final, on aura donc

– égalité des pressions en A et B (équilibre mécanique),

– égalité des températures en A et B (équilibre thermique).

Les deux compartiments renfermeront donc le même nombre de moles à la même pression p_0 et à la même température T, d'après la relation (1); on en déduit que les volumes gazeux seront les mêmes dans chaque compartiment :

$$V = \frac{V_A + V_B}{2} = \frac{3}{2}V_0 .$$

Puisque le système est, à chaque instant, en équilibre mécanique, la transformation est *isobare*; la température finale du gaz de A (ou B) est donc

$$T = T_0\frac{V}{V_0} = \frac{3}{2}T_0 .$$

À pression constante, la variation élémentaire d'entropie d'une mole du gaz est

$$\mathrm{d}S = \frac{\delta Q}{T} = \frac{C_{p_m}\mathrm{d}T}{T} ,$$

C_{p_m} étant la capacité calorifique molaire du gaz : $C_{p_m} = \dfrac{\gamma R}{\gamma - 1} = \dfrac{7}{2}R$.
En intégrant, on obtient :

– la variation d'entropie du gaz contenu dans A :$\Delta S_A = C_{p_m} \ln \dfrac{T}{T_0}$;

– la variation d'entropie du gaz contenu dans B : $\Delta S_B = C_{p_m} \ln \dfrac{T}{2T_0}$.

La variation d'entropie des 2 moles d'hydrogène constituant le système gazeux est donc

$$\Delta S = \Delta S_A + \Delta S_B = C_{p_m}\left(\ln \frac{T}{T_0} + \ln \frac{T}{2T_0}\right) = C_{p_m} \ln \frac{T^2}{2T_0^2},$$

ou

$$\boxed{\Delta S = \frac{7}{2}R \ln \frac{9}{8}}$$

On remarque que la variation d'entropie est indépendante de la valeur de la température initiale T_0.

Application numérique : $\Delta S = \dfrac{7}{2} \cdot 8{,}32 \cdot 0{,}1178 =$ **3,43 J/K**.

2. La transformation est, par hypothèse, réversible et adiabatique, pour l'ensemble du système gazeux (A et B), donc elle est isentropique : $\Delta S = 0$.
Or dans chaque compartiment, la variation élémentaire d'entropie s'écrit

$$\mathrm{d}S = \frac{\delta Q}{T} = \frac{C_{V_m}\mathrm{d}T + l\mathrm{d}V}{T}, \quad \text{avec} \quad l = p = \frac{RT}{V}$$

$$\text{donc} \quad \mathrm{d}S = C_{V_m}\frac{\mathrm{d}T}{T} + R\frac{\mathrm{d}V}{V}, \quad \text{avec} \quad C_{V_m} = \frac{R}{\gamma - 1} = \frac{5}{2}R.$$

La variation d'entropie totale du système gazeux contenu dans A et B est donc, en intégrant,

$$\Delta S = \underbrace{\left(\frac{5}{2}R \ln\frac{T_f}{T_0} + R \ln\frac{V_f}{V_0}\right)}_{\text{Variation d'entropie dans } A} + \underbrace{\left(\frac{5}{2}R \ln\frac{T_f}{2T_0} + R \ln\frac{V_f}{2V_0}\right)}_{\text{Variation d'entropie dans } B} = 0;$$

où, en groupant les termes en T d'une part et les termes en V d'autre part,

$$\Delta S = R\left(\frac{5}{2}\ln\frac{T_f^2}{2T_0^2} + \ln\frac{V_f^2}{2V_0^2}\right) = 0 \qquad (2)$$

Or, à l'équilibre, on a toujours

$$V_f = \frac{V_A + V_B}{2} = \frac{3}{2}V_0\,.$$

La relation (2) devient alors

$$\ln\left(\frac{T_f^2}{2T_0^2}\right)^{5/2} = \ln\frac{2V_0^2}{V_f^2}, \quad \text{avec} \quad \frac{2V_0^2}{V_f^2} = \frac{8}{9},$$

$$\text{donc} \quad \left(\frac{T_f^2}{2T_0^2}\right)^{5/2} = \frac{8}{9}, \quad \text{soit} \quad T_f^2 = 2T_0^2\left(\frac{8}{9}\right)^{2/5};$$

la température finale est alors

$$\boxed{T_f = T_0\sqrt{2}\left(\frac{8}{9}\right)^{1/5}}\,.$$

Application numérique : $T_f = 300 \cdot 1{,}414 \cdot 0{,}977 =$ **414,4 K** (alors que pour la transformation isobare $T_f = \dfrac{3}{2}T_0 = 450$ K).

- La variation d'énergie interne du système gazeux est alors

$$\Delta U = \underbrace{C_{V_m}(T_f - T_0)}_{\text{Compartiment } A} + \underbrace{C_{V_m}(T_f - 2T_0)}_{\text{Compartiment } B}, \quad \text{avec } C_{V_m} = (5/2)R$$

ou

$$\boxed{\Delta U = -\frac{5}{2}R(3T_0 - 2T_f)}\,.$$

Application numérique : $\Delta U = -$ **1 481 J**.

La transformation globale étant adiabatique, le travail reçu par le système est mesuré par la variation d'énergie interne $W = \Delta U$. Le travail *fourni* par le système gazeux est donc $\mathcal{T} = -W = -\Delta U$, soit $\mathcal{T} =$ **1 481 J.**

8. Entropie de mélange et de diffusion. Paradoxe de Gibbs

1. Mélange de deux gaz

On met en communication un récipient de volume $V_1 = 10$ l contenant $n = \frac{1}{2}$ mole d'oxygène, sous la pression atmosphérique (10^5 N/m^2), avec un récipient de volume $V_2 = 15$ l contenant également $n = \frac{1}{2}$ mole d'oxygène, sous la pression atmosphérique. Les deux récipients sont parfaitement calorifugés et les gaz sont supposés parfaits. Déterminer, lorsque l'équilibre est atteint, la variation d'entropie du système des deux gaz, en fonction des températures initiales T_1 et T_2 de l'oxygène, dans chaque récipient.

Application numérique : Capacité calorifique molaire à pression constante, de l'oxygène : $c_p = \frac{7}{2}R$, avec $R = 8{,}32$ J–K^{-1}–mole^{-1}

2. Entropie de diffusion isotherme de deux gaz

a) Soit un cylindre divisé en deux compartiments A_1 et A_2 de volumes V_1 et V_2 par une cloison diatherme étanche. Les compartiments A_1 et A_2 renferment respectivement $n_1 = 1$ mole d'oxygène et $n_2 = 4$ moles d'azote, à la même pression p et à la même température T.

On perce un petit trou dans la cloison diatherme. Au bout d'un certain temps, les gaz mélangés forment un mélange idéal de gaz parfait (air), à la température T. Calculer, en fonction de n_1 et n_2, la variation d'entropie du système, au cours de cette diffusion.

b) Que pensez-vous du résultat obtenu, si les gaz qui diffusent sont identiques ?

Solution

1. Puisque les récipients sont calorifugés, la quantité de chaleur cédée par le gaz chaud de température initiale $T_2 > T_1$ est égale, à l'équilibre, à la quantité de chaleur reçue par le gaz froid de température initiale T_1. La température T d'équilibre du mélange gazeux est donc telle que :

$$nC_{p_m}(T - T_2) = nC_{p_m}(T_1 - T)$$

soit
$$T = \frac{T_1 + T_2}{2} \qquad (1)$$

D'autre part, le mélange des deux gaz, initialement à la même pression, s'effectue à *pression constante*; la variation d'entropie est donc :

– pour l'oxygène initialement contenu dans C_1 : $\Delta S_1 = nC_{p_m} \ln \dfrac{T}{T_1}$

– pour l'oxygène initialement contenu dans C_2 : $\Delta S_2 = nC_{p_m} \ln \dfrac{T}{T_2}$

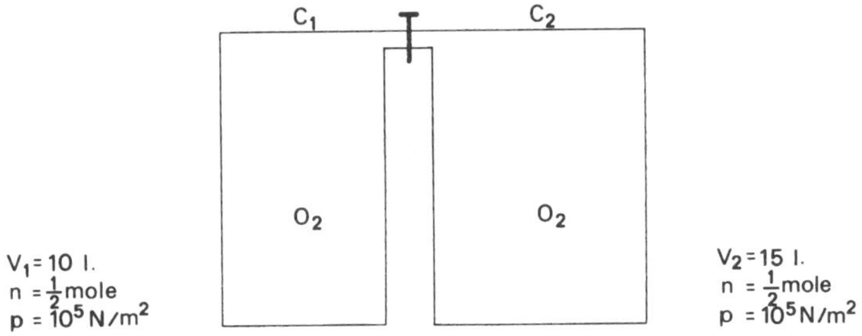

Fig. IV.4

La variation d'entropie du système est donc

$$\Delta S = nC_{p_m}\left(\ln \frac{T}{T_1} + \ln \frac{T}{T_2}\right) = nC_{p_m} \ln \frac{T^2}{T_1 T_2},$$

ou
$$\Delta S = 2nC_{p_m} \ln \frac{T}{\sqrt{T_1 T_2}}.$$

La variation d'entropie, en fonction de T_1 et T_2, s'écrit finalement d'après (1)

$$\boxed{\Delta S = 2nC_{p_m} \ln \frac{T_1 + T_2}{2\sqrt{T_1 T_2}}}.$$

Application numérique : La température initiale de l'oxygène est

– dans le compartiment C_1 : $T_1 = \dfrac{pV_1}{nR} = \dfrac{10^5 \cdot 10^{-2}}{4,16} = 240{,}4$ K;

– dans le compartiment C_2 : $T_2 = \dfrac{pV_2}{nR} = 360{,}6$ K.

On en déduit $\qquad \Delta S = \dfrac{7}{2} \cdot 8,32 \cdot \ln \dfrac{601}{589} \approx$ **0,59 J/K**.

2. *a)* La détente considérée est *irréversible et isotherme*; la variation d'entropie de chaque gaz est la même que s'il effectuait une détente *isotherme réversible*, en faisant passer le volume final à $V_1 + V_2$.

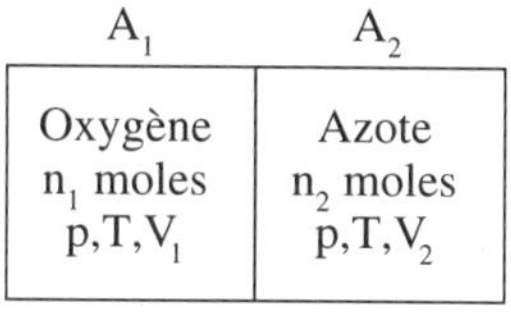

Fig. IV.5

La variation d'entropie de l'oxygène est donc

$$\Delta S_1 = n_1 R \ln \frac{V_1 + V_2}{V_1}.$$

La variation d'entropie de l'azote est

$$\Delta S_2 = n_2 R \ln \frac{V_1 + V_2}{V_2}.$$

Or, d'après le théorème de Gibbs, l'entropie d'un mélange idéal de gaz parfait est égale à la somme des entropies des gaz constituant le mélange, comme s'ils occupaient seuls tout le volume du mélange.

La variation d'entropie du système est donc

$$\Delta S = \Delta S_1 + \Delta S_2 = n_1 R \ln \left(1 + \frac{V_2}{V_1}\right) + n_2 R \ln \left(1 + \frac{V_1}{V_2}\right).$$

Comme les gaz étaient à la même pression et à la même température, on a, d'après l'équation d'état des gaz parfaits,

$$\frac{V_2}{V_1} = \frac{n_2}{n_1}.$$

On en déduit

$$\boxed{\Delta S = R\left[n_1 \ln \left(1 + \frac{n_2}{n_1}\right) + n_2 \ln \left(1 + \frac{n_1}{n_2}\right)\right]} \qquad (2)$$

Application numérique : $\Delta S = 8{,}32\left(1 \cdot \ln 5 + 4 \cdot \ln \dfrac{5}{4}\right) = \mathbf{20{,}8\ J/K}$.

b) Si les gaz sont identiques, la relation (2) donne le même résultat ΔS que pour des gaz différents. Or, pour des gaz identiques, il n'y a *aucune variation d'entropie*, car l'état itinial et l'état final du gaz sont identiques (même pression, même température, même gaz). L'entropie de diffusion (donc le désordre) n'a pas varié lorsque les molécules sont identiques; La relation (2) ne s'applique donc pas aux gaz identiques. L'entropie de mélanges par diffusion perd sa signification : c'est le **paradoxe de Gibbs**.

C. BILANS ENTROPIQUES : ENTROPIES D'ÉCHANGE ET DE CRÉATION

9. Cycle irréversible monotherme : bilans d'énergie et d'entropie

On dispose d'une seule source de chaleur à la température $T_A = 300$ K. On considère de l'hélium (supposé parfait), dans l'état initial A : volume $V_A = 10$ l, pression $p_A = 1$ atm $= 1{,}013 \cdot 10^5$ Pa, température $T_A = 300$ K.

On opère les transformations suivantes :

– transformation adiabatique réversible AB ; à l'état B, le volume du gaz est $V_B = 20$ l;

– transformation isochore BC amenant le gaz à la température T_C et à la pression $p_C > p_B$;

– transformation isotherme CA, ramenant le gaz aux conditions initiales.

1. Calculer, en joules, les travaux et les quantités de chaleur échangés au cours de chaque transformation.

2. Vérifier ainsi les conséquences du 2ᵉ principe de la thermodynamique, pour les transformations monothermes.

On donne : rapport des chaleurs massiques de l'hélium : $\gamma = \dfrac{5}{3}$;

constante molaire des gaz parfaits : $R = 8{,}32$ J/mole · K.

Solution

1. Comme le rapport $\gamma = \dfrac{c_p}{c_V}$ est constant, l'équation de l'adiabatique

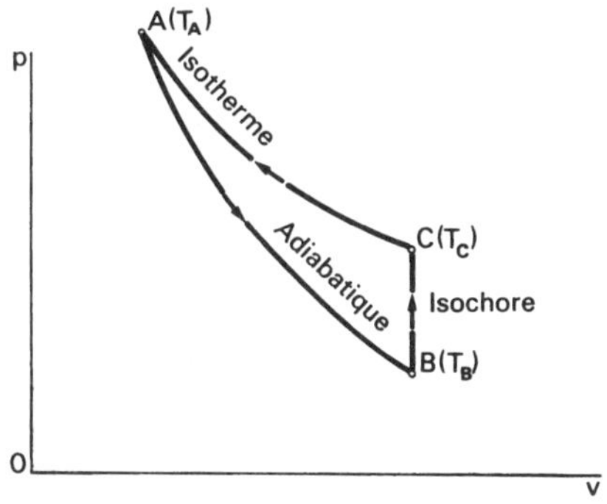

Fig. IV.6

réversible AB s'écrit

$$p_A V_A^\gamma = p_B V_B^\gamma .$$

La pression du gaz dans l'état B est donc

$$p_B = p_A \left(\frac{V_A}{V_B}\right)^\gamma = 2^{-5/3} = \mathbf{0{,}315\ atm}.$$

La température dans l'état B est donnée par l'équation des gaz parfaits :

$$T_B = T_A \frac{p_B}{p_A} \cdot \frac{V_B}{V_A} = 300 \times 0{,}315 \times 2 = \mathbf{189\ \ K}$$

Enfin, en C, le volume est $V_c = V_B = 20$ l, la température, $T_c = T_A$ et la pression $p_c = \dfrac{p_A V_A}{V_c} = $ **0,5 atm** (d'après la loi de Mariotte).

• Les travaux reçus par le gaz sont, au cours des transformations

– adiabatique :

$$W_{AB} = \frac{p_B V_B - p_A V_A}{\gamma - 1} = -562 \text{ J}$$

– isochore : $W_{BC} = \mathbf{0}$;

– isotherme : $W_{CA} = p_c V_c \ln \dfrac{p_A}{p_c} = \mathbf{702\ J}$.

D'autre part, le nombre de moles du gaz est

$$n = \frac{p_A V_A}{RT_A} = \frac{1{,}013 \cdot 10^5 \cdot 10 \cdot 10^{-3}}{8{,}32 \cdot 300} = 0{,}406 \text{ mole},$$

sa capacité thermique molaire à un volume constant est

$$C_{V_m} = \frac{R}{\gamma - 1} = 12{,}48 \text{ J/mole} \cdot \text{K}.$$

• Les quantités de chaleur reçues par le gaz sont :

– pour l'adiabatique : $Q_{AB} = 0$;

– pour l'isochore :

$$Q_{BC} = nC_{V_m}(T_C - T_B) = 0{,}406 \cdot 12{,}48 \cdot (300 - 189) = +\, \mathbf{562\ J},$$

– pour l'isotherme : $Q_{CA} = -W_{CA} = -\,\mathbf{702\ J.}$

2. Le 2e principe de la thermodynamique s'oppose à ce qu'un système puisse fournir du travail (positif) au milieu extérieur, au cours d'un cycle, s'il est en communication avec une seule source de chaleur. Donc, pour un cycle monotherme, il est impossible d'avoir $W < 0$. En conséquence, le système ne peut que recevoir un travail positif du milieu extérieur, $W \geqslant 0$. Le signe égal correspond au cas du cycle monotherme réversible; or dans notre cas, la transformation isochore BC étant irréversible, on doit avoir $W > 0$ et comme $(W + Q)_{\text{cycle}} = 0$ d'après le 1er principe, on doit avoir $Q < 0$. Ces deux conditions sont aisément vérifiées :

$$W = W_{AB} + W_{BC} + W_{CA} = -562 + 702 = +\,\mathbf{140\ J}\ (> 0)$$

et
$$Q = Q_{AB} + Q_{BC} + Q_{CA} = -\,\mathbf{140\ J}\ (< 0).$$

10. Contact d'un corps avec une source de chaleur : entropie échangée et entropie créée

Un métal de masse m, de capacité thermique massique à pression constante c_p, et de température absolue T_0, est mis en contact, à pression constante, avec une source de chaleur de température absolue $T_1 > T_0$. Au bout d'un certain temps, le métal est en équilibre thermique avec la source de chaleur.

On donne $m = 1$ kg; $c_p = 880$ J/ kg; $T_1 = 373$ K.

1. Le métal est à la température initiale $T_0 = 300$ K.

a) Calculer la variation d'entropie du métal.

b) Calculer la variation d'entropie de l'univers (ou entropie créée).

2. Le métal est à la température initiale $T_0 = T_1(1-\varepsilon)$, avec $\varepsilon \ll 1$. On rappelle le développement limité au 2e ordre en ε :

$$\ln(1+\varepsilon) = \varepsilon - \frac{\varepsilon^2}{2}$$

Déterminer à l'équilibre thermique, en fonction de m, c_p et ε puis calculer pour $\varepsilon = 1/50$:

– l'entropie échangée avec la source,

– l'entropie créée.

Solution

1. ***a)*** L'échauffement isobare du métal est irréversible : la variation d'entropie est indépendante du chemin suivi, elle est la même que si l'on imaginait une transformation *isobare réversible*, conduisant au même état final; la variation élémentaire d'entropie du métal est alors

$$\mathrm{d}S = \frac{\delta Q}{T} = \frac{mc_p\mathrm{d}T}{T};$$

la variation d'entropie du métal dont la température passe de T_0 à T_1 est, en intégrant,

$$\boxed{\Delta S = mc_p \ln \frac{T_1}{T_0}}. \qquad (1)$$

Application numérique :

$$\Delta S = 1 \cdot 880 \cdot \ln \frac{373}{300} = 880 \cdot 0{,}2178 = +\,\mathbf{191{,}6\ \ J/K}.$$

b) La variation d'entropie de l'univers est

$$(\Delta S)_{\text{univers}} = (\Delta S)_{\text{métal}} + (\Delta S)_{\text{source}}. \qquad (2)$$

Or, la source a cédé au métal une quantité de chaleur

$$Q = mc_p(T_1 - T_0);$$

donc, la variation d'entropie de la source, dont la température T_1 est constante, est

$$(\Delta S)_{\text{source}} = -\frac{Q}{T_1} \qquad (3)$$

La variation d'entropie de l'univers (ou **entropie créée**) est alors, d'après

(1), (2) et (3),

$$(\Delta S)_{\text{univers}} = mc_p \ln \frac{T_1}{T_0} - \frac{Q}{T_1},$$

ou
$$\boxed{(\Delta S)_{\text{univers}} = mc_p \left(\ln \frac{T_1}{T_0} - \frac{T_1 - T_0}{T_1} \right)}.$$

Application numérique :

$$(\Delta S)_{\text{univers}} = 880(0,2178 - 0,1957) = +\ \mathbf{19{,}4\ J/K}.$$

On remarque que $(\Delta S)_{\text{univers}} > 0$, ce qui était à prévoir puisque la transformation est *irréversible*.

2. • La variation d'entropie échangée avec la source est, d'après (3),

$$\Delta S_{\text{échangé}} = -\Delta S_{\text{source}} = \frac{Q}{T_1} = mc_p \frac{T_1 - T_0}{T_1}$$

soit $\Delta S_{\text{échangé}} = mc_p[1 - (1 - \varepsilon)]$,

soit $\boxed{\Delta S_{\text{échangé}} = \varepsilon \cdot mc_p} = \mathbf{17{,}6\ J/K}$

• La variation d'entropie du métal est, d'après (1),

$$\Delta S_{\text{métal}} = mc_p \ln \frac{T_1}{T_0} = mc_p \ln \left(\frac{1}{1 - \varepsilon} \right) = -mc_p \left(-\varepsilon - \frac{\varepsilon^2}{2} \right)$$

soit $\Delta S_{\text{métal}} = \varepsilon mc_p \left(1 + \dfrac{\varepsilon}{2} \right)$

• Enfin, l'entropie de création (ou variation d'entropie de l'univers) est

$$\Delta S_{\text{créé}} = \Delta S_{\text{métal}} + \Delta S_{\text{source}} = \Delta S_{\text{métal}} - \Delta S_{\text{échangé}}$$

soit $\Delta S_{\text{créé}} = \varepsilon mc_p \left(1 + \dfrac{\varepsilon}{2} \right) - \varepsilon mc_p \boxed{\Delta S_{\text{créé}} = \dfrac{1}{2} \varepsilon^2 mc_p} = \mathbf{0{,}176\ J/K}.$

Remarque : L'entropie de création $\Delta S_{\text{créé}} = \dfrac{1}{2} \varepsilon^2 mc_p$ est toujours *positive*, en accord avec l'irréversibilité de l'opération de mise en contact métal-source.

11. Bilans entropiques de mélanges liquide–liquide et liquide–solide

N.B. – Les deux questions sont indépendantes l'une de l'autre.

1. Mélange de deux liquides

On mélange, à pression constante, une masse $m_1 = 0{,}5$ kg de pétrole, à la température $\theta_1 = 77°\text{C}$, avec une masse $m_2 = 2$ kg de pétrole à la température $\theta_2 = 17°$ C. Déterminer littéralement, puis numériquement, la variation d'entropie du système.

On donne : chaleur massique du pétrole (à pression constante) : $c = 2{,}1$ J/g/degré $=$ cte.

2. Mélange d'un liquide et d'un solide

On mélange, sous la presssion atmosphérique, $M_1 = 10$ kg d'eau à la température $\theta_1 = 27°$ C, et $M_2 = 1$ kg de glace à la température $\theta_2 = -10°$ C. Déterminer littéralement, puis numériquement, la température d'équilibre T et la variation d'entropie du système.

On donne : chaleur massique de l'eau : $c_1 = 4{,}2$ J/g·degré; chaleur massique de la glace : $c_2 = 2{,}15$ J/g/degré; chaleur latente de fusion de la glace à $T_0 = 273K$: $L = 336$ J/g.

Solution

L'entropie S est une fonction d'état, donc les variations d'entropie ne dépendent pas du chemin suivi, entre l'état initial et l'état final du système. Ainsi, en mélangeant deux corps irréversiblement à pression constante, on atteint l'équilibre par voie isobare, mais la variation d'entropie du système est la même que si l'évolution s'effectue par voie **réversible isobare**, donc

$$\mathrm{d}S = \frac{\delta Q}{T} = mc_p \frac{\mathrm{d}T}{T}$$

et la variation d'entropie est

$$\Delta S = mc_p \ln \frac{T_{\text{final}}}{T_{\text{initial}}}.$$

1. Déterminons la température absolue T du mélange, à l'équilibre, en écrivant l'égalité entre la quantité de chaleur cédée par le liquide chaud et la quantité de chaleur reçue par le liquide froid :

$$m_1 c(T_1 - T) = m_2 c(T - T_2);$$

on en déduit

$$T = \frac{m_1 T_1 + m_2 T_2}{m_1 + m_2} \qquad (1)$$

La variation d'entropie du liquide initialement chaud est donc

$$\Delta S_1 = m_1 c \ln \frac{T}{T_1}$$

et la variation d'entropie du liquide initialement froid est

$$\Delta S_2 = m_2 c \ln \frac{T}{T_2}.$$

La variation d'entropie du système est $\Delta S = \Delta S_1 + \Delta S_2$, ou en tenant compte de la relation (1) :

$$\boxed{\Delta S = c\left[m_1 \ln \frac{m_1 T_1 + m_2 T_2}{(m_1 + m_2)T_1} + m_2 \ln \frac{m_1 T_1 + m_2 T_2}{(m_1 + m_2)T_2}\right].}$$

Application numérique : $T_1 = 350$ K, $T_2 = 290$ K, $c = 2\,100$ J/kg·degré;

$$\Delta S = 2\,100\left(0{,}5 \ln \frac{755}{875} + 2 \ln \frac{755}{725}\right) = \mathbf{15{,}4\ J/K}.$$

2. Après fusion de la glace, l'équilibre est atteint; soit T la température d'équilibre. L'équation calorimétrique s'écrit

$$\underbrace{M_1 c_1 (T_1 - T)}_{\text{Chaleur fournie par l'eau}} = \underbrace{M_2 c_2 (T_0 - T_2)}_{\text{Chaleur reçue par la glace pour être à la température de fusion } T_0} + \underbrace{M_2 L}_{\text{Chaleur reçue par la glace pour fondre } (T_0 = \text{cte})} + \underbrace{M_2 c_1 (T - T_0)}_{\text{Chaleur reçue par la glace fondue (liquide)}}.$$

On en déduit la température d'équilibre

$$T = \frac{M_1 c_1 T_1 + M_2[c_1 T_0 - c_2(T_0 - T_2) - L]}{(M_1 + M_2)c_1}$$

Application numérique : On obtient $T = 289{,}8$ K $=$ **16,8° C.**

• La variation d'entropie est :

– pour l'eau subissant un refroidissement isobare jusqu'à T :

$$\Delta S_1 = M_1 c_1 \ln \frac{T}{T_1},$$

– pour la glace subissant un échauffement isobare jusqu'à T_0 :

$$\Delta S_2 = M_2 c_2 \ln \frac{T_0}{T_2},$$

– pour la glace qui fond, à température constante T_0 :

$$\Delta S_2' = \frac{Q}{T_0} = \frac{M_2 L}{T_0},$$

– pour la glace fondue (eau) qui subit un échauffement isobare, de T_0 à T :

$$\Delta S_2'' = M_2 c_1 \ln \frac{T}{T_0}.$$

La variation totale d'entropie du système est alors

$$\Delta S = \Delta S_1 + (\Delta S_2 + \Delta S_2' + \Delta S_2''),$$

ou

$$\boxed{\Delta S = M_1 c_1 \ln \frac{T}{T_1} + M_2 \left(c_2 \ln \frac{T_0}{T_2} + \frac{L}{T_0} + c_1 \ln \frac{T}{T_0} \right)}.$$

Application numérique :

$$\Delta S = 10 \cdot 4\,200 \cdot \ln \frac{289{,}8}{300} + \left(2\,100 \ln \frac{273}{263} + \frac{336\,000}{273} + 4\,200 \ln \frac{289{,}8}{273} \right)$$

soit $\Delta S \approx -1\,451 + 78 + 1\,231 + 250 = \mathbf{108\ J/K}$.

12. Transformation irréversible adiabatique en vase clos

Un cylindre vertical, de section $S = 100\ \text{cm}^2$, est fermé par un piston horizontal de masse négligeable, mobile sans frottement. Une masse $m = 1$ g d'hélium (gaz parfait monoatomique, de masse molaire $M = 4$ g) est initialement enfermée dans le cylindre, dans les conditions $T_0 = 300$ K et $p_0 = 1\ \text{atm} = 10^5$ Pa (p_0 = pression atmosphérique extérieure, supposée constante). On donne $\gamma = 5/3$ et $R = 8{,}32\ \text{J}\cdot\text{mole}^{-1}\cdot K^{-1}$.

Les parois du cylindre et du piston sont imperméables à la chaleur.

1. On applique brusquement une surcharge de poids 1 000 N sur le piston. Le gaz prend un nouvel état d'équilibre (p_1, V_1, T_1).

a) Calculer le taux de compression $x = \dfrac{p_1}{p_0}$.

b) Exprimer $\dfrac{V_1}{V_0}$ et $\dfrac{T_1}{T_0}$ en fonction de x et du rapport $\gamma = \dfrac{c_P}{c_v}$.

c) Calculer numériquement, dans l'état d'équilibre final, la température T_1 du gaz et la hauteur h_1 du piston au-dessus du fond. Que devient cette hauteur lorsque la surcharge est appliquée progressivement sur le piston, jusqu'à ce que la pression du gaz soit p_1 ?

d) Donner en fonction des variables p et T, l'expression de l'entropie S du gaz; on admettra que la quantité de chaleur échangée au cours d'une transformation élémentaire réversible s'écrit $\delta Q = c_P\,\mathrm{d}T + h\mathrm{d}p$, avec $h = -V$ pour les gaz parfaits. En déduire la variation ΔS_1 d'entropie du gaz au cours de la transformation considérée.

2. On enlève **brusquement** la surcharge de poids 1 000 N. Le gaz subit une détente irréversible qui l'amène à un nouvel état d'équilibre $(p_0,\ V_2,\ T_2)$. Puis, on ramène le gaz à l'état d'équilibre initial $(p_0,\ V_0,\ T_0)$ par une transformation irréversible isobare, en mettant le gaz en contact avec une source de chaleur à la température T_0.

a) En utilisant les résultats de la 1re question, déterminer littéralement V_2 et T_2, en fonction de V_1, T_1, $x = \dfrac{p_1}{p_0}$ et γ.

Application numérique :

b) Calculer la quantité de chaleur Q mise en jeu au cours de la transformation isobare. Justifier le signe de Q.

c) Déterminer les variations d'entropie $\Delta S'$ et $\Delta S''$ du gaz, au cours de la détente, puis au cours de la transformation isobare. Quelle relation doivent vérifier Q et $\Delta S''$, d'après le 2e principe? Comparer ΔS_1 et $\Delta S' + \Delta S''$.

Solution

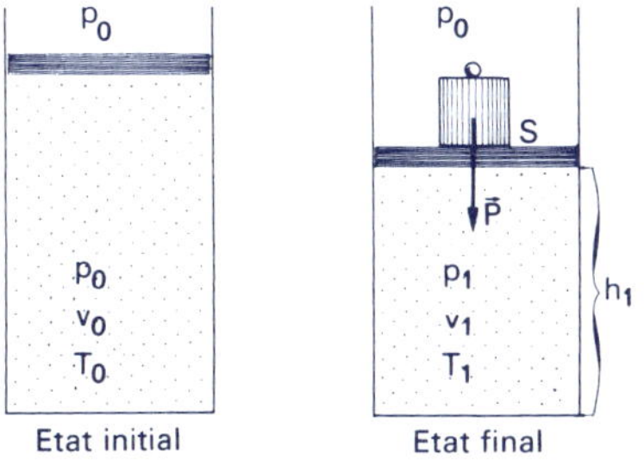

Fig. IV.7

1. ***a)*** La transformation envisagée est une compression *adiabatique* (car les parois sont imperméables à la chaleur) et *irréversible* (la surcharge est appliquée brutalement).

La condition d'équilibre mécanique (Σ forces = 0) s'écrit

$$P + p_0 S = p_1 S \quad \text{soit} \quad p_1 = p_0 + \frac{P}{S}.$$

Le taux de compression est donc

$$\boxed{\frac{p_1}{p_0} = 1 + \frac{P}{p_0 S}}.$$

Application numérique : $x = \dfrac{p_1}{p_0} = 1 + \dfrac{1\,000}{10^5 \cdot 10^{-2}} = \mathbf{2}.$

b) Le travail W reçu par le gaz est mesuré par la variation d'énergie interne ΔU du gaz (car la transformation est adiabatique) ; or, ΔU a la même valeur que si la transformation était effectuée de façon adiabatique réversible, et d'autre part on a

$$W = -p_{\text{ext}}(V_1 - V_0), \quad \text{avec} \quad p_{\text{ext}} = p_0 + \frac{P}{S} = p_1.$$

La relation $W = \Delta U$ s'écrit alors

$$-p_1(V_1 - V_0) = \frac{p_1 V_1 - p_0 V_0}{\gamma - 1}.$$

En divisant les deux membres par $p_1 V_0$, et compte tenu de $p_1 = x p_0$, il vient

$$1 - \frac{V_1}{V_0} = \frac{\dfrac{V_1}{V_0} - \dfrac{1}{x}}{\gamma - 1}.$$

On en déduit le rapport des volumes :

$$\frac{V_1}{V_0} = \frac{x\gamma + 1 - x}{x\gamma} \quad \text{ou} \quad \boxed{\frac{V_1}{V_0} = 1 - \frac{x - 1}{x\gamma}}. \qquad (1)$$

Comme le gaz est parfait, on a $\dfrac{p_0 V_0}{T_0} = \dfrac{p_1 V_1}{T_1}$; le rapport des températures est donc $\dfrac{T_1}{T_0} = \dfrac{p_1}{p_0}\dfrac{V_1}{V_0}$, soit, d'après la relation (1),

$$\boxed{\frac{T_1}{T_0} = x - \frac{x-1}{\gamma}}. \qquad (2)$$

c) Application numérique : $\dfrac{T_1}{T_0} = 2 - \dfrac{3}{5} = \dfrac{7}{5}$, soit

$T_1 = 1{,}4T_0 = \mathbf{420\ K}$, $\dfrac{V_1}{V_0} = 1 - \dfrac{3}{10} = \dfrac{7}{10}$, soit $V_1 = 0{,}7V_0$.

Or, le nombre de moles du gaz est $n = \dfrac{m}{M} = \dfrac{1}{4}$ mole; le volume initial est donc $V_0 = \dfrac{nRT_0}{p_0} = \dfrac{\frac{1}{4}\cdot 8{,}32\cdot 300}{10^5} = 624\cdot 10^{-5}\ \mathrm{m}^3 = 6{,}24\ \mathrm{l}$.
Le volume final du gaz est $V_1 = 0{,}7\cdot 6{,}24 = \mathbf{4{,}37\ l}$;

d'où $$h_1 = \frac{V_1}{S} = \mathbf{0{,}437\ m}.$$

• Si la surcharge était appliquée progressivement, la transformation adiabatique envisagée aurait été réversible, et, d'après l'équation de Laplace, $pV^\gamma =$ cte, le volume final du gaz serait

$V_1' = V_0\left(\dfrac{p_0}{p_1}\right)^{\frac{1}{\gamma}} = V_0 x^{-\frac{1}{\gamma}}$; donc $V_1' = 6{,}24\cdot 2^{-3/5} = 4{,}11\ \mathrm{l}$.

La hauteur correspondante est $h_1' = \dfrac{V_1'}{S} = \mathbf{0{,}411\ m}$ ($h_1' < h_1$).

d) Au cours d'une transformation réversible, la différentielle de l'entropie $S(p,T)$, de n moles de gaz parfait , d'équation $pV = nRT$, est

$$\mathrm{d}S = \frac{\delta Q}{T} = \frac{C_p\mathrm{d}T - V\mathrm{d}p}{T},$$

C_p étant la capacité thermique du gaz : $C_p = \dfrac{n\gamma R}{\gamma - 1} = \dfrac{5}{2}nR$

d'où $$\mathrm{d}S = \frac{5}{2}nR\frac{\mathrm{d}T}{T} - nR\frac{dP}{P}.$$

L'intégration donne l'entropie du gaz parfait monoatomique, à une constante S_0 près :

$$\boxed{S = nR\left(\frac{5}{2}\ln T - \ln p\right) + S_0}. \tag{3}$$

La variation d'entropie du gaz, entre l'état (p_0, T_0) et l'état (p_1, T_1), indépendante du chemin suivi, peut être calculée comme si la compression était réversible, soit d'après la relation (3) :

$$\boxed{\Delta S_1 = nR\left(\frac{5}{2}\ln\frac{T_1}{T_0} - \ln\frac{p_1}{p_0}\right)}.$$

Application numérique : $\Delta S_1 = 2{,}08\left(\frac{5}{2}\ln\frac{7}{2} - \ln 2\right) = \mathbf{0{,}31\ J/K}$.

2. ***a)*** La détente irréversible adiabatique de l'état (p_1, V_1, T_1) à l'état (p_0, V_2, T_2) est régie par les mêmes lois que la compression irréversible adiabatique de la 1re question.

Donc, d'après la relation (1), on a

$$\frac{V_2}{V_1} = 1 - \frac{\dfrac{p_0}{p_1} - 1}{\dfrac{p_0}{p_1}\cdot\gamma} = 1 - \frac{x}{\gamma}\left(\frac{1}{x} - 1\right),$$

soit

$$\boxed{V_2 = V_1\left(1 + \frac{x-1}{\gamma}\right)}.$$

De même, d'après la relation (2), on a

$$\frac{T_2}{T_1} = \frac{p_0}{p_1} + \frac{1 - \dfrac{p_0}{p_1}}{\gamma} = \frac{1}{x} + \frac{1 - \dfrac{1}{x}}{\gamma},$$

soit

$$\boxed{T_2 = T_1\left(1 + \frac{1}{x} + \frac{x-1}{\gamma x}\right)}.$$

Application numérique : $V_2 = 4{,}37\left(1 + \frac{3}{5}\right) \approx$ **7,0 l**, et $T_2 =$ **336 K.**

b) Au cours du refroidissement isobare de T_2 à T_0, la quantité de chaleur mise en jeu est

$$Q = c_p(T_0 - T_2),$$

ou

$$\boxed{Q = \frac{5}{2} nR(T_0 - T_2)}\ .$$

Comme $T_0 < T_2$, on a $Q < 0$: ce qui est en accord avec le 2e principe de la thermodynamique appliqué aux transformations cycliques monothermes : le système envisagé est en relation avec une seule source de chaleur, donc, au cours du cycle, il ne peut pas fournir de travail au milieu extérieur, donc $W > 0$ et $Q < 0$.

Application numérique : $Q = \frac{5}{2} \cdot 2{,}08(300 - 336) = -$ **187,2 J**.

c) La variation d'entropie du gaz est d'après la relation (3) :

– au cours de la détente adiabatique irréversible :

$$\boxed{\Delta S' = nR\left(\frac{5}{2}\, ln\, \frac{T_2}{T_1} - \ln \frac{p_0}{p_1}\right)}\ ; \qquad (4)$$

– au cours du refroidissement isobare irréversible :

$$\boxed{\Delta S'' = \frac{5}{2} nR \ln \frac{T_0}{T_2}}\ . \qquad (5)$$

Application numérique : $\Delta S' =$ **+0,28 J/K**;

$\Delta S'' =$ **−0,59 J/K**.

• Au cours de la transformation isobare, la variation d'entropie de la source de chaleur (qui a fourni une quantité de chaleur Q) est $-\frac{Q}{T_0}$; et la variation d'entropie du gaz est $\Delta S''$. Comme cette transformation est irréversible, on a nécessairement $(\Delta S)_{\text{univers}} > 0$,

ou

$$\boxed{-\frac{Q}{T_0} + \Delta S'' > 0}\ .$$

Vérification : $-\frac{Q}{T_0} + \Delta S'' = +\frac{187{,}2}{300} - 0{,}59 > 0.$

• On peut écrire, d'après les relations (4) et (5) :

$$\Delta S' + \Delta S'' = nR\left[\frac{5}{2}\left(\ln\frac{T_2}{T_1} + \ln\frac{T_0}{T_2}\right) - \ln\frac{p_0}{p_1}\right],$$

ou
$$\Delta S' + \Delta S'' = nR\left(\frac{5}{2}\ln\frac{T_0}{T_1} - \ln\frac{p_0}{p_1}\right)$$
$$= -nR\left(\frac{5}{2}\ln\frac{T_1}{T_0} - \ln\frac{p_1}{p_0}\right),$$

donc
$$\boxed{\Delta S' + \Delta S'' = -\Delta S_1}.$$

Ce résultat était prévisible, puisque la variation d'entropie totale est nulle au cours d'un cycle (réversible ou irréversible) :

$$\Delta S + \Delta S' + \Delta S'' = 0.$$

13. Transformations irréversible et réversible isotherme en vase clos

Un cylindre vertical, de section $S = 100\ \text{cm}^2$, est fermé par un piston horizontal de masse négligeable, mobile sans frottement. Une masse $m = 1$ g d'hélium (gaz parfait monoatomique, de masse molaire $M = 4$ g) est initialement enfermée dans le cylindre, dans les conditions $T_0 = 300$ K et $p_0 = 1$ atm $= 10^5$ Pa (p_0 = pression atmosphérique extérieure supposée constante). On donne $\gamma = 5/3$ et $R = 8{,}32$ J·mole^{-1}· K^{-1}.

Les parois du cylindre et du piston sont modérément *perméables à la chaleur*; le cylindre est baigné dans un liquide de température constante $T_0 = 300$ K. Le gaz est dans les conditions (p_0, V_0, T_0).

1. On applique **brusquement** une surcharge de poids 1 000 N. Le gaz atteint un nouvel état d'équilibre (p_1, V_1, T_0). Quels sont alors :

a) la hauteur h_1 du piston au-dessus du fond du cylindre;

b) le travail W_i reçu par le gaz au cours de cette compression irréversible;

c) la variation d'entropie de l'univers $(\Delta S)_{\text{univers}}$, ou entropie créée?

2. On applique maintenant la surcharge **progressivement** jusqu'à atteindre la pression p_1. Montrer que le piston atteint la même position h_1 qu'à la question précédente. Calculer le travail W_r reçu par le gaz.

3. Montrer que $W_i - W_r = T_0(\Delta S)_{\text{univers}}$.

Solution

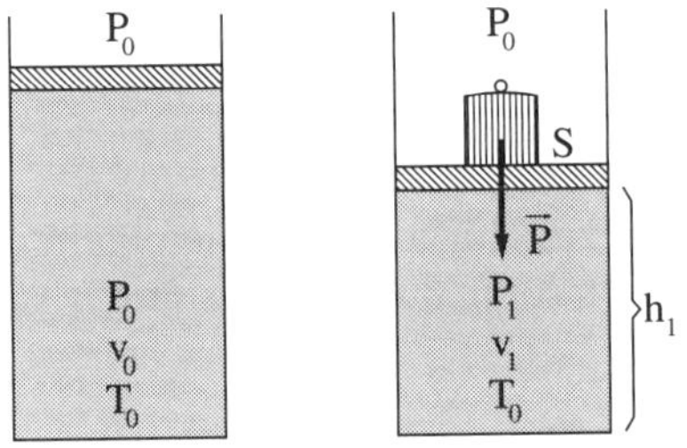

Fig. IV.8

1. ***a)*** La compression est *isotherme et irréversible*. En considérant l'état d'équilibre initial (p_0, V_0, T_0) et l'état d'équilibre final (p_1, V_1, T_0), la loi de Mariotte s'écrit

$$p_1 V_1 = p_0 V_0, \quad \text{d'où} \quad V_1 = V_0 \frac{p_0}{p_1}$$

soit

$$V_1 = \frac{V_0}{x} = 3{,}12\ \ell;$$

on en déduit la hauteur $h_1 = \dfrac{V_1}{S}$, ou

$$\boxed{h_1 = \frac{V_0}{xS}}.$$

Application numérique : $h_1 = \mathbf{0{,}312\ m}$.

b) Au cours de cette compression isotherme, la variation d'énergie interne du gaz parfait est nulle :

$$\Delta U = W_i + Q_i = 0.$$

Pour calculer W_i, il suffit d'écrire, puisque la pression extérieure est constante et égale à $p_0 + \dfrac{P}{S} = p_1$:

$$W_i = -p_1(V_1 - V_0) = xp_0V_0\left(1 - \frac{1}{x}\right)$$

ou $$\boxed{W_i = nRT_0(x-1)\ .}$$

Application numérique : $W_i = 2{,}08 \cdot 300 \times 1 = \mathbf{624\ J}$.

c) La variation d'entropie du gaz est la même que si la transformation était réversible, avec les mêmes «extrémités»; donc

$$\Delta S_{\text{gaz}} = \frac{Q_r}{T_0} = -nR\ \ln\frac{p_1}{p_0} = -nR\ \ln x.$$

De plus, le milieu extérieur a fourni une quantité de chaleur Q_i, donc a reçu $-Q_i = W_i$; l'entropie du milieu extérieur varie de

$$\Delta S_{\text{ext}} = -\frac{Q_i}{T_0} = \frac{W_i}{T_0} = nR(x-1).$$

La variation d'entropie de l'univers (ou l'entropie créée) est donc

$$(\Delta S)_{\text{univers}} = \Delta S_{\text{gaz}} + \Delta S_{\text{ext}}$$

ou $$\boxed{(\Delta S)_{\text{univers}} = nR(x - 1 - \ln x)}\ . \qquad (1)$$

Application numérique : $(\Delta S)_{\text{univers}} = 2{,}08(1 - \ln 2) = \mathbf{+0{,}64\ J/K}$.

2. La transformation est *isotherme et réversible*; les «extrémités» de cette transformation étant identiques à celle de la question 1, on a encore

$$V_1 = V_0\frac{p_0}{p_1}, \quad \text{donc } h_1 = 0{,}312 \text{ m}.$$

Le travail reçu par le gaz est

$$W_r = -Q_r = nRT_0\ \ln\frac{p_1}{p_0} \quad \text{ou} \quad \boxed{W_r = nRT_0\ \ln x}\ .$$

Application numérique $W_r = 2{,}08 \cdot 300 \cdot \ln 2 = \mathbf{432\ J}$

3. • On a $W_i - W_r = nRT_0[(x-1) - \ln x]$

et $T_0(\Delta S)_{\text{univers}} = nRT_0[(x-1) - \ln x]$, d'après la relation (1).

On a donc vérifié la relation générale

$$\boxed{W_i - W_r = T_0(\Delta S)_{\text{univers}}}\ .$$

• Dans le cas d'une transformation réversible ($W_i = W_r$), on retrouve

$$(\Delta S)_{\text{univers}} = 0.$$

14. Gonflage d'une chambre à air. Bilan énergétique et bilan entropique

Une chambre à air de *volume constant* $V_0 = 9$ litres, contenant de l'air à la pression atmosphérique $P_0 = 1$ atm $= 10^5$ pascals est gonflée jusqu'à la pression $P_1 = 2$ atm grâce à une pompe reliée à la chambre par un flexible de volume négligeable; Σ et Σ' sont deux soupapes et Σ' ne s'ouvre que si la pression dans la pompe atteint la pression de la chambre à air.

Au cours de chaque coup de pompe, on distingue 3 phases :

• *admission* (Σ ouvert, Σ' fermé) d'un volume $v_0 = 0,15$ l d'air atmosphérique (P_0, T_0),

• *compression* adiabatique (Σ fermé, Σ' fermé) jusqu'à ouverture de Σ',

• *transvasement* (Σ fermé, Σ' ouvert) de l'air comprimé dans la chambre à air.

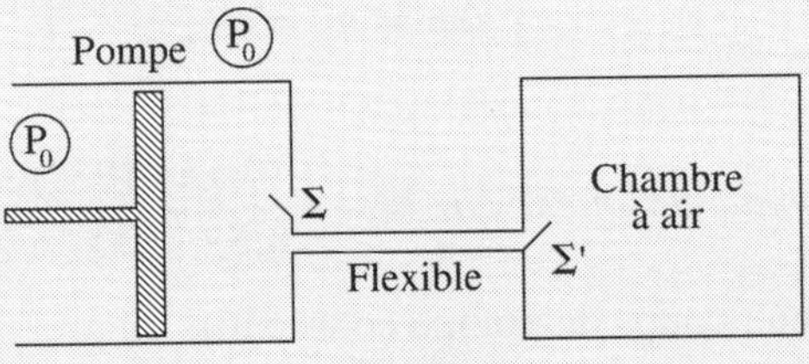

Fig. IV.9

On admettra l'hypothèse de transformations quasi-statiques et d'équilibre thermique entre l'air de la chambre et l'extérieur (de température absolue $T_0 = 300$ K). L'air, supposé gaz parfait de constante $R = 8,32$ J/mole/K, est caractérisé par le rapport des chaleurs massiques : $\gamma = 7/5$.

1. Déterminer, *entre deux coups de pompe* consécutifs,

a) le nombre Δn de moles d'air refoulées dans la chambre à air;

b) la variation de pression ΔP de l'air contenu dans la chambre.

2. Déterminer, *après le $K^{ième}$ coup de pompe*, en fonction de P_0, V_0, v_0 et K la pression P_K de l'air à l'intérieure de la chambre à air.

3. ***a)*** Montrer que le travail ΔW fourni par le piston pour un *aller-retour* est égal à la variation ΔH d'enthalpie de l'air transvasé. Exprimer ΔW en fonction de γ, V_0, P_0, P et ΔP.

b) Déterminer le travail W_K fourni par l'opérateur au cours du gonflage, *après le $K^{ième}$ coup de pompe.*

4. *À la fin du gonflage*, calculer, en utilisant les résultats des questions 1, 2 et 3,

a) le nombre N de coups de pompe effectués par l'opérateur;

b) le travail total W_{op} fourni par l'opérateur;

c) le transfert thermique de l'air de la chambre à air vers l'extérieur;

d) la variation d'entropie ΔS de l'univers; justifier le signe de $\Delta S_{\text{univers}}$.

Solution

1. ***a)*** Tout l'air admis dans le compresseur, à chaque coup de pompe, est intégralement refoulé dans la chambre à air, donc le nombre n_0 de moles d'air refoulé est égal au nombre Δn de moles d'air admis : $P_0 v_0 = n_0 R T_0$

soit

$$\boxed{\Delta n = n_0 = \frac{P_0 \cdot v_0}{RT_0}} \qquad (1)$$

Application numérique : $\Delta n = \dfrac{10^5(0,15 \cdot 10^{-3})}{8,32 \cdot 300} = \mathbf{6 \cdot 10^{-3}}$ **mole.**

b) Entre deux coups de pompe consécutifs, la pression P des n moles de gaz à l'intérieur de la chambre (de volume V_0 constant et de température T_0 constante) devient $P + \Delta P$, avec

$$PV_0 = nRT_0 \qquad (2)$$

Les variations Δn et ΔP sont petites, donc peuvent être assimilées à des différentielles : différentions (2) à V_0 et T_0 constants : $\Delta P \cdot V_0 = \Delta n \cdot RT_0$; on obtient la variation de pression cherchée

$$\Delta P = \Delta n \cdot \frac{RT_0}{V_0} \quad \text{et, d'après (1),} \quad \boxed{\Delta P = \frac{v_0}{V_0} P_0} \qquad (3)$$

Application numérique : $\Delta P = \mathbf{1\ 667}$ **Pascals**, soit $\Delta P << P_0$.

2. Dans la chambre à air, le nombre de moles d'air contenues après le $K^{\text{ième}}$ coup de pompe est :

$$n_K = \underbrace{\frac{P_0 V_0}{RT_0}}_{\text{nombre de moles initial}} + \underbrace{K \cdot \Delta n}_{\text{nombre de moles injecté}}$$

soit, d'après (1),

$$n_K = \frac{P_0 V_0}{RT_0}\left(1 + K \cdot \frac{v_0}{V_0}\right) \qquad (4)$$

et la pression qui règne à l'intérieur de la chambre à air est donc, d'après (2), $P_K = n_K \dfrac{RT_0}{V_0}$ soit, d'après (4),

$$\boxed{P_K = P_0\left(1 + K\frac{v_0}{V_0}\right)} \qquad (5)$$

3. *a)* • Le travail fourni par le piston à l'air pour un aller-retour est, au cours de chacune des 3 phases :

– phase d'**admission** : $\boxed{W_1 = 0}$ (même pression P_0 de part et d'autre du piston),

– phase de **compression** adiabatique qui amène le gaz de l'état (v_0, T_0) à (v_1, T_1) : l'air reçoit un travail W_2 de la part du piston (ou de l'opérateur) et un travail $W_{\text{atm}} = -P_0(v_1 - v_0)$ de la part de l'atmosphère, et une chaleur Q nulle (adiabatique) où $v_1 = v_0\left(\dfrac{P_0}{P}\right)^{1/\gamma}$ est le volume de l'air à la fin de la compression, au moment où Σ' s'ouvre car, à cet instant, sa pression atteint la pression P de la chambre à air.

La variation d'énergie interne du gaz est $W_2 + W_{\text{atm}} + \underbrace{Q}_{=0} = \Delta U$

soit $$\boxed{W_2 = \Delta U + P_0(v_1 - v_0)} \qquad (6)$$

– phase de **transvasement** : l'air reçoit au cours de cette phase un travail total $W_t = -P(0 - v_1) = P \cdot v_1$ dont une partie est fournie par le piston (travail W_3) et l'autre partie par l'atmosphère (W'_{atm}) :

$$W_t = W_3 + W'_{\text{atm}}$$

soit $W_3 = W_t - W'_{\text{atm}}$, avec $W'_{\text{atm}} = -P_0(0 - v_1) = P_0 v_1$, donc

$$\boxed{W_3 = (P - P_0)v_1} \qquad (7)$$

• Le travail total fourni par le piston *pour un aller-retour* est, d'après (6) et (7), égal à la variation d'enthalpie $H = U + Pv$ de l'air transvasé; en effet

$$\Delta W = W_1 + W_2 + W_3 = \Delta U + (Pv_1 - P_0 v_0) = \Delta U + \Delta(Pv) = \Delta H$$

soit

$$\boxed{\Delta W = \Delta H}$$

avec $\Delta H = nC_{p_m}(T_1 - T_0) = n \cdot \dfrac{\gamma R}{\gamma - 1}(T_1 - T_0) = \dfrac{\gamma}{\gamma - 1}(Pv_1 - P_0 v_0)$,
et puisque $v_1 = v_0(P_0/P)^{1/\gamma}$, donc

$$\Delta W = \frac{\gamma}{\gamma - 1} \cdot P_0 v_0 \left[\left(\frac{P}{P_0}\right)^{1-\frac{1}{\gamma}} - 1\right],$$

et d'après (3) pour un aller-retour,

$$\boxed{\Delta W = \frac{\gamma}{\gamma - 1} V_0 \left[\left(\frac{P}{P_0}\right)^{(\gamma-1)/\gamma} - 1\right] \Delta P}$$

b) En assimilant ΔP très faible à une différentielle, on en déduit le travail fourni par l'opérateur **après K coups de pompe**

$$W_K = \frac{\gamma}{\gamma - 1} V_0 \int_{P=P_0}^{P=P_K} \left[\left(\frac{P}{P_0}\right)^{(\gamma-1)/\gamma} - 1\right] \mathrm{d}P$$

soit $W_K = \dfrac{\gamma V_0}{\gamma - 1} \left\{ \left(\dfrac{1}{p_0}\right)^{(\gamma-1)/\gamma} \cdot \dfrac{\gamma}{2\gamma - 1} \left[P^{\frac{2\gamma-1}{\gamma}}\right]_{P_0}^{P_K} - [P]_{P_0}^{P_K} \right\}$

ou, d'après (5),

$$\boxed{W_K = \frac{\gamma P_0 v_0}{\gamma - 1} \left\{ \frac{\gamma}{2\gamma - 1} \left[\left(1 + \frac{K v_0}{V_0}\right)^{\frac{2\gamma-1}{\gamma}} - 1\right] - \frac{K v_0}{V_0} \right\}} \qquad (8)$$

4. ***a)*** À la fin du gonflage après N coups de pompe, la pression est $P_N = P_1$ donc, d'après (5), $P_1 = P_0\left(1 + N\dfrac{v_0}{V_0}\right)$, d'où le nombre de coups de pompe nécessaires

$$\boxed{N = \frac{V_0}{v_0}\left(\frac{P_1}{P_0} - 1\right)} = \mathbf{60}$$

b) Le travail total fourni par l'opérateur est, d'après (8), avec $K = 60$, $W_{op} = $ **373 Joules**.

c) Le travail fourni par l'atmosphère à l'air transvasé, à chaque coup de pompe, est $P_0 v_0$.
Le travail total reçu par l'air de la chambre, à la fin du gonflage est donc

$$W = K \cdot P_0 v_0 + W_{op}$$

Puisque l'air de la chambre conserve la température ambiante, d'après les hypothèses, son énergie interne n'a pas varié soit $\Delta U = W + Q = 0$, on en déduit la quantité de chaleur **reçue par l'air de la chambre** $Q = -W$

ou $$\boxed{Q = -(K \cdot P_0 v_0 + W_{op})}$$

Application numérique
$Q = -(60 \times 10^5 \times 0{,}15 \cdot 10^{-3} + 373) = $ **−1 273 Joules**. Le transfert thermique de la chambre à air vers l'extérieur est donc de **1 273 J**.

d) La variation d'entropie de l'univers est

$$\Delta S_{\text{univers}} = \Delta S_{\substack{\text{air de la}\\ \text{chambre}}} + \Delta S_{\text{atmosphère}}$$

ou la variation d'entropie de l'air de la chambre est la même que celle obtenue par un «chemin» isotherme réversible :

et $$\begin{cases} \Delta S_{\substack{\text{air de la}\\ \text{chambre}}} = nR\ln\left(\dfrac{p_0}{p_1}\right) = \dfrac{P_1 V_0}{T_0}\ln\left(\dfrac{P_0}{P_1}\right) \\ \Delta S_{\text{atmosphère}} = \dfrac{-Q}{T_0} \end{cases}$$

soit

$$\boxed{\Delta S_{\text{univers}} = \frac{P_1 V_0}{T_0}\ln\left(\frac{P_0}{P_1}\right) - \frac{Q}{T_0}} = -0{,}46 + 4{,}24 = \mathbf{+3{,}78\ J/K}$$

Le signe $\oplus$ qui correspond à $\Delta S_{\text{univers}} > 0$ est en accord avec le caractère **irréversible** du gonflage.

D. POMPE À CHALEUR ET MACHINE FRIGORIFIQUE EFFICACITÉ

15. Pompe à chaleur. Coefficient d'efficacité

Une pompe à chaleur est en liaison avec deux sources : l'une constituée par 1 m^3 d'eau, de chaleur massique $c = 4\,185$ J/kg · K, initialement à la température $T_1' = 280$ K, l'autre constituée par l'atmosphère qui est à la température T_2 supposée constante : $T_2 = 280$ K.

La pompe à chaleur fonctionne réversiblement, de sorte que l'eau s'échauffe lorsque la pompe reçoit un travail W, sous forme d'énergie électrique.

1. Exprimer le travail W fourni à la pompe à chaleur, lorsque l'eau atteint la température $T_1'' = 320$ K, en fonction des températures T_1', T_1'', T_2 et de la capacité thermique μ de l'eau. Application numérique.

2. Exprimer, en fonction des températures T_1', T_1'' et T_2, le coefficient d'efficacité de la pompe à chaleur, défini comme étant le rapport de la quantité de chaleur fournie à la source chaude au travail fourni par le milieu extérieur, au cours d'un cycle. Application numérique. Interpréter physiquement le résultat obtenu.

Solution

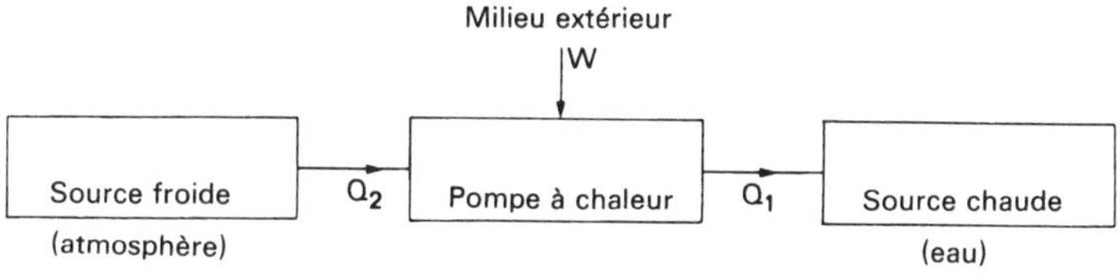

Fig. IV.10

1. La pompe à chaleur

– *reçoit* du milieu extérieur un travail $W (W > 0)$;

– *reçoit* de la part de l'atmosphère (source froide) une quantité de chaleur $Q_2 (Q_2 > 0)$;

– *fournit* à la source chaude (eau) une quantité de chaleur $|Q_1|$ $(Q_1 < 0)$.

On a donc, en mesures algébriques : $W + Q_1 + Q_2 = 0$ (premier principe) ou, en module,

$$|W| - |Q_1| + |Q_2| = 0 \quad (1)$$

et $$-\int \frac{|\mathrm{d}|Q_1||}{T_1} + \int \frac{\mathrm{d}|Q_2|}{T_2} = 0 \tag{2}$$

d'après le 2ᵉ principe appliqué aux transformations *réversibles* (égalité de Clausius).

Or, la quantité de chaleur élémentaire reçue par la masse m d'eau, lorsque sa température s'élève de T_1 à $T_1 + \mathrm{d}T_1$, est

$$\mathrm{d}|Q_1| = mc\,\mathrm{d}T_1 = \mu \mathrm{d}T_1. \tag{3}$$

La relation (2) s'écrit donc, puique $T_2 = \text{cte}$,

$$-\mu \int_{T_1'}^{T_1''} \frac{\mathrm{d}T_1}{T_1} + \frac{Q_2}{T_2} = 0,$$

ou $$-\mu \ln \frac{T_1''}{T_1'} + \frac{Q_2}{T_2} = 0.$$

On en déduit $Q_2 = \mu T_2 \ln \dfrac{T_1''}{T_1'}$.

En intégrant la relation (3), on obtient $|Q_1| = \mu(T_1'' - T_1')$.
La relation (1) permet enfin de déterminer le travail W qu'on a fourni à la pompe à chaleur (donc le travail reçu par cette pompe) :

$$W = |Q_1| - Q_2,$$

soit $$\boxed{W = \mu\left[(T_1'' - T_1') - T_2 \ln \frac{T_1''}{T_1'}\right]}.$$

Application numérique : 1 m^3 d'eau pèse $m = 10^3$ kg; la capacité thermique de l'eau est alors $\mu = mc = 4{,}185 \cdot 10^6$ J/K; donc

$$W = 10^6 \cdot 4{,}185 \left(40 - 280 \ln \frac{320}{280}\right)$$

ou $$W = 11{,}08 \cdot 10^6 \text{ J} = \mathbf{11\ 080\ kJ}.$$

2. Le coefficient d'efficacité de la pompe à chaleur est le rapport recette/dépense :

$$e = \frac{|Q_1|}{W}, \quad \text{soit} \quad e = \frac{mc(T_1'' - T_1')}{mc\left[(T_1'' - T_1') - T_2 \ln \dfrac{T_1''}{T_1'}\right]}$$

ou

$$\boxed{e = \frac{1}{1 - \dfrac{T_2}{T_1'' - T_1'} \ln \dfrac{T_1''}{T_1'}}} \approx \mathbf{15}.$$

Physiquement, ce résultat signifie que pour échauffer directement l'eau (source chaude) il faudrait dépenser une énergie $|Q_1|$ 15 fois supérieure au travail W fourni à la pompe à chaleur; grâce à la pompe à chaleur, on réalise une économie appréciable d'énergie (dans le rapport 15).

16. Machine frigorifique

Le fluide d'un réfrigérateur subit une transformation cyclique suivant un cycle de Carnot. Au cours d'un cycle, de durée d, le fluide reçoit le travail W ($W > 0$).

1. Comparer la valeur Q_2 de la *chaleur cédée* par la source froide (température T_2) à celle Q_1 de la *chaleur reçue* par la source chaude (température T_1).

Peut-on refroidir l'air de la cuisine en laissant ouverte la porte du réfrigérateur?

2. En supposant le cycle décrit de façon *réversible*, calculer Q_2 en fonction de W, T_1 et T_2.

3. Quelle masse de glace m peut-on fabriquer par seconde à partir d'eau prise à O° C? (négliger la capacité thermique de la glace). Le travail est fourni par un moteur de puissance $\mathcal{P} = 200$ W; $T_1 = 50°$ C; $T_2 = -5°$ C.

On donne : chaleur latente de solidification de l'eau : $L = 320$ J/g; durée d'un cycle : 10 s.

Solution

1. • Le cycle de Carnot étant décrit de façon réversible, le 2e principe permet d'écrire

$$\frac{Q_1}{T_1} + \frac{Q_2}{T_2} = 0, \quad \text{soit} \quad \boxed{\frac{Q_2}{|Q_1|} = \frac{T_2}{T_1},} \tag{1}$$

donc
$$\frac{Q_2}{|Q_1|} = \frac{268}{323} = \mathbf{0{,}83}.$$

• Si on laisse la porte du réfrigérateur ouverte, la machine frigorifique est en communication avec une seule source (air de cuisine); elle reçoit un travail W, donc *fournit* obligatoirement à l'air, une quantité de chaleur positive. L'air de la cuisine ne peut donc pas se refroidir.

2. Au cours d'un cycle, le fluide du réfrigérateur

– *reçoit* une quantité de chaleur $Q_2 > 0$, de la part de la source froide, et un travail $W > 0$ du milieu extérieur;

– *cède* une quantité de chaleur $|Q_1|$ à la source chaude.

Le 1er principe permet d'écrire $W + Q_2 + Q_1 = 0$, ou $W + Q_2 - |Q_1| = 0$. En utilisant la relation (1), on en déduit

$$W + Q_2 - Q_2\frac{T_1}{T_2} = 0, \quad \text{soit} \quad \boxed{Q_2 = W\frac{T_2}{T_1 - T_2}} \tag{2}$$

3. Au cours d'un cycle, de durée d, le travail reçu par le fluide est $W = \mathcal{P} \cdot d$, et la chaleur Q_2, extraite à une masse M d'eau à 0 ° C pour la tranformer en glace à 0° C, est $Q_2 = ML$.

La relation (2) s'écrit alors

$$ML = \mathcal{P}d\frac{T_2}{T_1 - T_2}.$$

La masse de glace fabriquée par seconde est alors

$$m = \frac{M}{d} \quad \text{ou} \quad \boxed{m = \frac{\mathcal{P}}{L}\frac{T_2}{T_1 - T_2}}.$$

Application numérique : On obtient $m = \frac{200}{320} \cdot \frac{268}{55} = 3$ g/s.

17. Système en relation avec trois sources. Cycles moteur et frigorifique

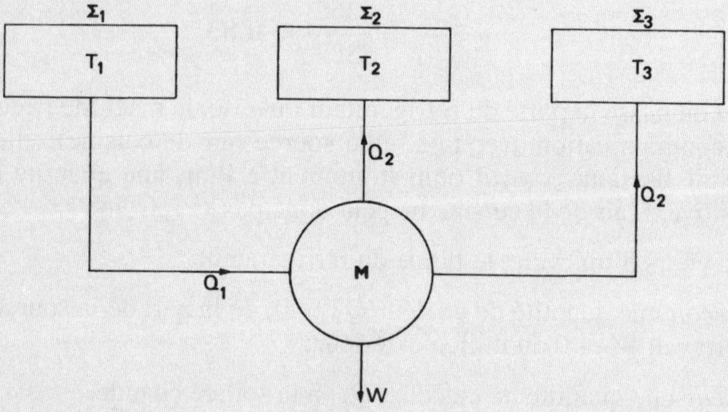

Fig. IV.11

On considère une machine thermique *réversible* M et trois sources Σ_1, Σ_2 et Σ_3 de température $T_1 = 450$ K, $T_2 = 360$ K, $T_3 = 300$ K.

1. M est en relation avec les trois sources. Déterminer les quantités de chaleur Q_1 et Q_2 échangées avec les sources (cf. figure IV.11) et le rendement de la machine, si l'on recueille, au bout d'un certain nombre de cycles, un travail $W = 1$ kJ.

2. La machine M réversible est maintenant en relation avec deux sources, alternativement avec les sources Σ_1 et Σ_2, puis avec les sources Σ_1 et Σ_3. Au bout d'un certain nombre de cycles, la machine a fourni à la source Σ_2 une quantité de chaleur égale à 1 800 J. et a emprunté à la source Σ_3 une quantité de chaleur égale à 600 J. En déduire le travail total fourni par la machine ainsi que le rendement (ou coefficient d'efficacité) des cycles dithermes (Σ_1, Σ_2) et (Σ_1, Σ_3) et enfin le rendement global de M.

Solution

1. Le 1er principe permet d'écrire : $Q_1 + 2Q_2 + W = 0$.

   Le 2e principe permet d'écrire : $\dfrac{Q_1}{T_1} + \dfrac{Q_2}{T_2} + \dfrac{Q_2}{T_3} = 0$

   où Q_1, Q_2 et W sont comptés algébriquement

On obtient, puisque $W = -1\,000$ J par hypothèse,

$$\begin{cases} Q_1 + 2Q_2 = 1\,000 & (1) \\ \dfrac{Q_1}{450} + Q_2\left(\dfrac{1}{360} + \dfrac{1}{300}\right) = 0 & (2) \end{cases}$$

ce système admet pour solution

$$\begin{cases} Q_1 = +\mathbf{3\,666}\text{ J.} \\ Q_2 = -\mathbf{1\,333}\text{ J.} \end{cases}$$

La machine a donc emprunté une quantité de chaleur de 3 666 J à la source Σ_1 et a fourni une quantité de chaleur de 1 333 J à chacune des sources Σ_2 et Σ_3. Le rendement de cette machine thermique est donc

$$r = -\frac{W}{Q_1} = \frac{1\,000}{3\,666} = \mathbf{27{,}3\%}$$

2. • Lorsque M est en relation avec les deux sources Σ_1 et Σ_2, désignons par $Q_{1,2}$ et Q_2 les mesures algébriques des quantités de chaleur échangées avec Σ_1 et Σ_2 et $W_{1,2}$ la mesure algébrique du travail échangé.

Le 1er principe permet d'écrire

$$Q_{1,2} + Q_2 + W_{1,2} = 0. \qquad (3)$$

Le 2e principe permet d'écrire (cycle réversible)

$$\frac{Q_{1,2}}{T_1} + \frac{Q_2}{T_2} = 0 \qquad (4)$$

D'après la relation (4), on a donc

$$\boxed{Q_{1,2} = -Q_2\frac{T_1}{T_2}}.$$

Or, $Q_2 = -1\,800$ J (par hypothèse, M a fourni 1 800 J à Σ_2); on obtient

$$Q_{1,2} = -(-1\,800)\frac{450}{360} = \mathbf{2\ 250\ J.}$$

D'après la relation (3), on a donc $W_{1,2} = -(Q_{1,2} + Q_2) = \mathbf{-450\ J}$.

• Lorsque M est en relation avec les sources Σ_1 et Σ_3, désignons par $Q_{1,3}$, Q_3 et $W_{1,3}$ les mesures algébriques des quantités de chaleur échangées avec Σ_1 et Σ_3 et du travail échangé.

Les deux principes se traduisent par les relations

$$\begin{cases} Q_{1,3} + Q_3 + W_{1,3} = 0, & (5) \\ \dfrac{Q_{1,3}}{T_1} + \dfrac{Q_3}{T_3} = 0. & (6) \end{cases}$$

D'après la relation (6), on a

$$\boxed{Q_{1,3} = -Q_3 \frac{T_1}{T_3}}$$

avec $Q_3 = +600$ J par hypothèse.

On obtient donc

$$Q_{1,3} = -600 \frac{450}{300} = \mathbf{-900\ J}.$$

D'après la relation (5), on a

$$W_{1,3} = -(Q_{1,3} + Q_3) = \mathbf{+300\ J.}$$

• Le travail total échangé par M est donc

$$W = W_{1,2} + W_{1,3} = \mathbf{-150\ J}.$$

La machine a fourni un travail de 150 J au milieu extérieur.

• Au cours des cycles dithermes (Σ_1, Σ_2), la machine M :

– emprunte une quantité de chaleur $Q_{12} = 2\,250$ J à la source chaude Σ_1,
– cède une quantité de chaleur $|Q_2| = 1\,800$ J à la source froide Σ_2,
– et fournit un travail $|W_{1,2}| = 450$ J au milieu extérieur.

M se comporte donc comme un *moteur thermique* dont le rendement est

$$r_{1,2} = \frac{\text{travail fourni au milieu extérieur}}{\text{chaleur empruntée à la source chaude}}$$

soit $r_{1,2} = -\dfrac{W_{1,2}}{Q_{1,2}} = \dfrac{450}{2\,250} = \mathbf{20}\ \%$.

• Au cours des cycles dithermes (Σ_1, Σ_3), la machine M :

– emprunte une quantité de chaleur $Q_3 = 600$ J à la source froide Σ_3,
– reçoit un travail $W_{1,3} = 300$ J du milieu extérieur,
– cède une quantité de chaleur $|Q_{1,3}| = 900$ J à la source chaude Σ_1.

M se comporte donc comme une *machine frigorifique* dont le coefficient d'efficacité est

$$\text{e} = \frac{\text{chaleur empruntée à la source froide}}{\text{travail emprunté au milieu extérieur}}$$

soit $\text{e} = \dfrac{Q_3}{W_{1,3}} = \mathbf{2}$.

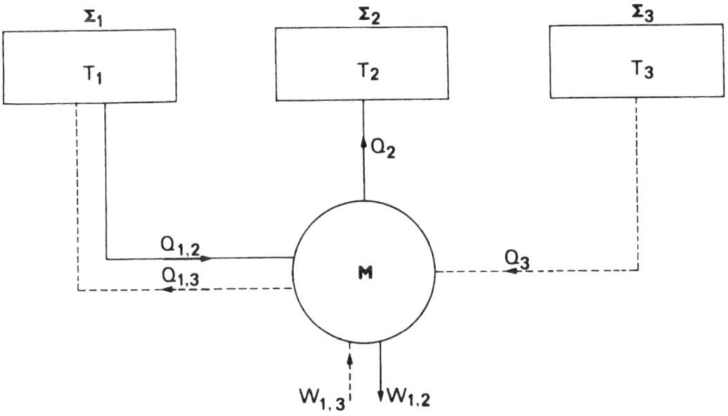

Fig. IV.12

• Au total, la machine M :

– a emprunté une quantité de chaleur $Q_1 = Q_{1,2} + Q_{1,3} = 1\,350$ J à la source chaude Σ_1,

– a cédé une chaleur de 1 200 J (car $Q_2 + Q_3 = -1{,}200$ J) aux sources froides Σ_2 et Σ_3 ,

– a fourni un travail $|W| = 150$ J au milieu extérieur.

Globalement, M se comporte donc comme un moteur thermique de rendement

$$r = -\frac{W}{Q_1} = \frac{150}{1\,350} \approx \mathbf{11}\ \%$$

E. MACHINES THERMIQUES DITHERMES. RENDEMENT

18. Rendement d'un cycle réversible. Bilan entropique

On considère 1 kilogramme d'air (gaz parfait), subissant un cycle de Carnot $ABCDA$: AB et CD isothermes et BC et DA adiabatiques réversibles.

La température au point A et $T_1 = 300$ K. Les pressions du gaz dans les états A, B et C sont respectivement $p_1 = 1$ atm, $p_2 = 3$ atm, et $p_3 = 9$ atm.

On donne $c_p = 10^3$ J/kg. K; $\gamma = \dfrac{c_p}{c_V} = \dfrac{7}{5}$; $\left(\dfrac{1}{3}\right)^{2/7} = 0,73$.

1. Calculer le rendement thermodynamique du cycle de deux manières :
a) en faisant le bilan thermique du cycle;
b) à partir des températures extrêmes du cycle.

2. Calculer les variations d'entropie de l'air, au cours des quatres transformations du cycle.

Solution

1. ***a)*** Déterminons d'abord la température T_2 de l'isotherme CD et la pression p_4 en D.

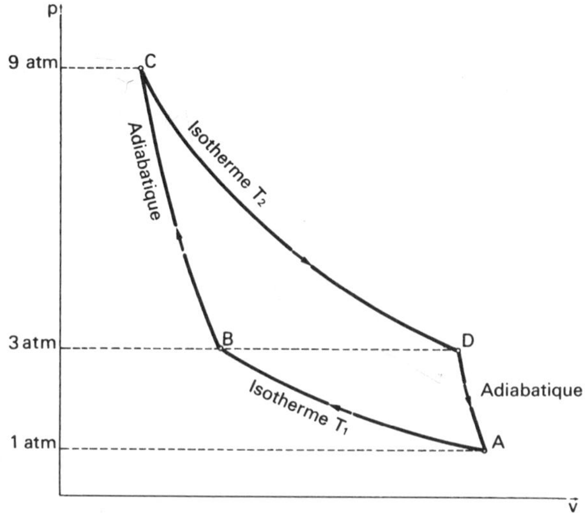

Fig. IV.13

• Les équations de Laplace s'écrivent :

– pour l'adiabatique BC : $T_1(p_2)^{\frac{1-\gamma}{\gamma}} = T_2(p_3)^{\frac{1-\gamma}{\gamma}}$; (1)

– pour l'adiabatique DA : $T_1(p_1)^{\frac{1-\gamma}{\gamma}} = T_2(p_4)^{\frac{1-\gamma}{\gamma}}$. (2)

On en déduit

$$T_2 = T_1 \left(\frac{p_3}{p_2}\right)^{\frac{1-\gamma}{\gamma}} = 300(3)^{2/7} = \frac{300}{0,73} = \mathbf{411\ K}.$$

En divisant membre à membre les relations (1) et (2), il vient

$$\frac{p_2}{p_1} = \frac{p_3}{p_4} = 3, \quad \text{soit} \quad p_4 = \frac{p_3}{3} = \mathbf{3\ atm}.$$

• Faisons le bilan thermique du cycle.

La quantité de chaleur échangée par l'air (n moles) est :

– le long de l'isotherme AB, compte tenu de $C_p = \dfrac{n\gamma R}{\gamma - 1}$,

$$Q_1 = nRT_1 \ln \frac{p_1}{p_2} = C_p \frac{\gamma - 1}{\gamma} T_1 \ln \frac{p_1}{p_2}$$

soit $$Q_1 = 10^3 \cdot \frac{2}{7} \cdot 300 \cdot \ln \frac{1}{3} = \mathbf{-94\ 170\ J};$$

– le long de l'isotherme CD :

$$Q_2 = nRT_2 \ln \frac{p_3}{p_4} = C_p \frac{\gamma - 1}{\gamma} T_2 \ln \frac{p_3}{p_4}$$
$$= 10^3 \cdot \frac{2}{7} \cdot 411 \cdot \ln 3 = \mathbf{+129\ 000\ J};$$

– au cours des adiabatiques BC et DA, la chaleur échangée est nulle.

Le gaz a donc *reçu* $|Q_2| = 129\,000$ J de la part de la source chaude (T_2) et a *cédé* $|Q_1| = 94\,170$ J à la source froide; la différence est transformée en travail : $|W| = |Q_2| - |Q_1|$.

Le rendement du cycle est donc

$$\eta = \left|\frac{W}{Q_2}\right| = \frac{|Q_2| - |Q_1|}{|Q_2|} \qquad \boxed{\eta = 1 - \frac{|Q_1|}{|Q_2|}}$$

Application numérique : $\eta = 1 - \dfrac{94\,170}{129\,000} = \mathbf{27\ \%}$.

b) Le cycle étant écrit de façon *réversible*, le rendement est maximal et ne dépend que des températures extrêmes (théorème de Carnot) :

$$\boxed{\eta = 1 - \frac{T_1}{T_2}} = 1 - \frac{300}{411} = \mathbf{27\%}.$$

2. La variation d'entropie de l'air est :

– au cours de la transformation isotherme AB :

$$\Delta S_1 = \frac{Q_1}{T_1} = C_p \frac{\gamma - 1}{\gamma} \ln \frac{p_1}{p_2} = -\frac{94\,170}{300} \approx \mathbf{-314\ J/K};$$

– au cours de la transformation adiabatique réversible BC : $\Delta S_2 = \mathbf{0}$;

– au cours de la transformation isotherme CD :

$$\Delta S_3 = \frac{Q_2}{T_2} = C_p \frac{\gamma - 1}{\gamma} \ln \frac{p_3}{p_4} = +\frac{129\,000}{411} \approx \mathbf{+314\ J/K};$$

– au cours de la transformation adiabatique réversible DA : $\Delta S_4 = \mathbf{0}$.

Bilan du cycle : $\boxed{\Sigma \Delta S = 0}$ (résultat prévisible).

19. Rendement d'un moteur thermique à air

Dans un moteur thermique à air, l'unité de masse (1 kg) d'air (gaz supposé parfait) décrit de façon réversible le cycle des transformations suivantes :

– compression isotherme de l'état $A_1(p_1 = 1$ atm, $T_1 = 350$ K$)$ à l'état $A_2(p_2 = 8$ atm, $T_1)$;

– échauffement isobare de l'état A_2 à l'état A_3 ($T_3 = 1\,400$ K);

– détente adiabatique de l'état A_3 à l'état A_4;

– refroidissement isobare de l'état A_4 à l'état initial A_1.

1. ***a)*** Calculer la capacité thermique à pression constante de l'unité de masse d'air.

b) Déterminer la pression, le volume et la température de l'air dans chacun des états A_1, A_2, A_3 et A_4.

2. Quel est le rendement thermodynamique η du cycle ? Le comparer au rendement du cycle de Carnot fonctionnant entre les mêmes températures extrêmes.

3. Calculer, pour chacune des quatre transformations du cycle, les variations ΔU et ΔS de l'énergie interne et de l'entropie du gaz.

Vérifier que l'on a $(\Delta U)_{\text{cycle}} = 0$ et $(\Delta S)_{\text{cycle}} = 0$.

4. Représenter le cycle étudié dans le diagramme $(p,\ V)$, en utilisant les résultats obtenus.

On donne : rapport des chaleurs massiques de l'air : $\gamma = \dfrac{7}{5}$; constante des gaz parfaits : $R = 8{,}3$ J/mole · K. Dans les conditions normales, volume molaire gazeux = 22,4 l; masse du litre d'air : 1,3 g; 1 atm = 10^5 N/m^2.

Solution

1. *a)* La capacité calorifique molaire de l'air à pression constante est $C_{p_m} = \dfrac{\gamma}{\gamma - 1} R$; la capacité calorifique de n moles d'air est donc

$$C_P = \frac{n\gamma}{\gamma - 1} R.$$

Or, 1kg d'air renferme $n = \dfrac{1\,000}{22{,}4 \times 1{,}3} = \dfrac{1\,000}{29{,}1}$ moles.

La capacité thermique à pression constante de l'unité de masse d'air est

$$C_p = \frac{n\gamma}{\gamma - 1} R = \frac{1\,000}{29{,}1} \cdot \frac{7}{2} \cdot 8{,}32 = \mathbf{1\,000\ J/kg\cdot K}\,.$$

b) À l'état initial A_1, le volume d'air est

$$V_1 = \frac{nRT_1}{p_1} = \frac{1\,000}{29{,}1} \cdot 8{,}32 \cdot \frac{350}{10^5} = \mathbf{1\ m^3}.$$

À l'état A_2, le volume d'air est, d'après la loi de Mariotte,

$$V_2 = V_1 \frac{p_1}{p_2} = \mathbf{0{,}125\ \ m^3.}$$

La transformation A_2A_3 étant isobare ($p_2 = p_3 = 8$ atm), on a

$$\frac{V_3}{T_3} = \frac{V_2}{T_2}, \quad \text{soit} \quad V_3 = V_2 \frac{T_3}{T_2} = \frac{1}{8} \cdot \frac{1\,400}{350} = \mathbf{0{,}5\ m^3}.$$

La transformation A_3A_4 étant adiabatique et réversible, l'équation de Laplace $p_3 V_3^{\gamma} = p_4 V_4^{\gamma}$ avec $p_4 = p_1 (A_1A_4$ isobare) permet de déterminer le volume de l'air dans l'état A_4 :

$$V_4 = V_3 \cdot \left(\frac{p_3}{p_1}\right)^{1/\gamma} = 0{,}5(8)^{5/7} = 0{,}5 \cdot 4{,}416 = \mathbf{2{,}208 m^3}.$$

La transformation A_1A_4 étant isobare, on a $T_4 = T_1 \dfrac{V_4}{V_1} \approx \mathbf{773\ K}$.
Les résultats obtenus sont résumés dans le tableau ci-dessous :

ETAT	Pression p(atm)	Volume V (m^3)	Température T(K)
A_1	1	1,000	350
A_2	8	0,125	350
A_3	8	0,500	1 400
A_4	1	2,208	773

2. Le rendement thermodynamique du cycle est le rapport

$$\eta = \frac{\text{travail fourni par le moteur à air}}{\text{quantité de chaleur reçue de la source chaude}} = -\frac{W}{Q_1}.$$

Or, le travail total reçu par l'air, au cours d'un cycle, est

$$W = W_{A_1A_2} + W_{A_2A_3} + W_{A_3A_4} + W_{A_4A_1}$$

ou $$W = \underbrace{p_1V_1 \ln \frac{p_2}{p_1}}_{\text{(isotherme)}} - \underbrace{p_2(V_3 - V_2)}_{\text{(isobare)}} + \underbrace{\frac{p_4V_4 - p_3V_3}{\gamma - 1}}_{\text{(isentropique)}} - \underbrace{p_1(V_1 - V_4)}_{\text{(isobare)}}$$

soit $W = 2{,}08 \cdot 10^5 - 3 \cdot 10^5 - 4{,}48 \cdot 10^5 + 1{,}21 \cdot 10^5$ (en joules),

ou $W = -4{,}19 \cdot 10^5\ \text{J} = \mathbf{-419\ kJ}$.

• Au cours du cycle, l'air ne reçoit une quantité de chaleur positive que pendant l'échauffement *isobare* (2e phase A_2A_3), puisque, pour les autres phases, on a $Q_{A_1A_2} < 0$, $Q_{A_3A_4} = 0$ et $Q_{A_4A_1} < 0$.

On a donc $Q_1 = Q_{A_2A_3} = c_p(T_3 - T_2)$

soit $$Q_1 = 1\,000(1\,400 - 350) = 1{,}05 \cdot 10^6\ \text{J} = \mathbf{1\,050\ kJ}.$$

• Le rendement du moteur est alors $\eta = -\dfrac{W}{Q_1} = \dfrac{419}{1\,050} \approx \mathbf{40\%}$, alors que le rendement du cycle de Carnot fonctionnant entre les températures entrêmes T_1 et T_3 de ce cycle serait $\eta_0 = 1 - \dfrac{T_1}{T_3} = 1 - \dfrac{350}{1\,400} = \mathbf{75\%}$.
On a évidemment $\eta < \eta_0$.

3. • Le gaz étant parfait, la variation d'énergie interne est

$$\Delta U = C_V \Delta T \text{ avec } C_V = \frac{C_p}{\gamma} = \frac{1\,000}{7/5} = 714 \text{ J/kg} \cdot \text{K} = 0{,}714 \text{ kJ/kg} \cdot \text{K}.$$

$$\text{On en déduit : } \begin{cases} U_2 - U_1 = 0 \quad \text{(transformation isotherme)}; \\ U_3 - U_2 = C_V(T_3 - T_2) = 0{,}714 \cdot 1\,050 = +750 \text{ kJ}; \\ U_4 - U_3 = C_V(T_4 - T_3) = -0{,}714 \cdot 627 = -448 \text{ kJ}. \\ U_1 - U_4 = C_V(T_1 - T_4) = -0{,}714 \cdot 423 = -302 \text{ kJ}. \end{cases}$$

On vérifie ainsi que $\Delta U_{(\text{cycle})} = 750 - (448 + 302) = 0$.

• La variation d'entropie de l'air est, pour chaque transformation réversible, $\Delta S = \int \frac{dQ}{T}$, soit :

$$\begin{cases} S_2 - S_1 = \dfrac{Q_{A_1A_2}}{T_1} = -\dfrac{W_{A_1A_2}}{T_1} = -\dfrac{p_1 V_1}{T_1} \ln \dfrac{p_2}{p_1} = -594 \text{ J} \cdot \text{K}^{1}; \\ S_3 - S_2 = \displaystyle\int_{T_2=T_1}^{T_3} C_p \frac{\mathrm{d}T}{T} = C_p \ln \frac{T_3}{T_2} = 1\,000 \ln 4 = 1\,386 \text{ J} \cdot \text{K}^{-1}; \\ S_4 - S_3 = 0 \quad \text{(transformation adiabatique réversible)} \\ S_1 - S_4 = \displaystyle\int_{T_4}^{T_1} C_p \frac{\mathrm{d}T}{T} = c_p \ln \frac{T_1}{T_4} = -1\,000 \ln \frac{773}{350} = -792 \text{ J} \cdot \text{K}^{-1}. \end{cases}$$

On vérifie ainsi que

$$(\Delta S)_{\text{cycle}} = 1\,386 - (594 + 792) = 0, \quad \text{soit} \int_{\substack{\text{cycle} \\ \text{réversible}}} \frac{\mathrm{d}Q}{T} = 0.$$

4. Représentation graphique :

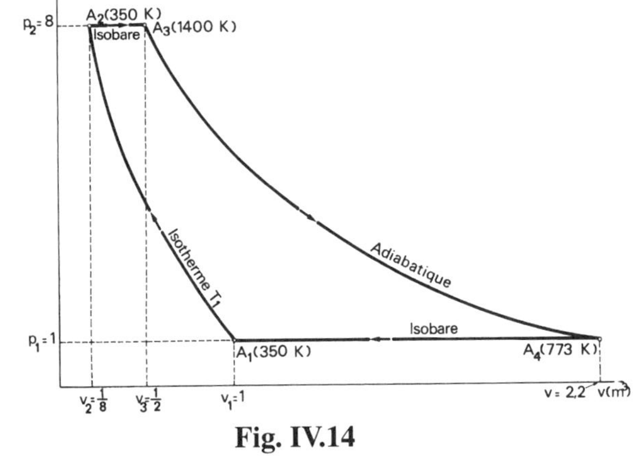

Fig. IV.14

20. Rendement du cycle réversible de Carnot

Le système constitué par n moles d'un gaz $\left(\gamma = C_p/C_V = \text{cte}\right)$, supposé *parfait*, est enfermé dans un cylindre dont on peut faire varier le volume V, grâce à un piston. Initialement, le système est dans l'état $A(p_A, V_A, T_A)$. Le système subit le cycle réversible suivant :

a) le système est thermiquement isolé; son volume décroît lentement de V_A à V_B et atteint la température T_B ;

b) le système est mis en contact avec un thermostat, à la température T_B : le système *absorbe* une quantité de chaleur Q_1 et son volume passe de V_B à V_C ;

c) le système est de nouveau thermiquement isolé; on ramène la température à la valeur T_A, en modifiant le volume de V_C à V_D ;

d) Le système est mis en contact avec un autre thermostat, à la température T_A; lorsque le volume reprend la valeur initiale V_A, le système *a fourni* au thermostat une quantité de chaleur Q_2.

1. Représenter ce cycle dans le diagramme de Clapeyron (p, V) et établir l'expression du rendement η de ce cycle, en fonction de T_A et T_B.

Application numérique : $T_A = 300$ K; $T_B = 400$ K; calculer η

2. Dans le cas où les thermostats ont des températures infiniment voisines $T_A = T - \mathrm{d}T$ et $T_B = T$, écrire l'expression du rendement.

Solution

1. Le cycle étudié, ditherme et réversible, est composé :

– de deux adiabatiques AB et CD;

– de deux isothermes BC et DA.

Il s'agit donc d'un cycle de Carnot. Le rendement du cycle est le rapport

$$\eta = \frac{\text{travail fourni par le système}}{\text{quantité de chaleur absorbée par le système}}.$$

Or, ce système a absorbé une quantité de chaleur Q_1, restitué une quantité de chaleur Q_2 et la différence $Q_1 - Q_2$ représente le travail fourni, donc

$$\eta = \frac{Q_1 - Q_2}{Q_1} = 1 - \frac{Q_2}{Q_1} \qquad (1)$$

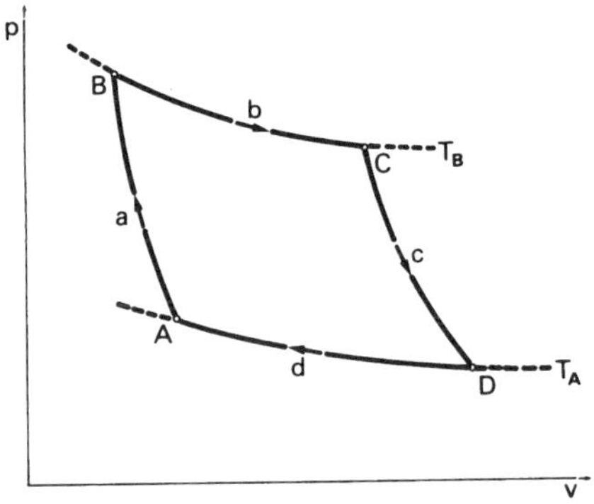

Fig. IV.15

Déterminons Q_1 et Q_2.

• Au cours de la phase isotherme BC (phase b), l'énergie interne du gaz reste constante, la quantité de chaleur reçue (donc *absorbée* par le système) est

$$Q_1 = -W = \int_{V_B}^{V_C} p\mathrm{d}V = \int_{V_B}^{V_C} nRT_B \frac{\mathrm{d}V}{V},$$

ou
$$Q_1 = nRT_B \ln \frac{V_C}{V_B}. \tag{2}$$

• Au cours de la phase isotherme DA (phase d), la quantité de chaleur reçue est, de même,

$$Q_2' = nRT_A \ln \frac{V_A}{V_D};$$

donc la quantité de chaleur fournie au thermostat par le système gazeux est $Q_2 = -Q_2'$;

ou
$$Q_2 = nRT_A \ln \frac{V_D}{V_A}. \tag{3}$$

• D'autre part, puisque les transformations AB et CD sont adiabatiquement réversibles, avec $\gamma = \text{cte}$, on a

et
$$\begin{cases} T_A V_A^{\gamma-1} = T_B V_B^{\gamma-1} \\ T_A V_D^{\gamma-1} = T_B V_C^{\gamma-1}. \end{cases}$$

On en déduit, en divisant membre à membre,

$$\frac{V_D}{V_A} = \frac{V_C}{V_B}. \tag{4}$$

Divisons membre à membre les relations (2) et (3); on obtient, compte tenu de la relation (4),

$$\frac{Q_2}{Q_1} = \frac{T_A}{T_B}.$$

Le rendement de cycle de Carnot est donc, d'après la relation (1),

$$\boxed{\eta = 1 - \frac{T_A}{T_B}}.$$

Application numérique : On obtient $\eta = 25\%$: ce rendement est maximal, puisqu'il correspond au cycle réversible (rendement théorique).

2. Pour les températures infiniment voisines, le rendement s'écrit

$$\eta = 1 - \frac{T - \mathrm{d}T}{T} \quad \text{ou} \quad \boxed{\eta = \frac{\mathrm{d}T}{T}}.$$

21. Machine thermique. Diagramme entropique

Un moteur à air chaud (gaz supposé parfait) fonctionne suivant le cycle suivant :

– l'air admis à la température $T_1 = 300$ K sous la pression $p_1 = 1$ atm et occupant un volume $V_1 = 60$ l est comprimé à *température constante* jusqu'à la pression $p_2 = 6p_1$;

– l'air est ensuite chauffé à *pression constante* jusqu'à la température T_3, de façon *réversible*; son volume à la fin de l'échauffement est $V_3 = V_1/2$;

– l'air subit ensuite une détente *adiabatique réversible* qui le ramène au volume initial V_1 ;

– l'air est enfin ramené à l'état initial (p_1, V_1, T_1), par une transformation *isochore*.

Le rapport $\gamma = \dfrac{c_p}{c_V} = 1{,}40$ est supposé constant.

1. Représenter le cycle de transformation :

– dans le diagramme de Clapeyron (p, V);
– dans le diagramme entropique (T, S);
– dans le diagramme $\ln V = f(S)$.

On indiquera pour chacun des états A_1, A_2, A_3, et A_4 les valeurs des coordonnées sur chacun des diagrammes.

On prendra comme origine des entropies l'entropie du gaz à l'état initial ($S_1 = 0$).

2. Déterminer, à la température $T_1 = 300$ K, les pentes de l'isobare et de l'isochore représentées :

a) dans le diagramme (T, S) : on montrera que le rapport des pentes isobare-isochore est indépendant de la température T ;

b) dans le diagramme $(\ln V, S)$.

Solution

1. La capacité calorifique du gaz à pression constante est $C_p = \dfrac{\gamma}{\gamma - 1} nR$,

ou $C_p = \dfrac{\gamma}{\gamma - 1} \dfrac{p_1 V_1}{T_1}$, soit $C_p = \dfrac{7}{2} \cdot \dfrac{10^5 \cdot 60 \cdot 10^{-3}}{300} = 70 \text{ J} \cdot \text{K}^{-1}$.

– À la fin de la compression isotherme $A_1 A_2$, le gaz est dans l'état

$$A_2 \begin{cases} p_2 = 6p_1 = 6 \text{ atm} \\ V_2 = V_1 \cdot \dfrac{p_1}{p_2} = 10 \text{ l}, \\ T_2 = T_1 = 300 \text{ K}, \\ S_2 = S_1 - \dfrac{p_1 V_1}{T_1} \ln \dfrac{p_2}{p_1} = -35{,}8 \text{ J} \cdot \text{K}^{-1}. \end{cases}$$

– À la fin de la compression isobare $A_2 A_3$, le gaz est dans l'état

$$A_3 \begin{cases} p_3 = 6p_2 = 6 \text{ atm} \\ V_3 = \dfrac{V_1}{2} = 30 \text{ l} \\ T_3 = T_2 \cdot \dfrac{V_3}{V_2} = 900 \text{ K}, \\ S_3 = S_2 + C_p \ln \dfrac{T_3}{T_2} = -35{,}8 + 70 \ln 3 = 41{,}1 \text{ J} \cdot \text{K}^{-1}. \end{cases}$$

– À la fin de la détente adiabatique réversible $A_3 A_4$, le gaz est, compte tenu de l'isochore A_4A_1, dans l'état

$$A_4 \begin{cases} p_4 = p_3\left(\dfrac{V_3}{V_4}\right)^{\gamma} = 6\left(\dfrac{1}{2}\right)^{1,4} = 2{,}27 \text{ atm}, \\ V_4 = V_1 = 60 \text{ l}, \\ T_4 = T_1\dfrac{p_4}{p_1} = 681 \text{ K}, \\ S_4 = S_3 = 41{,}1 \text{ J} \cdot \text{K}^{-1}. \end{cases}$$

Ces résultats permettent de représenter le cycle :

• dans le diagramme de Clapeyron $(p,\ V)$:

– l'isotherme A_1A_2 est une hyperbole équilatère ($pV = $ cte),
– l'isobare A_2A_3 est une droite horizontale ($p = $ cte),
– l'isentropique A_3A_4 est la courbe $pV^{\gamma} = $ cte,
– l'isochore A_4A_1 est une droite verticale ($V = $ cte);

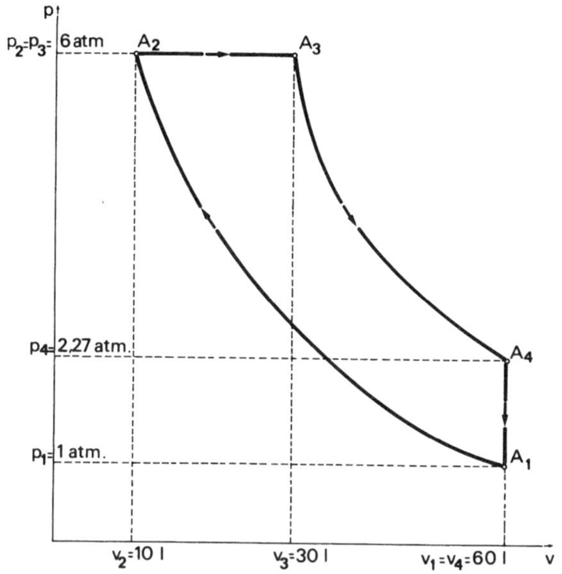

Fig. IV.16

• dans le diagramme entropique $(T,\ S)$:

– l'isotherme A_1A_2 est une droite horizontale ($T = $ cte);
– l'isobare A_2A_3 est une courbe d'équation différentielle $\dfrac{\mathrm{d}T}{\mathrm{d}S} = \dfrac{T}{c_p}$

(car $\mathrm{d}Q_p = \mathrm{d}H$ ou $T\mathrm{d}S = C_P\mathrm{d}T$);

– l'isentropique A_3A_4 est une droite verticale (S = cte);

– l'isochore A_4A_1 est une courbe d'équation différentielle $\dfrac{\mathrm{d}T}{\mathrm{d}S} = \dfrac{T}{C_V}$

(car $\mathrm{d}Q_V = \mathrm{d}U$ ou $T\mathrm{d}S = C_V\mathrm{d}T$).

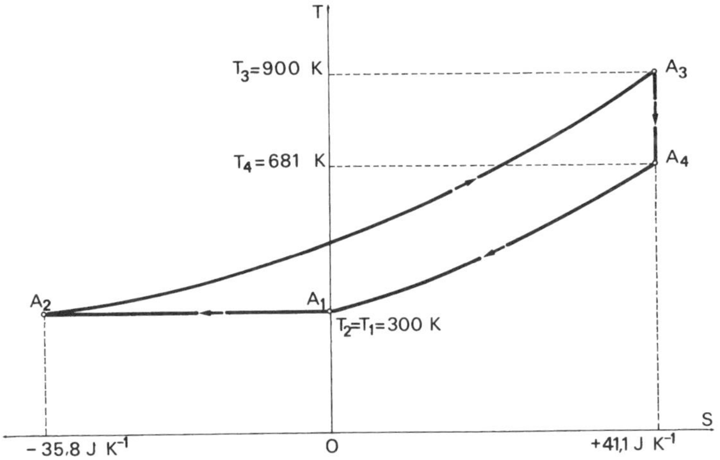

Fig. IV.17

Les résultats précédents permettent de dresser le tableau de valeurs suivant :

ETAT	A_1	A_2	A_3	A_4
ln V (V en litres)	4,09	2,30	3,40	4,09
Entropie S (en J· K^{-1})	0	−35,8	+ 41,1	+41,1

• Dans le diagramme (ln V, S) :

– l'isotherme A_1A_2 est représentée par une droite de pente $\dfrac{p_1V_1}{T_1} = nR$

(car $S_2 - S_1 = \dfrac{p_1V_1}{T_1} \ln \dfrac{V_2}{V_1}$); la fonction entropie est donc

$$\boxed{S = \frac{p_1V_1}{T_1} \ln V + \text{cte}} \; ;$$

– l'isobare A_2A_3 est représentée par une droite de pente C_p

(car $S_3 - S_2 = C_p \ln \dfrac{T_3}{T_2} = C_p \ln \dfrac{V_3}{V_2}$);

on a donc

$$\boxed{S = C_p \ln V + \text{cte}}$$

– l'adiabatique réversible A_3A_4 est représentée par une droite verticale (car $S = \text{cte}$);

– l'isochore A_4A_1 est représentée par une droite horizontale (car $\ln V = \text{cte}$).

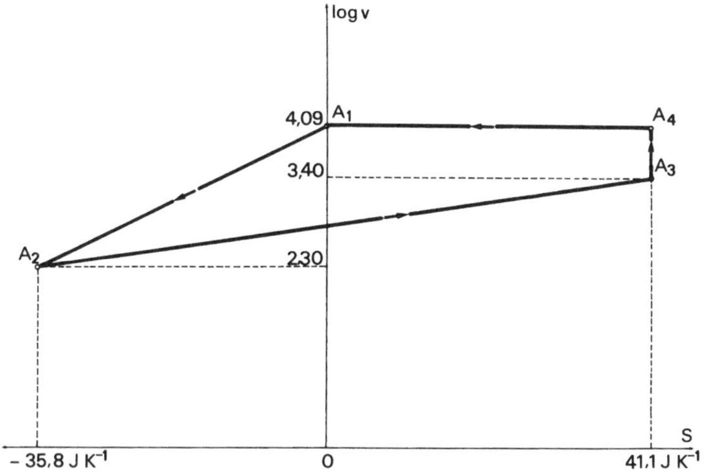

Fig. IV.18

2. ***a)*** Dans le diagramme $(T,\ S)$ on a déjà vu, dans la 1re question, que :

– la pente de l'isobare est $\left(\dfrac{\mathrm{d}T}{\mathrm{d}S}\right)_p = \dfrac{T}{C_p} = \dfrac{300}{70} \approx 4,3$ SI.;

– la pente de l'isochore est $\left(\dfrac{\mathrm{d}T}{\mathrm{d}S}\right)_V = \dfrac{T}{C_V} = \dfrac{\gamma T}{C_P} = \dfrac{1,40 \cdot 300}{70} = 6,0$ SI.

Le rapport des pentes des isochores et isobares, à une température T, est donc

$$\frac{\left(\dfrac{\mathrm{d}T}{\mathrm{d}S}\right)_V}{\left(\dfrac{\mathrm{d}T}{\mathrm{d}S}\right)_p} = \gamma = 1,40;$$

ce rapport est indépendant de T.

b) Dans le diagramme ($\ln V$, S) :

– l'isobare $S = C_p \ln V + \text{cte}$ est une droite de pente $C_p = 70$ SI;

– l'isochore horizontale $\ln V = \text{cte}$ a pour pente 0.

22. Moteur à explosion. Cycle de Beau de Rochas (ou cycle d'Otto)

Dans un moteur à explosion, un fluide supposé parfait (n moles) décrit le cycle de Beau de Rochas, appelé aussi cycle d'Otto, composé de deux adiabatiques et deux isochores :

– compression adiabatique de l'état (p_1, v_1, T_1) à l'état (p_2, v_2, T_2),

– échauffement isochore de l'état, (p_2, T_2) à l'état (p_3, T_3),

– détente adiabatique de l'état (p_3, T_3) à l'état (p_4, T_4),

– refroidissement isochore qui ramène le fluide à l'état initial.

1. Représenter le cycle d'Otto dans le diagramme (p, v) et dans le diagramme entropique (T, S).

2. Exprimer le rendement théorique r de ce cycle :

a) en fonction des températures T_1, T_2, T_3 et T_4;

b) puis en fonction du rapport volumétrique $x = \dfrac{v_1}{v_2}$ et du rapport $\gamma = \dfrac{c_p}{c_v}$ des capacités thermiques du fluide.

3. Le piston du cylindre où évolue l'air ($\gamma = 1{,}4$) a une course utile $l = 10$ cm, une section $S = 50\ \text{cm}^2$ et emprisonne un volume d'air de $100\ \text{cm}^3$ en fin de compression. Calculer

a) le rendement théorique du cycle d'Otto,

b) le travail fourni au cours d'un cycle, si l'air est admis sous 1 atmosphère à 300 K, et si la température maximale atteinte est 900 K.

4. Pour quelle valeur du rapport volumétrique, le moteur fonctionnant suivant le cycle d'Otto entre les températures 300 K et 900 K, a-t-il le même rendement qu'une machine réversible fonctionnant suivant le cycle de Carnot entre les mêmes températures?

Solution

1. Diagramme du cycle de Beau de Rochas (ou d'Otto) figure IV, 19.

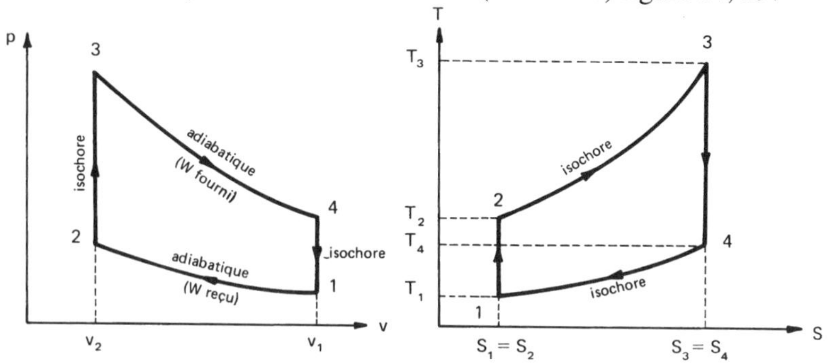

Fig. IV. 19

2. *a)* Le rendement du cycle est $r = \left|\dfrac{\text{recette}}{\text{dépense}}\right| = \dfrac{-W_{\text{cycle}}}{Q_{\text{reçue}}}$.

D'après le 1er principe,

$$W_{\text{cycle}} + Q_{\text{cycle}} = 0, \quad \text{soit} \quad W_{\text{cycle}} = -Q_{\text{cycle}} = -(Q_{2\to3} + Q_{4\to1}).$$

D'autre part, la dépense est constituée par la chaleur reçue par le fluide au cours de l'échauffement isochore : $Q_{\text{reçue}} = Q_{2\to3}$. On en déduit

$$r = \frac{Q_{2\to3} + Q_{4\to1}}{Q_{2\to3}} = 1 + \frac{Q_{4\to1}}{Q_{2\to3}} \qquad (1)$$

Or, les quantités de chaleurs reçues par les n moles du fluide, de capacité calorifique molaire $C_{V_m} = \dfrac{R}{\gamma - 1}$ à volume constant, au cours des tranformations isochores $2 \to 3$ et $4 \to 1$ sont

ou
$$\begin{cases} Q_{2\to3} = \Delta U_{2\to3} = nC_{V_m}(T_3 - T_2) & (2) \\ Q_{4\to1} = \Delta U_{4\to1} = nC_{V_m}(T_1 - T_4) & (3) \end{cases}$$

L'expression (1) s'écrit donc, compte tenu de (2) et (3),

$$\boxed{r = 1 - \frac{T_4 - T_1}{T_3 - T_2}} \qquad (4)$$

b) Les équations de Laplace relatives aux transformations isentropiques $1 \to 2$ et $3 \to 4$ s'écrivent respectivement :

$$\frac{T_2}{T_1} = \left(\frac{v_1}{v_2}\right)^{\gamma-1} = x^{\gamma-1} \text{ et } \frac{T_3}{T_4} = \left(\frac{v_4}{v_3}\right)^{\gamma-1} = \left(\frac{v_1}{v_2}\right)^{\gamma-1} = x^{\gamma-1}$$

soit
$$T_1 = T_2 \cdot x^{1-\gamma} \quad \text{et} \quad T_4 = T_3 \cdot x^{1-\gamma} \tag{5}$$

On en déduit, d'après (4) et (5),

$$r = 1 - \frac{T_3 x^{1-\gamma} - T_2 x^{1-\gamma}}{T_3 - T_2}, \quad \text{soit} \quad \boxed{r = 1 - x^{1-\gamma}}. \tag{6}$$

Le rendement du cycle d'Otto est donc indépendant de la quantité de fluide brûlé, et ne dépend que du rapport volumétrique $x = v_1/v_2 = v_3/v_4$ appelé aussi taux de compression; ce rendement croit avec x.

3. ***a)*** La cylindrée du moteur est $v_1 - v_2 = S \cdot l = 500\,\text{cm}^3$. L'«espace mort» est, par hypothèse, $v_2 = 100\,\text{cm}^3$. On en déduit $v_1 = 500+100 = 600\,\text{cm}^3$ et le taux de compression : $x = \dfrac{v_1}{v_2} = 6$.
Le rendement théorique de ce cycle d'Otto est, d'après (6),

$$r = 1 - 6^{-0,4} = \mathbf{51{,}2\%},$$

b) Le travail fourni par ce moteur thermique, au cours d'un cycle, est

$$-W = -(W_{1\to 2} + W_{3\to 4}) = nC_{V_m}[(T_1 - T_2) + (T_3 - T_4)] \tag{7}$$

avec $T_1 = 300$ K, $T_3 = 1\,100$ K, $T_2 = T_1 x^{\gamma-1} = 300 \cdot (6)^{0,4} = 614{,}3$ K, $T_4 = T_3 x^{1-\gamma} = 900 \cdot (6)^{-0,4} = 439{,}5$ K; de plus, la capacité calorifique isochore du gaz est $C_V = nC_{V_m} = \dfrac{P_1 V_1}{RT_1} \cdot \dfrac{R}{\gamma - 1} = \dfrac{P_1 V_1}{(\gamma-1)T_1}$

soit
$$C_V = \frac{10^5 \cdot 600 \cdot 10^{-6}}{0{,}4 \cdot 300} = 0{,}5\ \text{J} \cdot \text{K}^{-1}.$$

Numériquement, on a donc d'après (7) :

$$-W_{\text{cycle}} = 0{,}5(300 - 614{,}3 + 900 - 439{,}5) \approx \mathbf{73{,}1\ J}.$$

4. Le moteur réversible qui fonctionne suivant le cycle de Carnot entre les températures $T_1 = 300$ K et $T_3 = 1\,100$ K a un rendement théorique $r_c = 1 - \dfrac{T_1}{T_3}$.
Le moteur qui fonctionne suivant le cycle Beau de Rochas, entre les mêmes températures, a un rendement $r_B = 1 - x^{1-\gamma}$.

On aura donc même rendement ($r_c = r_B$) si $x^{1-\gamma} = \dfrac{T_3}{T_1}$, donc si le «taux de compression» est $\boxed{x = \left(\dfrac{T_1}{T_3}\right)^{\frac{1}{1-\gamma}}}$

Application numérique : $x = \left(\dfrac{300}{900}\right)^{-2,5} = \mathbf{15{,}6}$.

23. Moteur diesel : rendement et puissance

Un moteur thermique, utilisant un fluide parfait, décrit un cycle réversible Diesel $A_1A_2A_3A_4A_1$ composé d'une isobare et d'une isochore reliées par deux adiabatiques :

A_1A_2 : l'air admis subit une compression adiabatique de l'état initial $A_1(p_1, v_1, T_1)$ à l'état $A_2(p_2, v_2, T_2)$

A_2A_3 : combustion isobare par injection progressive du carburant entre l'état A_2 et l'état $A_3(v_3, T_3)$

A_3A_4 : l'injection cesse en A_3 et le mélange subit une détente adiabatique jusqu'à l'état $A_4(v_4 = v_1, T_4)$.

A_4A_1 : refroidissement isochore.

1. Représenter le cycle Diesel sur un diagramme (p, v) et sur un diagramme (T, S) entropique.

2. Exprimer le rendement du cycle Diesel, en fonction :

a) des températures T_1, T_2, T_3 et T_4 et du rapport γ des capacités thermiques du mélange gazeux,

b) du «taux de compression» $x = \dfrac{v_1}{v_2}$, du «taux de détente » $z = \dfrac{v_1}{v_3}$ et du rapport γ.

3. Une automobile à moteur Diesel possède les caractéristiques suivantes : taux de compression $x = 21$; taux de détente $z = 7$. À la vitesse maximale du véhicule : $V = 147$ km/h correspondant à $N = 4\,500$ tours/minute, la consommation est $c = 8$ litres de carburant (gas-oil) aux 100 km. Le gas-oil a une masse volumique $\rho = 0{,}8$ kg/l et un pouvoir calorifique $q = 46{,}8$ kJ/g. Déterminer

a) le rendement théorique de ce moteur Diesel (on donne $\gamma = 1{,}4$),

b) la masse de carburant injectée à chaque cycle, à vitesse maximale,

c) la puissance maximale de ce moteur Diesel, supposé idéal.

Solution

1. Diagrammes du cycle Diesel idéal :

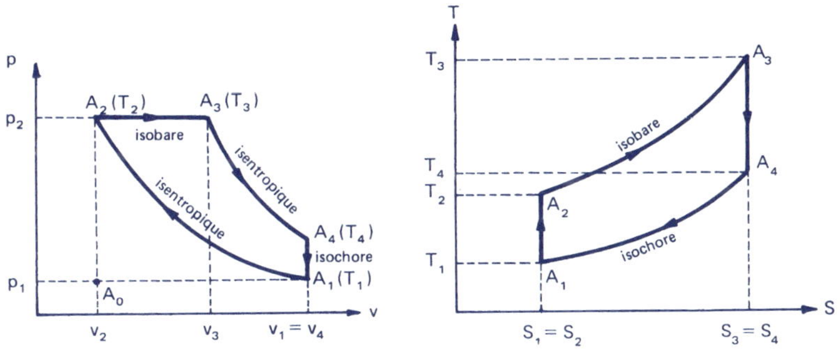

Fig. IV.20

2. *a)* Le rendement du cycle est $r = \left|\frac{\text{recette}}{\text{dépense}}\right| = -\frac{W_{\text{cycle}}}{Q_{\text{reçue}}}$.

D'après le 1er principe,

$$W_{\text{cycle}} + Q_{\text{cycle}} = 0, \quad \text{soit} \quad W_{\text{cycle}} = -Q_{\text{cycle}} = -(Q_{A_2A_3} + Q_{A_4A_1}).$$

D'autre part, la dépense est constituée par la chaleur reçue par le mélange au cours de l'échauffement isobare A_2A_3 : $Q_{\text{reçue}} = Q_{A_2A_3}$. On en déduit

$$r = \frac{Q_{A_2A_3} + Q_{A_4A_1}}{Q_{A_2A_3}} = 1 + \frac{Q_{A_4A_1}}{Q_{A_2A_3}}.$$

Or, les chaleurs reçues par n moles du mélange gazeux (de capacités calorifiques molaires C_{p_m} et C_{V_m}) sont :

$$\text{et} \quad \begin{cases} Q_{A_2A_3} = nC_{p_m}(T_3 - T_2), & \text{car } A_2A_3 \text{ est isobare,} \\ Q_{A_4A_1} = nC_{V_m}(T_1 - T_4), & \text{car } A_4A_1 \text{ est isochore;} \end{cases}$$

donc

$$\boxed{r = 1 - \frac{1}{\gamma}\frac{T_4 - T_1}{T_3 - T_2}} \qquad (1)$$

b) • Les équations de Laplace relatives aux tranformations isentropiques A_1A_2 et A_3A_4 s'écrivent :

$$\frac{T_2}{T_1} = \left(\frac{v_1}{v_2}\right)^{\gamma-1} = x^{\gamma-1} \text{ et } \frac{T_3}{T_4} = \left(\frac{v_4}{v_3}\right)^{\gamma-1} = \left(\frac{v_1}{v_3}\right)^{\gamma-1} = z^{\gamma-1}.$$

• Puisque la transformation A_2A_3 est isobare, on a :

$$\frac{T_3}{v_3} = \frac{T_2}{v_2}, \quad \text{soit } T_3 = T_2\frac{v_3}{v_2} = T_2\frac{x}{z}.$$

• Exprimons alors les températures T_2, T_3 et T_4 en fonction de T_1 :

$$T_2 = T_1 x^{\gamma-1}, \quad T_3 = T_1\frac{x^\gamma}{z} \quad \text{et } T_4 = T_1\left(\frac{x}{z}\right)^\gamma ;$$

portons dans (1), il vient après simplification :

$$r = 1 - \frac{1}{\gamma}\frac{\left(\frac{x}{z}\right)^\gamma - 1}{\frac{x^\gamma}{z} - x^{\gamma-1}}, \quad \text{soit} \quad \boxed{r = 1 - \frac{z^{-\gamma} - x^{-\gamma}}{\gamma\left(\frac{1}{z} - \frac{1}{x}\right)}} \qquad (2)$$

N.B. : Le moteur Diesel fonctionne sans l'aide de bougies : en effet, il y autoallumage au cours de l'injection du carburant durant l'étape isobare A_2A_3, car la température T_2 atteinte à la fin de la compression adiabatique est supérieure à la température d'inflammation spontanée du mélange.

3. ***a)*** Le rendement théorique du moteur Diesel est, d'après (2),

$$r = 1 - \frac{(7)^{-1,4} - (21)^{-1,4}}{1,4\left(\frac{1}{7} - \frac{1}{21}\right)} = \mathbf{61,4\%}.$$

b) Le cycle Diesel $A_1A_2A_3A_4A_1$ est précédé d'une phase d'admission de l'air (étape A_0A_1) et est suivi d'une phase d'échappement (étape A_1A_0); donc un cycle correspondant à deux aller-retour du piston ou à deux tours de l'arbre moteur.

Le nombre de cycles par seconde est donc :
$\frac{N/2}{60} = \frac{4\,500/2}{60} = 37,5$ cycles/s.

Le chemin parcouru par le véhicule pendant la durée $t_{\text{cycle}} = \frac{1}{37,5} s$ du cycle est : $\quad V t_{\text{cycle}} = \frac{147\,000 \text{ m}}{3\,600 \text{ s}} \cdot \frac{1}{37,5} s = 1,09$ m.

Le volume et la masse du carburant introduit par cycle sont donc

$$V_c = \frac{8}{100} \text{ l/km} \times 1,09 \cdot 10^{-3} \text{ km} = 8,72 \cdot 10^{-5} \text{ litres}.$$

et $\quad m = \rho V = 0,8 \cdot 8,72 \cdot 10^{-5} = 7 \cdot 10^{-5}$ kg $=$ **70 mg/ cycle.**

c) La chaleur apportée par le carburant, par cycle, est

$$Q = qm = (46{,}8 \cdot 10^3)(7 \cdot 10^{-2}) = 3\,276 \text{ J}.$$

Le travail fourni par cycle est donc $|W_{\text{cycle}}| = rQ = 2\,011$ J. La puissance théorique maximale du moteur fonctionnant en cycle Diesel idéal est donc

$$\mathcal{P} = \frac{|W_{\text{cycle}}|}{t_{\text{cycle}}} = \mathbf{75\,412\ Watts} \quad \text{ou} \quad \mathcal{P} = \mathbf{102{,}6\ ch.}$$

24. Turbomoteur : cycle de Joule (ou de Brayton) Taux de compression optimal

Une turbine à gaz fonctionne suivant le cycle théorique de Joule, appelé aussi cycle de Brayton, composé de deux adiabatiques reliées par deux isobares :

– compression isentropique de l'état ① (p_1, v_1, T_1) à l'état ② (p_2, v_2, T_2) dans un turbomoteur (compresseur),

– échauffement isobare de l'état ② à l'état ③ dans un échangeur thermique (chambre de combustion),

– détente isentropique de l'état ③ à l'état ④ dans la turbine à gaz,

– refroidissement isobare de l'état ④ à l'état initial ① dans un second échangeur thermique.

Le cycle est décrit par n moles de fluide (supposé parfait).

1. Représenter le cycle de Joule dans les diagrammes (p, v) et (T, S).

2. Calculer le rendement théorique du cycle de Joule,

a) en fonction des températures T_1, T_2, T_3 et T_4 du fluide dans chacun des quatre états envisagés,

b) en fonction du taux de compression $x = p_2/p_1$ et du rapport $\gamma = c_p/c_V$ des chaleurs massiques du fluide.

3. *a)* Le rapport T_3/T_1 des températures a une valeur imposée. Calculer le taux de compression qui permet d'obtenir un travail maximal.

b) Exprimer alors ce travail maximum en fonction de n, γ, T_1 et T_3.

Solution

1. Diagrammes du cycle de Joule (ou de Brayton) :

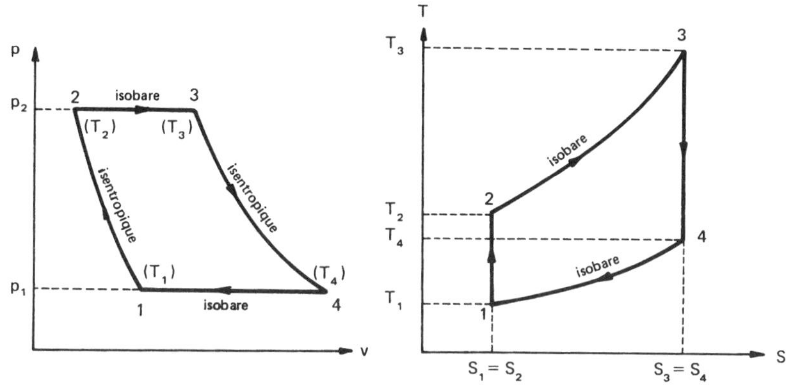

Fig. IV.21

2. *a)* Le rendement du cycle est : $r = \left|\dfrac{\text{recette}}{\text{dépense}}\right| = -\dfrac{W_{cycle}}{Q_{\text{reçue}}}$.

D'après le 1er principe,

$$W_{\text{cycle}} + Q_{\text{cycle}} = 0, \quad \text{soit} \quad W_{\text{cycle}} = -Q_{\text{cycle}} = -(Q_{2\to 3} + Q_{4\to 1}).$$

D'autre part, la dépense est constituée par la chaleur reçue par le fluide, au cours de l'échauffement isobare : $Q_{\text{reçue}} = Q_{2\to 3}$. On en déduit

$$r = \frac{Q_{2\to 3} + Q_{4\to 1}}{Q_{2\to 3}} = 1 + \frac{Q_{4\to 1}}{Q_{2\to 3}} \tag{1}$$

Or, les chaleurs reçues par les n moles du fluide (de capacité calorifique molaire $C_{p_m} = \dfrac{\gamma R}{\gamma - 1}$ à pression constante) au cours des transformations isobares $2 \to 3$ et $4 \to 1$ sont :

et
$$\begin{cases} Q_{2\to 3} = nC_{p_m}(T_3 - T_2) & (2) \\ Q_{4\to 1} = nC_{p_m}(T_1 - T_4) & (3) \end{cases}$$

L'expression (1) s'écrit donc, compte tenu de (2) et (3),

$$\boxed{r = 1 - \frac{T_4 - T_1}{T_3 - T_2}} \tag{4}$$

b) Les équations de Laplace relatives aux transformations $1 \to 2$ et $3 \to 4$ isentropiques s'écrivent :

$$\frac{T_2}{T_1} = \left(\frac{p_2}{p_1}\right)^{\frac{\gamma-1}{\gamma}} = x^{\frac{\gamma-1}{\gamma}} \quad \text{et} \quad \frac{T_3}{T_4} = \left(\frac{p_3}{p_4}\right)^{\frac{\gamma-1}{\gamma}} = \left(\frac{p_2}{p_1}\right)^{\frac{\gamma-1}{\gamma}} = x^{\frac{\gamma-1}{\gamma}}$$

soit

$$T_1 = T_2 \cdot x^{\frac{1-\gamma}{\gamma}} \quad \text{et} \quad T_4 = T_3 \cdot x^{\frac{1-\gamma}{\gamma}} \tag{5}$$

On en déduit, d'après (4) et (5), l'expression du rendement

$$r = 1 - \frac{T_3 x^{\frac{1-\gamma}{\gamma}} - T_2 x^{\frac{1-\gamma}{\gamma}}}{T_3 - T_2}, \quad \text{soit} \quad \boxed{r = 1 - x^{\frac{1-\gamma}{\gamma}}} \tag{6}$$

3. ***a)*** Le travail fourni au cours du cycle de Joule est, d'après (2) et (3),

$$-W_{\text{cycle}} = Q_{2\to3} + Q_{4\to1} = nC_{p_m}[(T_3 - T_2) + (T_1 - T_4)]$$

ou, d'après (5),

$$-W_{\text{cycle}} = nC_{p_m}[T_1(1 - x^{\frac{\gamma-1}{\gamma}}) + T_3(1 - x^{\frac{1-\gamma}{\gamma}})] \tag{7}$$

Ce travail fourni sera maximal pour $\dfrac{\mathrm{d}W_{\text{cycle}}}{\mathrm{d}x} = 0$, soit :

$$nC_{p_m}\left(T_1 \frac{1-\gamma}{\gamma} x^{-\frac{1}{\gamma}} - T_3 \frac{1-\gamma}{\gamma} x^{\frac{1-2\gamma}{\gamma}}\right) = 0$$

ou

$$T_1 x^{-\frac{1}{\gamma}} = T_3 x^{\frac{1-2\gamma}{\gamma}}, \quad \text{soit} \quad \frac{T_3}{T_1} = x^{\frac{2(\gamma-1)}{\gamma}}.$$

Le taux de compression optimal du cycle de Joule est donc

$$\boxed{x = \frac{p_2}{p_1} = \left(\frac{T_3}{T_1}\right)^{\frac{\gamma}{2(\gamma-1)}}} \tag{8}$$

N.B. : Le rapport T_3/T_1 est généralement imposé car la température $T_3 = T_{\text{maximum}}$ est imposée par la température maximale à laquelle la turbine peut résister, et $T_1 = T_{\text{maximum}}$ est imposée par la température de l'air ambiant.

b) Le travail maximal fourni par cycle est donc, d'après (7) et (8),

$$-W_{\max} = \frac{n\gamma R}{\gamma - 1}\left\{T_1\left[1 - \left(\frac{T_3}{T_1}\right)^{\frac{1}{2}}\right] + T_3\left[1 - \left(\frac{T_3}{T_1}\right)^{-\frac{1}{2}}\right]\right\}$$

soit $$-W_{\max} = \frac{n\gamma R}{\gamma - 1}(T_3 + T_1 - 2\sqrt{T_1 T_3})$$

ou $$\boxed{-W_{\max} = \frac{n\gamma R}{\gamma - 1}(\sqrt{T_3} - \sqrt{T_1})^2}$$

25. Machine à cycle de Stirling. Bilan d'énergie. Rendement

La machine de Stirling contient un gaz (en système fermé) et comprend (fig IV.22) un piston de déplacement π_D, un piston de travail π_T et un accumulateur d'énergie A. La partie supérieure de la machine est en contact avec une source chaude (de température T_C) et sa partie inférieure est en contact avec une source froide (de température T_F). Les tiges des pistons π_D et π_T communiquent de l'énergie mécanique à l'arbre du moteur.

Dans la position des pistons de la figure IV.22 (état initial E_1), le *volume du gaz* est maximal, soit V_1, et sa température est T_F.

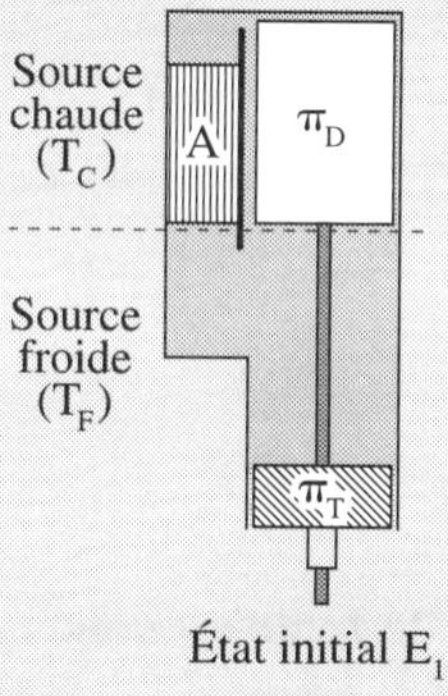

Fig. IV.22

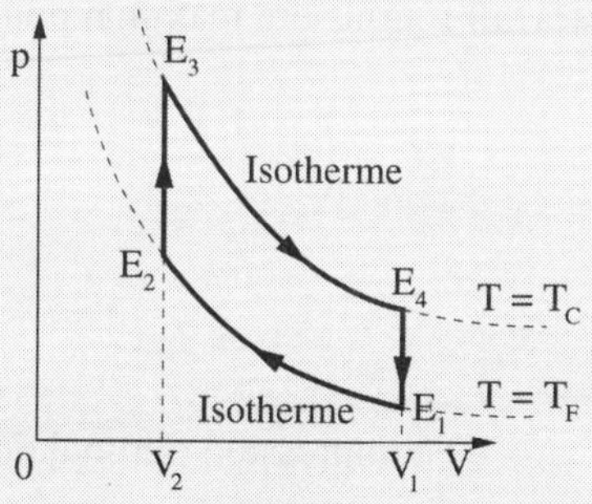

Fig. IV.23

Cette machine permet de réaliser le cycle de Stirling supposé **réversible** (avec un transfert thermique interne entre le gaz et A), constitué de deux isothermes E_1E_2 (température T) et E_3E_4 (température T_C) reliées par deux isochores. Le cycle (fig IV. 23) représente l'évolution d'une masse de 1 kg du gaz (supposé parfait, de rapport $\gamma = C_P/C_V$ et de constante molaire R) qui correspond à n moles.

1. Effectuer un bilan énergétique détaillé de ce cycle au cours des 4 phases.

2. Exprimer le rendement r du cycle de Stirling en fonction de T_F et T_C.

3. Faire un schéma des positions des pistons π_D et π_T de la machine dans les états E_2, E_3 et E_4.

4. ***a)*** Représenter le cycle de Stirling dans le diagramme entropique (T, s), où T et s sont respectivement la température absolue et l'entropie massique du gaz.

b) Comparer les variations d'entropies massiques $s_1 - s_2$ et $s_4 - s_3$.

c) Montrer que les travaux massiques et les quantités de chaleur massiques échangées avec le milieu extérieur sont mesurées dans le diagramme (T, s) par des aires de surfaces qu'on déterminera.

Solution

1. Le cycle de Stirling comporte quatre phases :

• *1re phase* $(E_1 \to E_2)$: *compression isotherme* à la température T_F, à énergie interne constante. Le gaz

– reçoit le travail massique $W_1 = nRT_F \ln\left(\dfrac{V_1}{V_2}\right) > 0$

– et fournit la quantité de chaleur massique (égale au travail reçu) :

$$|q_1| = -q_1 = W_1$$

• *2e phase* $(E_2 \to E_3)$: *échauffement* de T_F à T_C *à volume constant*. Le gaz

– ne reçoit aucun travail : $W_2 = 0$

– et reçoit (de la part de A) la quantité de chaleur massique

$$q_2 = n \cdot C_{V_m} \cdot \Delta T = \frac{n \cdot R}{\gamma - 1}(T_C - T_F)$$

• *3e phase* $(E_3 \to E_4)$: *détente isotherme* à la température T_C à énergie interne constante. Le gaz

– fournit le travail massique $|W_3| = -W_3 = nRT_C \ln\left(\dfrac{V_1}{V_2}\right)$

– et reçoit la quantité de chaleur massique

$$q_3 = -W_3 = |W_3|$$

• *4e phase* $(E_4 \to E_1)$: *refroidissement* de T_C à T_F *à volume constant*. Le gaz

– ne reçoit aucun travail : $W_4 = 0$
– founit à A la quantité de chaleur massique

$$|q_4| = -q_4 = \frac{nR}{\gamma - 1}(T_C - T_F) = q_2$$

Remarque : L'énergie thermique fournie par le gaz à A à la 4e phase est stockée dans le régénérateur ou accumulateur A, et est restituée au gaz pendant la 2e phase.

2. Le rendement de cette machine de Stirling ditherme et réversible est le rapport positif r = recette/dépense, soit

$$r = \frac{\text{travail fourni par le système}}{\text{quantité de chaleur reçue de la source chaude}} = \frac{-W_{\text{reçu}}}{q_3}$$

• Le 1er principe de thermodynamique est traduit pour ce cycle par $\Delta U_{\text{cycle}} = W_{\text{reçu}} + q_1 + q_2 + q_3 + q_4 = 0$, avec $q_2 + q_4 = 0$, soit

$$W_{\text{reçu}} = -(q_1 + q_3) \qquad (1)$$

Le rendement de la machine réversible est donc, d'après (1),

$$r = 1 + \frac{q_1}{q_3} \qquad (2)$$

• Le 2e principe de thermodynamique est traduit pour ce cycle par

$$\Delta S_{\text{cycle}} = 0, \quad \text{ou} \quad \frac{q_1}{T_F} + \frac{q_3}{T_C} = 0$$

soit

$$\frac{q_1}{q_3} = -\frac{T_F}{T_C} \qquad (3)$$

D'après (2) et (3), le rendement cherché est finalement $\boxed{r = 1 - \dfrac{T_F}{T_C}}$

Remarques : ① Le rendement du cycle de Stirling réversible a même expression que celui du cycle de Carnot réversible formé de deux isothermes reliées par deux adiabatiques.

② Le rendement obtenu est indépendant de la nature *du gaz* utilisé.

3.

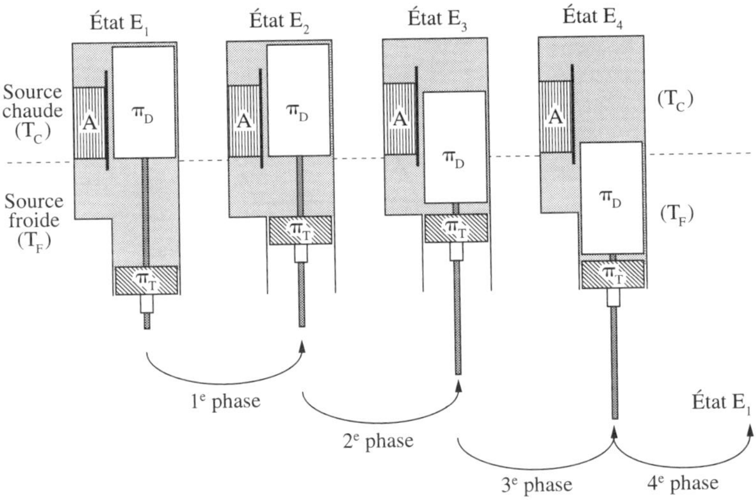

Fig. IV.24

• Au cours de la *1re phase* ($E_1 \to E_2$) de compression isotherme à T_F, le piston π_D demeure fixe et le piston π_T *monte* de façon à diminuer le volume gazeux (de V_1 à V_2) en contact avec la source froide (T_F).

• Au cours de la *2e phase* ($E_2 \to E_3$) d'échauffement isochore, le piston π_T demeure fixe et le piston π_D *descend* et le gaz traverse le régénérateur A de bas en haut.

• Au cours de la *3e phase* ($E_3 \to E_4$) de détente isotherme à T_C, les deux pistons π_D *et* π_T *descendent* de façon à augmenter le volume gazeux (de V_2 à V_1) en contact avec la source chaude (T_C).

• Au cours de la *4e phase* ($E_4 \to E_1$) de refroidissement isochore, le piston π_D *remonte* et le gaz retraverse le régénérateur A de haut en bas, tandis que π_T demeure fixe.

4. ***a)*** Le cycle de Stirling est aisément représentable dans les coordonnées (T, s) : figure IV.25.
b) On a, avec les notations de la 2e question, et si s_1, s_2, s_3 et s_4 désignent les entropies massiques respectives des quatre états E_1, E_2, E_3 et E_4 :

$$q_1 = T_F(s_2 - s_1) \quad \text{et} \quad q_3 = T_C(s_4 - s_3) \tag{4}$$

donc, d'après (3) et (4), $\boxed{s_1 - s_2 = s_4 - s_3}$

les transformations $E_1 \to E_2$ (1re phase) et $E_3 \to E_4$ (2e phase) se font donc avec des variations d'entropie égales et opposées.

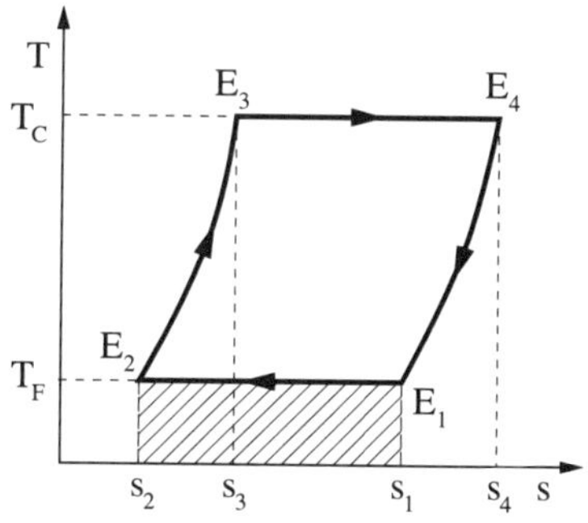

Fig. IV.25

c) Le travail fourni par le gaz est d'après (1) et (4)

$$W_{\text{fourni}} = -W_{\text{reçu}} = q_1 + q_3 = T_F(s_2 - s_1) + T_C(s_4 - s_3)$$

soit

$$\boxed{W_{\text{fourni}} = (s_4 - s_3)(T_C - T_F)} \quad (5)$$

D'après (4) la chaleur $|q_1|$ est mesurée dans le diagramme entropique par l'aire rectangulaire hachurée sous le segment E_1E_2 et la chaleur q_3 est mesurée par l'aire rectangulaire sous le segment E_3E_4 et, d'après (5), le travail fourni est égal à la différence des deux aires considérées.

CHAPITRE 5

Changements d'état
Solide – Liquide – Vapeur

Toute partie homogène d'un système en équilibre constitue une phase. Les paramètres de l'équilibre seront la pression et la température.

I. ÉQUILIBRE D'UN CORPS PUR SOUS DEUX PHASES

$$A_1 \leftrightharpoons A_2$$

1. Conditions d'équilibre

Les deux phases ont à l'équilibre :

– même température $T_1 = T_2$ (équilibre thermique),

– même pression $p_1 = p_2$ (équilibre mécanique).

La pression et la température sont liées par une relation $p = f(T)$; on dit que le système est **monovariant** : on ne peut choisir arbitrairement qu'un seul paramètre d'équilibre (p ou T par exemple); les autres sont alors déterminés. Ce résultat est confirmé par la règle de Gibbs qui attribue la variance 1 à ce système formé d'un corps pur ($c = 1$), sous deux phases ($\varphi = 2$) :

$$v = c + 2 - \varphi = 1 + 2 - 2 = 1.$$

2. Courbes d'équilibre

On a représenté sur la figure V.A les trois courbes d'équilibre $p = f(T)$ d'un corps pur sous deux phases :

– courbe de fusion $T_r f$: solide $\leftrightharpoons$ liquide,

– courbe de vaporisation T_rC : liquide $\leftrightharpoons$ vapeur,

– courbe de sublimation T_rs : solide $\leftrightharpoons$ vapeur.

Soit un corps pur à la pression p et à la température T. Si le point représentatif $M(p,T)$ appartient à l'une des courbes d'équilibre, on aura un équilibre entre deux phases du corps; sinon le corps existe sous une seule phase : solide, liquide ou vapeur, suivant que M appartient à la zone ① ② ou ③.

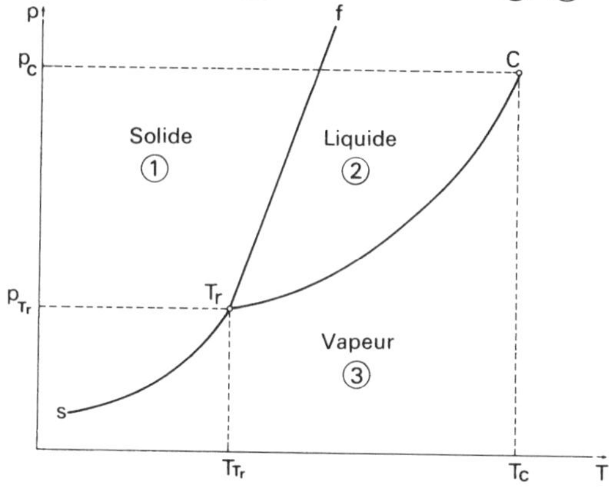

Fig. V.A

3. Changement de phase

Le passage d'une phase A_1 de volume massique u_1 à une phase A_2 de volume massique u_2 est un processus réversible qui s'effectue à pression et température constantes, d'après les conditions d'équilibre.

La fusion (solide $\longrightarrow$ liquide), la vaporisation (liquide $\rightarrow$ vapeur) et la sublimation (solide $\rightarrow$ vapeur) s'accompagnent toujours d'une absorption de chaleur, et la transformation inverse d'une libération de chaleur. Cette chaleur L relative à l'unité de masse du corps, est appelée **chaleur de changement d'état** (de fusion, de vaporisation ou de sublimation).

II. ÉQUILIBRE D'UN CORPS PUR SOUS TROIS PHASES, POINT TRIPLE

1. Conditions d'équilibre

Les trois phases ont à l'équilibre :

– même température : $T_1 = T_2 = T_3$;

– même pression : $p_1 = p_2 = p_3$:

Il existe deux relations entre la pression p et la température T d'équilibre. Le système est **invariant**; on ne peut choisir arbitrairement aucun paramètre d'équilibre. Ce résultat est confirmé par la règle de Gibbs qui attribue la variance 0 à ce système :

$$v = c + 2 - \varphi = 1 + 2 - 3 = 0.$$

2. Point triple

C'est le point T_r figuratif de l'état du système lorsque les trois phases coexistent à l'équilibre. On en déduit que les trois courbes d'équilibre se coupent au point triple. La température T_{T_r} et la pression p_{T_r} au point triple, sont imposées par l'expérience.

Au point triple la chaleur latente de sublimation est égale à la somme des chaleurs latentes de fusion et de vaporisation :

$$L_s = L_f + L_V;$$

l'inégalité $L_s > L_V$ entraîne d'après la relation $L = T(u_2 - u_1)\mathrm{d}p/\mathrm{d}T$ appelée relation de Clapeyron étudiée en 2e année :

$$\left(\frac{\mathrm{d}p}{\mathrm{d}T}\right)_{\text{subl.}} > \left(\frac{\mathrm{d}p}{\mathrm{d}T}\right)_{\text{vap}};$$

la pente de la courbe de sublimation est donc supérieure à celle de vaporisation.

III. ÉQUILIBRE LIQUIDE-VAPEUR. POINT CRITIQUE

1. Pression de vapeur saturante

L'isotherme de l'équilibre liquide-vapeur présente un palier horizontal LG dans le diagramme (p, V), à la pression constante p_s qui est la pression de vapeur saturante (fig. V.B).

– Si $p < p_s$, on a uniquement de la vapeur sèche (qui obéit approximativement aux lois du gaz parfait).

– Si $p = p_s$, on a un mélange liquide-vapeur, dont le taux de vapeur saturante x (rapport entre la masse de vapeur et la masse totale du mélange) est compris entre 1 (point représentatif G) et 0 (point représentatif L).

– Si $p > p_s$, on a uniquement la phase liquide.

Notons que la pression de vapeur saturante est indépendante du taux x de vapeur et croît avec la température, car $\left(\frac{\mathrm{d}p}{\mathrm{d}T}\right)_{\text{vap.}} > 0$.

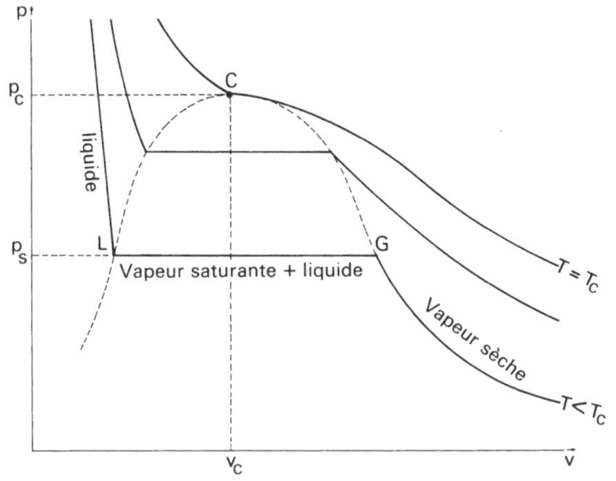

Fig. V.B

2. Point critique

Si l'on augmente la température, le palier de liquéfaction LG se rétrécit, jusqu'à se confondre avec un point C, pour une température $T = T_c =$ température critique. L'isotherme critique présente alors un point d'inflexion à tangente horizontale en C (fig. V.B).

On en déduit que la courbe de vaporisation $p = f(T)$ est limitée au point critique (figure V.A) et part du point triple T_r. Il est donc impossible de vaporiser un liquide à pression constante, si sa température est *supérieure* à la température critique T_c.

En résumé, **l'équilibre liquide-vapeur** ne peut être réalisé qu'à des pressions comprises entre celle du point triple et celle du point critique :

$$\boxed{p_{T_r} < p < p_c}$$

Au point critique, les phases liquide et vapeur ont mêmes *propriétés* et en particulier même volume massique $u_1 = u_2$.

3. Courbe de saturation

Le lieu des extrémités L et G du palier constitue la courbe de saturation (tracée sur la figure V.B) formée de deux branches : la courbe d'ébullition LC et la courbe de rosée GC qui se rejoignent au point critique C.

IV. VARIATION DES FONCTIONS *U, H,* et *S* DANS UN CHANGEMENT D'ÉTAT

• Au cours d'un changement de phase relatif à l'unité de masse d'un corps pur :

– la variation d'énergie interne est $\boxed{\Delta U = L - p(u_2 - u_1)}$;

– la variation d'enthalpie est $\boxed{\Delta H = L}$;

– la variation d'entropie est $\boxed{\Delta S = \dfrac{L}{T}}$.

• Pour les phases condensées, pour lesquelles les variations de volume sont négligeables, les différentielles des fonctions d'état sont :

$$\boxed{\mathrm{d}U = \mathrm{d}H = C\mathrm{d}T}$$

et

$$\boxed{\mathrm{d}S = \frac{C\mathrm{d}T}{T}}$$

PROBLÈMES DU CHAPITRE 5

A. DIAGRAMME (*P, T*). POINT TRIPLE ET POINT CRITIQUE

1. Coordonnées du point critique. Équation d'état réduite

L'unité de masse d'un gaz réel (CO_2) obéit à l'équation de Berthelot

$$\left(p + \frac{a}{TV^2}\right)(V - b) = rT,$$

avec $a = 5{,}75 \cdot 10^4$, $b = 9{,}73 \cdot 10^{-4}$; $r = 189$ (p en pascal et V en m^3).

Pour une certaine température T_c (température critique), l'isotherme correspondante dans le diagramme de Clapeyron (p, V) admet en un point C une tangente horizontale avec point d'inflexion.

1. En déduire la température T_c, la pression p_c et le volume V_c du gaz au point critique C, en fonction de a, b, r.

2. Écrire l'équation d'état du gaz, en introduisant les coordonnées réduites $p_r = \dfrac{p}{p_c}$, $V_r = \dfrac{V}{V_c}$ et $T_r = \dfrac{T}{T_c}$. Quel est l'avantage de cette écriture ?

Solution

1. Dans le diagramme (p, V) l'isotherme critique $T = T_c$ admet, au point critique $C(p_c, V_c)$, une tangente horizontale, donc

$$\left(\frac{\partial p}{\partial V}\right)_c = 0. \tag{1}$$

De plus, C est un point d'inflexion, donc

$$\left(\frac{\partial^2 p}{\partial V^2}\right)_c = 0 \tag{2}$$

Or, on sait que

$$p = \frac{r \cdot T}{V - b} - \frac{a}{TV^2}; \tag{3}$$

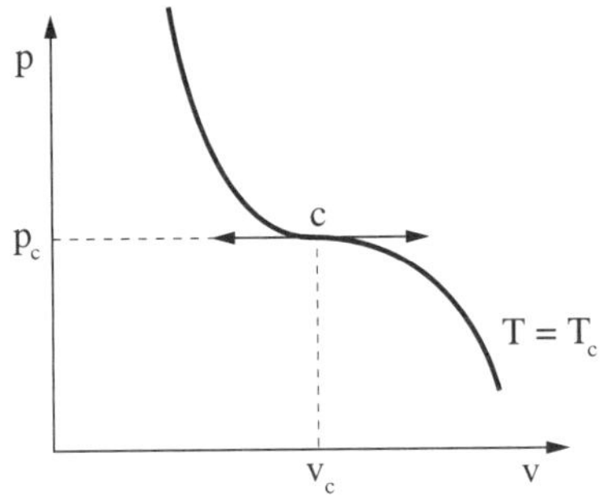

Fig. V.1

la condition (1) s'écrit donc

$$-\frac{rT_c}{(V_c - b)^2} + \frac{2a}{T_c V_c^3} = 0, \quad \text{soit} \quad rT_c^2 V_c^3 = 2a(V_c - b)^2. \tag{4}$$

La condition (2) s'écrit

$$\frac{2rT_c}{(V_c - b)^3} - \frac{6a}{T_c V^4} = 0,$$

soit

$$rT_c^2 V_c^4 = 3a(V_c - b)^3. \tag{5}$$

En divisant membre à membre les relations (5) et (4), on obtient

$$V_c = \frac{3}{2}(V_c - b).$$

La volume critique est donc $\boxed{V_c = 3b}$. (6)

Application numérique : on obtient $V_c = \mathbf{2{,}92 \cdot 10^{-3}\ m^3}$.

• La relation (4) s'écrit $rT_c^2 \cdot 27b^3 = 2a \cdot 4b^2$
La température critique est donc

$$\boxed{T_c = \frac{2}{3}\sqrt{\frac{2a}{3br}}}\,. \tag{7}$$

Application numérique : on obtient T_c = **304 K** ou **31° C**.

• D'après la relation (3), la pression critique est

$$p_c = \frac{rT_c}{V_c - b} - \frac{a}{T_c V_c^2} = T_c\left(\frac{r}{V_c - b} - \frac{a}{T_c^2 V_c^2}\right).$$

En remplaçant V_c et T_c par leurs valeurs respectives, il vient, après simplification,

$$p_c = \frac{2}{3}\sqrt{\frac{2a}{3br}}\left(\frac{r}{2b} - \frac{3r}{8b}\right)$$

ou

$$\boxed{p_c = \frac{r}{12b}\sqrt{\frac{2a}{3br}}}\,. \tag{8}$$

Application numérique : on obtient $p_c = \mathbf{73{,}8 \cdot 10^5\ Pa \approx 73{,}8\ atm}$.

2. Les relations (6), (7) et (8) permettent d'exprimer les constantes a, b, r en fonction des grandeurs critiques V_c, T_c et p_c ; on obtient

$$b = \frac{V_c}{3}, \quad r = \frac{8}{3}\,\frac{p_c V_c}{T_c} \quad \text{et} \quad a = 3 p_c T_c V_c^2.$$

L'équation d'état s'écrit alors

$$\left(p + \frac{3 p_c T_c V_c^2}{T V^2}\right)\left(V - \frac{V_c}{3}\right) = \frac{8}{3}\, p_c V_c\, \frac{T}{T_c}.$$

Divisons les deux membres par $p_c V_c$; il vient

$$\left[\frac{p}{p_c} + 3\,\frac{T_c}{T}\left(\frac{V_c}{V}\right)^2\right]\left[\frac{V}{V_c} - \frac{1}{3}\right] = \frac{8}{3}\,\frac{T}{T_c}$$

ou, en introduisant les coordonnées thermodynamiques réduites p_r, T_r, V_r :

$$\boxed{\left(p_r + \frac{3}{T_r V_r^2}\right)\left(V_r - \frac{1}{3}\right) = \frac{8}{3}\, T_r}$$

Cette équation «réduite» a la même forme que l'équation d'état donnée, mais elle a l'avantage de possèder des coefficients constants, quel que soit le fluide considéré : elle est donc identique pour tous les fluides.
L'avantage de cette écriture est donc de pouvoir grouper les fluides en familles, ayant mêmes coordonnées réduites, et ayant par suite même équation d'état et mêmes coefficients thermoélastiques α, β et χ. Il est alors inutile d'effectuer toutes les mesures expérimentales pour chaque fluide, ce qui est un avantage lorsque ces mesures sont difficiles à réaliser (exemple : étude des propriétés de l'hélium); dans ce cas, il est plus facile de déduire les propriétés du fluide, à partir de celles d'un autre gaz ayant mêmes coordonnées réduites.

2. Diagramme d'Amagat pour $T > T_c$. Température de Mariotte

1. Les états d'équilibre d'un gaz sont décrits par une équation d'état du type $f(p,V,T) = 0$. Dans la représentation d'Amagat (pV,p), calculer, *d'une façon générale*, la pente m d'une isotherme, en un point donné, en fonction de χ et χ_0 (χ et χ_0 sont respectivement les coefficients de compressibilité isotherme du gaz réel étudié et d'un gaz parfait pris à la même pression).
Que peut-on conclure pour les régions où m est positif et pour celles où m est négatif ?

2. Soit l'équation d'état de Van der Waals écrite pour 1 gramme de gaz :

$$\left(p + \frac{a}{V^2}\right)(V - b) = rT.$$

Retrouver les valeurs des coefficients a, b, r en fonction des constantes critiques p_c, V_c, T_c du gaz.

3. *a)* On pose $pV = y$. Écrire l'équation $f(y,p) =$ cte d'une isotherme, dans la représentation d'Amagat, pour le gaz considéré.

b) Quel est le lieu (*C*) des points où le gaz suit localement la loi de Mariotte ? Tracer cette courbe.

c) Quelles sont les régions où m est respectivement positif et négatif ? Dessiner quelques isothermes dans cette représentation ($T > T_c$).

d) Calculer la température T_1 à laquelle le gaz suit la loi de Mariotte pour une pression nulle. Comparer T_1 à T_c.

Application numérique : cas de l'azote : $T_c = 126$ K.

Solution

1 La pente d'une isotherme en un point (p, pV) du diagramme d'Amagat est

$$m = \left[\frac{\partial(pV)}{\partial p}\right]_T = V + p\left(\frac{\partial V}{\partial p}\right)_T = pV\left[\frac{1}{p} + \frac{1}{V}\left(\frac{\partial V}{\partial p}\right)_T\right]. \quad (1)$$

Or, le coefficient de compressibilité isotherme est

$$\chi = -\frac{1}{V}\left(\frac{\partial V}{\partial p}\right)_T.$$

Dans le cas de n moles de gaz parfait, le volume s'écrit $V = \dfrac{nRT}{p}$;

donc
$$\left(\frac{\partial V}{\partial p}\right)_T = -\frac{V}{p}.$$

On en déduit le coefficient de compressibilité isotherme du gaz parfait :

$$\chi_0 = -\frac{1}{V}\left(-\frac{V}{p}\right) = \frac{1}{p}.$$

Dans le cas général, la pente d'une isotherme dans le diagramme d'Amagat est donc, d'après (1)

$$\boxed{m = pV(\chi_0 - \chi)}\ .$$

– Dans la région où $m > 0$ ($pV = f(p)$ est une fonction croissante), on a $\chi > \chi_0$: le gaz considéré est moins compressible que le gaz parfait.

– Dans la région où $m < 0$ ($pV = f(p)$ est une fonction décroissante), on a $\chi > \chi_0$: le gaz est plus facilement compressible que le gaz parfait; c'est le cas le plus fréquent, tant que la pression et la température ne sont pas trop grandes.

2. On a déjà vu, dans l'exercice 1, que l'isotherme critique ($T = T_c$) dans le diagramme (p, V) présente au point critique C un point d'inflexion à tangente horizontale; donc en C on a

$$\left(\frac{\partial p}{\partial V}\right)_{T=T_c} = 0, \qquad \text{soit} \qquad -\frac{rT_c}{(V_c - b)^2} + \frac{2a}{V_c^3} = 0,$$

et
$$\left(\frac{\partial^2 p}{\partial V^2}\right)_{T=T_c} = 0, \qquad \text{soit} \qquad \frac{2rT_c}{(V_c - b)^3} - \frac{6a}{V_c^4} = 0.$$

Ces deux équations ont pour solution

$$V_c = 3b, \quad \text{et} \quad T_c = \frac{8a}{27br} \tag{2}$$

enfin, l'équation d'état $p = \dfrac{rT}{V - b} - \dfrac{a}{V^2}$ permet de déterminer la pression critique $p_c = \dfrac{rT_c}{V_c - b} - \dfrac{a}{V_c^2}$, soit, compte tenu de la relation (2),

$$p_c = \frac{a}{27b^2}. \tag{3}$$

Les coefficients a, b et r s'expriment alors facilement en fonction des grandeurs critiques :

$$\boxed{a = 3p_c V_c^2}\,, \qquad \boxed{b = \frac{1}{3}\,V_c} \quad \text{et} \quad \boxed{r = \frac{8}{3}\,\frac{p_c V_c}{T_c}}\,.$$

3. *a)* L'équation d'une isotherme s'écrit

$$pV + \frac{a}{V} - \frac{ab}{V^2} - pb = rT,$$

ou, en posant $pV = y$, on obtient

$$y + ap\,\frac{1}{y} - abp^2\,\frac{1}{y^2} - pb = rT = \text{cte}. \tag{4}$$

b) Lorsqu'un gaz obéit à la loi de Mariotte, $y = pV = $ cte à température constante, les isothermes dans le diagramme d'Amagat sont des droites horizontales, donc de pente nulle, ce qui est confirmé par la relation $m = pV(\chi - \chi_0) = 0$ (car pour un gaz parfait, $\chi = \chi_0$).
Le gaz de Van der Waals obéira donc localement à la loi de Mariotte, lorsque la pente m de l'isotherme est nulle dans la représentation d'Amagat (y, p), c'est-à-dire lorsque l'on a

$$m = \left[\frac{\partial(y)}{\partial p}\right]_T = 0. \tag{5}$$

Dérivons l'équation (4) par rapport à p ; il vient, compte tenu de la condition (5),

$$\frac{a}{y} - 2abp\frac{1}{y^2} - b = 0.$$

Le lieu (C) des points où le gaz suit localement la loi de Mariotte est donc, dans le diagramme d'Amagat, une parabole d'équation

$$\boxed{p = -\frac{1}{2a}\,y^2 + \frac{1}{2b}\,y}\,. \tag{6}$$

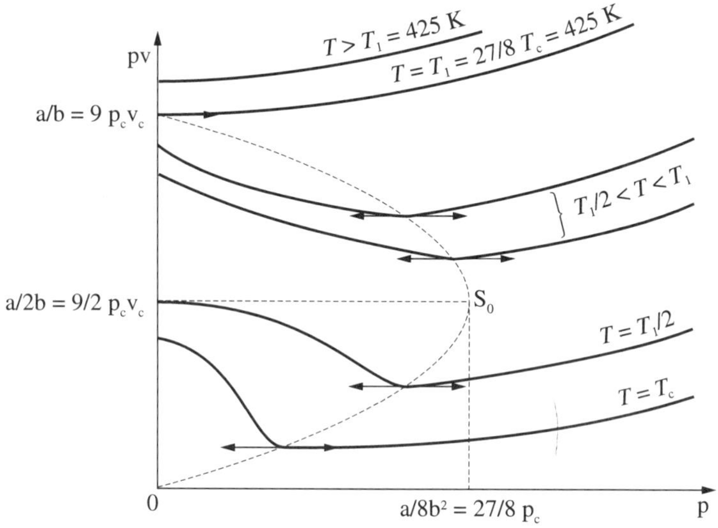

Fig. V.2

La parabole, d'axe parallèle à l'axe des pressions, coupe l'axe $y = pV$ des ordonnées ($p = 0$) aux points d'ordonnée

$$y_1 = \frac{a}{b} = 9p_cV_c \quad \text{et} \quad y_2 = 0.$$

Le sommet S_0 de la parabole a alors pour ordonnée

$$y_0 = \frac{y_1 + y_2}{2} = \frac{a}{2b}$$

et pour abscisse, d'après, la relation (6), $p_0 = \dfrac{a}{8b^2}$,

soit
$$S_0 \begin{cases} p_0 = \dfrac{a}{8b^2} = \dfrac{27}{8}\ p_c \\ y_0 = (pV)_0 = \dfrac{a}{2b} = \dfrac{9}{2}\ p_cV_c. \end{cases}$$

Donc si $p > p_0$, le gaz n'obéira pas à la loi de Mariotte, car le point représentatif ne pourra pas appartenir à (C).

c) La parabole, lieu des points tels que $m = \left[\dfrac{\partial(y)}{\partial p}\right]_T = 0$, sépare le plan en deux régions :

– la région intérieure à la parabole (C), où $m < 0$;

– la région extérieure à la parabole (C), où $m > 0$.

On a représenté sur la figure V.2 quelques isothermes ($T > T_c$) dont les minimums sont situés sur (C).

d) Pour une pression nulle, le gaz suit la loi de Mariotte lorsque $y = y_2 = \dfrac{a}{b} = 9p_cV_c$.
Or si, $p \to 0$, le gaz se comporte comme un gaz parfait d'équation d'état $y = pV = rT_1$, donc $T_1 = \dfrac{y}{r}$, soit

$$\boxed{T_1 = \frac{a}{br} = \frac{9p_cV_c}{r} = \frac{27}{8}\,T_c}$$

ou
$$\frac{T_1}{T_c} \simeq \frac{27}{8} = 3{,}375.$$

Application numérique : $T_1 = \dfrac{27}{8} \cdot 126 =$ **425 K** ou **125 °C** : T_1 est la température de Mariotte.

Remarquons que si $T > T_1$, la pente m de l'isotherme est positive, quelle que soit la pression, dans le diagramme d'Amagat.

3. Point triple et diagramme enthalpique

L'état d'une mole d'eau, dans les conditions du point triple ($T_0 = 273$ K, $p_0 = 611$ Pa), est représenté sur un diagramme (H, V) où l'on porte le volume V du fluide en abscisse et son enthalpie H en ordonnée. On prendra l'enthalpie de la phase solide comme origine des enthalpies ($H_s = 0$).

On donne :
– le volume molaire de l'eau liquide :
$$V_l = 18 \cdot 10^{-6}\ \text{m}^3/\text{mole};$$
– le volume molaire de la glace (solide) :
$$V_s = 19{,}8 \cdot 10^{-6}\ \text{m}^3/\text{mole};$$
– le volume molaire de la vapeur d'eau (gaz) : $V_g = 3{,}72\ \text{m}^3/\text{mole}$.

1. Sachant que la chaleur latente de vaporisation de l'eau est $L_V = 45\,140$ J/mole et que sa chaleur latente de fusion $L_f = 6\,020$ J/mole, déterminer la chaleur latente molaire L_s de sublimation.

2. ***a)*** Où doit se trouver dans le diagramme (H, V) un point figuratif M de l'eau pour que les trois phases solides, liquide vapeur coexistent? (On négligera V_l et V_s devant V_g).

b) Exprimer les coordonnées de M en fonction des fractions x_s, x_l et x_g de la mole d'eau qui sont sous forme solide, liquide et vapeur.
En déduire les équations des lieux du point figuratif des états où coexistent les deux phases solide et vapeur, puis les deux phases liquide et vapeur.

3. Une mole d'eau, à la température du point triple, est enfermée dans un récipient de volume invariable V égal à la moitié du volume molaire de la vapeur d'eau. Montrer que l'enthalpie du système, lorsqu'il y a équilibre des trois phases, est comprise entre deux limites, que l'on exprimera en fonction de L_f et L_s.

4. La mole d'eau est maintenant à l'état liquide, à la température du point triple, dans un corps de pompe fermé par un piston au contact initialement avec l'eau. Les parois du corps de pompe sont *imperméables à la chaleur*. On soulève très lentement le piston de façon à augmenter le volume du corps de pompe. Lorsque ce dernier contient uniquement de la vapeur d'eau et de la glace, à la température du point triple, déterminer :

a) le volume V_0 du corps de la pompe,

b) la masse de glace en présence avec la vapeur.

On rappelle que $H_2O = 18$ g.

Solution

1. Au cours d'un changement d'état, la pression demeure constante, donc la variation d'enthalpie d'une mole d'un corps est égale à la quantité de chaleur reçue, donc à la chaleur latente molaire de changement d'état :

$$\Delta H = Q_p = L$$

La sublimation d'une mole du corps s'accompagne donc d'une variation d'enthalpie

$$H_g - H_s = (H_g - H_l) + (H_l - H_s),$$

H_s, H_l et H_g désignant respectivement les enthalpies molaires du corps, à l'état solide, liquide et gazeux; on en déduit

$$\boxed{L_s = L_V + L_f} \qquad (1)$$

Application numérique : $L_s =$ **51 160 J/mole**.

2. *a)* Soit respecivement S, L et G les points figuratifs d'une mole d'eau, à l'état solide et à l'état gazeux (figure V.3).
Les coordonnées de ces points sont, compte tenu de $H_s = 0$,

$$S \begin{cases} V_s = 0, \\ H_s = 0; \end{cases} \quad L \begin{cases} V_l = 0, \\ H_l = L_f; \end{cases} \quad G \begin{cases} V_g, \\ H_g = L_s. \end{cases}$$

Pour que les trois états de l'eau coexistent, il faut que le point figuratif M soit *à l'intérieur du triangle SLG.*

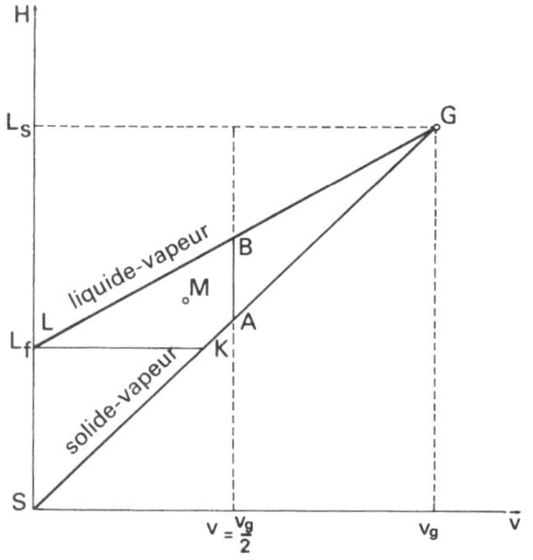

Fig. V.3

b) Lorsque les trois phases sont en équilibre, le point M aura pour coordonnées :

$$M \begin{cases} V = x_s V_s + x_l V_l + x_g V_g, \\ H = x_s H_s + x_l H_l + x_g H_g; \end{cases}$$

soit
$$M \begin{cases} V \approx x_g V_g; \\ H = x_l L_f + x_g L_s; \end{cases} \tag{2}$$

ou numériquement
$$M \begin{cases} V_{(\mathrm{m}^3)} = 3{,}72 x_g, \\ H_{(\mathrm{J})} = 6\,020 x_l + 51\,160\, x_g \end{cases}$$

Lorsque les deux phases solide et vapeur coexistent, la phase liquide est absente, donc $x_l = 0$. Le point M figuratif de l'équilibre solide-vapeur a alors pour coordonnées

$$M \begin{cases} V = x_g V_g, \\ H = x_g L_s. \end{cases}$$

Le point M décrit donc la droite SG d'équation

$$H = \frac{L_s}{V_g} V \qquad (3)$$

de pente $\dfrac{L_s}{V_g} = 13\,753$ J/m^3, soit $\boxed{H_{(\mathrm{J})} = 13\,753 \cdot V_{(\mathrm{m}^3)}}$

Puisque l'on considère une mole d'eau, on a évidemment

$$x_s + x_l + x_g = 1$$

Lorsque les deux phases liquide et vapeur coexistent ($x_s = 0$), on a

$$x_l = 1 - x_g,$$

donc le point figuratif de l'équilibre des phases liquide et vapeur a pour coordonnées d'après la relation (1).

$$M \begin{cases} V = x_g V_g, \\ H = (1 - x_g)L_f + x_g L_s = x_g L_V + L_f, \end{cases}$$

Le point M décrit alors la droite LG d'équation

$$H = \frac{L_V}{V_g} V + L_f \qquad (4)$$

ou

$$\boxed{\underset{(\text{joule})}{H} = 12\,134 \cdot \underset{\mathrm{m}^3}{V} + 6\,020}$$

3. La droite $V = \dfrac{V_g}{2} =$ cte coupe les droites d'équilibre solide-vapeur et liquide-vapeur SG et LG en A et B (cf. figure V.3). Le point M figuratif de l'équilibre des trois phases, sous le volume $V = \dfrac{V_g}{2}$, décrit donc le segment AB, à l'intérieur du triangle SLG.
Les coordonnées des points A et B sont, d'après les relations (3) et (4),

$$A \begin{cases} V_A = \dfrac{V_g}{2} \\ H_A = \dfrac{L_s}{V_g} \cdot \dfrac{V_g}{2} = \dfrac{L_s}{2} \end{cases} \quad \text{et } B \begin{cases} V_B = \dfrac{V_g}{2} \\ H_B = \dfrac{L_V}{V_g} \cdot \dfrac{V_g}{2} + L_f = \dfrac{L_s + L_f}{2} \end{cases}$$

En conclusion, lorsque les trois phases coexistent, l'enthalpie molaire du système doit vérifier la condition $H_A < H < H_B$,

soit

$$\boxed{\frac{L_s}{2} < H < \frac{L_s + L_f}{2}}$$

Application numérique : **22 580 J/mole < H < 28 580 J/mole**.

4. *a)* La transformation envisagée est adiabatique et réversible; de plus elle s'effectue à la pression constante du point triple; la variation d'enthalpie du système est donc nulle :

$$\mathrm{d}H = T\,\mathrm{d}S + V\,\mathrm{d}p = 0$$

Le point figuratif décrit dans le diagramme (H, V) le palier LK, où L est le point figuratif de l'état liquide initial et K le point figuratif de l'état final d'équilibre entre les deux phases vapeur et solide. Les coordonnées du point K, intersection de la droite LK d'équation $H = L_f = \text{cte}$ et de la droite SG d'équation $H = \dfrac{L_s}{V_g}\,V$, sont

$$K \begin{cases} H_0 = L_f, \\ V_0 = \dfrac{L_f}{L_s}\,V_g. \end{cases}$$

Le volume du corps de pompe est, à l'état final, $\boxed{V_0 = \dfrac{L_f}{L_s}\,V_g}$

Application numérique : $V_0 =$ **0,438 m³**.

b) En négligeant le volume de la glace devant celui de la vapeur d'eau, V_0 représente le volume de la vapeur d'eau à la température et à la pression du point triple. Le nombre de moles de vapeur d'eau est

$$x_g = \frac{V_0}{V_g} = \frac{L_f}{L_s} = 0{,}118 \text{ mole}$$

ou bien $$x_g = \frac{p_0 V_0}{R T_0} = \frac{611 \cdot 0{,}438}{8{,}32 \cdot 273} = 0{,}118 \text{ mole.}$$

Le nombre de moles de glace est donc

$$x_s = 1 - x_g = 0{,}882 \text{ mole;}$$

la masse de glace est alors

$$m = M_0 x_s = 18 \cdot 0{,}882 = \mathbf{15{,}9\ g}.$$

B. ENTHALPIE ET ENTROPIE DE CHANGEMENT D'ÉTAT

4. Variation des fonctions U et H, au cours du changement d'état d'un corps pur

a) Calculer les variations d'enthalpie H et d'énergie interne U d'un kilogramme d'eau liquide à 100 ° C, que l'on vaporise sous la pression atmosphérique $p = 1$ atm. On assimilera la vapeur d'eau à un gaz parfait.

b) En déduire la quantité de chaleur qu'il faut fournir à un litre d'eau à 25 ° C pour la transformer en vapeur à 100 ° C, sous 1 atmosphère, dans un récipient de volume constant.

On donne :

– chaleur latente de vaporisation de l'eau à 100 ° C : $L = 2\,257$ kJ/kg,

– masse molaire de l'eau : $H_2O = 18$ g,

– volume molaire à 100 ° C, 1 atm : 30,6 l,

– capacité thermique massique de l'eau liquide : $c = 4\,180$ J/kg/degré.

Solution

a) La variation d'enthalpie, au cours de la vaporisation qui s'effectue à *pression constante*, est mesurée par la quantité de chaleur reçue par l'eau :

$$\boxed{\Delta H = Q_p = mL.}$$

Application numérique : on obtient $\Delta H =$ **2 257 kJ**.

• La variation d'énergie interne de l'eau, au cours de la vaporisation, est

$$\Delta U = \Delta(H - pV) = \Delta H - p\Delta V,$$

car la pression est constante; ΔV est la variation de volume $V_V - V_L$ qui accompagné la vaporisation de 1 kg d'eau. On a donc :

$$\Delta U = mL - p(V_V - V_L).$$

Or, le volume de 1 kg de la phase liquide est $V_L = 1\,l = 10^{-3}$ m^3, et celui de la phase vapeur est

$$V_V = \frac{30{,}6 \cdot 10^{-3} \times 1\,000}{18} = 1{,}7 \text{ m}^3,$$

car une mole de vapeur (18 g) occupe un volume de $30{,}6 \cdot 10^{-3}$ m^3.
Puisque le volume V_L de la phase liquide est négligeable devant celui de la phase vapeur V_V, la variation d'énergie interne est pratiquement

$$\boxed{\Delta U \approx mL - pV_V}$$

Application numérique :

$$\Delta U = 2{,}257 \cdot 10^6 - 10^5 \cdot 1{,}7 = 2{,}087 \cdot 10^6 \text{ J} = \mathbf{2\,087\ kJ}.$$

b) • Il faut d'abord échauffer l'eau liquide de $\theta_1 = 25\ ^\circ$C à $\theta_2 = 100\ ^\circ$C, ce qui nécessite une quantité de chaleur

$$Q_1 = mc(\theta_2 - \theta_1) = 313 \text{ kJ}.$$

• Il faut vaporiser l'eau, ce qui nécessite la quantité de chaleur $Q_2 = \Delta U$, car à volume constant le travail échangé est nul.
La quantité de chaleur qu'il faut fournir est

$$Q = Q_1 + Q_2, \text{ soit}$$

$$\boxed{Q = mc(\theta_2 - \theta_1) + mL - pV_V}$$

Application numérique : $Q = 313 + 2\,087 =$ **2 400 kJ**.

Remarque : Le volume constant sous lequel on opère doit être supérieur ou égal au volume V_V de la phase vapeur.

5. Variation d'entropie dans un mélange eau-glace

Dans un récipient parfaitement calorifugé contenant une masse $M =$ 1 kg d'eau à $\theta_1 = 20°$ C, on place un bloc de glace, à $\theta_0 = 0\ ^\circ$C, de masse $m = 500$ g. Déterminer :

1. la composition et la température du mélange à l'équilibre,

2. la variation d'entropie au cours de cette évolution :

a) de la masse M d'eau initialement liquide;

b) de la masse m d'eau initialement à l'état solide.

La transformation est-elle réversible ?

On donne : capacité thermique massique de l'eau $c = 4{,}2$ kJ/kg-degré;
chaleur de fusion de la glace : $L = 336$ kJ/kg.

Solution

1. Soit x la masse de la glace qui a fondu; à l'équilibre, on aura une masse $(M+x)$ d'eau et une masse $(m-x)$ de glace, à la température d'équilibre $\theta_0 = 0\ ^\circ$C, où les deux phases peuvent coexister.
Le bilan d'énergie thermique s'écrit

$$\underbrace{Mc(\theta_1 - \theta_0)}_{\text{Quantité de chaleur cédée par l'eau}} = \underbrace{xL}_{\text{Quantité de chaleur reçue par la glace, lors de la fusion}}$$

On en déduit

$$\boxed{x = \frac{Mc(\theta_1 - \theta_0)}{L}}$$

Application numérique : $x = \mathbf{0{,}25\ kg}$.

À l'équilibre, on aura, à 0 ° C, 0,25 kg de glace et 1,25 kg d'eau liquide.

2. ***a)*** La variation d'entropie de la masse M d'eau, initialement à l'état liquide, est

$$\Delta S_1 = \int \frac{\partial Q}{T} = \int_{T_1}^{T_0} Mc\,\frac{\mathrm{d}T}{T},$$

$$\text{soit } \boxed{\Delta S_1 = Mc\ \ln\frac{T_0}{T_1}}$$

Application numérique : $\Delta S_1 = 1 \cdot 4{,}2 \cdot 10^3\ \ln\dfrac{273}{293} = \mathbf{-296{,}7\ J \cdot K^{-1}}$

b) La variation d'entropie de la masse m, initialement à l'état de glace, se réduit à la variation d'entropie de la masse x de glace fondue, car la masse $(m-x)$ est restée dans le même état. On a donc

$$\boxed{\Delta S_2 = \frac{xL}{T_0} = \frac{Mc(T_1 - T_0)}{T_0}}$$

Application numérique : $\Delta S_2 = \mathbf{+307{,}7\ J \cdot K^{-1}}$

La variation d'entropie totale du système est donc

$$\Delta S = \Delta S_1 + \Delta S_2 = +11\ \mathrm{J \cdot K^{-1}},$$

ΔS est positif, la transformation envisagée est **irréversible**.

6. Liquéfaction de l'hélium. Bilan entropique

On considère un petit récipient dont les parois sont imperméables à la chaleur, de volume 10 cm^3, muni d'un robinet, et contenant de l'hélium gazeux (gaz supposé parfait) comprimé sous la pression $p_0 =$ 80 atmosphères.

On ouvre légèrement le robinet. De l'hélium s'échappe très lentement jusqu'au moment où à l'intérieur du récipient règne une pression $p_1 =$ 1 atm et une température $T_1 = 4{,}22$ K (température d'équilibre liquide-vapeur de l'hélium sous 1 atmosphère).

1. Quelle doit être la température initiale de l'hélium pour qu'à la fin de l'expérience il ne reste dans le récipient que de l'hélium liquide ?

2. En déduire la masse d'hélium que l'on a dû introduire dans le récipient.

On donne : rapport des capacités thermiques massiques de l'hélium gazeux $\gamma = 5/3$;
chaleur de vaporisation de l'hélium à 4,22 K; 20,8 J/g; He = 4;
constante molaire des gaz parfaits : $R = 8{,}32$ J/mole · K.

Solution

1. Puisque les parois du récipient sont adiabatiques et que la détente est réversible, la variation d'entropie des x moles de fluide restant dans le récipient est nulle :

$$\Delta S = 0$$

On peut imaginer que le passage de l'hélium gazeux à l'hélium liquide se fait en deux étapes :

a) Le gaz passe de l'état (p_0, T_0) à l'état (p_1, T_1); la variation d'entropie correspondante est

$$\Delta S_1 = \int_{p_0,T_0}^{p_1,T_1} \frac{\delta Q}{T} = \int_{p_0,T_0}^{p_1,T_1} \frac{xC_{p_m}\,\mathrm{d}T + h\,\mathrm{d}p}{T}$$

$$= xC_{p_m}\int_{T_0}^{T_1}\frac{\mathrm{d}T}{T} - xR\int_{p_0}^{p_1}\frac{\mathrm{d}p}{p},$$

car, pour un gaz parfait, $h = -V = -\dfrac{xRT}{p}$;

soit $$\Delta S_1 = xC_{p_m}\,\ln\frac{T_1}{T_0} - xR\,\ln\frac{p_1}{p_0}$$

Or, la capacité thermique molaire du gaz parfait à pression constante est

$$C_{p_m} = \frac{\gamma R}{\gamma - 1} = \frac{5}{2} R;$$

on en déduit $$\Delta S_1 = xR\left(\frac{5}{2}\ \ln \frac{T_1}{T_0} - \ln \frac{p_1}{p_0}\right)$$

b) L'hélium passe de l'état gazeux (p_1, T_1) à l'état liquide, la pression et la température restant constantes; la variation d'entropie au cours de ce changement de phase est

$$\Delta S_2 = -\frac{xL_V}{T_1},$$

où L_V est la chaleur de vaporisation relative à une mole.
Écrivons que la variation d'entropie totale du fluide restant est nulle :

$$\Delta S = \Delta S_1 + \Delta S_2 = x\left(\frac{5}{2}\ R\ \ln \frac{T_1}{T_0} - R\ \ln \frac{p_1}{p_0} - \frac{L_V}{T_1}\right) = 0;$$

on en déduit $$\ln \frac{T_1}{T_0} = \frac{2}{5R}\left(R\ \ln \frac{p_1}{p_0} + \frac{L_V}{T_1}\right)$$

La température initiale de l'hélium doit donc être

$$\boxed{T_0 = T_1\ \exp \frac{2}{5}\left(\ln \frac{p_0}{p_1} - \frac{L_V}{RT_1}\right)}$$

Application numérique :

$$L_V = 83{,}2\ \mathrm{J/mole},\ \mathrm{T}_0 = 4{,}22\ \exp\ \frac{2}{5}\left(\ln 80 - \frac{10}{4{,}2}\right) = \mathbf{9{,}40\ K}$$

2. L'équation d'état du gaz parfait permet de déterminer le nombre de moles d'hélium introduites :

$$\boxed{n = \frac{p_0 V}{RT_0}} = \frac{80 \cdot 10^5 \cdot 10^{-5}}{8{,}32 \cdot 9{,}40} \approx 1{,}023\ \text{mole.}$$

La masse d'hélium introduit est donc $1{,}023 \cdot 4 =$ **4,09 g**.

7. Surfusion du phosphore. Chaleur de fusion

Une masse de phosphore liquide est progressivement refroidie, sous la pression constante de 1 atmosphère, de manière à obtenir un liquide surfondu, à la température θ, inférieure à la température θ_0 de solidification sous 1 atmosphère.

1. Calculer la chaleur latente L de fusion du phosphore, à la température θ de surfusion. On négligera les variations de volume accompagnant la solidification du phosphore. On donne :

– température de solidification du phosphore sous 1 atm : $\theta_0 = 44\ °\mathrm{C}$;

– capacité thermique massique du phosphore liquide :
$c_l = 840$ J/kg °C;

– capacité thermique massique du phosphore solide :
$c_s = 795{,}5$ J/kg °C;

– chaleur latente de fusion à 44 °C : $L_0 = 2 \cdot 10^4$ J/kg °C.

2. On fait cesser brusquement la surfusion, en introduisant dans le liquide surfondu à la température θ, un germe cristallin. On obtient alors un mélange de phosphore liquide et solide en équilibre.

a) Exprimer la fraction x de phosphore solide dans le mélange, en fonction de c_l, L_0, θ_0 et θ.

Application numérique : calculer les proportions des phases solide et liquide en équilibre si le liquide surfondu était à 26 °C.

b) Quelle serait la limite supérieure θ_m de la température du liquide surfondu pour laquelle toute la masse de liquide surfondu se solidifie, en introduisant le germe ?

Solution

1. Considérons, pour l'unité de masse de phosphore, le passage de l'état liquide surfondu, à la température θ, à l'état solide à la température θ_0. On peut imaginer que cette transformation peut s'effectuer par deux chemins distincts :

• réchauffement du liquide de θ à θ_0, suivi d'une solidification, à la température θ_0, qui fournit une chaleur L_0.

Comme le système n'échange aucun travail ($\Delta V = 0$, par hypothèse) avec le milieu extérieur, la variation d'énergie interne se réduit à la quantité

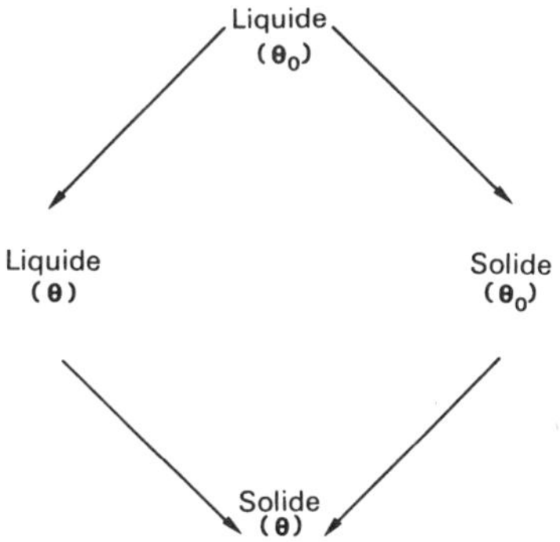

Fig. V.4

échangée avec l'extérieur :

$$\Delta U = c_l(\theta_0 - \theta) - L_0,$$

• solidification à la température θ, suivie d'un réchauffement du solide de θ à θ_0. La variation d'énergie interne est alors

$$\Delta U = -L + c_s(\theta_0 - \theta)$$

Or, d'après le premier principe, la variation d'énergie interne du système ne dépend pas du chemin suivi; on en déduit

$$\Delta U = c_l(\theta_0 - \theta) - L_0 = -L + c_s(\theta_0 - \theta)$$

La chaleur latente de fusion (ou de solidification) du phosphore à la température θ est donc

$$\boxed{L = L_0 - (c_l - c_s)(\theta_0 - \theta)} \qquad (1)$$

Application numérique : $L = 20\,000 - 45(44 - \theta)$ ou

$$\boxed{L\ (\text{J/kg} \cdot {}^\circ\text{C}) = 18\,020 + 45\,\theta}$$

2. *a)* Dès que la surfusion cesse, la chaleur dégagée lors de la solidification partielle du phosphore à la température θ sert à échauffer les deux phases solide et liquide jusqu'à la température $\theta_0 = 44\ {}^\circ$C, car les deux phases ne peuvent coexister à l'équilibre qu'à la température θ_0 de solidification, sous 1 atmosphère.
En considérant l'unité de masse de phosphore, on a donc

$$\underbrace{xL}_{\text{Chaleur dégagée au cours de la solidification partielle}} = \underbrace{xc_s(\theta_0 - \theta)}_{\text{Chaleur reçue par le phosphore solide}} + \underbrace{(1 - x)c_l(\theta_0 - \theta)}_{\text{Chaleur reçue par le phosphore liquide}}$$

soit $$x[L + (c_l - c_s)(\theta_0 - \theta)] = c_l(\theta_0 - \theta)$$

D'après la relation (1), le terme entre crochets représente L_0 ; on en déduit

$$\boxed{x = \frac{c_l(\theta_0 - \theta)}{L_0}} \qquad (2)$$

Application numérique : $\theta = 26\ ^\circ\text{C}$; $x = \dfrac{840 \cdot 18}{2 \cdot 10^4} = \mathbf{0{,}756}$.

On a donc, à l'équilibre, 75,6 % de phosphore solide et 24,4 % de phosphore liquide.

b) Pour que le phosphore soit entièrement solidifié à $\theta_0 = 44\ ^\circ\text{C}$, il faut que l'on ait $x = 1$ (100 % de phosphore solide).
D'après la relation (2), la température correspondante θ_m du liquide surfondu est telle que

$$1 = \frac{c_l(\theta_0 - \theta_m)}{L_0} \quad \text{soit} \quad \boxed{\theta_m = \theta_0 - \frac{L_0}{c_l}}$$

En conclusion, si $\theta < \theta_m$, tout le liquide surfondu se solidifie, et si $\theta_0 < \theta < \theta_m$, on obtient une solidification partielle, lorsque la surfusion cesse.

Application numérique : $\theta_m = \mathbf{20{,}2\ ^\circ C}$.

C. ÉQUILIBRE LIQUIDE-VAPEUR. BILANS ENTROPIQUE ET ENTHALPIQUE

8. Détente isotherme d'un mélange liquide-vapeur

Les expériences sont effectuées à la température de 50 °C que l'on maintient *constante*. Une éprouvette E cylindrique de section $s = 50\ \text{cm}^2$, munie d'une soupape et fermée par un piston, contient de l'air sec sous la pression initiale $p_0 = 1$ atmosphère, sur une hauteur $h = 1{,}20$ m. On injecte dans E, progressivement, une masse m d'eau ; la pression de vapeur saturante de l'eau est $f = 0{,}12$ atmosphère.

1. Étudier la variation de la pression totale régnant dans E, en fonction de m (m compris entre 0 et 2g), si l'on maintient constant le volume de E.

2. Après avoir introduit 2 g d'eau, on ferme la soupape et on opère une détente réversible jusqu'au moment où le volume du système est le triple du volume initial.
Déterminer le travail fourni par le système, la variation d'énergie interne et la variation d'entropie, au cours de cette détente isotherme.

On donne :

– 1 atmosphère : 10^5 Pa,

– volumes massiques à 50 ° C : du liquide saturant : $u_l = 1$ cm^3/g; de la vapeur saturante : $u_V = 12\,000$ cm^3/g.

– chaleur de vaporisation de l'eau à 50 ° C : 2 380 kJ/kg.

Solution

1. Au début de l'expérience, l'eau introduite se vaporise et l'on obtient de la vapeur sèche. Soit m_0 la masse d'eau minimale introduite, à partir de laquelle la vapeur commence à devenir saturante :

$$V = sh = m_0 u_V, \quad \text{soit} \quad m_0 = \frac{V}{u_V} = \frac{6\,000}{12\,000} = 0{,}5 \text{ g}$$

a) Si $0 < m < 0{,}5$ g, la vapeur est sèche et la pression totale est égale à la somme des pressions partielles de l'air et de l'eau; or, la pression partielle de la vapeur d'eau sèche est proportionnelle à la masse de vapeur, à volume et température constants (d'après la loi des gaz parfaits : $pV = \dfrac{m}{M}RT$).
La pression partielle de l'eau est donc

$$p_{\text{air}} = f \cdot \frac{m}{m_0},$$

et la pression totale est

$$\boxed{p = \frac{f}{m_0}m + p_0}$$

En conclusion, si l'on injecte une masse d'eau inférieure à 0,5 g, la pression totale est une fonction linéaire de la masse m d'eau injectée.

b) Si $m > 0{,}5$ g, la vapeur sera saturante à la pression maximale f et la pression totale sera donc constante (en négligeant le volume de la phase liquide) :

$$\boxed{p = f + p_0} = 1{,}12 \text{ atm.}$$

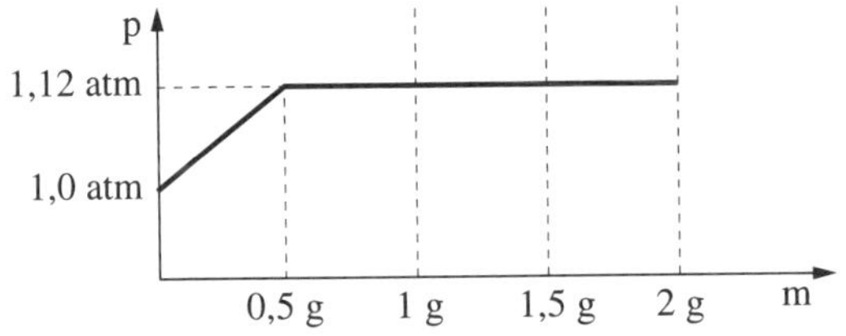

Fig. V.5

On a représenté sur la figure V.5, les variations de la pression totale p avec la masse m d'eau injectée.

2. On peut négliger le volume occupé par le liquide saturant ($\approx 1{,}5$ cm^3) devant le volume occupé par la vapeur (6 000 cm^3).
Le travail *reçu par l'air*, au cours de la détente isotherme, est

$$W_{\text{air}} = -p_0 V \ \ln \frac{V_{\text{final}}}{V_{\text{initial}}} = -p_0 V \ \ln 3 = 10^5 \cdot 6 \cdot 10^{-3} \cdot 1{,}098$$
$$= \mathbf{-659\ J}.$$

Le travail *reçu par la vapeur d'eau* qui reste saturante est
$$W_{\text{eau}} = -f \cdot \Delta V = -f(3V - V) = -f \cdot 2V = -0{,}12 \cdot 10^5 \cdot 12 \cdot 10^{-3}$$
$$= \mathbf{-144\ J}.$$
Le travail *fourni par le système* est donc

$$W = -(W_{\text{air}} + W_{\text{eau}}) = \mathbf{803\ J}.$$

La quantité de chaleur reçue par l'air est, puisque la transformation est isotherme,
$$Q_{\text{air}} = -W_{\text{air}} = \mathbf{+659\ J}.$$
La quantité de chaleur reçue par l'eau est $Q_{\text{eau}} = L\Delta m$; or, le volume a triplé, donc la masse m_0 de vapeur saturante triple $\left(m_0 = \dfrac{V}{u}\right)$; la masse d'eau vaporisée est donc $\Delta m = 3m_0 - m_0 = 2m_0$. On en déduit

$$Q_{\text{eau}} = L \cdot 2m_0 = 2{,}380 \cdot 10^6 \cdot 10^{-3} = 2\,380 \text{ J.}$$

La variation d'énergie interne, qui est nulle pour l'air

$$(\Delta U = Q_{\text{air}} + W_{\text{air}} = 0),$$

se réduit à celle de la vapeur d'eau :

$$\Delta U = Q_{\text{eau}} + W_{\text{eau}} = +2\,380 - 144 = \mathbf{2\,236\ J}$$

La variation d'entropie du système est, puisque la température est constante,

$$\Delta S = \frac{Q_{\text{eau}} + Q_{\text{air}}}{T} = \frac{2\,380 + 659}{323} = \mathbf{9{,}4\ J \cdot K^{-1}}$$

9. Évaporation de l'eau. Chaleur de vaporisation

1. Un récipient, dont les parois sont imperméables à la chaleur, contient initialement une masse $m_0 = 20$ g d'eau liquide de capacité thermique massique $c = 4\,185\ \mathrm{J \cdot kg^{-1} \cdot K^{-1}}$, à la température $T_0 = 345$ K. La vapeur formée au cours de l'évaporation qui se produit est éliminée grâce à une pompe qui l'aspire lentement. La chaleur de vaporisation de l'eau dans l'intervalle de température considéré, de la forme

$$L = A - BT,$$

décroît de $2{,}9 \cdot 10^3\ \mathrm{J \cdot kg^{-1}}$ par degré K.

L'évaporation de la masse dm d'eau produit une variation dT de la température à l'intérieur du récipient.

a) Établir l'équation différentielle qui lie dm et dT.

b) Lorsque la fraction d'eau vaporisée est $\frac{1}{10}$, la température à l'intérieur du récipient est $T = 284$ K. Déterminer les constantes A et B de la relation $L(T)$.

c) Quelle est la fraction d'eau vaporisée lorsqu'il reste dans le récipient la phase liquide à 0 °C? Quelle est la masse m' de glace obtenue lorsque tout le liquide disparaît? On donne : chaleur de fusion de la glace $L_f = 335\ \mathrm{kJ \cdot kg^{-1}}$ et on négligera la sublimation de la glace.

2. Dans une autre expérience, la masse $m_0 = 20$ g d'eau, à $T_0 = 345$ K, est placée dans une ampoule située elle-même à l'intérieur d'un calorimètre de valeur en eau totale $\mu = 1$ kg. L'ampoule est mise en communication avec un récipient vide. La vaporisation de l'eau provoque un refroidissement. Déterminer la température finale T_1 à l'intérieur du calorimètre. On utilisera la relation $L = A - BT$ déterminée à la 1re question.

Solution

1. *a)* La masse dm de liquide qui se vaporise reçoit une quantité de chaleur $L\,\mathrm{d}m$ de la part de la masse m du liquide restant qui se refroidit en passant de la température T à la température $T - \mathrm{d}T$.
Le bilan calorifique s'écrit donc

$$\mathrm{d}m \cdot L = mc\,\mathrm{d}T$$

ou

$$\frac{\mathrm{d}m}{m} = \frac{c}{L}\,\mathrm{d}T.$$

Or, la chaleur de vaporisation de l'eau est de la forme $L = A - BT$. On en déduit l'équation différentielle

$$\boxed{\frac{1}{c}\,\frac{\mathrm{d}m}{m} = \frac{\mathrm{d}T}{A - BT}}$$

b) Intégrons cette équation différentielle :

$$\frac{1}{c}\int_{m_0}^{m}\frac{\mathrm{d}m}{m} = -\frac{1}{B}\int_{T_0}^{T} - \frac{B\,\mathrm{d}T}{A - BT},$$

soit

$$\frac{1}{c}\ln\frac{m}{m_0} = -\frac{1}{B}\ln\frac{A - BT}{A - BT_0} \qquad (1)$$

Soit x la fraction d'eau vaporisée, la masse liquide restante est alors

$$m = m_0(1 - x);$$

d'où

$$\frac{m}{m_0} = 1 - x$$

La relation (1) s'écrit donc

$$-\frac{B}{C}\ln(1 - x) = \ln\frac{A - BT}{A - BT_0}$$

On en déduit la relation

$$\frac{A - BT}{A - BT_0} = (1 - x)^{-\frac{B}{c}} \qquad (2)$$

avec

$$B = -\frac{\mathrm{d}L}{\mathrm{d}T} = 2{,}9 \cdot 10^3\ \mathrm{J \cdot kg^{-1} \cdot K^{-1}}$$

Écrivons que la relation (2) est vérifiée pour $x = \dfrac{1}{10}$, $T = 284$ K;

il vient

$$\frac{A - 2{,}9 \cdot 10^3 \cdot 284}{A - 2{,}9 \cdot 10^3 \cdot 345} = \left(\frac{9}{10}\right)^{-\frac{2{,}9 \cdot 10^3}{4{,}185 \cdot 10^3}} = 1{,}073$$

On en déduit la valeur de A : $A = 3{,}31 \cdot 10^6$ J/kg

La relation $L = A - BT$ s'écrit donc

$$\boxed{L = (3\,310 - 2{,}9T)\ \mathrm{kJ \cdot kg^{-1}}}$$

la température T étant exprimée en K.

c) La fraction d'eau vaporisée à 0 ° C est

$$x = 1 - \left(\frac{A - BT}{A - BT_0}\right)^{-C/B}$$

soit

$$x = 1 - \left(\frac{3{,}31 \cdot 10^6 - 2{,}9 \cdot 10^3 \cdot 273}{3{,}31 \cdot 10^6 - 2{,}9 \cdot 10^3 \cdot 345}\right)^{-1{,}443} = 0{,}119,$$

ou
$$x = \mathbf{11{,}9}\ \%$$

La masse d'eau résiduelle, lorsque la températutre atteint 0 ° C, est donc

$$m = m_0(1 - x)$$

Lorsque la phase liquide a disparu, la masse m' de glace formée provient de la solidification de la fraction $y = \dfrac{m'}{m}$ de la masse m d'eau à 0 ° C; cette congélation cède une quantité de chaleur $m'L_f$ qui sert à vaporiser à 0 ° C, la masse $(m - m')$ d'eau restante. On en déduit $m'L_f = (m - m')L$,

soit
$$m' = \frac{mL}{L_f + L} \quad \text{ou} \quad \boxed{m' = \frac{m_0(1 - x)L}{L_f + L}} \qquad (3)$$

Application numérique : À 0 ° C, la chaleur de vaporisation est
$L = A - BT = 3{,}31 \cdot 10^6 - 2{,}9 \cdot 10^3 \cdot 273 = 2\,520$ kJ/kg

La masse de glace produite est $m' = \dfrac{20 \cdot 0{,}0881 \cdot 2\,520}{2\,520 + 335} = \mathbf{15{,}5\ g}$

2. La vaporisation d'une masse dm de liquide s'accompagne de l'absorption d'une quantité de chaleur L dm, ce qui provoque un abaissement de la température du calorimètre.
Le bilan calorifique s'écrit :

$$L\,\mathrm{d}m = \mu c\,\mathrm{d}T, \quad \text{ou} \quad \mathrm{d}m = \mu c \frac{\mathrm{d}T}{A - BT}.$$

Intégrons :
$$\int_{m_0}^{0} \mathrm{d}m = \mu c \int_{T_0}^{T_1} \frac{\mathrm{d}T}{A - BT},$$

soit
$$\boxed{m_0 = \frac{\mu c}{B} \ln \frac{A - BT_1}{A - BT_0}} \qquad (4)$$

Cette relation permet de déterminer la température finale T_1 à la fin de l'évaporation totale de la masse m d'eau.
D'après la relation approchée $\ln(1 + \varepsilon) \approx \varepsilon$, on peut écrire

$$\ln \frac{A - BT_1}{A - BT_0} = \ln\left[1 + \frac{B(T_0 - T_1)}{A - BT_0}\right] \approx \frac{B(T_0 - T_1)}{A - BT_0};$$

la relation (4) s'écrit alors $m_0 = \dfrac{\mu c(T_0 - T_1)}{A - BT_0}$

L'abaissement de température du calorimètre est donc

$$\boxed{T_0 - T_1 \approx \frac{m_0(A - BT_0)}{\mu c}}$$

Application numérique : $T_0 - T_1 = \dfrac{20 \cdot 10^{-3} \cdot 2{,}31 \cdot 10^6}{4{,}185 \cdot 10^3} = 11$ K.
La température finale du calorimètre est $T_1 = 334$ K ou **61 ° C**.

10. Énergie interne et entropie d'un mélange liquide-vapeur

1. Soit, à la température T, un mélange liquide-vapeur, dont le taux de vapeur est x. On désigne par c_l la capacité thermique massique du liquide saturant et par L la chaleur de vaporisation à la température T. On considère que ce mélange a été obtenu à partir du liquide de saturation par absorption d'un travail et d'une quantité de chaleur que l'on exprimera en fonction de x ; en déduire l'équation de l'adiabatique :

$$c_l \ln T + \frac{Lx}{T} = \text{cte},$$

du mélange liquide-vapeur et l'expression de son énergie interne.

2. Une chaudière fermée par un robinet à pointeau, de volume constant $V = 150$ l, contient uniquement de l'eau liquide en équilibre avec sa vapeur. La masse totale de l'eau est 1 kg. Initialement, l'eau est à la température de 20 ° C (température ambiante). On porte l'eau à 180 ° C. Calculer :

a) le taux de vapeur saturante à 20 ° C et à 180 ° C;

b) la variation d'entropie ΔS du mélange liquide-vapeur;

c) la variation d'énergie interne ΔU du mélange liquide-vapeur.

On donne la pression de vapeur d'eau saturante à 180 ° C (11 atmosphères) et à 20 ° C (0,02 atmosphère).

3. Lorsque la chaudière isolée thermiquement est à 180 ° C, on la met brusquement en communication avec un cylindre isolé thermiquement. La température du mélange liquide-vapeur, à la fin de cette détente, est 20 ° C. On ramène ensuite la vapeur à l'intérieur de la chaudière, par une compression isotherme, pour revenir à l'état initial.

a) Représenter dans le diagramme (p, V) le cycle des transformations indiquées aux questions 2 et 3.

b) Comparer le travail W fourni par ce système au cours du cycle à la variation d'énergie interne ΔU du mélange, lors de son échauffement. On admettra que W se confond avec la variation de l'énergie libre $U - TS$ du système.
On donne

– volume massique de la vapeur d'eau saturante

- à 20 ° C : $u_{V,1} = 57{,}80\ \text{m}^3 \cdot \text{kg}^{-1}$,
- et à 180 ° C : $u_{V,2} = 0{,}175\ \text{m}^3 \cdot \text{kg}^{-1}$

– chaleur latente de vaporisation de l'eau en kcal/kg, à la température Celsius θ : $L = 606 - 0{,}7\,\theta$;

– 1 cal = 4,2 J.

Solution

1. • Au départ, on a un liquide de saturation (le taux de vapeur est $x = 0$). La quantité de chaleur et le travail qu'il faut fournir à l'unité de masse de ce fluide, pour élever sa température de $\mathrm{d}T$, en le maintenant à l'état liquide de saturation, sont

$$\delta Q = c_l\,\mathrm{d}T \quad \text{et} \quad \delta W = -p\,\mathrm{d}u_l$$

(u_l étant le volume massique du liquide saturant).
Les variations correspondantes d'entropie et d'énergie interne sont donc

$$\mathrm{d}S = \frac{\delta Q}{T} = c_l\,\frac{\mathrm{d}T}{T} \qquad (1)$$

et
$$dU = \delta Q + \delta W = c_l \, dT - p \, du_1 \qquad (2)$$

Le passage du liquide de saturation ($x = 0$) au mélange liquide-vapeur ($0 < x < 1$) à la même température s'accompagne de l'absorption d'un travail $-px(u_V - u_l)$ et d'une quantité de chaleur xL.
La différentielle de l'entropie devient, compte tenu de la relation (1),

$$dS = c_l \frac{dT}{T} + d\left(\frac{xL}{T}\right) \qquad (3)$$

En intégrant, on obtient l'expression de l'entropie du mélange liquide-vapeur :

$$S = c_l \ln T + \frac{Lx}{T} + \text{cte}$$

Le processus étant réversible, l'équation de l'adiabatique ($dS = 0$, ou $S = \text{cte}$) est donc

$$\boxed{c_l \ln T + \frac{Lx}{T} = \text{cte}}$$

• La différentielle de l'énergie interne donnée par la relation (2) devient, pour le mélange,

$$dU = c_l \, dT - p \, du_l + d[xL - px(u_V - u_l)] \qquad (4)$$

En général, pour des températures éloignées de la température critique, la variation de volume du liquide est négligeable : $du_l = 0$. Alors, en intégrant la relation (4), on obtient, à une constante additive près, l'énergie interne du mélange liquide-vapeur :

$$\boxed{U = mT + x[L - p(u_V - u_l)]}$$

2. *a)* Les taux de vapeur saturante et de liquide saturant sont respectivement x et $1 - x$. Le volume total du mélange est

$$V = xu_V + (1 - x)u_l$$

On en déduit le taux de vapeur :

$$\boxed{x = \frac{V - u_l}{u_V - u_l}}$$

Application numérique : $u_l = 10^{-3}$ m$^3 \cdot$ kg^{-1} = 1 ℓ/kg;

– à 20 °C, $x_1 = \dfrac{150 - 1}{57\,800 - 1} \approx$ **0,26** %

– à 180 ° C, $x_2 = \dfrac{150 - 1}{175 - 1} \approx \mathbf{85,1}\ \%$

b) En intégrant la relation (3), on obtient la variation d'entropie du mélange :

$$\boxed{\Delta S = c_l \ \ln \frac{T_2}{T_1} + \frac{x_2 L_2}{T_2} - \frac{x_1 L_1}{T_1}.}$$

Application numérique : $c_l \approx c_p = 1$ cal/g·degré $= 4{,}2 \cdot 10^3$ J/kg·degré; $T_1 = 293$ K, $L_1 = 606 - 0{,}7 \cdot 20 = 592$ kcal/kg $= 2{,}486 \cdot 10^6$ J · kg^{-1}; $T_2 = 453$ K, $L_2 = 606 - 0{,}7 \cdot 180 = 480$ kcal/kg $= 2{,}016 \cdot 10^6$ J·kg^{-1}.

Comme $x_1 \ll x_2$, on peut négliger le terme $\dfrac{x_1 L_1}{T_1}$ devant les autres termes; on obtient $\Delta S = \mathbf{5{,}60\ kJ/kg}$.

c) En intégrant la relation (4), on obtient la variation d'énergie interne (compte tenu de $du_l \approx 0$, $u_l \ll u_V$ et $c_l \approx c_p \approx$ constante) :

$$\Delta U = c_l(T_2 - T_1) + x_2(L_2 - p_2 u_{V,2}) - \underbrace{x_1(L_1 - p_1 u_{V,1})}_{\text{terme négligeable par rapport au précédent.}} ,$$

donc $$\boxed{\Delta U \approx c_\ell(T_2 - T_1) + x_2(L_2 - p_2 u_{V,2})}$$

Application numérique :

$\Delta U = 4{,}2 \cdot 10^3 \cdot 160 + 0{,}851(2{,}016 \cdot 10^6 - 11 \cdot 10^5 \cdot 0{,}175) = \mathbf{2\,224\ kJ}$.

3. ***a)*** Le cycle de transformation se compose (fig. V.6) :

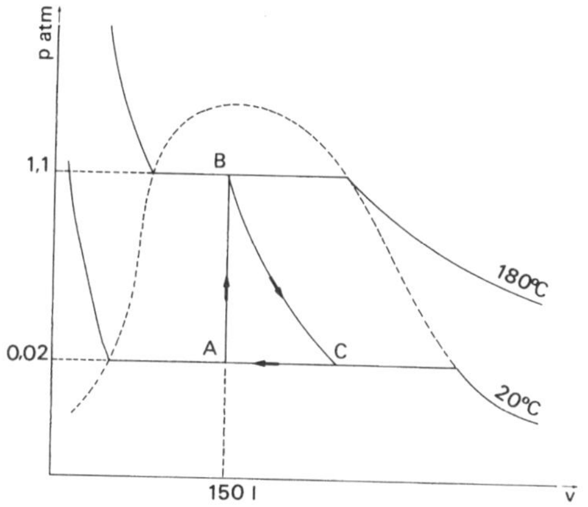

Fig. V.6

– de l'isochore AB, où le mélange liquide-vapeur est échauffé de 20 °C à 180 °C;
– de l'adiabatique BC, où le mélange liquide-vapeur est ramené à 20 °C, sous un volume supérieur au volume initial;
– de l'isotherme CA à 20 °C, le long du palier d'équilibre liquide-vapeur.

b) Le travail que peut fournir ce système est égal à la variation de son énergie libre :

$$W = \Delta(U - TS) = \Delta U - T\Delta S,$$

soit $W = 2\,224 - 293 \cdot 5{,}60 \approx$ **584 kJ**.

On en déduit

$$\frac{W}{\Delta U} = \frac{584}{2\,224} \approx 26\ \%$$

Le mélange liquide-vapeur peut fournir au maximum environ le quart de l'énergie interne qu'il avait emmagasinée.

11. Étude de la formation d'un brouillard

La teneur en vapeur d'eau de l'atmosphère est caractérisée par l'humidité spécifique Π, définie par le rapport de la masse de vapeur d'eau et de la masse de l'air sec. L'air sec et la vapeur d'eau (saturante ou non) peuvent être considérés comme des gaz parfaits de masses molaires respectives $M_a = 29$ g et $M_V = 18$ g.

1. *a)* La pression totale du mélange est : $p = 760$ mm de mercure. Donner l'expression de l'humidité spécifique saturante Π_s en fonction de la pression de la vapeur saturante p_s à la même température. On admettra dans toute la suite du problème que $p_s \ll p$, aux températures considérées.

b) Tracer le graphe $\Pi_s = f(t)$, sachant que les valeurs de p_s sont respectivement 4,6; 6,6; 9,2; 12,8; 17,4; 23,8 et 31,8 mm de mercure aux températures $t = 0$; 5; 10; 15; 20; 25 et 30 °C.

2. Deux masses d'air humide, caractérisées par leurs températures t_1 et t_2, leurs masses d'air sec $m_{a,1}$ et $m_{a,2}$ et leurs humidités spécifiques Π_1 et Π_2, sont mélangées adiabatiquement et à la pression totale constante p, sans qu'il y ait condensation.

a) Exprimer l'humidité spécifique Π du mélange en fonction de Π_1, Π_2, $m_{a,1}$ et $m_{a,2}$.

b) Exprimer la température t du mélange en fonction de t_1, t_2, $m_{a,1}$, $m_{a,2}$. On admettra que l'air humide a une capacité thermique massique à pression constante c_p indépendante de la température et de l'humidité spécifique (si $\Pi \ll 1$).

c) Dans le diagramme (t, Π), M_1 et M_2 représentent l'état des deux masses d'air mélangées, et M l'état du mélange. Calculer la valeur du rapport $\dfrac{\overline{MM_1}}{\overline{MM_2}}$ en fonction des masses d'air sec $m_{a,1}$ et $m_{a,2}$.

3. Le soir, au bord de la mer, la brise (qui souffle de la terre vers la mer) permet le mélange d'un air saturé d'humidité à 10 °C avec l'air saturé d'humidité à 25 °C, qui surmonte la mer.

a) Montrer sur un graphique qu'il y a formation d'un brouillard sur la mer, par mélange adiabatique.

b) Dans le cas particulier où $m_{a,1} = m_{a,2}$, déterminer l'équation donnant la température θ après la condensation, en fonction de Π_1, Π_2, Π_s, t_1, t_2, c_p et L (chaleur de vaporisation de l'eau supposée constante entre les températures t_1 et t_2).

c) Résoudre graphiquement l'équation précédente et en déduire la masse d'eau condensée pour 1 m^3 d'air.
On donne : volume molaire : 24,2 l, $L = 575$ cal/g, $c_p = 0{,}44$ cal/g/degré.

Solution

1. ***a)*** La pression totale du mélange est :

$$\underset{\text{Pression totale}}{p} = \underset{\text{Pression de vapeur saturante}}{p_s} + \underset{\text{Pression partielle de l'air}}{p_a}$$

Les valeurs de p_s (donnée à la question 1. ***b)***) montrent que $p_s \ll p$; donc la pression partielle de l'air est pratiquement égale à la pression totale :

$$p_a \approx p$$

L'humidité spécifique saturante est $\Pi_s = \dfrac{\text{masse de vapeur d'eau saturante}}{\text{masse de l'air sec}}$,

soit
$$\Pi_s = \frac{n_{\text{vap}} \cdot M_V}{n_{\text{air sec}} \cdot M_a}$$

Or, le rapport des nombres de moles n de vapeur d'eau et d'air sec (gaz supposés parfaits) est égal au rapport des pressions partielles

$$\frac{p_s}{p_a} \approx \frac{p_s}{p}$$

On en déduit

$$\boxed{\Pi_s = \frac{p_s}{p} \cdot \frac{M_V}{M_a}}$$

Application numérique : Si p_s est exprimé en millimètres de mercure, on obtient l'humidité spécifique saturante (nombre sans dimension)

$$\Pi_s = \mathbf{8{,}2 \cdot 10^{-4}} \boldsymbol{p_s} \qquad (1)$$

b) En utilisant la relation (1), on obtient le tableau des résultats suivants :

t (° C)	0	5	10	15	20	25	30
p_s (mm de Hg)	4,6	6,5	9,2	12,8	17,4	23,8	31,8
Π_s (10^{-3})	3,77	5,33	7,54	10,50	14,27	19,52	26,08

La courbe $\pi_s = f(t)$ est représentée sur la figure V.7.

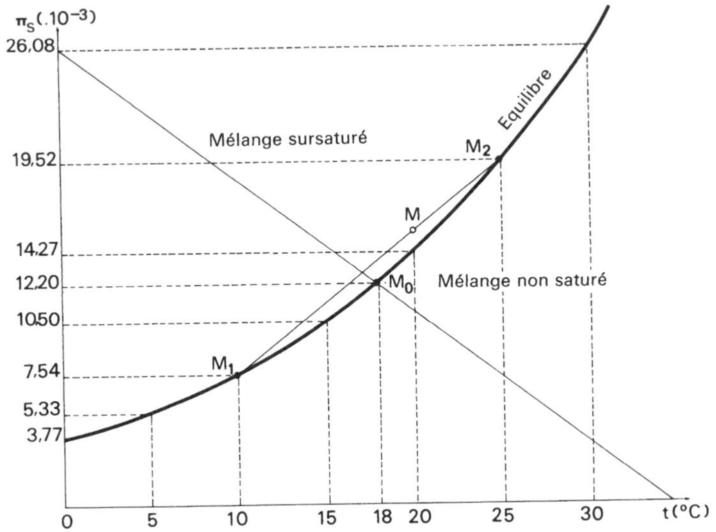

Fig. V.7

2. ***a)*** La masse de vapeur d'eau contenue dans le mélange est égale à la somme des masses de vapeur d'eau de chacun des constituants :

$$\Pi(m_{a,1} + m_{a,2}) = \Pi_1 m_{a,1} + \Pi_2 m_{a,2}$$

L'humidité spécifique moyenne est donc

$$\boxed{\Pi = \frac{\Pi_1 m_{a,1} + \Pi m_{a,2}}{m_{a,1} + m_{a,2}}} \qquad (2)$$

b) La transformation est adiabatique ($Q = 0$) et à pression totale constante; elle est donc isenthalpique puisque $\Delta H = Q_p = 0$.
Or, la variation d'enthalpie du mélange des gaz parfaits est

$$\Delta H = m_{a,1} c_p (t - t_1) + m_{a,2} c_p (t - t_2) = 0$$

On en déduit la température du mélange :

$$\boxed{t = \frac{m_{a,1} t_1 + m_{a,2} t_2}{m_{a,1} + m_{a,2}}} \qquad (3)$$

c) Les relations (2) et (3) montrent que $M \begin{cases} \Pi \\ t \end{cases}$ est le barycentre des points $M_1 \left| \begin{matrix} \Pi_1 \\ t_1 \end{matrix} \right.$ et $M_2 \left| \begin{matrix} \Pi_2 \\ t_2 \end{matrix} \right.$, affecté des masses d'air sec. On a donc :

$$m_{a,1}\overline{MM_1} + m_{a,2}\overline{MM_2} = 0, \quad \text{soit} \quad \boxed{\frac{\overline{MM_1}}{\overline{MM_2}} = -\frac{m_{a,2}}{m_{a,1}}}$$

3. ***a)*** Sur la courbe de saturation (figure V.7), on a représenté les points $M_1 \left| \begin{matrix} t_1 = 10\ ^\circ\text{C} \\ \Pi_1 = 7{,}54 \cdot 10^{-3} \end{matrix} \right.$ et $M_2 \left| \begin{matrix} t_2 = 25\ ^\circ\text{C}, \\ \Pi_2 = 19{,}52 \cdot 10^{-3} \end{matrix} \right.$

Le point M, situé sur M_1M_2, entre M_1 et M_2, est situé dans la région du mélange sursaturé; il y aura donc formation d'un **brouillard**.

b) S'il n'y avait pas eu de condensation, puisque $m_{a,1} = m_{a,2}$, l'humidité spécifique et la température du mélange auraient été, d'après les relations (2) et (3),

$$\Pi = \frac{\Pi_1 + \Pi_2}{2} \qquad (4)$$

et

$$t = \frac{t_1 + t_2}{2} \qquad (5)$$

Comme la masse du mélange est $m_{a,1}+m_{a,2}=2m_{a,1}$, la masse de vapeur d'eau condensée est

$$\mu = 2m_{a,1}\Pi - 2m_{a,1}\Pi_s(\theta) = 2m_{a,1}[\Pi - \Pi_s(\theta)], \tag{6}$$

si $\Pi_s(\theta)$ désigne l'humidité spécifique à la température θ finale du mélange.

Écrivons que la chaleur dégagée au cours de cette condensation sert à élever la température du mélange de t à θ :

$$\mu L = 2m_{a,1}c_p(\theta - t)$$

Cette équation s'écrit, en tenant compte de la relation (6) et après simplification :

$$\boxed{\left[\frac{\Pi_1+\Pi_2}{2} - \Pi_s(\theta)\right]L = c_p\left(\theta - \frac{t_1+t_2}{2}\right)}$$

Cette équation permet de déterminer θ.

c) L'équation en θ s'écrit

$$\Pi_s(\theta) = \frac{\Pi_1+\Pi_2}{2} + \frac{c_p}{L}\cdot\frac{t_1+t_2}{2} - \frac{c_p}{L}\theta,$$

soit $$\Pi_s(\theta) = 10^{-3}\left(\frac{7{,}54+19{,}52}{2} + \frac{440}{575}\cdot\frac{10+25}{2} - \frac{440}{575}\theta\right),$$

ou $$\boxed{\Pi_s(\theta) = 10^{-3}(26{,}92 - 0{,}765\,\theta)} \tag{7}$$

L'intersection M_0 de la courbe de saturation $\Pi_s(\theta)$ et de la droite d'équation $\Pi_s = 10^{-3}(26{,}92-0{,}765\,\theta)$, dans le diagramme (t,Π), permet de déterminer graphiquement θ, soit $\theta = \mathbf{18\ ^\circ C}$ et $\Pi_s(\theta) = \mathbf{13{,}1\cdot 10^{-3}}$ d'après (7).

Le nombre de moles d'air contenues dans 1 m^3 est $n = \dfrac{10^3}{24{,}2}$; la masse d'air correspondante est

$$m_{a,1} = n\cdot M_a = \frac{10^3}{24{,}2}\cdot 29 = 1{,}2\cdot 10^3\ \text{g}.$$

La masse d'eau condensée par mètre cube d'air est alors

$$\mu = 2m_{a,1}\left[\frac{\Pi_1+\Pi_2}{2} - \Pi_s(\theta)\right] = 2{,}4\cdot 10^3(13{,}5-13{,}1)\cdot 10^{-3} \simeq \mathbf{1\ g/m^3}.$$

12. Liquéfacteur : cycle d'un fluide réfrigérant. Bilan enthalpique

On considère un liquéfacteur, où 1 kg de fluide réfrigérant, susceptible d'exister sous deux phases, liquide et vapeur, décrit le cycle suivant :

– une transformation isotherme amène l'état initial (représenté par un point de la courbe de rosée, où coexistent la vapeur et une goutte de liquide, à la température T_1 et à la pression p_1) à l'autre extrémité du palier de saturation, sur la courbe d'ébullition;

– le liquide obtenu est refroidi jusqu'à la température $T_1' < T_1$, à pression constante;

– une détente à enthalpie constante amène le fluide à la température T_2 ($T_2 < T_1'$), où coexistent liquide et vapeur.

– le mélange est ensuite partiellement évaporé à température et pression constantes, jusqu'à l'intersection de l'isotherme (T_2) avec l'adiabatique réversible passant par l'état initial;

– on revient à l'état initial, le long de l'adiabatique réversible.

1. Tracer le cycle décrit dans le diagramme (p, V).

2. On désigne par L_1 et L_2 les chaleurs de vaporisation aux températures T_1 et T_2, et par c_l la capacité thermique massique du liquide supposée constante.
On négligera le volume du liquide et on admettra que l'entropie d'un mélange liquide-vapeur est(*)

$$S = c_l \ln T + \frac{xL}{T},$$

où x désigne le taux de vapeur saturante.

a) Exprimer en fonction de c_l, L_1, L_2, T_1, T_2 et T_1' les taux x_5 et x_4 de vapeur saturante dans les états respectifs A_5 et A_4.

b) Calculer numériquement la chaleur retirée à la source froide par la 1 kg du corps réfrigérant au cours de chaque cycle.

Application numérique : $T_1 = 10°$ C; $T_1' = 7{,}22$ °C;
$T_2 = -5$ °C; $L_1 = 314$ kcal·kg^{-1}; $L_2 = 318$ kcal·kg^{-1};
$c_l = 0{,}164$ kcal·kg^{-1}·°C^{-1}; 1 cal = 4,18 J.

(*) Cf. démonstration dans le problème n° 10 (1re question) de ce chapitre 5.

Solution

1 On a représenté dans le diagramme de Clapeyron (fig. V.8) les différents états du cycle $A_1\ A_2\ A_3\ A_4\ A_5$;

- $A_1\ A_2$: palier de liquéfaction (isotherme T_1);
- $A_2\ A_3$: isobare;
- $A_3\ A_4$: isenthalpique;
- $A_4\ A_5$: palier de liquéfaction (isotherme T_2);

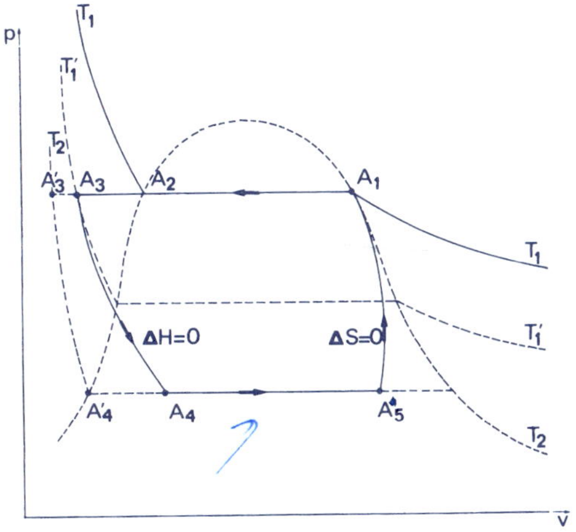

Fig. V.8

2. *a)* Puisque la transformation $A_5\ A_1$ est adiabatique et réversible, donc isentropique, on a

$$S_{A_5} = S_{A_1},$$

soit d'après l'expression de l'entropie donnée dans l'énoncé

$$c_l\ \ln T_2 + \frac{x_5 L_2}{T_2} = c_l\ \ln T_1 + \frac{L_1}{T_1}$$

(car, à l'état A_1, le fluide est entièrement à l'état de vapeur saturante $x_1 = 1$).

On en déduit le taux de vapeur saturante de l'état A_5 :

$$\boxed{x_5 = \left(c_l\ \ln \frac{T_1}{T_2} + \frac{L_1}{L_2}\right)\frac{T_2}{L_2}} \qquad (1)$$

• D'autre part, la transformation $A_3\ A_4$ est isenthalpique : $H_{A_4} = H_{A_3}$. Comme H est une fonction d'état, la variation d'enthalpie le long du chemin $A_3\ A'_3\ A'_4\ A_4$ est nulle (cf. figure V.8), puisqu'elle est la même que la variation d'enthalpie entre les états A_3 et A_4 :

$$(H_{A'_3} - H_{A_3}) + (H_{A'_4} - H_{A'_3}) + (H_{A_4} - H_{A'_4}) = H_{A_4} - H_{A_3} = 0. \qquad (2)$$

De plus, on a $H_{A'_4} - H_{A'_3} = 0$, car A'_4 et A'_3 appartiennent à l'isotherme T_2. Or, à pression constante, la variation d'enthalpie est mesurée par la chaleur reçue par le fluide : on a donc

$$H_{A'_3} - H_{A_3} = c_l(T_2 - T'_1)$$

et

$$H_{A_4} - H_{A'_4} = xL_2$$

La relation (2) s'écrit donc

$$c_l(T_2 - T'_1) + 0 + L_2 x_4 = 0$$

On en déduit le taux de vapeur saturante de l'état A_4

$$\boxed{x_4 = \frac{c_l}{L_2}\,(T'_1 - T_2)} \qquad (3)$$

b) La quantité de chaleur retirée à la source froide (de température T_2) par l'unité de masse du réfrigérant est (au cours de la transformation $A_4\ A_5$) en désignant par x_4 et x_5 les taux de vapeur saturante dans les états A_4 et A_5

$$\boxed{Q = L_2(x_5 - x_4)} \qquad (4)$$

Application numérique : D'après la relation (1), on a $x_5 =$ **94,2 %**. D'après la relation (3), on a $x_4 = 0{,}6\ \%$. Enfin, à partir de la relation (4); le transfert thermique est $Q = 297{,}6$ kcal/kg ou $Q =$ **1 245 kJ/kg**.

ANNEXE

Notions de thermodynamique des écoulements

La thermodynamique des écoulements étudie les transformations thermodynamiques avec transvasement du fluide, que l'on supposera homogène.

I. EXPRESSION GÉNÉRALE DU PREMIER PRINCIPE

• Lorsque le fluide est en mouvement (phénomènes d'écoulement), le travail et la chaleur reçus par le système servent à assurer la variation de l'énergie totale :

$$E = U + E_c + E_p$$

(somme de l'énergie interne U, de l'énergie cinétique E_c et de l'énergie potentielle E_p des systèmes) donc

$$\boxed{\mathrm{d}E = \mathrm{d}(U + E_c + E_p) = \delta W + \delta Q} \qquad (1)$$

• Dans le cas particulier où le fluide est au repos, ou si la transformation thermodynamique laisse invariantes l'énergie cinétique et l'énergie potentielle, l'expression générale (1) du premier principe se simplifie :

$$\boxed{\mathrm{d}U = \delta W + \delta Q}$$

II. BILAN ÉNERGÉTIQUE LORS DE L'ÉCOULEMENT D'UN FLUIDE

Le fluide pénètre à l'entrée ① du volume de contrôle Σ avec une vitesse d'écoulement $\overrightarrow{V_1}$, à l'altitude z_1, et sort en ② avec une vitesse $\overrightarrow{V_2}$, à l'altitude z_2 (figure 1).

On désignera par u, h, v et p respectivement l'énergie interne molaire, l'enthalpie molaire, le volume molaire et la pression p du fluide p, affectés de l'indice 1 à l'entrée de Σ et de l'indice 2 à la sortie de Σ.

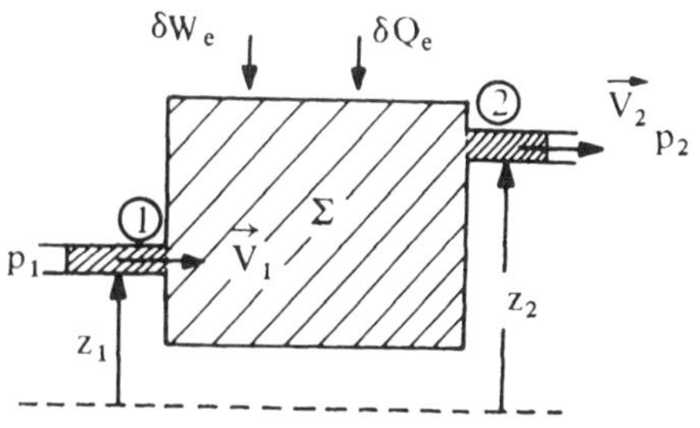

Fig. 1

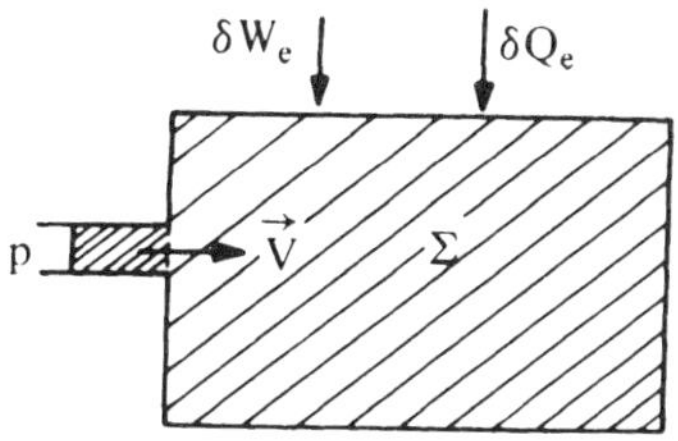

Fig. 2

1. Équation générale de l'énergie

Entre deux instants voisins t et $t + \mathrm{d}t$, une masse $\mathrm{d}m_1$ de fluide (ou $\mathrm{d}n_1$ moles) pénètre dans Σ et une masse $\mathrm{d}m_2$ de fluide (ou $\mathrm{d}n_2$ moles) sort de Σ.

Le «volume de contrôle» Σ, pendant cet intervalle de temps $\mathrm{d}t$,

– reçoit l'énergie $\delta W_e + \delta Q_e$ de la part du milieu extérieur,

– reçoit l'énergie $\mathrm{d}E_1 = \underbrace{u_1\,\mathrm{d}n_1}_{\text{énergie interne}} + \underbrace{\frac{1}{2}\,V_1^2\,\mathrm{d}m_1}_{\text{énergie cinétique}} + \underbrace{gz_1\,\mathrm{d}m_1}_{\text{énergie potentielle}} + \underbrace{p_1V_1\,\mathrm{d}n_1}_{\text{travail des forces de pression}}$

du fluide qui pénètre

– et cède l'énergie $\mathrm{d}E_2 = u_2\,\mathrm{d}n_2 + \frac{1}{2}\,V_2^2\,\mathrm{d}m_2 + gz_2\,\mathrm{d}m_2 + p_2V_2\,\mathrm{d}n_2$

du fluide qui sort.

Le bilan énergétique de Σ s'écrit : $\mathrm{d}E = \delta W_e + \delta Q_e + \mathrm{d}E_1 - \mathrm{d}E_2$ soit, en introduisant les enthalpies molaires $h_1 = u_1 + p_1V_1$ à l'entrée et $h_2 = u_2 + p_2V_2$ à la sortie,

$$\begin{aligned} \mathrm{d}E = \delta W_e + \delta Q_e &+ (h_1\,\mathrm{d}n_1 - h_2\,\mathrm{d}n_2) \\ &+ \frac{1}{2}(V_1^2\,\mathrm{d}m_1 - V_2^2\,\mathrm{d}m_2) + g(z_1\,\mathrm{d}m_1 - z_2\,\mathrm{d}m_2) \end{aligned} \qquad (2)$$

2. Équation de l'énergie en régime stationnaire (ou permanent)

Pour un fluide incompressible non visqueux, on a en régime stationnaire $\mathrm{d}m_1 = \mathrm{d}m_2 = \mathrm{d}m$, donc $\mathrm{d}n_1 = \mathrm{d}n_2 = \mathrm{d}n$, l'équation générale (2) devient alors

$$\begin{aligned} \mathrm{d}E = 0 = \delta W_e &+ \delta Q_e(h_1 - h_2)\mathrm{d}n \\ &+ \frac{1}{2}(V_1^2 - V_2^2)\mathrm{d}m + g(z_1 - z_2)\,\mathrm{d}m \end{aligned} \qquad (3)$$

où dm et dn sont la masse et le nombre de moles du fluide qui pénètrent ou qui sortent du volume Σ pendant l'intervalle de temps dt.

III. CAS PARTICULIERS D'ÉCOULEMENT

1. Entrée du fluide dans un récipient possédant une seule ouverture (fig. 2)

D'après II, la pénétration de la masse dm du fluide (dn moles) de vitesse $\overrightarrow{V}$ dans le récipient fait varier l'énergie totale de Σ de la quantité

$$\mathrm{d}E = \delta W_e + \delta Q_e + \left(u\ \mathrm{d}n + \frac{1}{2}\ V^2 \mathrm{d}m + pv\ \mathrm{d}n \right)$$

(il n'y a pas de variation d'énergie potentielle de pesanteur dans ce cas) ou, en introduisant l'enthalpie molaire à l'entrée : $h = u + pv$, on a :

$$\boxed{\mathrm{d}E = \delta W_e + \delta Q_e + h\ \mathrm{d}n + \frac{1}{2} V^2\ \mathrm{d}m}$$

• Si on néglige les vitesses d'écoulement, on a

$$E \cong U, \text{ donc } \mathrm{d}U = \delta W_e + \delta Q_e + h\ \mathrm{d}n.$$

Si de plus, le système n'échange ni travail ni chaleur avec l'extérieur, la variation d'énergie interne du fluide contenue dans Σ est

$$\boxed{\mathrm{d}U = h\ \mathrm{d}n}$$

On pourra résoudre le problème 24 du chapitre 3 par cette relation.

• De même, si un fluide sort du récipient avec une faible vitesse d'écoulement et si $\delta W_e + \delta Q_e = 0$, les d$n$ moles qui sortent emportent l'énergie d$U = h$ dn. C'est cette relation qui a été utilisée sans justification dans la solution du problème 23 du chapitre 3.

2. Détente de Joule-Thomson (cf. probl. 22 du chap. 3)

La relation (3) s'écrit, puisque nous sommes dans les conditions où $\delta W_e = 0$, $\delta Q_e = 0$, $z_1 = Z_2$ et si on néglige les vitesses d'écoulement du fluide :

$$\mathrm{d}E = 0 = (h_1 - h_2)\ \mathrm{d}n$$

on en déduit $\boxed{h_1 = h_2}$; cette détente est donc **isenthalpique**.

LOUIS-JEAN
avenue d'Embrun, 05003 GAP cedex
Tél. : 92.53.17.00
Dépôt légal : 527 — Juillet 1996
Imprimé en France